U0382685

高强度螺栓连接设计与施工

侯兆新　编著

中国建筑工业出版社

图书在版编目（CIP）数据

高强度螺栓连接设计与施工/侯兆新编著. —北京：
中国建筑工业出版社，2012.6
ISBN 978-7-112-14319-1

Ⅰ. ①高…　Ⅱ. ①侯…　Ⅲ. ①高强度-螺栓连接-研
究　Ⅳ. ①TH131

中国版本图书馆 CIP 数据核字（2012）第 093575 号

本书共分 10 章，分别是：高强度螺栓连接及其分类、高强度螺栓预拉力值确定及紧固原理、受剪作用的摩擦型连接接头、受拉剪组合作用的摩擦型连接接头、承压型高强度螺栓连接、摩擦-承压型受剪连接接头变形准则、高强度螺栓受拉连接接头、高强度螺栓与焊缝并用连接、高强度螺栓连接施工、高强度螺栓连接施工质量检验与验收。对高强度螺栓连接理论、设计、施工进行了全面和系统地论述，展示国内在高强度螺栓连接领域的最新研究成果，介绍国外最新研究进展和技术标准，可作为从事钢结构设计与施工技术人员使用《钢结构高强度螺栓连接技术规程》（JGJ 82—2011）时配套宣贯资料，也可作为高校钢结构专业教学的参考资料，还可用作相关人员的培训用书。

* * *

责任编辑：曾　威　王砾瑶
责任设计：董建平
责任校对：刘梦然　王雪竹

高强度螺栓连接设计与施工
侯兆新　编著
*
中国建筑工业出版社出版、发行（北京西郊百万庄）
各地新华书店、建筑书店经销
北京汉魂公司制版
北京富生印刷厂印刷
*
开本：787×1092 毫米　1/16　印张：28¼　字数：690 千字
2012 年 11 月第一版　2012 年 11 月第一次印刷
定价：**65.00** 元
ISBN 978-7-112-14319-1
(22330)

前　言

　　1984年我来到冶建总院参加工作，正是我国钢结构行业刚刚开始发展之时，时任钢结构研究室主任陈禄如教授把我从人事处领到了办公楼四楼西头办公室的场景仍历历在目，偌大的办公室里坐着大家耳熟能详的我国著名的钢结构专家俞国音、贺贤娟、何文汇、李继读、李秀川等我的老前辈，从此，我在老前辈的带领和指导下，开始了高强度螺栓连接领域的研究、设计、施工、检测及标准编制工作，至今已经28年有余。

　　1984年至1988年，作为助理工程师，跟随贺贤娟教授以及铁道部科学研究院沈家骅研究员的团队，开展高强度螺栓连接的推广应用工作，带着几十公斤的螺栓轴力计等试验仪器，足迹遍布北京、上海、山东、安徽、贵州等地，期间获得"高强度螺栓承压型连接试验研究"研究成果。

　　1988年至1991年，作为研究生，师从李继读、贺贤娟导师系统地对高强度螺栓连接变形准则进行了试验研究，在同济大学读基础课期间，得到沈祖炎院士的专业指导，试验研究期间得到清华大学王国周教授的精心指点。

　　1991年至1995年，作为工程师，在俞国音、贺贤娟两位教授的带领下，从事高强度螺栓连接检测，特别是在役钢结构高强度螺栓可靠度研究工作，我们的研究团队在宝钢、武钢、鞍钢、首钢等大型钢铁企业老厂房鉴定检测中留下足迹，期间获得"高强度螺栓连接接头检测及风险评估"科技成果。

　　1995年至2001年，作为高级工程师，参加国家标准《钢结构工程施工质量验收规范》（GB 50205－2001）编制工作，在担任编制组组长的同时，负责有关高强度螺栓连接章节的编制工作，与贺贤娟教授一起对高强度螺栓连接施工、检测及质量验收等进行系统地研究，并将研究成果纳入标准中。

　　2001年至2005年，作为研究生导师，在何文汇、侯忠良教授的协助下，指导研究生先后完成了涂层摩擦面、大孔及槽孔、转角法施工、栓焊并用连接等一系列课题的试验研究，培养5名硕士研究生，其研究成果纳入相应的技术标准。

　　2005年至2010年，作为编制组长，主持《钢结构高强度螺栓连接技术规程》（JGJ 82－2011）编制工作，在柴昶、贺贤娟、沈家骅、何文汇教授等支持下，带领编制组开展全面、系统地调研和研究工作，在借鉴国际先进标准的基础上，在孔型系数、涂层抗滑移系数、受拉螺栓撬力（杠杆力）计算、栓焊并用连接、转角法施工等几个方面，填补国内在技术标准方面的空白，达到国际先进水平。

2011 年，与清华大学石永久教授、青岛理工大学王燕教授等一起申报的"建筑钢结构新型连接节点及体系的设计理论、关键技术和工程应用"获得 2011 年度国家科学进步二等奖，与此同时，《钢结构高强度螺栓连接技术规程》（JGJ 82—2011）发布并实施，在此收获的时候，应中国建筑工业出版社的邀请，将我及我们团队 20 多年积累的研究成果汇编成册，权当《钢结构高强度螺栓连接技术规程》（JGJ 82—2011）实施的参考资料。

在本书的编写中，采纳了何文汇、吴耀华教授及我的师兄宋连生教授的部分研究成果；同事黄国宏、文琳骏利用业余时间试算了大量的算例并汇编成表格；我的学生王庆梅、彭铁红、张东旭、李辰、孙磊等都做了大量的工作，付出辛勤的劳动；我的同事杨智慧、安伟芳参加文字的编辑工作，在此一并表示衷心的感谢。

侯兆新

目　　录

第1章 高强度螺栓连接及其分类

1.1 高强度螺栓连接机理及其特点

高强度螺栓连接已经发展成为与焊接并举的钢结构主要连接形式，具有受力性能好、耐疲劳、抗震性能好、连接刚度高、施工简便、可拆换等优点，被广泛地应用在建筑钢结构、桥梁钢结构、塔桅钢结构等的工程连接中，成为钢结构现场安装的主要手段之一。

在我国钢结构受剪连接接头中使用的螺栓连接一般分普通螺栓连接和高强度螺栓连接两种。选用普通螺栓或选用高强度螺栓（8.8S 以上）作为连接紧固件，但不施加紧固轴力，当受外力时接头连接板即产生滑动，外力通过螺栓杆受剪和连接板孔壁承压来传递（图 1-1a），该连接称普通螺栓连接；选用高强度螺栓作为连接的紧固件，并通过对螺栓施加紧固轴力，将被连接的连接板夹紧产生摩擦效益，当受外力作用时，外力靠连接板层接触面间的摩擦来传递，应力流通过接触面平滑传递（图 1-1b），该连接被称为通常意义上的高强度螺栓摩擦型连接。

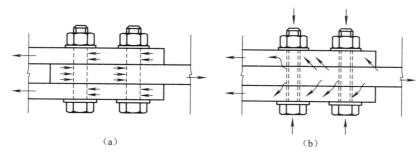

(a)   (b)

图 1-1　普通螺栓连接和高强度螺栓连接工作机理示意
(a) 普通螺栓连接；(b) 高强度螺栓摩擦连接

1.2 高强度螺栓连接分类

高强度螺栓连接接头按受力状态大致区分为：主要传递垂直于螺栓轴方向剪力的受剪连接接头（图 1-2a）和主要传递沿螺栓轴方向拉力的受拉连接接头（图 1-2b）。两者传递力方向不同，但在利用拧紧高强度螺栓所得紧固轴力方面是相同的。

高强度螺栓受剪连接接头是最常见的连接形式，图 1-3 为高强度螺栓受剪连接接头典型荷载—变形曲线，其中竖坐标为施加在接头上的剪切荷载，横坐标为接头沿受力方向的变形，通常为接头连接板之间的相对位移。

1

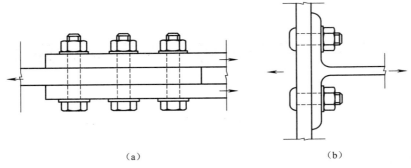

图 1-2 高强度螺栓连接接头示意

(a) 受剪连接接头示意;(b) 受拉连接接头示意

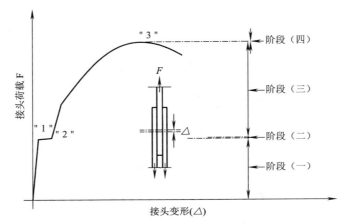

图 1-3 高强度螺栓受剪连接接头典型荷载—变形曲线

从图 1-3 曲线上可以把连接工作过程分为三个节点四个阶段:

(1) 阶段(一)为静摩擦抗滑移阶段,即摩擦型连接工作阶段。在此阶段外力全部靠连接板层之间接触面间的摩擦力来传递,螺栓在连接中只担当一个角色,即靠本身的紧固轴力给连接板之间施加接触压力,从而使接触面产生摩擦力。在这个过程中,螺栓本身不受剪力,即使在重复荷载作用下,螺栓的轴力等受力状态不会发生变化,同时连接接头的变形很小,可以忽略不计。

(2) 阶段(二)为主滑移阶段,当接近和达到节点"1"时,荷载达到克服摩擦阻力,接头突然发生滑移;当达到节点"2"时,意味着螺栓杆与连接板孔壁接触,连接进入主滑移标志摩擦型连接的破坏。通常把节点"1"定义为摩擦型连接的极限状态,此时的荷载为摩擦型连接的极限承载力。

(3) 阶段(三)为摩擦-承压阶段,此阶段荷载由摩擦力、螺栓杆受剪及连接板孔壁承压三者共同传递,在开始处于弹性变形阶段,逐渐地进入弹塑性阶段,此阶段一般采用变形准则的方法来确定连接承载力,即给定一个接头变形量$\triangle$,通过图 1-3 曲线可以得到接头承载力。

(4) 阶段(四)为接头极限破坏阶段,随着螺栓剪切变形的加大,其紧固轴力渐渐减小,摩擦的作用也就逐渐消失,当接近和达到节点"3"时,螺栓的紧固轴力已经松弛殆尽，最后螺栓被剪断或连接板破坏（拉脱、承压和净截面拉断），与普通螺栓连接的极限破坏相同，曲线的终点"3"即为承压型连接极限破坏状态，此时荷载即为承压型连接接头的极限承载力。

高强度螺栓受拉连接常见于悬挂节点、法兰连接以及梁柱外伸端板连接等，属于传递作用于螺栓轴向力的连接形式，利用紧固螺栓时产生在连接板间的压力进行应力传递，其特点是作用的外力和紧固螺栓时产生在连接板间的压力相平衡，使得螺栓本身的轴力变化很小，接头始终具有较大的连接刚度。当外拉力接近或达到螺栓紧固轴力时，接头连接板间压力接近消失，意味着连接板间进入拉脱状态，此时为高强度螺栓受拉连接的极限状态。

1.3 高强度螺栓连接副及其分类

在我国通常把性能等级 8.8S 及以上的螺栓称为高强度螺栓，螺栓的性能等级在世界上通用，其中第一位数字代表螺栓材质标称抗拉强度值等级，后面的两位代表该材质的屈强比（屈服强度与抗拉强度的比值），例如性能等级为 10.9S 高强度螺栓是指"螺栓材质的抗拉强度达到 1000MPa 等级，其屈服强度与抗拉强度比值为 0.9"。

从国内外试验研究和工程实践来看，当高强度螺栓材质抗拉强度超过 1000MPa 时，紧固后螺栓处于高应力状态下易发生滞后断裂问题，也就是螺栓出现断裂的几率较高，造成工程安全隐患。因此，我国从 20 世纪 80 年代开始，不再使用 12.9S 高强度螺栓，目前常用的是 8.8S 和 10.9S 两种。

从外形上看，国内外最常用的有大六角头和扭剪型两种。从表面处理来分主要是磷化、皂化处理和镀锌处理，其中镀锌处理一般应用在 8.8S 高强度螺栓中。

总体上讲，虽然各国制造高强度螺栓的材料不一，但只要性能等级相同，其性能就是一样的。表 1-1 列出各主要国家高强度螺栓性能的对比情况。

主要国家高强度螺栓性能对比 表 1-1

国家	螺栓标准	性能等级	连接副类型	抗拉强度值（MPa）
中国	GB/T1231	8.8S	大六角头型	830～1030
		10.9S	大六角头型	1040～1240
	GB/T3632	10.9S	扭剪型	1040～1240
美国	ASTM A325	8.8S	大六角头型	725～830（不同直径下最低值）
	ASTM A490	10.9S	大六角头型	1035～1190
	ASTM F1852	8.8S	扭剪型	725～830（不同直径下最低值）
欧盟	BS EN14399 ISO898-1	8.8S	大六角头型	800（名义抗拉强度）
		10.9S	大六角头型	1000（名义抗拉强度）
日本	JIS B 1186	F10T	大六角头型	1000～1200
	JSSⅡ09	S10T	扭剪型	1000～1200

1.3.1 大六角头高强度螺栓连接副

大六角头高强度螺栓连接副含一个螺栓、一个螺母、两个垫圈（螺头和螺母两侧各一个垫圈），参见图1-4。螺栓、螺母、垫圈在组成一个连接副时，其材料以及性能等级要匹配，表1-2为大六角头高强度螺栓连接副材料及性能等级匹配表。

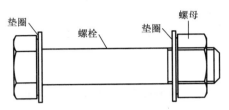

图1-4　大六角头高强度螺栓连接副示意

大六角头高强度螺栓连接副材料及性能等级匹配表　　　　　表1-2

类　别	性　能　等　级	推　荐　材　料	材　料　标　准	备　注
螺栓	8.8S	45号	GB/T 699	
		35号	GB/T699	
	10.9S	20MnTiB	GB/T 3077	
		40B	GB/T 3077	
螺母	10H	45号或35号	GB/T 699	
		15MnVB	GB/T 3077	
垫圈	HRC35-45	45号或35号	GB/T 699	

大六角头高强度螺栓连接副中螺栓、螺母、垫圈型号及规格分别参见表1-3～表1-5。

大六角头高强度螺栓型号及规格表（mm）　　　　　表1-3

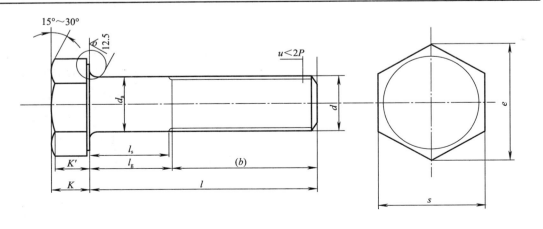

公称尺寸	螺纹规格 d							螺纹规格 d						
	M12	M16	M20	(M22)	M24	(M27)	M30	M12	M16	M20	(M22)	M24	(M27)	M30
	(b)							每1000个钢螺栓的理论质量（kg）						
35	25							49.4						
40								54.2						
45		30						57.8	113.0					
50								62.5	121.3	207.3				
55			35					67.3	127.9	220.3	269.3			
60	30			40				72.1	136.2	233.3	284.9	357.2		
65					45			76.8	144.5	243.6	300.5	375.7	503.2	
70						50		81.6	152.8	256.5	313.2	394.2	527.1	658.2
75							55	86.3	161.2	269.5	328.9	409.1	551.0	607.5
80		35							169.5	282.5	344.5	428.6	570.2	716.8
85	35								177.8	295.5	360.1	446.1	594.1	740.3
90									186.4	308.5	375.8	464.7	617.9	769.7
95			40						194.4	321.4	391.4	483.2	641.8	799.0
100									202.8	334.4	407.0	501.7	655.7	828.3
110									219.4	360.4	438.3	538.8	713.5	886.9
120				45					236.1	386.3	469.6	575.9	761.3	945.6
130					50				252.7	412.3	500.8	612.9	809.1	1004.2
140						55				438.3	532.1	650.0	856.9	1062.8
150							60			464.2	563.4	687.1	904.7	1121.5
160										490.2	594.6	724.2	952.4	1180.1
170											625.9	761.2	1000.2	1238.7
180											657.2	798.3	1048.0	1297.4
190											688.4	835.4	1095.8	1356.0
200											719.7	872.4	1143.6	1414.7
220											782.2	946.6	1239.2	1531.9
240												1020.7	1334.7	1649.2
260													1430.3	1766.5

注：括号内的规格为第二选择系列。

大六角头螺母型式及规格表（mm）

表 1-4

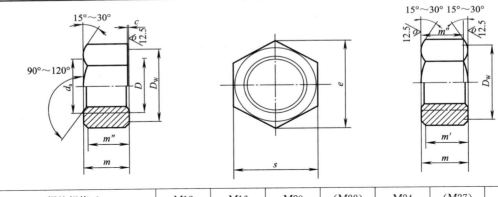

螺纹规格 d		M12	M16	M20	(M22)	M24	(M27)	M30
P		1.75	2	2.5	2.5	3	3	3.5
d_a	max	13	17.3	21.6	23.8	25.9	29.1	32.4
	min	12	16	20	22	24	27	30
d_w	min	19.2	24.9	31.4	33.3	38.0	42.8	46.5
e	min	22.78	29.56	37.29	39.55	45.20	50.85	55.37
m	max	12.3	17.1	20.7	23.6	24.2	27.6	30.7
	min	11.87	16.4	19.4	22.3	22.9	26.3	29.1
m'	min	9.5	13.1	15.5	17.8	18.3	21	23.3
m''	min	8.3	11.5	13.6	15.6	16.0	18.4	20.4
c	max	0.8	0.8	0.8	0.8	0.8	0.8	0.8
	min	0.4	0.4	0.4	0.4	0.4	0.4	0.4
s	max	21	27	34	36	41	46	50
	min	20.16	26.16	33	35	40	45	49
支承面对螺纹轴线的垂直度		0.29	0.38	0.47	0.50	0.57	0.64	0.70
每1000个钢螺母的理论重量（kg）		27.68	61.51	118.77	146.59	202.67	288.51	374.01

注：括号内的规格为第二选择系列。

大六角头垫圈型式及规格表（mm）

表 1-5

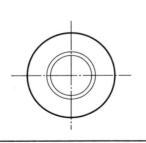
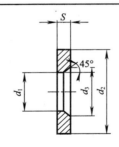

规格（螺纹大径）		12	16	20	(22)	24	(27)	30
d_1	min	13	17	21	23	25	28	31
	max	13.43	17.43	21.52	23.52	25.52	28.52	31.62
d_2	min	23.7	31.4	38.4	40.4	45.4	50.1	54.1
	max	25.00	33.00	40.00	42.00	47.00	52.00	56.00
s	公称	3.0	4.0	4.0	5.0	5.0	5.0	5.0
	min	2.5	3.5	3.5	4.5	4.5	4.5	4.5
	max	3.8	4.8	4.8	5.8	5.8	5.8	5.8
d_3	min	15.23	19.23	24.32	26.32	28.32	32.84	35.84
	max	16.03	20.03	25.12	27.12	29.12	33.64	36.64
每1000个钢垫圈的理论质量（kg）		10.47	23.40	33.55	43.34	55.76	66.52	75.42

注：括号内的规格为第二选择系列。

1.3.2 扭剪型高强度螺栓连接副

扭剪型高强度螺栓连接副含一个螺栓、一个螺母、一个垫圈（螺母侧一个垫圈），参见图1-5。螺栓、螺母、垫圈在组成一个连接副时，其材料以及性能等级要匹配。表1-6为扭剪型高强度螺栓连接副材料及性能等级匹配表。

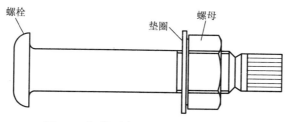

图 1-5　扭剪型高强度螺栓连接副示意

扭剪型高强度螺栓连接副材料及性能等级匹配表　　　表 1-6

类别	性能等级	推荐材料	材料标准	备注
螺栓	10.9S	20MnTiB	GB/T 3077	
螺母	10H	45号或35号	GB/T 699	
		15MnVB	GB/T 3077	
垫圈	HRC35-45	45号或35号	GB/T 699	

扭剪型高强度螺栓连接副中螺栓、螺母、垫圈型号及规格分别参见表1-7～表1-9。

扭剪型高强度螺栓型号及规格表（mm） 表 1-7

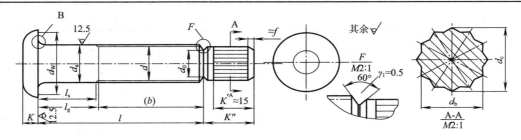

l			螺纹规格 d											
			M16		M20		(M22)		M24		M16	M20	(M22)	M24
			无螺纹杆部长度 l_s 和夹紧长度 l_g								b 参考			
公称	min	max	l_s min	l_g max	l_s min	l_g max	l_s min	l_g max	l_s min	l_g max				
40	38.75	41.25	4	10										
45	43.75	46.25	9	15	2.5	10					30			
50	48.75	51.25	14	20	7.5	15	2.5	10				35		
55	53.5	56.5	14	20	12.5	20	7.5	15	1	10			40	
60	58.5	61.5	19	25	17.5	25	12.5	20	6	15				45
65	63.5	66.5	24	30	17.5	25	17.5	25	11	20				
70	68.5	71.5	29	35	22.5	30	17.5	25	16	25				
75	73.5	76.5	34	40	27.5	35	22.5	30	16	25				
80	78.5	81.5	39	45	32.5	40	27.5	35	21	30	35			
85	83.25	86.75	44	50	37.5	45	32.5	40	26	35				
90	88.25	91.75	49	55	42.5	50	37.5	45	31	40		40		
95	93.25	96.75	54	60	47.5	55	42.5	50	36	45				
100	98.25	101.75	59	65	52.5	60	47.5	55	41	50			45	
110	108.25	111.75	69	75	62.5	70	57.5	65	51	60				50
120	118.25	121.75	79	85	72.5	80	67.5	75	61	70				
130	128	132	89	95	82.5	90	77.5	85	71	80				
140	138	142			92.5	100	87.5	95	81	90				
150	148	152			102.5	110	97.5	105	91	100				
160	156	164			112.5	120	107.5	115	101	110				
170	166	174					117.5	125	111	120				
180	176	184					127.5	135	121	130				

注：1. 括号内的规格为第二选择系列，应优先选用第一系列（不带括号）的规则。

2. 当 l_s<5mm 时，螺杆允许制成全螺纹。

扭剪型高强度螺母型号及规格（mm） 表 1-8

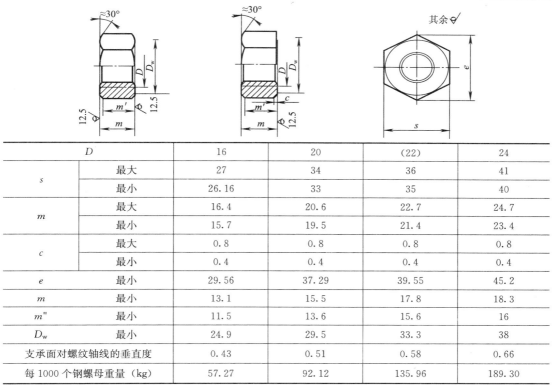

	D	16	20	(22)	24
s	最大	27	34	36	41
	最小	26.16	33	35	40
m	最大	16.4	20.6	22.7	24.7
	最小	15.7	19.5	21.4	23.4
c	最大	0.8	0.8	0.8	0.8
	最小	0.4	0.4	0.4	0.4
e	最小	29.56	37.29	39.55	45.2
m	最小	13.1	15.5	17.8	18.3
m"	最小	11.5	13.6	15.6	16
D_w	最小	24.9	29.5	33.3	38
支承面对螺纹轴线的垂直度		0.43	0.51	0.58	0.66
每 1000 个钢螺母重量（kg）		57.27	92.12	135.96	189.30

注：1. 括号内的规格尽量不采用。

　　2. D_w 的最大尺寸等于 s 实际尺寸。

扭剪型高强度垫圈型号及规格（mm） 表 1-9

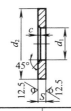 

	d	16	20	(22)	24
d_1	最大	17.7	21.84	23.84	25.84
	最小	17	21	23	25
d_2	最大	33.0	40.0	42.0	47.0
	最小	31.4	38.4	40.4	45.4
s	最大	3.3	4.3	5.3	5.3
	最小	2.5	3.5	4.5	4.5
c	最小	1.2	1.6	1.6	1.6
每 1000 个钢垫圈重量（kg）		18.2	26.6	28.4	36.7

注：括号内的规格尽量不采用。

第2章 高强度螺栓预拉力值确定及其紧固原理

2.1 高强度螺栓预拉力（紧固轴力）的确定

高强度螺栓连接与普通螺栓连接的主要区别就是对高强度螺栓施加一个预拉力，预拉力越大，其承载能力就越大，接头的效率也越高，当确定它的大小时，要综合考虑螺栓的屈服强度、抗拉强度、折算应力、应力松弛以及生产和施工的偏差等因素。

设螺栓的屈服强度为 R_e，抗拉强度为 f_t^b，螺栓有效截面积为 A_{eff}，正应力 σ，剪应力 τ。

2.1.1 高强度螺栓预拉力确定准则

通过拧紧螺母的方式，螺栓中除产生有张拉应力外，同时还附加有由于扭转产生的剪应力，因此，螺栓在拧紧过程中及拧紧后是处在复合应力状态下工作。高强度螺栓预拉力确定准则就是螺栓中的拉应力和扭矩产生的剪应力所形成的折算应力不超过螺栓的屈服点。根据第四强度理论，强度条件为：

8.8S：
$$\sigma_r = \sqrt{\sigma^2 + 3\tau^2} \leqslant R_e = 0.8 f_t^b \cdot A_{eff} \tag{2-1}$$

10.9S：
$$\sigma_r = \sqrt{\sigma^2 + 3\tau^2} \leqslant R_e = 0.9 f_t^b \cdot A_{eff} \tag{2-2}$$

2.1.2 折算应力系数

试验研究表明，由于剪应力的影响，螺栓的屈服强度和抗拉强度较单纯受拉时有所降低，一般降低 9%～18%。考虑到剪应力相对拉应力较小，在确定螺栓预拉力时，剪应力对螺栓强度的影响通常是用折算应力系数来考虑的。我国在确定螺栓设计预拉力时，折算应力系数取 1.2。

2.1.3 预拉力松弛系数

国内外试验研究结果表明，高强度螺栓终拧后会出现应力应变松弛现象，这个过程会持续 30～45h 后稳定下来，大部分松弛发生在最初 1～2h 内，大量实测结果统计分析得到，在具有 95% 保证率的情况下，螺栓应变松弛为 8.4%。因此，螺栓应力松弛系数取 0.9，也就是螺栓的施工预拉力比设计预拉力高 10%。

2.1.4 偏差因数影响系数

高强度螺栓的生产、扭矩系数等施工参数测试以及紧固工具、量具等都存在着一定的偏差，因此，综合考虑偏差因数影响系数采用 0.9。

2.1.5 高强度螺栓设计预拉力值

根据高强度螺栓预拉力确定准则，考虑折算应力系数、预拉力松弛系数以及偏差因数影响系数，高强度螺栓设计预拉力值 P 为：

8.8S：$\quad\quad\quad P=0.8\times0.9\times0.9f_t^b \cdot A_{eff}/1.2=0.54f_t^b \cdot A_{eff}$ （2-3）

10.9S：$\quad\quad\quad P=0.9\times0.9\times0.9f_t^b \cdot A_{eff}/1.2=0.61f_t^b \cdot A_{eff}$ （2-4）

按照式（2-3）、式（2-4）可以分别计算出一个高强度螺栓的预拉力设计值，随着国内外研究的进展，人们对高强度螺栓应力达到或超过屈服点后的状况，特别是应力松弛问题得到进一步的了解。另外，国外主要国家的预拉力基本控制在螺栓抗拉强度的 65%，因此，8.8S 设计预拉力是在式（2-3）的基础上增加 10%，这样我国 8.8S、10.9S 高强度螺栓设计预拉力基本控制在螺栓抗拉强度的 60% 左右。

将计算结果按照小直径螺栓强度稍高于大直径螺栓的实际情况进行调整并归整后，其结果见表 2-1。

一个高强度螺栓的预拉力设计值 （kN）　　　　　　　　表 2-1

性能等级	螺栓规格						
	M12	M16	M20	M22	M24	M27	M30
8.8S	45	80	125	150	175	230	280
10.9S	55	100	155	190	225	290	355

2.2　大六角头高强度螺栓扭矩紧固原理

2.2.1　施工扭矩与螺栓轴力（预拉力）的关系

高强度螺栓的紧固是通过拧紧螺母进行的，在拧紧螺母的过程中，从能量守恒的角度，螺母上受到的外加扭矩所做的主动功 $A_{外}$ 将转换为三部分功：①使螺栓轴方向产生拉应力，形成螺栓轴力，进而达到设计要求的预拉力，这是我们期望的有用功 $A_{有用}$；②螺栓螺纹与螺母螺纹之间的摩擦力消耗一部分无用功 $A_{无用1}$；③垫圈与螺母支承面间的摩擦力也消耗一部分无用功 $A_{无用2}$。根据能量守恒：

$$A_{外}=A_{有用}+(A_{无用1}+A_{无用2})$$ （2-5）

当施工扭矩一定，即 $A_{外}$ 一定时，我们希望产生螺栓轴力的有用功 $A_{有用}$ 越多越好，这样效率就高，因此就想办法减少消耗的无用功（$A_{无用1}+A_{无用2}$）；我们把 $A_{有用}/A_{外}$ 称为效率系数，其实高强度螺栓连接副的材料选择、生产过程控制、施工工艺及施工质量的检验都是围绕着提高和稳定效率系数进行的。

拧紧螺栓时，施加在螺母上的扭矩 T 和螺栓预拉力 P 的关系可通过力的平衡求得。对于图 2-1 所示的螺纹，可得到式（2-6）：

$$T=\frac{P}{2}\{d_e\tan(\rho+\beta)+d_n\mu_n\}$$ （2-6）

式中　d_e——螺纹有效直径；

$\quad\quad\rho$——螺纹面的摩擦角，$\rho=\arctan(\mu_s/\cos\alpha)$；

μ_s——螺纹面的摩擦系数；

α ——螺牙的半角；

β ——升角，$\beta = h / \pi \cdot d_e$；

d_n——螺母和垫圈接触面的平均直径；

μ_n——螺母和垫圈接触面间摩擦系数。

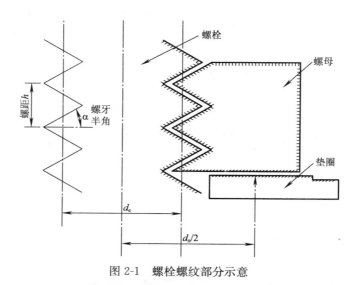

图 2-1　螺栓螺纹部分示意

对于相同形状和尺寸的螺栓连接副，d_e、d_n、α、β 都是确定的值，假定一个系数 $K = \frac{1}{2} \left[\frac{d_e}{d} \tan (\rho + \beta) + \frac{d_n}{d} \mu_n \right]$，则：

$$T = K \cdot d \cdot P \qquad (2\text{-}7)$$

式中　P——螺栓预拉力；

　　　d——螺栓公称直径；

　　　K——扭矩系数。

由式（2-7）可知，如果一批螺栓连接副有相同的扭矩系数 K，对螺母施加一定的扭矩值就可以得到设计所要求的预拉力，因此，控制一批螺栓连接副扭矩系数（平均值和变异系数）稳定，是扭矩法施工的关键。

图 2-2 为拧紧扭矩与螺栓轴力及螺栓变形的关系示意，根据图 2-2 可以看出，拧紧扭矩和螺栓预拉力之间有直线关系，拧紧扭矩和螺栓的伸长量只在直线范围内有直线关系，Y 点以上就无直线关系了。在图 2-2 中，把扭矩 a 当做拧紧扭矩时，随着扭矩系数的偏差，预拉力也有偏差，而螺栓的伸长量几乎无变化，所以可得到比较稳定的预拉力。但当扭矩 b 作为拧紧扭矩时，螺栓的伸长量是相当大的，最严重时可达到破坏程度，如图所示的 M 点，这就不能得到稳定的预拉力。为了希望得到尽可能大的预拉力而采用控制扭矩法时，考虑扭矩系数的误差，采用超过 Y 点的预拉力是不合理的，应以 Y 点以下的最大的预拉力作为控制预拉力，所以当用控制扭矩法拧紧螺栓时，须以图 2-2 的 Y 点作为螺栓标准拉力，也就是螺栓设计拉力的标准。

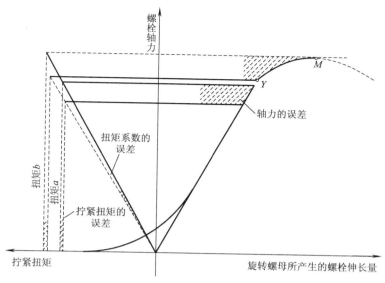

图 2-2 施工扭矩与螺栓轴力的关系

2.2.2 扭矩系数及影响因素

扭矩系数 K 是螺纹形状、螺纹间摩擦、螺母与垫圈支承面间的摩擦等主要参数的函数，当螺纹的几何尺寸确定后，影响扭矩系数的因素主要是螺纹间摩擦系数 μ_s 和螺母与垫圈支承面间的摩擦系数 μ_n，因此，扭矩系数的大小及其离散性与螺栓、螺母、垫圈三者的加工精度、热处理工艺、表面状态、摩擦系数以及螺纹损伤情况有关，是体现连接副（螺栓、螺母、垫圈）整体质量的一个重要参数。

由于扭矩法施工的紧固扭矩是按同批螺栓扭矩系数的平均值计算确定的，所以紧固预拉力的离散程度与扭矩系数的离散性超出标准，那么就会造成部分螺栓紧固预拉力不足或出现过分紧固状态，甚至出现螺栓断裂的危险。因此，扭矩系数的离散性是更为重要的指标。

当高强度螺栓连接副按照标准生产，出厂前经过扭矩系数检验并合格后，在施工阶段，仍然有不少因数影响扭矩系数值及其离散性，主要有以下几方面的因素。

1. 表面润滑状态

表面分别处在干燥、油润、涂抹黄油三种状态下，扭矩系数分别呈减小的趋势，试验结果表明，涂抹黄油会减小扭矩系数 5% 左右。这也是高强度螺栓连接副保质时间为 6 个月的原因之一。

2. 表面锈蚀状况

高强度螺栓连接副保管和使用过程中，如果连接副或其中的螺栓、螺母、垫圈任何一个出现锈蚀，会对扭矩系数和离散性产生很大的变化，不同的锈蚀程度，对扭矩系数的影响不同，这就是为什么要求将其在室内存放且有防生锈及沾染污物等措施，并规定当天安装的螺栓当天开包，不得露天放置的严格要求的原因。

3. 环境温度的影响

试验结果显示，扭矩系数有随温度下降成比例上升，或随温度上升成比例下降的趋势。因此，标准中规定的扭矩系数值通常指常温情况下的。当温度低于 0℃ 或高于 40℃，应进行扭矩系数与温度相关性试验，调整扭矩系数值。

4. 重复拧紧的因素

试验结果表明，高强度螺栓重复拧紧，只要螺栓拉力不超过屈服点，第一次和第二次拧紧的扭矩系数变化不大，第二次拧紧时，扭矩系数略有降低，为 $1.0\%\sim1.5\%$，其差别可看作包含在扭矩系数的离散度内。因此，在进行螺栓紧固扭矩检验时，一般采用将螺母退回一定角度，再拧回原来的位置，然后测定此时的扭矩值是否达到规定扭矩值的方法。

2.3 大六角头高强度螺栓螺母转角法紧固原理

2.3.1 转角系数与转角刚度

在螺栓拧紧时，螺栓杆被拉伸，约束板件被压缩。设螺栓预拉力为 P，螺栓的弹簧系数为 K_b，伸长量为 δ_b；约束板件的弹簧系数为 K_p，压缩量为 δ_p。如图 2-3 所示。

则根据平衡条件：

$$P = K_b \cdot \delta_b = K_p \cdot \delta_p \tag{2-8}$$

螺母的旋进量为 $\delta_b + \delta_p$，则螺母的旋转角度 θ 可以计算为：

$$\theta = 360° \times \frac{\delta_b + \delta_p}{p} \tag{2-9}$$

式中 p 为螺纹螺距。代入式（2-8）中可以得到：

$$\theta = \frac{360°}{p}\left(\frac{1}{K_b} + \frac{1}{K_p}\right)P \tag{2-10}$$

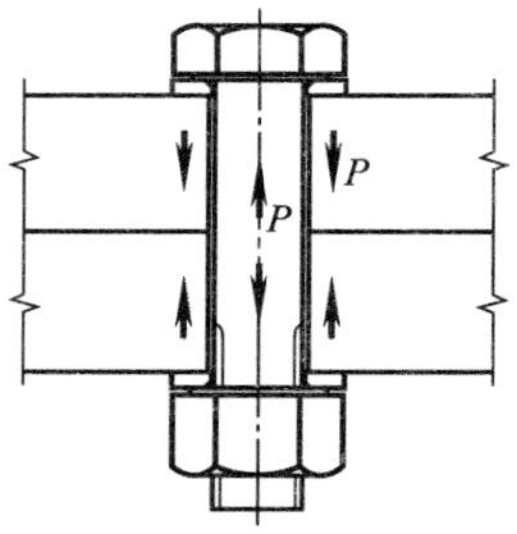

图 2-3 螺栓与板件力平衡关系

可以写成：

$$\theta = \alpha \cdot P \tag{2-11}$$

其中：$\alpha = \dfrac{360°}{p}\left(\dfrac{1}{K_b} + \dfrac{1}{K_p}\right)$，是与螺距及材料物理性能有关的系数，简称转角系数。

式（2-11）还可以写成 $P = \dfrac{1}{\alpha} \cdot \theta$，令 $K_R = \dfrac{1}{\alpha}$，则有：

$$P = K_R \cdot \theta$$

其中，$K_R = \dfrac{p}{360°} \cdot \dfrac{K_b K_p}{K_b + K_p}$，代表了弹性阶段螺栓预拉力与螺母转角之间的线性关系，称为转角刚度。

2.3.2 转角和轴力的关系

关于螺母转角和螺栓轴力的关系，欧美和日本进行了很多试验，总结出螺母转角和螺栓轴力的关系，如图 2-4 所示。

螺栓拧紧的基本方法为螺母转角法时，螺栓变形图和有关问题如下所示：至少初拧的螺栓轴力和螺母转角应超过图 2-4 中的 A 点，即到达直线部分，此点相当于被连接板件开始密贴状态，初拧规定为测量转角的起点，终拧在超过 Y 点达到塑性区域后所得到的螺栓轴力受转角误差的影响比较少，因此目前使用转角法的国家都将 θ_Y 作为终拧的最小转角，将 θ_M 作为螺母容许转角的上限，根据拧紧试验得到的转角和螺栓轴力的关系，以所需的最小转角和容许转角界限的中点 θ_b 作为转角的标准，认为此时误差的容许范围最大，这也就是所谓的塑性区域螺母转角法。

塑性区域转角法和扭矩法最大的不同点是，扭矩法如前面所说是以 AY 之间的接近 Y 的点作为标准，转角法是以 YM 之间的点作为标准。螺母转角用 30° 为控制单位是很方便的。从图 2-4 中可知 AY 间螺母转角的误差对应的螺栓轴力的误差是有相当数量的，而在 YM 之间有相同的螺母转角误差时得到的螺栓轴力变化则非常小。而且同扭矩法比较起来，转角法不直接受扭矩系数的影响。

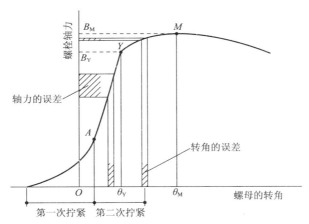

图 2-4　螺母转角和轴力关系图

还有一种弹性区域螺母转角法，即用图 2-4 中螺栓轴力和螺母转角保持直线关系的 AY 段作为拧紧标准的，这种情况是基于使螺栓不进入塑性区段而考虑的。因为这种情况螺母转角误差对螺栓的轴力影响很大，所以初拧必须确保十分准确才行。

在采用塑性区域螺母转角法时，高强度螺栓有可能在使用过程中发生延迟断裂。延迟断裂指的是高强度钢在高应力状态下突然脆性破断的现象。以前的研究表明，对于目前抗拉强度在 1200MPa（12.9S）以下的高强度螺栓基本上不存在延迟断裂的问题。因此对于目前使用最多的 8.8S 和 10.9S 高强度螺栓可以使用螺母转角法紧固，而不必担心拧紧力过大时会有发生延迟断裂的危险。

2.3.3　影响高强度螺栓轴力-转角性能的因素

轴力-转角曲线的形状取决于很多因素，例如螺栓长度、夹握长度（握距）、润滑状态、螺栓材料硬度以及试验设备，上述任一因素都可能对高强度螺栓的拧紧性能有所影响。

1. 螺栓夹握长度（握距）

握距是指螺栓头和螺母垫圈表面之间的材料的总厚度，不包括垫圈厚度。图 2-5 表示的是，具有同样机械性能和润滑状态的螺栓，在握距不同时的特性关系。从式（2-9）给出的转角-轴力的关系可以看出，该关系与螺栓和被拧紧板件的刚度有关。假设被拧紧板件为完全刚性的，则在弹性范围内，螺母转角 θ 和螺栓轴力 T 之间的关系可以用下式表示：

$$\theta = \frac{360°TL}{EA_e p} \tag{2-12}$$

其中 L 是握距，A_e 是螺栓有效截面面积，E 是杨氏模量，p 是螺距。因此，达到规定紧固轴力所需要的螺母转角跟握距成正比。在直径相同的情况下，握距长的螺栓需要比握距短的螺栓更多的螺母旋转角度以达到所需预拉力值。

握距由螺栓杆长度和握距内的螺纹杆长度两部分组成。因为圆杆部分要比螺纹部分硬，所以握距中螺纹部分所占的比例会对螺栓的性能产生影响。减小握距中的螺纹数可以增加强度但是同时延展性变差。

根据螺栓长度不同而制定螺母转角法安装要求是为了确保螺母旋转一定的角度之后，握距长的螺栓的紧固轴力不小于要求范围的下限，而握距小的螺栓不至于拧断，同时紧固轴力不超过要求范围的上限。见图 2-5。

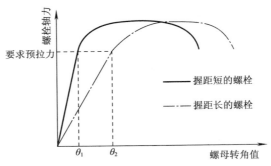

图 2-5　握距对螺栓轴力—转角关系的影响示意图

2. 扭矩系数

扭矩系数对轴力-转角曲线有着明显的影响。扭矩系数太大会明显降低螺栓的强度和延展性。美国的 Eaves 在 Texas 大学进行的一项研究中，发现 A325 和 A490 紧固件在无润滑状态下还没有到达螺栓规定轴力的最小值时就已经失效了。在这种情况下，对于没有润滑的螺纹，安装扭矩高了 60％。因为摩擦力增加导致螺栓扭矩增加。应力组合状态降低了最大轴力和延展性。

由于我国和日本一直在使用控制扭矩法，因此在扭矩系数的控制上比英、美两国要好得多。美国因为很早就开始使用转角法施拧，在扭矩系数方面并没有严格控制的要求，涉及的热镀锌高强度螺栓由于扭矩系数偏大且离散严重，这是需要特别加以注意的。

2.4　扭剪型高强度螺栓紧固原理

扭剪型螺栓与普通高强度螺栓在材料的力学性能方面及拧紧后的接头连接性能方面基本相同，所不同的是外形和预拉力的控制方法，如图 2-6 所示，扭剪型螺栓螺头和铆钉头

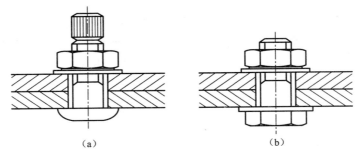

（a）　　　　　　　　　　　（b）

图 2-6　两种螺栓紧固后的形状
（a）扭剪型螺栓；（b）大六角头螺栓

相似，呈半圆形。这是因为扭剪型螺栓可一面操作，无需有人在螺头一边辅助作业，螺栓也不会转动。螺尾多了一个梅花形卡头和环形切口，用以承受扳手紧固螺母的反扭矩和控制紧固扭矩的大小，其次在连接副的组成上，因螺头的支撑面为圆形，承压面的大小与垫圈相当，把螺头与垫圈的功能结合为一体。因此在连接副的组成上较大六角头高强度螺栓少一个垫圈，即在螺头一边可不加垫圈。

在拧紧方法上，扭矩法用扳手控制加在螺母上的扭矩，而扭剪型螺栓使用螺栓尾部的环形切口的扭断力矩来控制。扭剪型螺栓的紧固采用专用电动扳手，扳手的扳头由内、外两个套筒组成，内套筒套在梅花头上，外套筒套在螺母上，其紧固过程如图 2-7 所示。梅花卡头承受紧固螺母所产生的反扭矩，内外套筒输出扭矩相等，方向相反，螺栓切口处承受纯扭剪。当加于螺母的扭矩增加到切口扭断力矩时，切口断裂，拧紧过程完毕。所以施加给螺母的最大扭矩即为切口的扭断力矩。

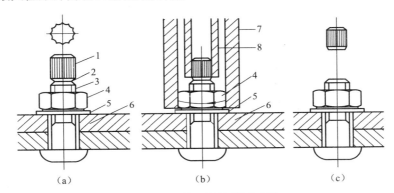

图 2-7 扭剪型螺栓紧固过程
(a) 紧固前；(b) 紧固中；(c) 紧固后
1—梅花头；2—断裂切口；3—螺栓螺纹部分；4—螺母；5—垫圈；6—被紧固的构件；7—外套筒；8—内套筒

由材料力学可知，其切口扭断力矩 M_b 为：

$$M_b = W\tau_b = \frac{\pi}{16} d_0^3 \tau_b \tag{2-13}$$

式中　　W——材料断面系数（mm^3）（圆截面 $W = \frac{\pi}{16} d_0^3$）；

τ_b——扭矩极限强度（MPa）；

d_0——切口底径（mm）。

目前国内扭剪型高强度螺栓用 20MnTiB 钢制造，由试验可知，20MnTiB 钢在相同热处理条件下，τ_b 是一个变异不大的常数，且 $\tau_b = 0.77 f_u$（f_u 为其抗拉强度），并且当回火温度增加或减少 10℃ 时，相同切口直径的扭断力矩相应减少或增加 10～20N·m，因此，将热处理时的回火温度的误差控制在 ±10℃ 以内，且将切口直径 d_0 的加工误差控制在 0.1mm 以下，且把切口扭断力矩作为拧紧螺栓的控制扭矩，这与精度良好的扭矩扳手（误差小于 30N·m）相比大体相当。

因扭剪型高强度螺栓加于螺母上的扭矩 M_k 等于切口扭断力矩 M_b，即

$$M_k = M_b = KdP = \frac{\pi}{16} d_0^3 \tau_b$$

式中符号意义同前。

则

$$P = \frac{0.15 d_0^3 f_u}{Kd} \qquad (2\text{-}14)$$

式（2-13）与式（2-14）基本相同，所不同的是扭剪型螺栓的紧固轴力 P 不仅与其扭矩系数有关，而且与螺栓材料的抗拉强度 f_u 和切口直径 d_0 有关，这就给螺栓制造提出了更高的要求，需要同时控制 d_0、f_u、K 三个参量的变化幅度；才能有效地控制 P 值的稳定性。在扭剪型螺栓的技术标准中，直接规定了轴力 P 及其离散性，而隐去了与施工无关的扭矩系数 K。

国产 20MnTiB 钢扭剪型高强度螺栓紧固预拉力 P 规定如表 2-2 所示，表中最小值为设计预拉力值。

国产扭剪型高强度螺栓紧固预拉力规定值　　　　　　　　　表 2-2

螺栓级别	d	紧固预拉力 P_{min}（kN）	紧固预拉力 P_{max}（kN）	波动值 λ
10.9S	16	101	122	≤10%
	20	157	190	
	22	195	236	
	24	227	275	

第3章 受剪作用的摩擦型连接接头

高强度螺栓受剪作用的摩擦型连接接头承载力主要与螺栓预拉力、连接板摩擦面抗滑移系数以及螺栓孔型等相关,螺栓预拉力为设计预拉力 P,是确定的数值,因此,本章重点论述连接板摩擦面抗滑移系数以及螺栓孔型对接头承载力的影响。

3.1 连接板摩擦面处理及抗滑移系数

3.1.1 连接板摩擦面处理方法

在摩擦型连接中,连接板摩擦面的状态对接头的抗滑移承载力有很大的影响,摩擦面的处理方法、表面粗糙度以及表面的铁磷、浮锈、尘埃、油污、涂料、焊接飞溅等都会引起摩擦力的变化,因此,高强度螺栓摩擦型连接必须要对连接板表面进行处理。目前我国常用的摩擦面处理方法见表3-1。

国内常用摩擦面处理方法 表 3-1

序号	处理方法	推荐工艺	备注
1	喷砂(丸)	铸钢丸(粒径为 1.2~1.7mm,硬度为 HRC40~60)或石英砂(粒径 1.5~2mm,硬度为 HRC50~60),压缩空气的工作压力为 0.5~0.8MPa,喷嘴直径为 8~10mm,喷嘴距试板表面 200~300mm	表面为银灰色,粗糙度 45~50
2	喷砂(丸)后生赤锈	喷砂(丸)工艺同上,露天生锈 60~90d,组装前除浮锈	表面为锈黄色,粗糙度为 50~55
3	喷砂(丸)后涂涂料	喷砂(丸)工艺同上,涂装工艺见本章第3.2节	表面为涂料色
4	原轧制表面清除浮锈	钢丝刷(电动或手动)除锈方向与接头受力方向垂直	表面无浮锈及尘埃、油污、涂料、焊接飞溅等

值得注意的是,制造企业存在一个误区,往往将构件表面除锈处理与摩擦面处理合并在一起,即将焊上连接板的构件送入大型抛丸机中除锈,所用的为铸钢丸(粒径为 SS1.0~1.2,硬度为 HRC40~50),有时加入一定量的钢丝切丸,将钢丸高速抛向钢板表面,靠钢丸的冲击和摩擦将氧化皮、铁锈及污物除掉,同时使表面获得一定的粗糙度,以利于漆膜附着。构件的抛丸除锈工艺显然达不到连接摩擦面处理的要求,实际的抗滑移系数值较低。这主要是构件的连接板未专门矫平,抛射的钢丸硬度低于铸钢砂或石英砂,喷射距离和喷射角度在大型抛丸机内无法控制,如改用铸钢砂或石英砂除锈并兼作摩擦面处理,则会大大增加成本。

因此，建议在构件通过抛丸除锈后，对连接板摩擦面（面积占整个构件表面积很小）再采用人工喷砂（丸）的方法，来确保摩擦面抗滑移系数值满足设计要求。

3.1.2 摩擦面抗滑移系数

抗滑移系数可以用滑动力与法向压力的比值来表示。它因摩擦面的表面状态不同而有很大差异。即使是同样的表面状态，抗滑移系数也因表面的粗糙度以及接头板材接触面上有无浮锈、尘埃及油污粘着物而不同。而且这些差异是很大的。因此要确定相应摩擦面的抗滑移系数值并不是轻而易举的，要通过大量的试验来取得。由于栓接接头的抗滑移系数值服从于某种概率分布，因此对大量试验数据经过概率统计分析可以确定其合适的取值。一般来说，通过喷砂处理后生成赤锈，抗滑移系数值有显著提高，而且具有比较稳定的数值。

抗滑移系数值，一般是依赖于表面情况并根据试验来确定的。因此，在摩擦型栓接接头的计算中，抗滑移系数按下列公式计算：

$$\mu = \frac{N_t^b}{n_f \sum_{i=1}^{t} P_i} \tag{3-1}$$

式中　μ——抗滑移系数值；

N_t^b——栓接接头抗滑移荷载；

n_f——高强度螺栓传力摩擦面的面数；

$\sum_{i=1}^{t} P_i$——同接头抗滑荷载一侧对应的高强度螺栓设计预拉力的实测值总和。

3.1.3 影响抗滑移系数的因素

摩擦面抗滑移系数是通过标准试件测试得到的，准确地讲是一个名义摩擦系数，它除了与摩擦面处理方法、摩擦面粗糙度直接相关外，还和试验及其他因数有一定的关系。

1. 连接板母材强度

从摩擦力的原理来看，两个粗糙面接触时，接触面相互齿合，摩擦力就是所有这些齿合点的切向阻力的总和，参见图 3-1。因此，母材钢种强度和硬度越高，克服粗糙面所需的抗滑力就越大，摩擦面抗滑移系数自然就大，试验研究表明，Q345 钢材比 Q235 钢材的抗滑移系数高超过 10% 以上，因此，设计规范对不同的钢种规定了不同的抗滑移系数值。

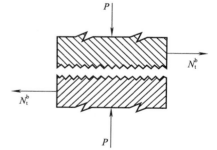

图 3-1　摩擦面微观示意图

2. 连接板的厚度和螺栓孔距

试验研究结果表明，抗滑移系数随连接板厚度的增加而趋于减小，同时随着孔距的加大也同时减小，这是各国都一致采用标准的试件来测试抗滑移系数的原因；同时，也是对厚板或超长高强度螺栓摩擦型连接承载力进行折减的原因之一。

3. 环境温度的影响

从高温试验研究结果看，无论是加热后冷却到常温还是处在加热状态下，随着温度的增加，抗滑移系数有明显降低的趋势，在加热到 200℃ 状态或加热到 200℃ 再冷却到常温，抗滑移系数比常温要低9%～16%，因此，设计规范规定，当环境温度在100～150℃时，连接承载力降低10%，环境温度超过150℃时，要采取隔热降温措施。

4. 摩擦面重复使用的影响

高强度螺栓连接接头滑移（主滑移）以后，摩擦面拴孔周围的粗糙面变得平滑光亮。第一种试验：第一次滑移后，将试件拆开重新组装，进行第二次抗滑移试验；第二种试验：对试件进行循环荷载试验，测得第一次滑移和第二次滑移时的滑移系数；两种试验结果表明，摩擦面第二次使用时，抗滑移系数平均降低15%左右。这也是接头滑移后摩擦传力的作用会减小的原因之一。

3.2 涂层摩擦面抗滑移系数

3.2.1 涂醇酸铁红或聚氨酯富锌漆连接面抗滑移系数

抗滑移试件共16种，每种3件。试验选用的螺栓共4类：M16、8.8S和10.9S，M24、8.8S和10.9S，芯板厚度为12mm、16mm和20mm，盖板厚度为12mm，材质均为Q345。螺栓孔径比螺栓公称直径大1.5mm，芯板和盖板的除锈等级为Sa2.0级，涂醇酸铁红或聚氨酯富锌漆两道。试验采用套筒式压力环确定高强度螺栓的预拉力值，通过自平衡加载装置对试件两端施加拉力。由应变片和位移计测定试件安装对中及受力状况，在芯板和盖板划线观察宏观位移，确定抗滑移承载力。

试件拉伸过程中，开始时由连接面的静摩擦力承担，芯板与盖板间的相对位移量不超过0.2mm。当外力超过摩擦承载力时，荷载-位移曲线出现转折，连接面产生"滑动"。由于醇酸铁红和聚氨酯富锌涂层接触较钢板直接接触柔软一些，因此曲线的转折变化也相对缓慢一些，听不到加载过程中突然发出"嘣"的响声。在滑移阶段荷载增加微小，但相对位移显著增大。当荷载继续加大，外力靠螺栓与孔壁的承压传递，荷载仍能不断增加。

两种涂层抗滑移系数的试验数据见图3-2，统计分析列于表3-2。用x^2拟合优度法检验，抗滑移系数试验值均服从正态分布。根据我国《建筑结构可靠度设计统一标准》

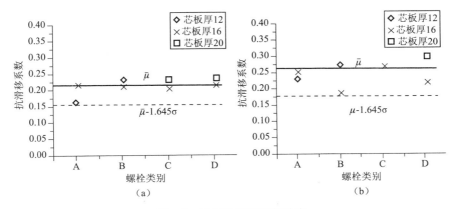

图3-2 试板抗滑移系数分布
(a) 聚氨酯富锌；(b) 醇酸铁红
A—M16 (8.8S)；B—M16 (10.9S)；C—M24 (8.8S)；D—M24 (10.9S)

（GB50068—2001），强度设计值可取其概率分布的 0.05 分位值，即抗滑移系数按统计平均值减去 1.645 倍标准差（$\bar{\mu}-1.645\sigma$）取值，则抗滑移系数具有 97.5% 的保证率不低于设计取值。

连接面抗滑移系数试验统计值　　　　　　　　　　　　　　　表 3-2

涂层种类	试件数量	单个试件抗滑移系数变动范围	平均值 $\bar{\mu}$	标准差 σ	具有 97.5% 保证率的试验统计值 $\bar{\mu}-1.645\sigma$
聚氨酯富锌	24	0.114～0.288	0.212	0.032	0.159
醇酸铁红	24	0.1140～0.384	0.265	0.056	0.173

试板制作时，聚氨酸富锌的涂层厚度比较均匀，在 $60\sim75\mu m$ 之间，醇酸铁红的涂层厚度多数在 $50\sim75\mu m$ 之间，少数超过了 $100\mu m$。分析试验值和涂层厚度的关系，涂层厚度对抗滑移系数无明显影响，未见随涂层厚度增加而出现降低的现象。从试验数据还可以看出，不同强度等级的连接板、不同的螺栓等级和直径、不同的连接板厚，其对抗滑移系数的影响很小，可以忽略不计。

根据试验统计分析可以得出，不同强度等级的轻钢结构构件在抛丸（喷砂）除锈后，在高强度螺栓连接板表面喷涂或手工涂刷两道醇酸铁红或聚氨酯富锌（涂层厚度宜控制在 $60\sim75\mu m$），并待完全固化后安装连接，其抗滑移系数值在结构设计时均可取为 0.15。

3.2.2　涂富锌类底漆连接面抗滑移系数

《钢结构设计规范》（GB50017—2003）和《钢结构高强度螺栓连接的设计、施工及验收规范》（JGJ82—1991），已对喷砂（丸）后涂无机富锌漆的抗滑移系数作出规定，现仅对原规定作校核性试验，并对常用的各种富锌类底漆进行试验，以求增加可采用底漆的品种。

试验采用双摩擦面的二栓拼接拉力试件，用 10.9S M20 高强度螺栓，钢板材质为 Q345B。全部试板同批经抛丸除锈处理，表面达到 Sa2 级，然后一类试板表面手工涂刷无机富锌底漆，一类试板喷涂环氧富锌底漆，还有一类试板手工涂刷水性无机富锌底漆，另有一类表面不涂装，以便和涂装后的进行对比，4 类试板的抗滑移试验结果见表 3-3。

富锌类底漆连接面抗滑移系数试验值　　　　　　　　　　　　表 3-3

表面处理方法	抗滑移系数试验值
表面抛丸除锈处理，不涂装	0.40～0.41
表面抛丸除锈处理后，手工涂刷无机富锌底漆 $60\mu m$	0.40～0.42
表面抛丸除锈处理后，喷涂环氧富锌底漆 $60\mu m$	0.15～0.17
表面抛丸除锈处理后，手工涂刷水性无机富锌底漆 $45\mu m$	0.37～0.40

注：表中涂层厚度为实测值的平均值。

比较 3 种富锌底漆的试验结果，涂无机富锌和水性无机富锌的抗滑移系数接近或基本满足规范要求，与表面不涂装钢板直接接触的抗滑移系数大体相当，而涂环氧富锌的抗滑移系数值较低，比表面不涂装的低，可以和涂聚氨酯富锌漆归为一类（锌颗粒表面均包裹着一层有机物），其抗滑移系数设计值可取 0.15。无机富锌和水性无机富锌漆膜的表干时间为 15min，实干时间为 90min，而环氧富锌的表干时间为 30min～1h，实干时间为 24h，漆面易产生流挂而出现凹凸不平，作为连接面的处理方法在实际操作上也不方便。

连接面涂装后，其抗滑移性能主要取决于涂层材料的性能，不受钢板强度高低的影响。依据以上抗滑移试验数据，可以认为《钢结构设计规范》对 Q345 钢涂环氧富锌的抗滑移系数取 0.40 有些偏高，对涂无机富锌和水性无机富锌（涂层厚度为 $50～75\mu m$）的连接面抗滑移系数设计值均可取 0.35。经涂层处理后的抗滑移系数，不宜随钢板高低而取不同的值，对每种涂层应取同一值。

3.2.3　锌加涂层连接面抗滑移系数

锌加（ZINGA）是比利时锌加金属有限公司研制生产的长效防腐蚀涂膜系统，由纯度高于 99.995% 的纯金属粉和挥发性溶剂等组成。在国外不仅用于钢结构防腐，且在桥梁、海岸结构上既作防腐用，又用于高强度螺栓连接面的涂层，具有提高抗滑移系数值的功能。

锌加涂层具有双重的阴极保护性能和良好的屏蔽保护作用，盐雾试验长达 9500h，防腐性能优于热镀锌、热喷锌和富锌底漆。涂层适用温度范围宽，可在 $-80～+150℃$ 条件下使用。对环境的容忍性好，可在潮湿的环境或无肉眼可见水膜的钢板表面进行涂装，涂装 10min 后受雨淋时涂层质量不受影响。对钢材表面预处理要求不高，一般抛丸至 Sa2 级即可，允许表面残留 10% 以下的小块锈斑。涂层具有良好的附着力、耐冲击性和足够的摩擦力，具有重熔性。新旧锌加涂层可互相融为一体，便于维修。

锌加涂层连接面抗滑移试验先后进行了三次，试验全部采用双摩擦面的二栓拼接拉力试件，试板的尺寸（板厚、板宽、孔距、孔径等）和预拉力施加值均按《钢结构工程施工质量验收规范》（GB50205—2001）的规定执行。每个螺栓的预拉力由压力传感器及电阻应变仪测定，将施加完预拉力的试件安装到万能拉力试验机上，试件的轴线与试验机夹具中心线对齐，夹紧后缓慢加载。当发生试验机发生回针现象，或试件侧面划线发生错动，或试件突然发出"嘣"的响声，均可认定试件发生滑移。对锌加涂层试件，这三种情况几乎是同时发生的。

第一次试验的试件分为 12 组，试板用 Q235B 和 Q345B 两种钢材加工，与 Q235B 试板相配的螺栓为 M20，与 Q345B 试板相配的螺栓为 M20 和 M24，螺栓均为 10.9S 大六角头高强度螺栓。试板在工厂加工并喷砂后运至试验室涂装锌加。涂装的方法有喷涂和手工涂刷两种，由于缺乏涂装经验，喷涂和手工涂刷的实际涂层厚度均超过了 $100\mu m$，多数为 $115～145\mu m$，比预期的设计厚度（$30～60\mu m$）高了许多。如涂层过厚，不仅增加涂装用料成本，增大涂装工作量，还会因涂层压缩量大而增加螺栓的预拉力损失。这批试件的抗滑移系数值示于图 3-3，可以看出涂锌加后的抗滑移系数均较高（$0.547～0.606$）。与此相对比的未涂锌加的试板，其抗滑移系数值也较高，大致与涂锌加后的相当，因此尚不能说明锌加涂层对提高抗滑移系数的作用。

　　为此进行第二次试验，这次试验是利用已做过试验的试件，经机械打磨磨去锌加涂层。试件共分四组，Q235/M20 和 Q345/M20 的各一组，为打磨后不涂锌加的，而相对应的另一组是涂锌加的，由试验人员配料手工涂刷。试验数据示于图 3-4，可以看出涂锌加后的抗滑移系数有明显提高，其值在 $0.52 \sim 0.58$，而同批未涂锌加的仅为 $0.38 \sim 0.42$。但这批试板的涂层厚度仍未得到有效控制，涂层厚度在 $100\mu m$ 左右，未能降至预期厚度。

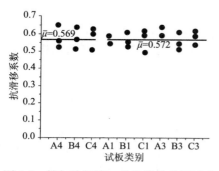

图 3-3　锌加涂层第一批抗滑移系数试验　　　图 3-4　锌加涂层试板第二批抗滑移系数试验

　　接着进行第三次试验，试板全部重新加工，试板经抛丸（钢丸）除锈，不作喷砂处理。试验数据示于图 3-5。表面锌加涂层厚度为 $35\mu m$（实测厚度为 $28 \sim 38\mu m$）、$50\mu m$（实测厚度为 $45 \sim 54\mu m$）和 $70\mu m$（实测厚度为 $65 \sim 72\mu m$）的三组试板，抗滑移系数在 $0.53 \sim 0.65$ 之间，较同批表面仅作抛丸除锈处理不涂锌加的抗滑移系数值（$0.38 \sim 0.45$）有显著提高。将试验后的试板打开，孔边周围因滑移而出现磨光发亮区，未发现锌层起皮、剥落。

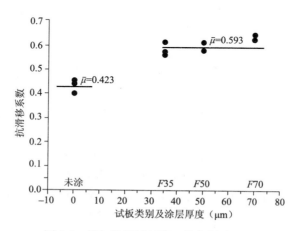

图 3-5　锌加涂层试板第三批抗滑移试验

　　试验用试板的材质、螺栓规格、钢板表面处理方式、涂装方法及涂层厚度等情况见表 3-4。

24

试 板 分 类　　　　　　　　　　　　　　　　表 3-4

试验批次	试板类别	螺栓规格	试板材质	钢板表面处理方法	涂装方法	涂层厚度（μm）	抗滑移系数试验值		
1	A4	M20	Q235	喷砂除锈	不涂装	0	0.522	0.560	0.634
	B4	M20	Q345				0.509	0.569	0.602
	C4	M24	Q345				0.505	0.603	0.620
	A1	M20	Q345	喷砂	喷涂	115～145	0.538	0.543	0.560
	B1	M20	Q345				0.533	0.554	0.611
	C1	M24	Q345				0.495	0.590	0.613
	A3	M20	Q345	喷砂	喷涂	115～145	0.585	0.593	0.639
	B3	M20	Q345				0.521	0.551	0.626
	C3	M24	Q345				0.542	0.591	0.613
2	D1	M20	Q345	机械打磨	不涂装	0	0.380	0.419	0.420
	D2	M20	Q345		手工涂刷	100～130	0.542	0.578	0.584
	E1	M24	Q345	机械打磨	不涂装	0	0.384	0.403	0.417
	E2	M24	Q345		手工涂刷	100～130	0.523	0.528	0535
3	F	M20	Q345	抛丸	不涂装	0	0.38	0.44	0.45
	F35	M20	Q345		喷涂（一道）	35（平均值）	0.53	0.56	0.62
	F50	M20	Q345		喷涂（二道）	50（平均值）	0.59	0.59	0.62
	F70	M20	Q345		喷涂（三道）	70（平均值）	0.59	0.63	0.65

注：1. 试验用高强度螺栓均为 10.9S 大六角头螺栓；
　　2. 每个试板类别均为三套试板。

由表 3-4 可见，连接面经涂装后，决定抗滑移性能高低的关键是涂层的品种（性能）。不同的处理方法（喷砂后喷涂、抛丸后喷涂、机械打磨后刷涂），在涂层品种相同时，其抗滑移系数的平均值和变动范围基本一致。

由表 3-4 可见，不同处理方法（喷砂、抛丸、喷砂后抛丸、抛丸后喷涂、机械打磨及打磨后刷涂）的试件，螺栓直径和试板厚薄的影响甚小。连接面涂装后，钢材材质的影响已表现不出来（材质的影响仅在表面不作涂装，钢板直接接触时存在）。对于涂层厚度，未发现有规律性的影响，锌加涂层厚在 $30～145\mu m$ 范围内时，抗滑移系数不随厚度增减而有所变化。

将三次涂锌加的抗滑移试验结果汇总于图 3-6，并进行统计分析。对总共 11 组试板（33 套）的抗滑移系数试验值进行概率分布校核，确认服从正态分布规律后，求出平均值 $\overline{\mu}=0.576$，其标准差 $\sigma=0.039$。为保证设计安全可靠。按《建筑结构可靠度设计统一标准》（GB50068—2001），抗滑移系数设计值应取其概率分布的 0.05 分位值，即 $\mu=\overline{\mu}-1.645\sigma=0.512$。

由此可见，高强度螺栓连接面经涂锌加后（施工时涂层厚度可取 $35～60\mu m$），可以

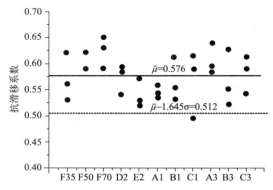

图 3-6 锌加涂层试板抗滑移系数试验数据汇总

提高抗滑移系数。考虑到有些构件加工后长期堆放在现场，经历风吹雨打日晒，安装时表面擦洗不彻底，也为保证有足够的安全储备，建议设计时抗滑移系数设置为 0.45。

锌加涂层对螺栓预拉力松弛的影响也是本次试验的重要内容，利用套在螺栓上的压力传感器和应变仪测定螺栓预拉力随时间的变化（要求仪器本身的稳定性好，时间漂移值小）。在 6 套试板的 12 个螺栓上进行了长达 1 个月的连续观察，其典型的应力松弛曲线示于图 3-7。涂锌加与不涂锌加试板在相同时间时的损失值列于表 3-5。

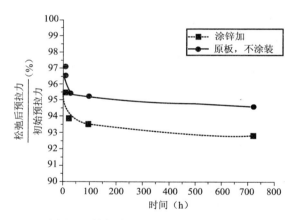

图 3-7 锌加涂层试板预拉力松弛损失

预拉力损失$\left(\dfrac{损失值}{初始预拉力值}\%\right)$ 表 3-5

时间 试件类别	0	15min	60min	1d	4d	15d	30d
涂锌加	0	3.6	4.5	6.1	6.5	6.8	7.2
未涂锌加	0	2.9	3.4	4.6	4.8	4.9	5.4

由表 3-5 可以看出涂锌加后预拉力损失要加大，这主要是涂层的可压缩性较大。分析预拉力变化的时间历程，其中一半的损失是在 15min 至 1h 内完成的。在总试验时间段内，相同时间下涂锌加的试板比不涂的预拉力损失增加约 2%，不会超过 5%。因此，当

采用连接面涂层处理的高强度螺栓连接时，可采用超张拉 5% 的办法，以弥补预拉力损失的增大。存在于螺栓中的预拉力短时间内会稍高一些，超过设计预拉力的持续时间也仅在 1h 以内，不足以成为因超张拉而引发断裂的因素。事实上，在试板抗滑移试验时，从紧固螺栓至拉力试验的时间间隔也在 15min 以上，抗滑移系数测试结果也已包含部分松弛损失在内。

3.2.4 HES-2 防滑防锈硅酸锌涂料在高强度螺栓连接中的应用

HES-2 防滑防锈硅酸锌涂料为三组分（粉剂、主剂、糊剂）的醇溶性涂料，涂膜坚硬耐磨，涂在钢板表面具有阴极保护作用，防腐性较强，抗滑移系数较高，具有优良的耐水性和耐盐水性，对各种有机溶剂具有极强的抵抗力。1998 年通过铁道部鉴定，2002 年纳入《铁路钢桥保护涂装及涂料供货技术条件》（TB/T 1527—2011）标准。中铁山桥集团使用 HES-2 防滑防锈涂料已建造了几十座公路、铁路桥梁，如润杨长江公路大桥、哈尔滨松花江斜拉桥等。

用 HES-2 防滑防锈涂料时，钢板表面除锈等级达到 Sa2 级即可，对粗糙度无特殊要求，涂层干膜厚度控制在 $80 \sim 160 \mu m$，以 $100 \sim 120 \mu m$ 为适宜。涂装初期抗滑移系数均在 0.62~0.70 之间，出厂检验均在 0.55 以上，经自然界风化一年，工地安装复检的抗滑移系数仍在 0.50 以上。铁道系统的研发成果和产品可应用于高层、大跨度等工业与民用建筑。

3.2.5 结论和建议

设计人员可根据结构内力分析，经高强度螺栓连接计算后，提出抗滑移系数要求，对不同的结构类型提出不同的要求。如对轻型门式钢架梁-梁、梁-柱连接，抗滑移系数要求达到 0.15 或 0.25 即可。对轻型单、多层钢结构房屋，滑移系数可定为 0.30~0.40，个别节点抗剪承载力不足时可增加螺栓数量。对高层建筑和重型工业建筑框架结构，抗滑移系数可按本书提出的限值要求，如 Q345 为 0.50。若个别节点受尺寸或螺栓布置数量的限制，提出更高的抗滑移系数要求也是可以的（≤0.65），采用严格的喷砂工艺是能达到的。采用不同的钢板表面处理工艺和涂层处理方法，可以达到不同的防腐和抗滑效果，以满足工程中不同的需求。根据一些钢结构加工厂多年来的试板检测情况及本书关于涂层连接的试验，以及相关资料分析，按表 3-6 选取涂层连接抗滑移系数值，此值为设计选用的高限值。

涂层连接面抗滑移系数 μ 表 3-6

涂层类别	表面处理要求	涂装方法及涂层厚度	抗滑移系数 μ
醇酸铁红 聚氨酯富锌 环氧富锌	抛丸除锈，达到 Sa2 级及以上	喷涂或手工涂刷，$60 \sim 80 \mu m$	0.15
无机富锌 水性无机富锌		喷涂或手工涂刷，$60 \sim 80 \mu m$	0.40
锌加（ZINGA）		喷涂，$60 \sim 80 \mu m$	0.45
防滑防锈硅酸锌漆（HES-2）		喷涂，$60 \sim 80 \mu m$	

3.3 螺栓孔距对抗滑移系数的影响

孔间距增大，对防止连接板拉脱破坏是有明显效果的，但孔距增减是否会引起连接抗滑移性能的变化，对此我们也进行了对比试验和计算分析。首先我们按中国标准孔距、英日标准孔距、美俄标准孔距制作了双栓试板和四栓试板（图3-8），共计18套。全部试板采用相同的材质，取自同一钢结构厂加工，同批制作，采用同一摩擦面处理工艺（对18套试板在同一抛丸机内一起处理）。试板在同一环境条件下存放，应用同批同一性能等级的高强度螺栓紧固。试验用压力传感器、轴力测定仪和拉伸试验机事先进行标定，全部试验均由同一套测试设备完成。螺栓紧固完毕至装上试验机开始拉伸的间隔时间也尽可能相

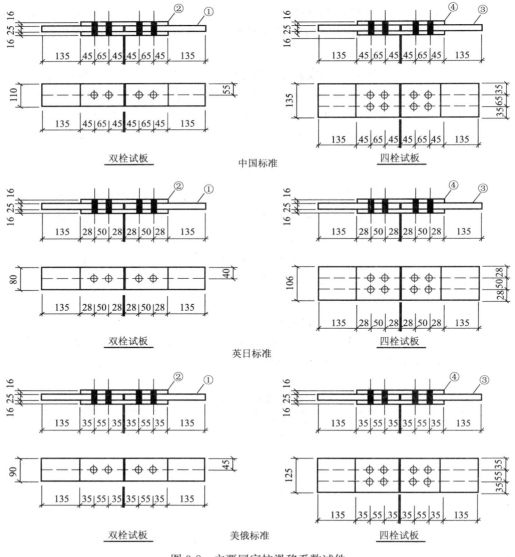

图3-8 主要国家抗滑移系数试件

（注：各试板 d_0 =22，钢板采用 Q345B 钢，10.9S 高强度螺栓）

同（25±2.5min），加载速度控制在 3.0±0.25kN/s。试验结果见表 3-7、表 3-8。

螺栓孔距对抗滑移系数影响试验结果（一） 表 3-7

二栓抗滑移试件

试件标准	英国、日本			美国、俄罗斯			中国		
试件编号	1	2	3	4	5	6	7	8	9
抗滑移力（kN）	268.4	245.8	259.6	248.6	235.2	243.2	226.1	222.5	228.1
抗滑移系数值	0.609	0.550	0.586	0.562	0.532	0.551	0.511	0.501	0.516
抗滑移系数值平均值	0.582			0.548			0.509		
比值	1.143			1.077			1.000		
螺栓孔距	50mm			55mm			65mm		

螺栓孔距对抗滑移系数影响试验结果（二） 表 3-8

四栓抗滑移试件

试件标准	英国、日本			美国、俄罗斯			中国		
试件编号	10	11	12	13	14	15	16	17	18
抗滑移力（kN）	553.1	547.4	525.2	526.5	535.9	505.2	542.3	446.5	482.8
抗滑移系数值	0.622	0.619	0.593	0.594	0.607	0.571	0.610	0.505	0.546
抗滑移系数值平均值	0.611			0.591			0.554		
比值	1.103			1.067			1.000		
螺栓孔距	50mm			55mm			65mm		

从试验数据可以看出：

（1）四栓试件测得的抗滑移系数要比双栓试件高一些，平均高 7.1%。

（2）二栓和四栓全部试件，孔距增大，抗滑移系数略有降低，英日和美俄规定的孔距最小值比中国标准规定值小些，其抗滑移系数值要大些，其中，对于四栓试件而言，分别比中国高 10.3% 和 6.7%；二栓试件则分别比中国高 14.3% 和 7.7%。

对高强度螺栓连接抗滑移试验，欧美国家规范规定：螺栓应至少被拧紧 18h 后方可进行试验；在一些特殊情况下，试验可以在拧紧后 2h 进行，但用以确定滑移系数的滑移荷载应为试验结果的 95%。日本和台湾地区的规范规定，应在螺栓紧固完毕 24h 后进行抗滑移系数测定试验。我国规范未对时间间隔作出规定，根据试验室条件和习惯做法，一般在螺栓紧固后即进行抗滑移试验，时间间隔为 0.3~1.0h。

3.4 螺栓孔型系数

3.4.1 螺栓孔型尺寸

在高强度螺栓摩擦型连接中，现行《钢结构设计规范》（GB 50017—2003）规定，螺栓孔的孔径比螺栓公称直径大 1.5～2.0mm，在《钢结构高强度螺栓连接的设计、施工及验收规程》（JGJ 82—1991）中规定，当螺栓公称直径在 12mm 和 16mm 时，孔径可大 1.5mm；当螺栓公称直径为 20mm、22mm、24mm 时，孔径可大 2.0mm；当螺栓公称直径为 27mm 和 30mm 时，孔径可大 3.0mm。这主要考虑连接面一旦产生滑移，便可很快进入螺栓受剪和钢板承压受力状态，尽可能减小结构位移。在此前提下，钢构件的加工要求螺栓孔的孔径、孔的圆度、垂直度、孔间距（同组孔任意两孔的距离和相邻两组端孔的间距）达到较高的精度，安装时高强度螺栓应能自由穿入。在一个钢结构工程中，要求螺栓百分之百能自由穿入，往往难以做到。如偏差较大，常采用补焊方法将原孔垫实，表面打磨光滑后重新钻孔，这种处理很费事，也会损伤连接表面的原处理质量。若偏差较小，孔眼可用磨头或铰刀进行修整。按规定，修整孔的最大直径应小于 1.2 倍螺栓直径，也有的规定扩孔直径不得超过原孔径 2mm。扩孔会影响安装进度，加大现场安装困难，其所增加的可调节余量也十分有限。如将螺栓孔适当扩大，给制作和安装提供一个相对宽松的调节量，即使孔扩大后的抗滑移承载力下降，但只要在设计中予以合理考虑，将会取得较好的综合效果。对一些中小钢结构工程，如低层、多层框架、轻型工业厂房、轻钢民用住房，螺栓连接的抗剪承载力本身就不一定是设计控制的关键，加大孔径后增加的螺栓数量有限，给制作安装带来方便，同时也不致影响结构的安全性。为此在新修订的《钢结构高强度螺栓连接的设计，施工及验收规程》（JGJ 82—1991）中增加了采用扩大孔高强度螺栓连接的内容及相关设计计算参数。

高强度螺栓孔应在工厂钻孔成型。新规程规定的孔型分为标准圆孔、大圆孔和槽孔三类（表 3-9）。其中槽孔的长度介于美国《钢结构建筑规范》（AISC 2005）的短槽孔与长槽孔之间，主要依据钻头型号、成孔方法和安装连接尺寸偏差的需要而定。

孔型尺寸（mm）　　　　　　　　　　　　　　　　　　　　表 3-9

螺栓公称直径		M12	M16	M20	M22	M24	M27	M30
孔型	标准圆孔直径	13.5	17.5	22	24	26	30	33
	大圆孔直径	15	20	25	28	30	35	38
	槽孔　短向尺寸	13.5	17.5	22	24	26	30	33
	槽孔　长向尺寸	22	30	37	40	45	50	55

大圆孔和槽孔通称为扩大孔，槽孔又分为孔长向与受力方向垂直和孔长向与受力方向平行两种情况。采用扩大孔时，一般是芯板和盖板用同种型号扩大孔，这是基本组合；也可采用芯板为扩大孔，盖板为标准孔；还可采用芯板为标准孔，盖板为扩大孔。与之配套使用的垫圈仍可采用单个标准垫圈，也可采用加厚垫圈（厚度增至 6～8mm，其他尺寸和材质与原标准垫圈相同）或双标准垫圈。还可采用厚垫板（厚板为 10mm 以上的钢垫板，单个螺栓厚垫板的尺寸为 2.5d×2.5d）。不同的孔型和不同的连接匹配，抗滑移承载力是不同的，以下介绍试验和分析情况。

3.4.2　芯板和盖板为同种扩大孔时高强度螺栓连接的抗滑移性能

为掌握采用扩大孔后高强度螺栓连接抗滑移性能的降低情况，给修订规程提供试验依据，进行了标准孔、大圆孔、槽孔的抗滑移性能对比试验。本次试验包括标准孔 3 套，3 种孔径的大圆孔 9 套，槽孔 6 套。抗滑移试验采用双摩擦面的二栓拼接拉力试件，采用 M20、10.9S 高强度螺栓，试板材质为 Q345B，全部试板取自同一张钢板，同批制作。采用相同的摩擦面处理工艺，在大型抛丸机内喷钢丸（加 30％钢丝切丸）一次性专门处理，具有相同的表面状态。试板宽度取为 120mm，芯板厚度为 20mm，盖板厚度为 12mm。试板板面经压力机矫平，孔边和板边无飞边、毛刺。孔型尺寸如图 3-9 所示。

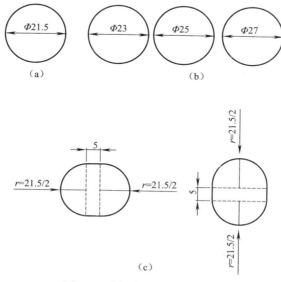

图 3-9　试板孔型尺寸（中国）
(a) 标准孔；(b) 大圆孔；(c) 槽孔

　　根据目前收集到的资料，美国于 1968 年由 Ronald N. Allan 与 W. Fisher 进行了大圆孔与槽孔高强度螺栓连接试验。试件由 2 个直径为 1in 的 A325 螺栓连接 4 块钢板组成，全部试板采用厚度为 1in 的 A36 钢板制作，钢材出自同一炉批。钢板表面只作清除氧化皮处理，不作为提高抗滑移能力的喷砂（丸）处理，孔型尺寸如图 3-10 所示。

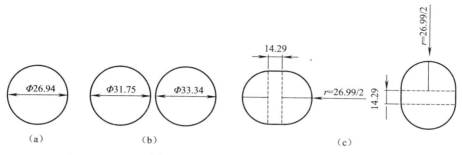

图 3-10　试板孔型尺寸（美国）
(a) 标准孔；(b) 大圆孔；(c) 槽孔

　　中美两方试验时对连接面的处理方法是不同的，基本符合各自的实际施工情况。前者要求达到的抗滑移系数值较高，后者则考虑方便施工，不对连接面专门处理。试板的孔型尺寸也略有不同，后者的可调节范围更大一些。试验时各方对各自试板螺栓所施加的预拉力值是一致的。全部试验数据列于表 3-10 和表 3-11。

孔型	孔的尺寸（mm）	抗滑移系数试验值	扩大孔抗滑移系数试验值 / 标准孔抗滑移系数试验平均值
标准孔	Φ（20+1.5）	0.496 0.536 0.518	≈1.000
大圆孔	Φ（20+3.0）	0.468 0.497 0.506	0.907 0.963 0.981
	Φ（20+5.0）	0.466 0.517 0.491	0.903 1.002 0.952
	Φ（20+7.0）	0.462 0.493 0.500	0.895 0.955 0.969
槽孔	短向 Φ（20+1.5），长向 Φ（20+1.5）+5.0，拉力与槽长向垂直	0.453 0.463 0.442	0.878 0.897 0.857
	短向 Φ（20+1.5），长向 Φ（20+1.5）+5.0，拉力与槽长向平行	0.456 0.437 0.448	0.884 0.847 0.868

孔型	孔的尺寸（mm）	抗滑移系数试验值	扩大孔抗滑移系数试验值 / 标准孔抗滑移系数试验平均值
标准孔	Φ（25.4+1.59）	0.285 0.293 0.283	≈1.000
大圆孔	Φ（25.4+6.35）	0.263 0.290 0.312	0.916 1.010 1.087
		0.290 0.277 0.274	1.010 0.965 0.955
	Φ（25.4+7.94）	0.264 0.238 0.222	0.920 0.829 0.774

孔型	孔的尺寸（mm）	抗滑移系数试验值	扩大孔抗滑移系数试验值 标准孔抗滑移系数试验平均值
槽孔	短向 Φ （25.4＋1.59），长向 Φ （25.4＋1.59）＋14.29	0.237 0.192 0.250	0.826 0.669 0.871
		0.200 0.221 0.223	0.697 0.770 0.777
		0.184 0.190 0.215	0.641 0.662 0.749

　　为使这二批数据能合在一起，以扩大孔与标准孔的面积之比 x 为横坐标，以扩大孔与标准孔的抗滑移系数之比 y 为纵坐标（y 即抗滑移系数降低的比例），将全部试验数据画在一张图上（图 3-11），可以看出其基本规律是，随孔的面积增大，抗滑移系数呈下降趋势。对试验数据点进行直线和曲线拟合后，得出：

$$y = 1.26284 - 0.24872x$$

$$标准差：\sigma = 0.06386$$

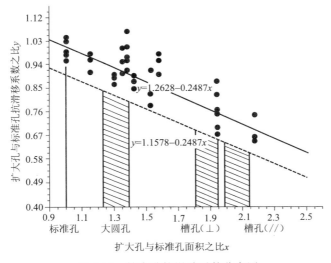

图 3-11　扩大孔抗滑移系数分布图

　　槽孔的长向与受力方向平行或是垂直，其孔的面积是一样的，理论上应具有相同抗滑移系数，实际试验结果是孔长与受力方向平行时降低了，这说明连接面受剪方向不同时，孔边的应力是有差别的，孔长与力平行时孔边的应力要大，因此先行破坏。从安全的角度出发，垂直时连接面稍有滑移，螺栓及钢板就进入承压状态，而承压的承载力远大于摩擦的抗剪力。当孔长与受力方向平行时，只有滑移量很大时螺栓才与孔壁发生承压作用，此时结构严重变形，是设计所不允许的。孔长与力平行的抗滑移试验仅有中、美各一组，测得的抗滑移承载力为孔长与受力方向垂直时的 98％ 和 90％。为弥补平行槽孔试验数据的不足，后又单独加工了一套试板，试验得出的承载力与横槽孔相比降低了 7％。考虑平行槽孔抗滑移承载力的降低，作为近似处理，以孔面积增大至 1.07 倍后把试验点标记在数据统计图上，这样处理后抗滑移系数的下降趋势和试验点的分散情况与其他数据是相协调的。

根据表 3-9 规定的孔型尺寸，大圆孔与标准孔面积之比为 1.235～1.361（平均为 1.316），槽孔与标准孔面积之比为 1.789～1.931（平均为 1.857），槽长与受力方向平行时，其计算面积与标准孔面积之比为 1.968～2.124（平均为 2.043）。图 3-10 中的实线由试验数值的平均值统计得出，有 50% 的试验点位于直线的下方，图中的虚线为平均值统计值减去 1.645 倍标准差后的直线，具有 97.5% 的保证概率，足以满足设计安全度的要求，该直线方程为：$y = 1.15779 - 0.24872x$。

根据标准孔和三组扩大孔面积之比的变化范围，分别从实线和虚线上取相应的孔型系数（抗滑移系数的孔型折减系数），并列于表 3-12。

孔 型 系 数 表 3-12

孔型	具有 50% 保证率的统计值变动范围（括号内为平均值）	具有 97.5% 保证率的统计值变动范围（括号内为平均值）	具有 97.5% 保证率的平均值与标准孔之比	建议取值
标准孔	1.015	0.905	1.0	1.0
大圆孔	0.960～0.935（0.942）	0.853～0.817（0.835）	0.92	0.90
槽孔（孔长与受力垂直）	0.820～0.785（0.802）	0.708～0.675（0.691）	0.76	0.75
槽孔（孔长与受力平行）	0.775～0.740（0.757）	0.665～0.625（0.640）	0.71	0.65

以孔型系数来表达扩大孔连接抗滑移承载力的降低，扩大孔连接产生的不利影响主要表现在以下两个方面：

（1）高强度螺栓的预拉力降低。在相同预拉力下，仍用标准垫圈时，由于垫圈厚度和外径的限制，覆盖钢板的脱空部位加大，致使紧固螺栓时垫圈变形增大，螺栓的预拉力损失加大。螺栓的预拉力松弛损失测定共做了 16 件，分为 M20 和 M24 二组，每组包括标准孔、大圆孔和槽孔，测试时间为 18～32d，初始预拉力均为设计预拉力值。图 3-12 为 M20 螺栓各种孔型时的预拉力—时间松弛曲线。

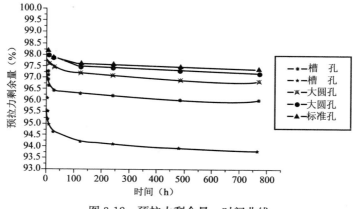

图 3-12　预拉力剩余量—时间曲线

从预拉力剩余量-时间曲线上,可以得出如下规律:高强度螺栓的预拉力损失是在短时间内完成的,其中50%的预拉力损失是在终拧后1h内完成的,约80%的预拉力损失发生在终拧后24h内。随着时间的增长,在5~6d(120~144h)后逐步趋于稳定,至15~30d(360~720h)可以认为已经稳定。同时,也可得出如下规律:随着螺栓孔尺寸的增大,高强度螺栓的预拉力损失也随之增加。与15~16d(360~384h)的松弛损失相比,预拉力损失的增大与孔面积的加大成直线下降的关系。可以得出,大圆孔与标准孔相比,螺栓的预拉力损失增加10%~20%,槽孔与标准孔相比预拉力损失增加50%~100%。

(2)由于螺栓孔扩大,通过垫圈(或盖板)传递到连接面上的有效受压面积减小。螺栓拧紧后,在螺栓孔周围钢板面上产生接触压力,随着孔的增大,孔周围钢板的有效面积减少,不仅平均压应力增加,且在孔边产生较高的压应力,受剪后首先从孔边压平磨光,从而降低了扩大孔的抗滑移承载力。

相同的预拉力下,通过螺栓传递到连接面上的总压力是一定的,不论孔的大小,在距螺杆某个距离之外,其压力分布相同,所不同的仅是螺栓周围。抗滑移试验完成后,打开连接面,在螺栓孔周围出现磨光发亮区,观察测量多组试件的连接滑移面,发现磨光发亮区均在以3d为直径的圆周内(d为螺栓公称直径),以此为有效受压面,根据表3-9规定的孔型尺寸,计算出标准孔、大圆孔和槽孔的有效受压面积,大圆孔、槽孔与标准孔相比,有效受压面积比为0.955和0.865,相应于此孔边应力增大。综合以上两个主要影响因素,可分析得出抗滑移系数的孔型系数与试验统计值基本一致。

3.4.3 不同孔型及匹配时的抗滑移性能

考虑安装误差调节的需要和构件(包括连接板)加工时制孔的方便,高强度螺栓采用扩大孔连接存在多种组合情况。上节讨论的芯板用扩大孔,盖板用同种扩大孔,采用标准垫圈,乃是扩大孔连接的一种基本匹配。此外,也可采用芯板为扩大孔,盖板仍采用标准孔,并采用标准垫圈,这种匹配在现场安装时修孔、扩孔工作量小,受力情况与标准连接接近。另外,也可用厚垫圈、双垫圈或设钢套板等办法来解决垫圈变形问题。对于不同的匹配进行了一些试验,以求为确定各种匹配下的孔型系数提供参考,也为现场处理孔偏差问题提供多种选择。试验仍采用双摩擦面的二栓拼接拉力试件,试板材质为Q345B,用M20、10.9S大六角头高强度螺栓,孔型按表3-9规定的尺寸开设。这批试板在抛丸机内先喷射钢丸除锈,后经喷射石英砂处理,石英砂的粒径及硬度通过对比试验选定,并严格控制喷射的压力、距离和角度,在标准状态(芯板盖板均为标准孔,并采用标准垫圈)的抗滑移系数较高,为0.65~0.70。

(1)芯板用扩大孔,盖板用标准孔,采用单个标准垫圈连接各种孔型时的抗滑移系数试验值(表3-13)。

孔型及匹配	芯板标准孔 盖板标准孔 单标准垫圈	芯板大圆孔 盖板标准孔 单标准垫圈	芯板槽型孔(⊥) 盖板标准孔 单标准垫圈	芯板槽型孔(∥) 盖板标准孔 单标准垫圈
抗滑移系数	0.69 0.65	0.70 0.69	0.69 0.68	0.68 0.69

芯板不同孔型时的抗滑移系数试验值(单标准垫圈)　　表3-13

此连接组合，垫圈的受力情况和在预拉力下的松弛损失等同于标准连接，同时由于盖板是标准孔，通过具有一定厚度盖板传递到连接面上的正压力较均匀，因此抗滑移系数并不降低，试验数据在同一分散带内，可以取用与标准匹配相同的抗滑移系数。

（2）盖板、芯板均匀扩大孔，采用厚垫圈的连接。

按国家标准《钢结构用高强度大六角头螺栓、大六角螺母、垫圈与技术条件》（GB/T1228～1231），M20 螺栓标准垫圈的公称厚度为 4.0mm，厚度最小值规定为 3.5mm，最大值规定为 4.8mm，表面硬度应为 HRC35～45。从市场上采购的 M20 垫圈，其厚度多数为 3.5～3.6mm，有少部分小于 3.5mm，个别垫圈的实测厚度仅为 2.8mm。本试验采用的垫圈实测厚度为 3.6mm，实测表面硬度 HRC 为 36～38。对 M20 螺栓试验用厚垫圈的厚度为 6.0mm，其他尺寸与标准垫圈相同，采用 45 号钢制成，经热处理后其表面硬度 HRC 为 37～42。盖板采用扩大孔后，垫圈的搁置面减少，脱空部位增大。增加垫圈厚度，可以减小自身的变形，减少螺栓轴力的损失，使连接面上的压力均匀一些。采用厚垫圈后，各种孔型时的抗滑移系数试验值见表 3-14。

不同孔型时的抗滑移系数试验值（厚垫圈） 表 3-14

孔型及匹配	芯板标准孔 盖板标准孔 单标准垫圈	芯板大圆孔 盖板标准孔 厚垫圈	芯板槽型孔（⊥） 盖板槽型孔（⊥） 厚垫圈	芯板槽型孔（∥） 盖板槽型孔（∥） 厚垫圈
抗滑移系数	0.69 0.65	0.72 0.69	0.63 0.70	0.62 0.63

从试验结果来看，在槽型孔时，采用现定的厚垫圈的厚度及垫圈尺寸，尚不足以弥补其搁置面小及自身变形大的不足，因此厚垫圈（对 M22 及其以下的螺栓、垫圈厚度取 6.0mm，M24～M30 采用 8.0mm 厚的垫圈，外径同标准垫圈）应用于槽型孔时，仍应乘以 0.9 的孔型折减系数，而应用于大圆孔时孔型折减系数取 1.0 即可。

（3）盖板、芯板均为扩大孔，采用双垫圈的连接。

所谓双垫圈就是两个标准垫圈重叠使用，使垫圈的刚度增加，这和厚垫圈属同一原理。在现场施工时，使用双垫圈可能更现实可行，便于解决临时产生的个别情况，试验结果见表 3-15。

不同孔型时的抗滑移系数试验值（双垫圈） 表 3-15

孔型及匹配	芯板标准孔 盖板标准孔 单标准垫圈	芯板大圆孔 盖板大圆孔 双垫圈	芯板槽型孔（⊥） 盖板槽型孔（⊥）双垫圈
抗滑移系数	0.69 0.65	0.73 0.70	0.64 0.68

从试验来看，在大圆孔时，双垫圈和厚垫圈一样，已能有效弥补大圆孔抗滑移系数降低的影响，但对槽型孔，也同厚垫圈一样，仍应考虑 0.9 的孔型折减系数。

（4）芯板标准孔，盖板扩大孔，采用标准垫圈的连接。

钢构件上的板件一般是被连接的芯板，如用槽型扩大孔，就难以在构件制作流水线上利用数控钻床一次钻孔成型。盖板一般是连接件，可以作为小件专门加工，便于槽型孔的开设。因此芯板用标准孔，盖板用扩大孔的连接便于工厂加工，同时也为安装提供一定的可调节量。盖板为扩大孔时，虽未做试验，据前述分析，影响抗滑移性能因素主要取决于盖板的孔型及匹配垫圈，它与芯板、盖板均为扩大孔的相同，因此可以采用表 3-12 的孔型系数。

3.4.4　结论和建议

（1）高强度螺栓孔径应按表 3-16 匹配。

孔型尺寸（mm） 表 3-16

螺栓公称直径			M12	M16	M20	M22	M24	M27	M30
孔型	标准圆孔直径		13.5	17.5	22	24	26	30	33
	大圆孔直径		15	20	25	28	30	35	38
	槽孔	短向尺寸	13.5	17.5	22	24	26	30	33
		长向尺寸	22	30	37	40	45	50	55

（2）不得在同一个连接摩擦面的盖板和芯板同时采用扩大孔型（大圆孔、槽孔）。

（3）当盖板按大圆孔、槽孔制孔时，应增大垫圈厚度或采用孔径与标准垫圈相同的连续型垫板。垫圈或连续垫板厚度应符合以下要求：

1）M24 及以下规格的高强度螺栓连接副，垫圈或连续垫板厚度不宜小于 8mm；

2）M24 以上规格的高强度螺栓连接副，垫圈或连续垫板厚度不宜小于 10mm；

3）冷弯薄壁型钢结构，垫圈或连续垫板厚度不宜小于连接板（芯板）厚度。

（4）孔型系数：标准孔取 1.0；大圆孔取 0.85；荷载与槽孔长方向垂直时取 0.7；荷载与槽孔长方向平行时取 0.6。

以上建议适用于新设计时就采用扩大孔并取用相应孔型系数的情况。在钢结构制作或安装过程中，当发生偏差而要修孔、扩孔时，也可为核算扩孔后的抗剪承载力提供相关设计参数。还可为扩孔后仍要保证一定的抗剪承载力提出一些可供选用的处理措施。

3.5　连接接头设计

（1）摩擦型连接接头中，每个高强度螺栓的抗剪承载力设计值应按下式计算：

$$N_v^b = k_1 k_2 n_f \mu P$$

式中　k_1——系数；对冷弯薄壁型钢结构（板厚 $t \leqslant 6mm$）时取 0.8；其他情况取 0.9；

　　　k_2——孔型系数；标准孔取 1.0，大圆孔取 0.85；荷载与槽孔长方向垂直时取 0.7，荷载与槽孔长方向平行时取 0.6；

　　　n_f——传力摩擦面数目；

　　　μ——摩擦面的抗滑移系数，按表 3-17、表 3-18 采用；

　　　P——每个高强度螺栓的预拉力设计值，按表 3-19 采用。

钢材摩擦面的抗滑移系数 μ 表 3-17

连接处构件接触面的处理方法		构件的钢号			
		Q235	Q345	Q390	Q420
普通钢结构	喷砂（丸）	0.45	0.50		0.50
	喷砂（丸）后生赤锈	0.45	0.50		0.50
	钢丝刷清除浮锈或未经处理的干净轧制表面	0.30	0.35		0.40
冷弯薄壁型钢结构	喷砂（丸）	0.40	0.45	—	—
	热轧钢材轧制表面清除浮锈	0.30	0.35	—	—
	冷轧钢材轧制表面清除浮锈	0.25	—	—	—

注：1. 钢丝刷除锈方向应与受力方向垂直。

　　2. 当连接构件采用不同钢号时，μ 应按相应的较低值取值。

　　3. 采用其他方法处理时，其处理工艺及抗滑移系数值均需要试验确定。

涂层摩擦面的抗滑移系数 μ 表 3-18

涂层类型	钢材表面处理要求	涂层厚度（μm）	抗滑移系数
无机富锌漆	Sa2 $\frac{1}{2}$	60～80	0.40 *
锌加底漆（ZINGA）			0.45
防滑防锈硅酸锌漆			0.45
聚氨酯富锌底漆或醇酸铁红底漆	Sa2 及以上	60～80	0.15

注：1. 当设计要求使用其他涂层（热喷铝、镀锌等）时，其钢材表面处理要求、涂层厚度以及抗滑移系数均需要试验确定。

　　2. * 当连接板材为 Q235 钢时，对于无机富锌漆涂层抗滑移系数 μ 值取 0.35。

一个高强度螺栓的预拉力 P 设计值（kN） 表 3-19

螺栓的性能等级	螺栓规格						
	M12	M16	M20	M22	M24	M27	M30
8.8S	45	80	125	150	175	230	280
10.9S	55	100	155	190	225	290	355

（2）受剪作用的轴心受力构件在高强度螺栓摩擦型连接处板的强度应按下式计算：

$$\sigma = \frac{N'}{A_n} \leqslant f$$

$$\sigma = \frac{N}{A} \leqslant f$$

式中　N——轴心拉力或轴心压力；

　　　N'——折算轴力，$N' = \left(1 - 0.5\frac{n_1}{n}\right)N$；

　　　A_n——计算截面处构件净截面面积；

A——计算截面处构件毛截面面积；

n_1——计算截面（最外列螺栓处）上高强度螺栓数；

n——在节点或拼接处，构件一端连接的高强度螺栓数。

（3）在构件节点或拼接接头的一端，当螺栓沿受力方向连接长度 l_1 大于 $15d_0$ 时，螺栓承载力设计值应乘以折减系数 $\left(1.1-\dfrac{l_1}{150d_0}\right)$。当 l_1 大于 $60d_0$ 时，折减系数为 0.7，d_0 为相应的标准孔孔径。

第4章 受拉剪组合作用的摩擦型连接接头

4.1 试验情况

4.1.1 试件类型

试件共分六种，其类型和试件数量见表 4-1。

	试件类型汇总表		表 4-1
序 号	类 型	数 量	备 注
1	双剪摩擦面抗滑移试件	6	
2	单剪摩擦面抗滑移试件	6	
3	$\theta=60°$夹角拉剪试件	10	夹角值 θ 是指外加拉力与螺栓轴方向的夹角
4	$\theta=45°$夹角拉剪试件	10	
5	$\theta=30°$夹角拉剪试件	10	
6	$\theta=15°$夹角拉剪试件	10	

4.1.2 试件材料

试件连接板材均采用 Q235，厚度为 10mm 和 20mm 两种，其机械性能见表 4-2。

	试件板材机械性能测试结果			表 4-2	
材质	板厚（mm）	屈服点（kN/mm²）	抗拉强度（kN/mm²）	伸长率（%）	屈强比
Q 235	10	225.0	387.1	29.2	0.58
	20	173.0	314.7	28.6	0.55

注：试验采用 10.9S、M20 高强度螺栓连接副。

4.1.3 试验设备

试验在拉力试验机上进行，在试验中记录荷载从零至滑移各级荷载下的螺栓轴力值，以及连接板的相对滑移量。连接的变形—荷载曲线由试验机自动记录。使用的仪器为螺栓轴力传感器（压力环）、YJ-5 静态电阻应变仪。滑移量通过电测位移计。滑移量通过电测位移计、动态电阻应变仪、X-Y 函数记录仪自动记录。螺栓轴力传感器在试验前进行了标定。

4.2 双剪摩擦面接头抗滑移试验

4.2.1 试件及试验过程

双摩擦面连接试件共为 6 个，其尺寸见图 4-1。试件组装时，拧紧高强螺栓，用门形卡具电测位移计测定板层间的滑移。测点布置见图 4-2。将试件置于试验机上开始加荷。荷载间隔是每级 50kN，快到滑移时每级 20kN。

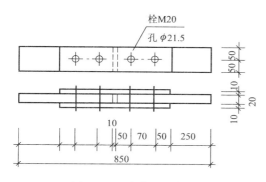

图 4-1　双摩擦面试件

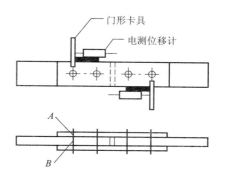

图 4-2　测点布置（A、B 两点的相对滑移）

图 4-3 表示双摩擦面连接试件的变形—荷载典型曲线。由图中可以看出，连接在滑移前，变形与荷载成直线关系，连接处于弹性状态。而当连接第一次滑移时，曲线急剧下降，说明连接一端的突然滑移使整个连接变形随之突然加大，引起试验机卸载。随后荷载增加，使连接另一端也发生滑移，引起试验机第二次卸载。这以后荷载又继续增加，连接进入承压状态。

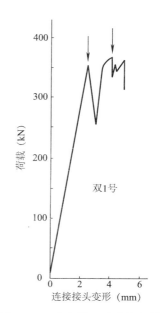

图 4-3　双剪摩擦面连接接头荷载—变形（1号试件）试验曲线

4.2.2 试验结果

试验结果见表 4-3，其中抗滑移系数按照下式计算：

$$\mu = \frac{F}{z \sum P_i} \qquad (4\text{-}1)$$

式中　F——接头滑移荷载；

　　　P_i——接头中每个螺栓预拉力值（$i=1,2$）。

<table>
<thead>
<tr><td rowspan="3">序号</td><td rowspan="3" colspan="2">滑移荷载 F（kN）</td><td colspan="3">螺栓轴力（kN）</td><td>抗滑移系数</td></tr>
</thead>
</table>

双剪摩擦面抗滑移试验结果　　　　　　　　表 4-3

序号	滑移荷载 F（kN）		滑移前接头 螺栓预拉力 $\sum P_i$	滑移后接头 螺栓轴力 $\sum N_i$	$\dfrac{\sum N_i - \sum P_i}{z \sum P_i}$	抗滑移系数 $\mu = \dfrac{F}{2\sum P_i}$ （i＝1，2）
1	左端接头	347.4	330.3	259.21	−21.5	0.5260
	右端接头	369.5	310.2	223.0	−28.1	0.5956
2	左端接头	333.2	329.3	235.7	−28.4	0.5060
	右端接头	362.6	339.2	232.3	−31.5	0.5345
3	左端接头	364.1	342.5	248.9	−27.3	0.5315
	右端接头	374.4	354.8	212.7	−40.0	0.5276
4	左端接头	358.7	303.3	223.0	−26.5	0.5913
	右端接头	375.3	331.2	203.8	−38.5	0.5666
5	左端接头	385.1	335.7	193.1	−42.5	0.5737
	右端接头	385.1	340.1	199.9	−41.2	0.5663
6	左端接头	349.9	298.9	219.5	−26.6	0.5852
	右端接头	349.9	339.1	248.4	−26.7	0.5159

从试验结果得出：抗滑移系数平均值是 0.5517，离散系数 5.7%。统计结果表明，具有 97.5% 保证率的抗滑移系数值（平均值减去两倍均方差）为 0.4888，比规范规定值 0.45 高 8.6%。

螺栓轴力是随着荷载增加而减少的，到滑移时降低量为预拉力的 21.5%～42.5%，平均降低 31.6%。这是由于连接受拉伸荷载沿板厚方向的收缩而引起的。典型的螺栓轴力变化见图 4-4。

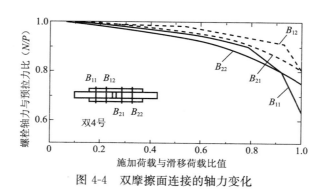

图 4-4　双摩擦面连接的轴力变化

4.3 单剪摩擦面接头抗滑移试验

4.3.1 试件与试验过程

在拉剪连接试件的试验中，试件均为一个摩擦面的连接。为了比较，进行了6个单摩擦面连接的滑移试验。试件尺寸见图4-5。试件的组装、螺栓的紧固、使用的仪器以及荷载间隔均与双摩擦面连接试件的试验相同。

加荷后，随着荷载的增加，搭接板中间部分逐渐弯曲，两边连接板也稍有弯曲，到将要滑移时，弯曲现象已很明显，而且在滑移时，试件发出"嘣嘣"的响声。这是由于板接触面传递的剪力与所受到的外力不在一个平面内，即试件偏心受力，且连接板抗弯力度不是充分大，所以偏心力使连接板发生弯曲，且有相互压紧的趋势，故在滑移时发出"嘣嘣"的响声。

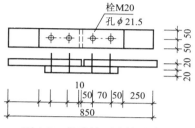

图 4-5 单摩擦面连接试验

从连接变形—荷载曲线（图4-6）来看，滑移前近乎直线，滑移时产生卸荷现象，连接变形量与双摩擦面连接试验情况接近。

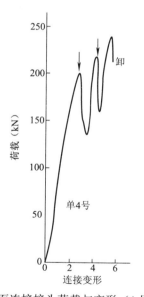

图 4-6 单剪摩擦面连接接头荷载与变形（4号试件）试验曲线

4.3.2 试验结果

试验结果见表4-4，其中抗滑移系数是按照下式计算：

$$\mu = \frac{F}{\sum P_i} \qquad (4\text{-}2)$$

式中 F——接头滑移荷载；

P_i——接头中每个螺栓预拉力值（$i=1，2$）。

単剪摩擦面抗滑移试验结果 表 4-4

序号	滑移荷载 F（kN）		螺栓轴力（kN）			抗滑移系数
			滑移前接头 螺栓预拉力 $\sum P_i$	滑移后接头 螺栓轴力 $\sum N_i$	$\dfrac{\sum N_i - \sum P_i}{z\sum P_i}$	$\mu = \dfrac{F}{\sum P_i}$ $(i=1, 2)$
1	左端接头	213.2	318.0	227.4	−28.5%	0.6703
	右端接头	230.3	355.3	248.4	−30.3%	0.6483
2	左端接头	205.8	317.0	225.9	−28.7%	0.6491
	右端接头	219.5	332.2	230.8	−30.5%	0.6608
3	左端接头	209.2	314.1	219.5	−30.1%	0.661
	右端接头	220.5	310.5	223.0	−28.1%	0.7109
4	左端接头	193.6	307.2	230.3	−25%	0.6300
	右端接头	213.6	330.8	231.3	−30%	0.6459
5	左端接头	195.0	300.9	228.8	−23.9%	0.6482
	右端接头	204.8	323.9	228.8	−29.3%	0.6324
6	左端接头	189.6	279.8	209.2	−25.2%	0.6778
	右端接头	213.2	340.6	249.4	−26.8%	0.6259

从试验结果得出：抗滑移系数平均值为 0.6555，离散系数 3.6%。统计结果表明，具有 97.5%保证率的抗滑移系数值（平均值减去两倍均方差）为 0.6080，比双摩擦面接头高 24.4%，主要原因是由于试件偏心受力造成接替滑移的力是外荷载的分力，而抗滑移系数是以外荷载计算的。

螺栓轴力变化见图 4-7，在接头滑移时，螺栓轴力降低 23.9%～30.5%，平均降低 28.0%，比双摩擦面接头螺栓轴力平均降低量 31.6%要小。

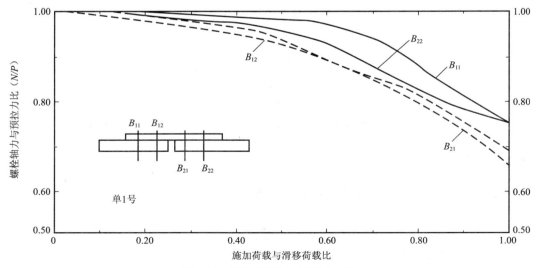

图 4-7 单摩擦面连接的轴力变化

4.4 拉剪组合作用下连接接头抗滑移试验

4.4.1 试件及试验过程

为在拉力试验机上实现拉力与剪力的组合作用,将试件设计成图 4-8 所示的形状。试件按螺栓轴方向与外加荷载 N_f 方向所组成的夹角,分 60°、45°、30°、15°四种试件共 40 个接头。连接所受到的拉力与剪力由外加荷载 N_f 依试件的角度 θ 向两个相垂直方向上投影而得到。

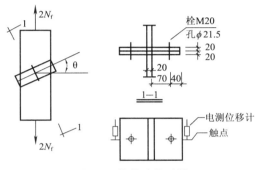

图 4-8 拉剪连接试件

螺栓轴力的变化仍用压力环及静态电阻应变仪测量,滑移量以电测位移计通过动态电阻应变仪与 X-Y 函数记录仪自动记录,荷载以每段 50kN 的间隔增加,接近滑移时,以每级 20kN 增加,接头滑移后停止试验。

4.4.2 试验结果

1. 60°试件的试验

这种试件承受的剪力比压力大,拉剪比约为 0.58:1。试件在加荷后一段时间内,端板接触面间没有相对滑移产生。直到某一荷载值时,端板突然错开,产生相对滑移。这突然的滑移变形引起了试验机的卸载,但没有发出"嘣嘣"的响声。螺栓轴力呈现逐渐减少的趋势,到滑移时降低 5.5%～11%,平均降低 8%。在滑移时连接板材只有相对滑移,而没有张开。从滑移后摩擦面的情况来看,在螺栓孔周围和连接板中间区域有磨光发亮的痕迹,这说明连接板材受压力影响不大,在滑移时仍未张开。

试验结果见表 4-5,其中采用双摩擦面抗滑移系数平均值 $\mu = 0.5517$。

60°夹角拉剪试件试验结果 表 4-5

序号	螺栓预拉力	接头滑移荷载	接头滑移时剪力	接头滑移时拉力	(1)	(2)	(1) + (2)
	P (kN)	N (kN)	N_v (kN)	N_t (kN)	$N_v/N_{vb}=N_v/0.5517P$	$N_t/N_{tb}=N_t/0.8P$	
1	159.5	107.8	93.4	53.9	1.0614	0.4224	1.4838
2	163.7	114.7	99.3	57.4	1.0995	0.4383	1.5378

序号	螺栓预拉力	接头滑移荷载	接头滑移时剪力	接头滑移时拉力	(1)	(2)	(1) + (2)
	P (kN)	N (kN)	N_v (kN)	N_t (kN)	$N_v/N_{vb}=N_v/0.5517P$	$N_t/N_{tb}=N_t/0.8P$	
3	187.4	117.6	101.8	58.8	0.9846	0.3922	1.3768
4	149.5	103.4	89.5	51.7	1.0851	0.4323	1.5174
5	186.2	119.6	103.6	59.8	1.0085	0.4015	1.4100
6	166.8	108.3	93.8	54.2	1.0193	0.4062	1.4255
7	182.8	121.7	105.4	60.9	1.0451	0.4164	1.4615
8	177.9	119.3	103.3	59.7	1.0525	0.4195	1.4720
9	161.9	107.8	93.4	53.9	1.0457	0.4162	1.4618
10	152.1	99.5	86.2	49.8	1.0272	0.4093	1.4365
均值 $\overline{X}$	168.8	112.0	97.0	56.0	1.0429	0.4154	1.4583
均方差 σ	13.92	7.62	6.59	3.81	0.0347	0.0139	0.0485
$\overline{X}-2\sigma$	141.0	96.8	83.8	48.4	0.9735	0.3876	1.3613

2. 45°试件的试验

这种试件的拉剪比为 1:1，即拉力与剪力同时等量增加。加荷后一段荷载间隔内，连接板间没有相对滑移（相对滑移是指在螺栓处的板间相对滑移）。当到某一荷载值时，连接试件突然产生滑移，使试验机卸载，指针回转。部分试件出现扭转现象，即连接腹板的两侧不是同时滑移，而是一侧先开始滑移，另一侧后滑移，但相隔的荷载不大，几乎是在同一个荷载级上先后滑移。这说明试件在制作以及组装过程中造成了偏心。为改善这种状况，在试件连接板一端打了一个 ϕ26 的孔，用一个螺栓来传递荷载，这样做以后偏心的情况有所改善。对于两边滑移有先后的试件，将先滑移时对应的荷载定为滑移荷载。

螺栓轴力随着荷载的增加呈现下降的趋势，到连接滑移时降低 6.7%～12.0%，平均降低 8.6%。这种试件共有 8 个试验结果，见表 4-6。

45°夹角拉剪试件试验结果 表 4-6

序号	螺栓预拉力	接头滑移荷载	接头滑移时剪力	接头滑移时拉力	(1)	(2)	(1) + (2)
	P (kN)	N (kN)	N_v (kN)	N_t (kN)	$N_v/N_{vb}=N_v/0.5517P$	$N_t/N_{tb}=N_t/0.8P$	
1	170	98.8	69.9	69.9	0.7453	0.5140	1.2593
2	149	96.8	68.5	68.5	0.8333	0.5747	1.4080
3	157.5	107.8	76.2	76.2	0.8769	0.6048	1.4817
4	161.7	110.7	78.3	78.3	0.8777	0.6053	1.4830
5	179.1	119.4	84.4	84.4	0.8542	0.5891	1.4432
6	170.2	110.7	78.3	78.3	0.8339	0.5751	1.4089

序号	螺栓预拉力	接头滑移荷载	接头滑移时剪力	接头滑移时拉力	(1)	(2)	(1)＋(2)
	P (kN)	N (kN)	N_v (kN)	N_t (kN)	$N_v/N_{vb}=N_v/0.5517P$	$N_t/N_{tb}=N_t/0.8P$	
7	137.9	91.9	65	65	0.8544	0.5892	1.4436
8	158	100.5	71.1	71.1	0.8157	0.5625	1.3782
均值 $\overline{X}$	160.4	104.6	74.0	74.0	0.8364	0.5768	1.4132
均方差 $\bar{\sigma}$	13.04	9.07	6.4	6.4	0.0427	0.0294	0.0721
$\overline{X}-2\bar{\sigma}$	134.3	86.5	61.2	61.2	0.751	0.518	1.269

3. 30°试件的试验

这种试件拉力大于剪力，9个试件在滑移前均有张开变形，主要是连接板中间部分的张开，螺栓处连接板并未分离，在滑移时，仍然要引起试验机的卸载。从滑移后连接板面的照片来看，只有螺栓处出现磨光发亮的痕迹，中间部分则没有，说明在滑移时中间部分已经不接触了。试验数据见表4-7。

30°夹角拉剪试件试验结果

表4-7

序号	螺栓预拉力	接头滑移荷载	接头滑移时剪力	接头滑移时拉力	(1)	(2)	(1)＋(2)
	P (kN)	N (kN)	N_v (kN)	N_t (kN)	$N_v/N_{vb}=N_v/0.5517P$	$N_t/N_{tb}=N_t/0.8P$	
1	168.3	111.5	55.8	96.6	0.6010	0.7175	1.3184
2	142.1	98	49	84.9	0.6250	0.7468	1.3719
3	156	115.3	57.7	99.8	0.6704	0.7997	1.4701
4	154.8	122.5	61.3	106.1	0.7178	0.8568	1.5745
5	150.9	117.6	58.8	101.8	0.7063	0.8433	1.5496
6	148.5	121.2	60.6	105	0.7397	0.8838	1.6235
7	153.6	123.8	61.9	107.2	0.7305	0.8724	1.6029
8	189.6	131.3	65.7	113.7	0.6281	0.7496	1.3777
9	178.6	119.6	59.8	103.6	0.6069	0.7251	1.3320
均值 $\overline{X}$	160.3	117.9	59.0	102.1	0.6857	0.8187	1.5043
均方差 $\bar{\sigma}$	15.45	9.31	4.66	8.05	0.0555	0.0663	0.1218
$\overline{X}-2\bar{\sigma}$	129.4	99.3	49.7	86	0.5747	0.6861	1.2607

4. 15°试件的试验

这种试件所承受的拉力与剪力之比为1：0.27。加荷后，随着荷载的增加，连接的张开变形（平行于栓轴方向板材接触面间的变形）也随着增大，滑移变形很小，而且是渐渐增大的，没有突然滑移的卸载现象。从连接板的接触面来看，也没有被磨光发亮的区域，这说明15°的拉剪连接，其板间压力已很小，不能将接触面局部压屈，所以其抗滑动力就变得很小。从试验也可看出，这种角度的连接，其变形主要是张开变形很大，滑移变形是很小的。这主要是由于连接板在拉力增大发生弯曲变形所致，即端板的抗弯刚度不够，而发生弯曲。

因为15°的拉剪连接试件没有发生突然滑移的现象，所以其滑移荷载只能依滑移量的取值来确定。滑移变形—荷载曲线见图4-9。单摩擦面与双摩擦面的连接试件，在发生突然滑移（主滑移）时，滑移量最小的也超过1.0mm。最大量等于螺栓直径与螺栓孔径的间隙量，与其相对比，取相当于精致高强度螺栓承压型连接的空隙量0.3mm作为连接滑移的标志，取此时的荷载作为滑移荷载。其数据见表4-8。

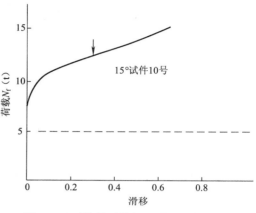

图4-9　15°拉剪试件的滑移—荷载曲线

在滑移值为0.3mm时的螺栓轴力平均增加为预拉力的20.7%，此时螺栓轴向外拉力$T=0.8P$。这样，为了不使螺栓轴力增加太多，应限制螺栓轴向外拉力$T<0.8P$。

15°夹角试验结果见表4-8。

15°夹角拉剪试件试验结果 表4-8

序号	螺栓预拉力	接头滑移荷载	接头滑移时的剪力	接头滑移时的拉力	(1)	(2)	(1)＋(2)
	P (kN)	N (kN)	N_v (kN)	N_t (kN)	$N_v/N_vb=N_v/0.5517P$	$N_t/N_tb=N_t/0.8P$	
1	163.7	125	32.4	120.8	0.3588	0.9224	1.2812
2	173	122.5	31.7	118.3	0.3321	0.8548	1.1869
3	166.6	137.2	35.5	132.5	0.3862	0.9941	1.3804
4	176.7	123.9	32.1	119.7	0.3293	0.8468	1.1761
5	170.3	137.2	35.5	132.5	0.3778	0.9725	1.3504
6	155.3	127.4	33	123.1	0.3852	0.9908	1.3760
7	170.5	121.3	31.4	117.2	0.3338	0.8592	1.1930
均值 $\overline{X}$	168.0	127.8	33.1	123.4	0.3576	0.9201	1.2777
均方差 $\overline{\sigma}$	7.00	6.71	1.73	6.46	0.0258	0.07	0.09
$\overline{X}-2\overline{\sigma}$	154	114.4	29.6	110.5	0.306	0.7801	1.0977

4.4.3　试验结果分析

1. 拉剪连接中拉力与剪力的相关关系

将试验结果采用最小二乘法线性回归后，结果列入图4-10。其中横坐标为接头滑移

时剪力 N_v 与抗滑承载力 N_v^b 比值，纵坐标为接头滑动时拉力 N_t 与螺栓抗拉承载力 N_t^b 比值，具体数据为：

$$N_v^b = \mu P = 0.5517P$$
$$N_t^b = 0.8P$$

从图 4-10 可以明显看出，接头滑移时，N_v/N_v^b 与 N_t/N_t^b 呈线性关系，线性关系系数达到 0.915。其中实线（——）为试验结果回归均值线；虚线（----）为具有 97.7% 保证率的下限，即由试验结果均值线减去两倍均方差后得到；而点划线（—·—·—）为目前我国规范所采纳的计算公式，即：

$$\frac{N_v}{N_v^b} + \frac{N_t}{N_t^b} = 1 \tag{4-3}$$

美国等国采纳双点划线（—··—··—）相关线作为计算公式的依据，即：

$$\left(\frac{N_v}{N_v^b}\right)^2 + \left(\frac{N_t}{N_t^b}\right)^2 = 1 \tag{4-4}$$

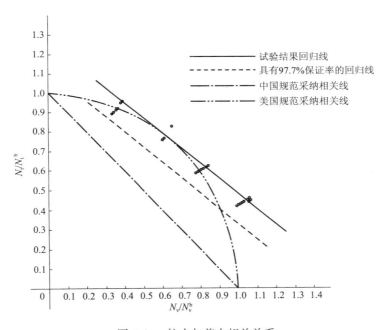

图 4-10 拉力与剪力相关关系

从图 4-10 可以看出，我国规范所采用的计算公式（4-3）是偏于安全和保守的，随着更深入地研究和工程应用，我国规范还有提高的余地。

2. 接头滑移时，螺栓轴力的变化规律

单纯受剪的试验螺栓轴力都是降低的，单摩擦面受剪试验螺栓轴力平均降低 28%，双摩擦面受剪平均降低 31.6%。而拉剪连接试验螺栓轴力的变化不同，60°、45° 两种试件的螺栓轴力在加荷后都呈下降的趋势，连接滑移时，降低量分别平均为 8% 和 8.6%。30° 试件螺栓轴力在连接滑移时平均降低 0.4%。而 15° 试件的螺栓轴力在加荷后稍有降低，然后增加，到连接滑移时则平均增加 20.7%。试验结果汇总于表 4-9。

拉剪试件螺栓轴力试验结果

表 4-9

试件类型	拉剪比	试件编号	螺栓轴力（kN）		螺栓轴力变化（%）		备注
			预拉力 P	滑移时轴力 N	$\dfrac{N-P}{P}$	平均值	均方差
60°夹角试件	$\dfrac{0.58}{1.00}$	1	159.5	150.6	−5.5	−8.0	1.846
		2	163.7	148.5	−9.3		
		3	187.4	175.4	−6.4		
		4	149.5	140.1	−6.2		
		5	186.2	173.0	−7.1		
		6	166.8	148.5	−11.0		
		7	182.8	166.8	−8.7		
		8	177.9	161.2	−9.4		
		9	161.9	150.9	−6.8		
		10	152.1	137.2	−9.8		
45°夹角试件	$\dfrac{1.00}{1.00}$	1	170.0	156.8	−7.8	−8.6	2.012
		2	149.0	130.8	−12.0		
		3	157.5	145.7	−7.5		
		4	161.7	150.1	−7.1		
		5	179.1	158.8	−11.3		
		6	170.2	155.1	−8.9		
		7	137.9	128.4	−6.7		
		8	158.0	145.6	−7.3		
30°夹角试件	$\dfrac{1.00}{0.58}$	1	168.3	165.9	−1.4	−1.3	9.077
		2	142.1	138.2	−2.8		
		3	156.0	142.6	−8.6		
		4	154.8	167.4	+8.0		
		5	150.9	152.7	+1.0		
		6	148.5	165.8	+11.7		
		7	153.6	170.5	+11.0		
		8	189.6	165.1	−13.0		
		9	178.6	160.2	−9.2		
15°夹角试件	$\dfrac{1.00}{0.27}$	1	163.7	203.1	+25.3	20.7	8.59
		2	173.0	201.1	+16.2		
		3	166.6	217.9	+30.8		
		4	176.7	190.4	+7.7		
		5	170.3	222.5	+30.6		
		6	155.3	179.1	+15.3		
		7	170.5	202.6	+18.8		

根据试验结果，将螺栓轴力在接头滑移前后变化绘制在图 4-11 上，其中横坐标是反映拉剪比的参数，坐标原点是拉剪比为 1.0 的情况，即 $N_v/N_t=1.0$，原点左侧是反映以

剪力 N_v 为主的情况，原点右侧则是以拉力为主的情况。纵坐标为螺栓轴力的变化，原点以上为螺栓轴力增加，原点以下为螺栓轴力减小。

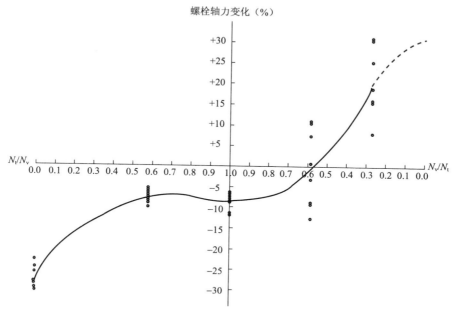

图 4-11　拉剪连接中螺栓轴力变化规律

从图 4-11 可以明显看出，拉剪连接接头滑移时，特别是当剪力为主时，螺栓轴力是降低的，当拉力为主时，或拉力超过剪力 50% 时，螺栓轴力开始增加，主要原因是由于杠杆力（撬力）的作用，使螺栓轴力增加，由于杠杆力影响因素较多，试验数据也较为分散，但变化趋势是显而易见的。

4.5　连接接头设计建议

高强度螺栓连接同时承受剪力和螺栓杆轴方向的外拉力时，其承载力应按下式计算：

$$\frac{N_v}{N_v^b} + \frac{N_t}{N_t^b} \leqslant 1 \qquad\qquad (4-5)$$

式中　N_v——某个高强度螺栓所承受的剪力，kN；

　　　N_t——某个高强度螺栓所承受的拉力，kN。

第 5 章　承压型高强度螺栓连接

承受剪切荷载的高强度螺栓连接接头，其破坏极限状态可分为正常使用极限状态—接头主滑动和承载能力极限状态—连接板及螺栓破坏两种。摩擦型高强度螺栓连接是以第一种极限状态作为其破坏极限状态的，滑动荷载 R_f 为极限荷载，在摩擦型连接阶段，荷载靠连接板面的摩擦传力，螺栓和螺栓孔壁并不承受剪力和承压力，几乎没有变形。当荷载达到滑动荷载及 R_f 时，接头发生主滑动，变形骤增，荷载几乎不变，但接头并没有丧失承载能力。主滑动发生之后，螺栓和孔壁接触，这时荷载靠螺栓受剪、孔壁承压及连接板面之间的摩擦力共同传递，变形在开始时呈现比较明显的弹性特征，当螺栓或连接板达到弹性极限以后，变形开始呈现塑性特性，荷载达到极限荷载 R_u 时接头破坏（图 5-1）。接头主滑动到接头破坏称为摩擦—承压连接段，承压型高强度螺栓连接指的就是这一阶段的顶尖。

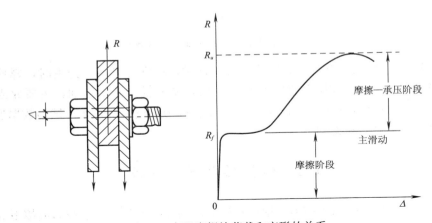

图 5-1　高强度螺栓荷载和变形的关系

承压型高强度螺栓连接是以接头破坏作为其极限破坏状态，荷载 R_u 为其极限荷载。接头的破坏一般会发生以下几种形式（图 5-2）：①螺栓剪断；②孔被拉长而破坏；③板被撕开而破坏；④板净截面被拉断。

螺栓剪断（图 5-2a）取决于螺栓的剪切强度；孔的破坏（图 5-2b、c）取决于板的承压强度；板的拉断（图 5-2d）取决于带孔板（连接板）的抗拉强度。因此，研究承压型高强度螺栓连接，须首先从螺栓的剪切强度、板的承压强度及带孔板受力性能入手，然后进行连接接头承载能力的试验研究，从而为承压型高强度螺栓连接设计提供参考依据。

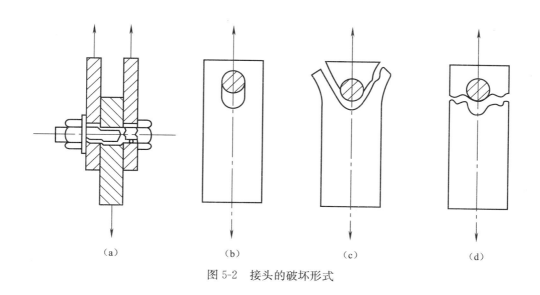

（a）　　　　　　　（b）　　　　　　　（c）　　　　　　　（d）

图 5-2　接头的破坏形式

5.1　高强度螺栓的剪切强度

5.1.1　试验情况

试件分受压、受拉两种形式，各 10 个，均为双剪式，如图 5-3 所示。螺栓孔径为 23.5mm，为一次钻孔，试件尺寸如图 5-4 所示。

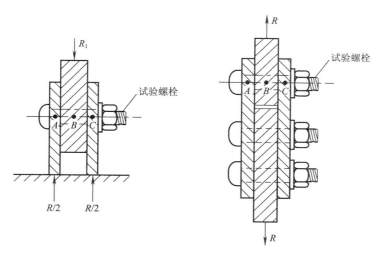

图 5-3　试件形状

螺栓采用 20MnTiB 扭剪型高强度螺栓（10.9S），螺栓的化学成分及机械性能分别见表 5-1、表 5-2。连接板采用 Q345 和 Q235 两种钢板，主（芯）板厚度均为 42mm，盖板厚度为 22mm，保证在螺栓剪断时，板净截面的应力在屈服点以下。连接板材的机械性能见表 5-3。

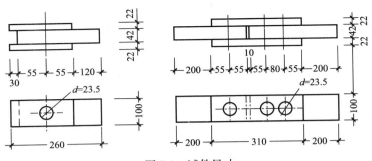

图 5-4　试件尺寸

螺栓材质的化学成分　　　　　　　　　　　　　　表 5-1

化学成分元素	C	Si	Q345	P	S	Ti	B
含量（%）	0.17~0.24	0.20~0.40	1.30~1.60	<0.04	<0.04	0.06~0.12	0.001~0.004

螺栓的机械性能　　　　　　　　　　　　　　表 5-2

规格	材质	紧固轴力（kN）		抗拉强度（MPa）	
		平均值	标准差	平均值	标准差
M22×120	20MnTiB	251.5	10.5	1176.3	7.91

连接板材的机械性能　　　　　　　　　　　　　　表 5-3

材质	试件数目	表面状态	屈服强度（MPa）	抗拉强度（MPa）	延伸率（%）
Q345	3	轧制表面	312.2	496.8	28.3
Q235	3	轧制表面	236.3	416.5	32.9

　　试验用电测位移计测量 B 点与 A、C 点间的相对位移（图 5-3），A、B、C 三点位于试验螺栓的中心轴线上，位移计用门形铁件固定，其输出端接在 X-Y 记录仪上，以便绘出荷载—变形曲线。

　　试件组装完毕后，先安装位移计，然后置于试验机上加荷至接头滑动，使接头进入承压状态后，立即卸荷至零，重新加荷至螺栓剪断，这样既可同时测出承压段和摩擦段连接的变形曲线，又能比较准确地找出承压段和摩擦段的分界点，以便使承压变形测得更为精确（图 5-5）。由于在螺栓剪断时，螺栓头和尾要向两边崩出，会损坏仪器，故应在加荷到螺栓极限破坏荷载（2t 右）时卸掉位移计。

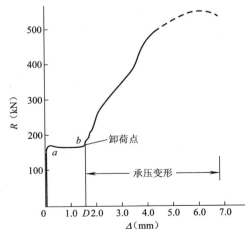

图 5-5　连接接头的荷载—变形曲线试件号：C4；
极限承载力 R_u：529.7kN；
承压变形$\triangle$ max：5.10mm

54

5.1.2 试验结果及其分析

实测结果列于表5-4及表5-5。

试验结果（一）

表 5-4

试件形式	连接材质	试件编号	滑移荷载 R_f（kN）	极限剪切荷载 R_u（kN）	极限剪切应力 f_v（MPa）	极限荷载下变形 $\triangle_{max}$（mm）	平均极限剪切应力（MPa）	平均变形 $\triangle_{max}$（mm）
受压	Q235	A1	222.7	563.1	740.7	5.41	749.9	5.69
		A2	—	580.8	763.9	6.19		
		A3	245.2	557.2	732.9	5.28		
		A4	245.2	570.9	750.9	5.49		
		A5	215.8	578.8	761.3	6.11		
	Q345	B1	174.6	583.7	767.8	5.56	756.8	5.44
		B2	149.1	568.0	747.1	6.12		
		B3	139.3	586.6	771.6	5.62		
		B4	181.5	564.1	742	4.63		
		B5	—	573.9	754.9	5.25		
受拉	Q235	C1	112.8	513.1	674.9	4.74	689.3	4.94
		C2	163.8	538.6	708.4	4.72		
		C3	163.8	518.0	681.3	5.27		
		C4	162.8	529.7	696.9	5.10		
		C5	206.0	520.9	685.2	4.88		
	Q345	D1	112.8	494.4	650.3	4.21	676.9	4.23
		D2	127.5	512.1	673.6	4.17		
		D3	152.1	519.9	683.8	4.16		
		D4	160.8	515.0	677.4	4.31		
		D5	163.8	531.7	699.4	4.23		

注：1. 剪切强度的计算取螺栓的公称直径（22mm）；

2. 变形$\triangle_{max}$是指承压变形，不包括摩擦阶段和主滑动的变形量。

试验结果（二）

表 5-5

试件形式	连接板材质	试件数量	平均剪切强度（MPa）	平均抗拉强度（MPa）	K
受压	Q235	5	749.9	1176.3	0.638
	Q345	5	756.8		0.643
受拉	Q235	5	689.3		0.586
	Q345	5	676.9		0.575

1. 单个螺栓的剪切强度

对螺栓分别进行拉伸和剪切破坏试验，得到螺栓的剪切强度 τ_{act} 和抗拉强度 σ_{act}。而螺栓的剪切强度随着其抗拉强度的提高而提高，基本上成正比关系。因此对于规范中规定的抗拉强度 f_t^b，相对应就有一个剪切强度 f_v^c，即：

$$f_v^c / f_t^b = \tau_{act} / \sigma_{act}$$

$$f_v^c = \frac{\tau_{act}}{\sigma_{act}} \cdot f_t^b = K f_t^b \tag{5-1}$$

式中　　$K = \dfrac{\tau_{act}}{\sigma_{act}} = \dfrac{\text{试验螺栓的剪切强度}}{\text{试验螺栓的抗拉强度}}$

应该注意，K 值是单个高强度螺栓在有预拉力的情况下，剪切强度与其抗拉强度之比值，此值对不同的螺栓、不同的连接材质、不同的试件形式（受拉或受压），大小是不同的。表 5-5 列出了试验计算所得到的 K 值。

哈尔滨建筑工程学院曾对 35 号钢高强度螺栓（8.8S）进行类似试验，得到的 K 值略大于 20MnTiB 高强度螺栓（10.9S）的 K 值。为安全起见，我们建议对目前我国使用的 20MnTiB 和 35 号钢高强度螺栓，采用统一的 K 值，取 0.575。因此，高强度螺栓的剪切强度可按下式计算：

$$f_v^c = K f_t^b = 0.575 f_t^b \tag{5-2}$$

当高强度螺栓的批号一致时，其剪切强度应是定值，但受各种因素的影响，试验测出的结果与螺栓实际剪切强度有一定的误差。受压接头测出的试验结果比较接近螺栓实际剪切强度值，但受拉接头由于盖板撬起等原因，测出的试验值明显低于实际的剪切强度值。这里我们暂且把试验结果算出来的值称为"名义剪切强度"。这个名义剪切强度随着盖板的刚度（板厚、板宽）等因素而变化。当盖板的刚度无穷大时，名义剪切强度接近或等于实际剪切强度值；当盖板的刚度小时，盖板的撬起作用（当然还有其他因素影响）就大，测得的名义剪切强度就低。我们这次测得的最低 K 值为 0.575，低于以往类似的试验结果，其原因就在于此。

2. 单个螺栓的剪切荷载与变形关系

通过电测位移计测 B 点与 A、C 点间的相对变形（图 5-3）。图 5-5 为 X-Y 记录仪绘出的荷载-变形实测关系曲线。从曲线上可以看出，在摩擦阶段，几乎没有变形；荷载达到滑动荷载时，接头主滑动，曲线呈现一水平段，荷载保持不变；当荷载开始有所增加时，说明接头由主滑动开始进入承压阶段，这时马上卸载至零。然后重新加荷至接头破坏，这样可以得到一个完整的承压阶段荷载-变形曲线。当第二次加荷时，荷载不超过滑动荷载时，承压变形是非常小的，从曲线上无法用肉眼看出，只能通过仪器读数才能看出，这一段荷载-变形关系呈直线（Db 段），近似地与摩擦阶段的直线平行；当荷载达到某一值时，变形开始有明显的增大，但开始阶段两者基本上呈线性关系，试件仍处于弹性阶段；随着荷载的增大，试件逐渐进入塑性阶段，荷载与变形的关系呈非线性；在接近极限荷载时，变形急剧增加，直到螺栓剪断破坏。

对测定结果进行整理，采用下列方程进行回归分析：

$$R = R_u (1 - \mu e^{-\varphi \Delta})^\lambda \tag{5-3}$$

式中　R——剪切荷载；

R_u——螺栓的极限剪切荷载；

$\triangle$——位移计测出的承压变形值；

λ、μ、ϕ——回归系数。

必须说明，当荷载比较小时（在滑动荷载以下），螺栓和板还没有完全承压，测得的变形很小，与式（5-3）计算的结果相差较大，故对这一段应采用实测直线。图5-6～图5-9为回归分析所得到的曲线和回归方程。经检验后，得到相关系数和标准差见表5-6。

回归结果与检验

表 5-6

试件形式	连接板材质	回归系数			相关系数	标准差（kN）
		λ	μ	ϕ		
受压	Q235	2	0.394	0.898	0.994	14.65
	Q345	3	0.387	0.876	0.986	26.1
受拉	Q235	2	0.456	0.64	0.988	19.7
	Q345	3	0.420	0.982	0.982	27.1

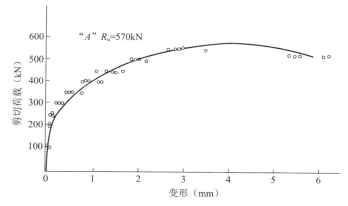

图 5-6　回归曲线与实测值比较（一）

$R = R_u (1 - 0.394 e^{-0.898\triangle})^2$（Q235 钢受压试件）

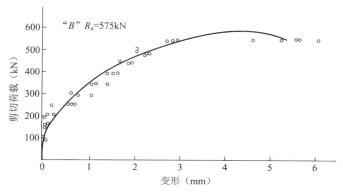

图 5-7　回归曲线与实测值比较（二）

$R = R_u (1 - 0.87 e^{-0.898\triangle})^3$（Q345 钢受压试件）

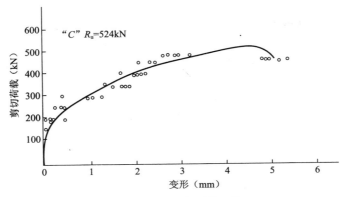

图 5-8 回归曲线与实测值比较（三）
$R=R_u$ $(1-0.456e^{-0.66\triangle})^2$（Q235 钢受压试件）

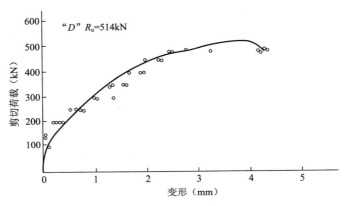

图 5-9 回归曲线与实测值比较（四）
$R=R_u$ $(1-0.42e^{-0.962\triangle})^3$（Q345 钢受压试件）

3. 对影响高强度螺栓剪切强度和变形的各种因素分析

（1）试件形式（受压、受拉）

两种形式的试验所采用的螺栓和连接板均相同，具有可比性。表 5-7 及图 5-10 和图 5-11 为两种试件形式的试验结果比较，由试验结果得到，受拉试件螺栓的剪切强度明显低于受压试件，对于 Q235 钢试件低 3.3%～11.7%，平均低 8.1%；对 Q345 试件低 5.7%～15.7%，平均低 10.6%。

试验结果比较 表 5-7

连接板材质	试件形式	试件数量	平均剪切强度（MPa）	极限荷载下的平均变形 $\triangle_{max}$(mm)
Q235	受压	5	749.9	5.69
	受拉	5	689.3	4.94
Q345	受压	5	756.8	5.44
	受拉	5	676.9	4.23

受拉试件剪切强度低于受压试件剪切强度的主要原因是，由于受拉试件盖板向外撬

起，螺栓除受剪外，还要承受附加弯矩和轴向拉力。螺栓剪断后，我们测量了盖板在螺栓轴线处的翘曲变形，测得靠螺纹一边的最大变形达 6mm，最小也有 2.5mm，而靠螺栓头一边的变形则明显小于靠螺纹一边的变形，一般只有 1～2mm。由于螺栓同盖板孔壁之间的承压应力在盖板厚度范围内分布不均匀，特别是靠螺纹一边，盖板与螺栓螺纹部分承压，承压应力的分布更加不均匀，这就造成了承压应力的合力不通过盖板厚度的中心线，产生了盖板向外弯曲的附加弯矩和轴向拉力，从而使螺栓产生附加应力，增加了螺栓的拉应力。随着荷载的增加，盖板向外翘曲越严重，螺栓的拉应力也越大。为了便于分析起见，我们把螺栓剪切面处的应力状态简单地认为是平面应力状态，在螺栓轴线方向上受有拉应力 σ，平行于剪切面方向有剪应力 τ。根据在极限状态下的第四强度理论：

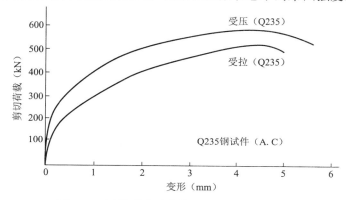

图 5-10　试件形式对荷载-变形曲线影响（一）

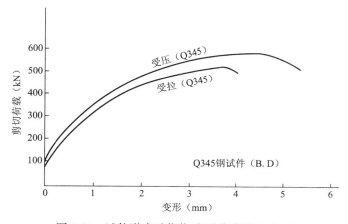

图 5-11　试件形式对荷载-变形曲线影响（二）

$$S_4 = \sqrt{\frac{1}{2}\left[(\sigma_1 - \sigma_2)^2 + (\sigma_2 - \sigma_3)^2 + (\sigma_3 - \sigma_1)^2\right]} = \sqrt{\sigma^2 + 3\tau^2}$$

螺栓拉应力的增加，其剪切强度必然要降低。而对于受压试件，这种盖板翘曲现象几乎没有，其剪切强度当然要比受拉试件的要高。当然螺栓弯曲引起的悬链作用也能使螺栓拉应力增加，但无论受拉或受压试件都存在着悬链作用，且与因盖板撬起作用而引起的拉应力相比，其影响是很小的。

另外，试验机夹具和试件本身的加工精度对螺栓剪切强度也有一定的影响。

由于受压试件的极限荷载大于受拉试件，试验测出的在极限荷载下的变形$\triangle_{max}$，受压试件也略高于受拉试件，但在同一级荷载下，受压试件的变形$\triangle$稍低于受拉试件。

（2）连接材料

试验结果表明，对同种形式的试件，连接材料对螺栓的剪切强度没有影响。在试验中，Q345钢的受压试件测出的平均剪切强度略高于Q235钢受压试件；而Q345钢受拉试件测出的平均剪切强度却略低于Q235钢受拉试件，因此，试验结果的差异完全可以认为是偶然的。但连接材料对极限荷载下的变形$\triangle_{max}$都有影响，连接材料强度越高，变形$\triangle_{max}$就越小，反之就越大（图5-12）。

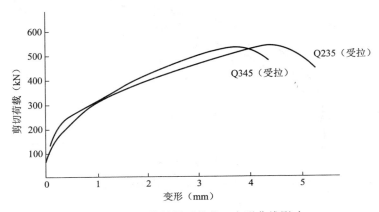

图5-12 连接材料对荷载—变形曲线影响

（3）螺栓预拉力

高强度螺栓终拧完以后，如果螺栓的预拉力在规范规定的范围内，则螺栓本身的拉应力小于其屈服应力（特别是螺杆部分拉应力更小），螺栓本身轴向变形大部分发生在螺纹部分，螺杆部分的变形很小，而剪切面均在螺杆部分。

另外，在极限荷载下，螺栓预拉力已所剩无几，这时螺杆部分由预拉力引起的拉应力已很小，远远小于其屈服应力，故预拉力对剪切强度的影响可以忽略。

（4）剪切面位置

由于规范规定剪切面只允许存在于螺杆部分，故一般不考虑这一因素的影响。在特殊情况下，如果螺纹进入剪切面，剪切承载力可按实际有效剪切面积计算。

（5）连接板表面状态

在承压阶段，板面间的摩擦力还能传递一部分荷载。传递荷载的大小取决于螺栓的预拉力和连接板表面状态（抗滑移系数）。在极限状态下，螺栓的预拉力已很小，摩擦力传递的荷载也小，因此连接板表面状态对螺栓的剪切强度影响很小。

5.1.3 高强度螺栓设计剪切强度取值

高强度螺栓的剪切强度按式（5-1）计算，即：

$$f_v^b = K f_u^b = 0.575 f_u^b$$

设计剪切强度可用剪切强度 f_v^c 乘以一个折减系数 ϕ，ϕ 取 0.7，则螺栓的设计剪切强度为

$$f_v^b = \phi f_v^c = K\phi f_t^b = 0.7 \times 0.575\ f_t^b = 0.4 f_t^b \qquad (5\text{-}4)$$

式（5-4）可作为规范设计剪切强度取值的参考。为安全起见，f_t^b 取国标上规定的最小值。

美国规范设计剪切强度的公式：

$$f_v^b = \phi f_v^c = K\phi f_t^b = 0.75 \times 0.6\ f_t^b = 0.45 f_t^b$$

5.2 连接钢板的承压强度

5.2.1 试验情况

试件采用 20MnTiB 扭剪型高强度螺栓和 Q235 连接钢板，表面为喷砂处理，螺栓孔径比螺栓杆径大 0.3mm。厚度为 2mm 和 4mm 的钢板为冷轧板，其机械性能符合国际标准。其他厚度的钢板机械性能见表 5-8，试件尺寸见表 5-9 和图 5-13。

钢材的机械性能　　　　　　　　　　　　　　　　表 5-8

板厚（mm）	屈服点（MPa）	抗拉强度（MPa）	延伸率（%）	冷弯性能
6	264.9	427.7	27.9	合格
8	254.1	435.6	26.9	合格
10	250.2	407.1	34.0	合格

试件尺寸与数量　　　　　　　　　　　　　　　　表 5-9

试件编号	试件数	螺栓直径 d（mm）	试件尺寸（mm）					
			L	B	Y	X	t_1	t_2
A2435—1～3	3	24	35	90	270	150	2	4
A2470—1～3	3	24	70	120	340	290	4	4
A2480—1～3	3	24	80	140	360	330	6	6
A2025—1～3	3	20	25	70	250	110	2	4
A2040—1～3	3	20	40	70	280	170	4	4
A2055—1～3	3	20	55	100	310	230	6	6
A2070—1～3	3	20	70	120	340	290	8	6
A2090—1～3	3	20	90	140	380	370	10	8

试验采用电测位移计测主、盖板间的相对位移（图 5-3），应变由应变仪（SD-54）测得，电测位移计与 X-Y 记录仪相连，以便绘出荷载-变形曲线，并在试验螺栓上套有压力环，以验证在螺栓拧后预拉力的大小。

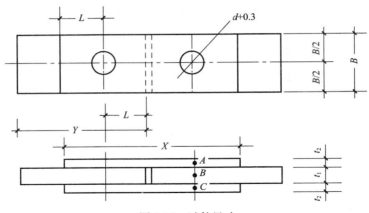

图 5-13 试件尺寸

5.2.2 试验结果及其分析

试验结果列于表 5-10。

试验结果概要

表 5-10

试件编号	预拉力	L/d	极限承压荷载 R_u（kN）	承压强度 f_c^b（MPa）	f_c^b/f_u	破坏形式
A2345—1	有	1.54	56.9	1183.3	2.880	b
A2345—2	无	1.50	23.2	483.3	1.170	b
A2345—3	无	1.40	21.1	439.6	1.070	c
A2470—1	有	3.00	146.2	1522.9	3.695	b
A2470—2	无	2.96	102.0	1062.5	2.579	c
A2470—3	无	3.06	110.6	1152.1	2.795	b
A2480—1	有	3.50	235.4	1634.7	3.822	c
A2480—2	无	3.48	181.5	1260.4	2.950	c
A2480—3	无	3.44	181.5	1260.4	2.950	c
A2025—1	有	1.35	46.1	1152.5	2.798	c
A2025—2	无	1.125	12.2	305.0	0.740	c
A2025—3	无	1.05	12.3	307.5	0.744	c
A2040—1	有	2.07	86.9	1086.3	2.633	c
A2040—2	无	2.00	53.2	665.0	1.613	c
A2040—3	无	2.00	55.9	698.8	1.696	c
A2055—1	有	2.575	132.4	1103.3	2.580	c
A2055—2	无	2.70	120.7	1005.8	2.351	c
A2055—3	无	2.75	141.3	1177.5	2.752	c
A2070—1	有	3.25	228.6	1428.8	3.280	c
A2070—2	无	3.54	264.9	1655.6	3.800	c

62

试件编号	预拉力	L/d	极限承压荷载 R_u（kN）	承压强度 f_c^b（MPa）	f_c^b/f_u	破坏形式
A2070—3	无	3.49	210.9	1318.1	3.030	c
A2090—1	有	4.70	405.4	2027.0	3.705	b
A2090—2	无	4.695	404.9	2024.5	3.012	b
A2090—3	无	4.50	386.1	1930.5	3.012	b

注：表中 $f_c^b = \dfrac{R_u}{dt}$（d—螺栓直径，t—板厚）。

根据试验结果，进行以下分析。

1. 破坏形式

在极限承压荷载下，接头的破坏是：① 由于连接板端距 L 不够，螺栓从端部拉脱；② 螺栓孔壁材料出现很大的塑性变形而被拉长，孔前钢材隆起。从试验结果来看，当 $L/d=2\sim4$ 时，其破坏形式基本上都是两者兼而有之，这说明剪脱破坏理论基本上符合实际。

2. 端距（L）

对承压强度的影响从试验结果来看，当 L/d 较小时（小于 4），f_c^b/f_u 基本上随 L/d 线性增加，就是说端距（L）越大，承压强度（f_c^b）也越大；但当 L/d 较大时（大于 4），L/d 的增加几乎对 f_c^b/f_u 没有影响，也即端距（L）对承压强度没有影响，承压强度基本保持定值。

图 5-14 为 L/d 对 f_c^b/f_u 影响的试验结果。从图中可以看出，对无预拉力的试验点，在 L/d 小于 4 时，几乎都在按剪脱破坏理论推出的 $L/d=0.5+0.833f_c^b/f_u$ 直线的周围，这说明在无预拉力和 L/d 小于 4 时，剪脱破坏理论是符合实际的。但对有预拉力的情况，应用剪脱破坏理论是偏于安全的。

3. 预拉力对承压强度和变形的影响

由试验结果可以很明显地看出：①在 L/d 相同情况下，有预拉力钢板的承压强度普遍高于无预拉力钢板的承压强度；②当 L/d 比较小时，两者差距尤为明显，最大高出 145%，随着 L/d 的增加，两者差距逐渐减少；③当 L/d 超过 4 时，两者几乎相同。

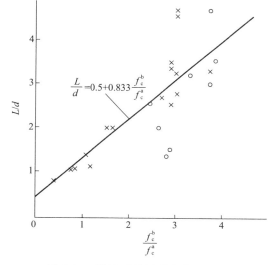

图 5-14　端距对承压强度的影响
×-无预拉力；○-有预拉力

4. 钢板的应力分布及塑性发展

在有预拉力的情况下，螺栓孔周边和板端边缘处钢材的应力状态和变形状态都是极为复杂的，其应力分布无论在理论上还是在试验上，确定都是非常困难的。为此，我们只对无预拉力的试件进行了试验。试验结果表明，几组试件的应力状态基本相同，现以 A2070-3 为例说明。图 5-15、图 5-16 分别为钢板端边缘处纵截面和横截面的应力分布图（10～70kN），应力的方向为顺力方向。

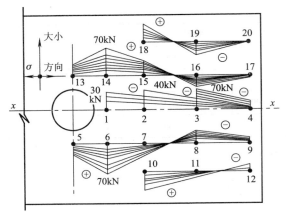

图 5-15 纵截面应力分布

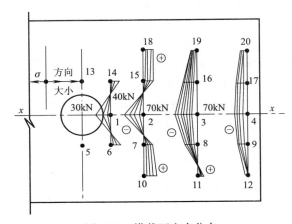

图 5-16 横截面应力分布

从图中可以看出，压应力最大发生在螺栓孔顺力方向上（x-x 轴），且离孔洞越近，压应力越大，离孔洞越远，压应力越小。在横截面上，x-x 轴附近为压应力，随着离 x-x 轴距离的增加，压应力逐渐减小，到了一定距离后，应力变为零，过了应力为零的点之后，开始出现拉应力。

从试验结果看其塑性区的发展：开始加荷时，螺栓与孔壁的接触面很小，当荷载达到 30kN 时，"1"点很快产生塑性变形，电阻片被挤掉，"2"、"3"、"4"等点压应力和"5"、"6"、"13"、"14"等几点的拉应力逐渐加大；当荷载达到 40、100、120kN 时，"2"、"3"、"4"点分别相继出现塑性，同时"5"、"6"、"13"、"14"等点的拉应力也明显增加。图 5-17 绘出了其孔前塑性区发展情况，虚线表示拉应力与压应力的分界线。

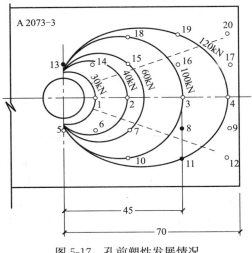

图 5-17 孔前塑性发展情况

64

5.2.3 承压强度的理论计算

按剪切破坏理论计算，其计算简图如图 5-18 所示。螺栓所能传递的最大荷载不大于图中板材沿 AB 线（虚线）的抗剪破坏荷载，因此，即可找到使板材不至于撕开所要求的端距 L 与承压强度的关系。

板材 AB 部分抗剪阻力的下限可以表示为：

$$P_1 = 2t\left(L - \frac{d}{2}\right)f_v$$

式中 f_v——板材的抗剪极限强度，我国常用钢材抗剪强度约为抗拉极限强度的 60%，即 $f_v = 0.6f_u$，因此，

$$P_1 = 2t\left(L - \frac{d}{2}\right)(0.6f_u)$$

螺栓所能传递的最大荷载就等于孔壁所能承受最大承压荷载，即：

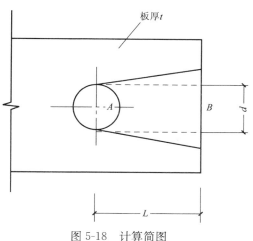

板厚 t

图 5-18 计算简图

$$P_2 = tdf_v$$

令 $P_1 = P_2$，可得：$L/d = 0.5 + 0.833\dfrac{f_v}{f_u}$ （5-5）

式（5-5）表示在荷载作用下，连接板端部不出现沿受力方向剪切破坏时，L/d 所应满足的下限值。根据前面的试验结果，无预拉力的试件基本上满足式（5-5），由此得到：

$$f_v = \frac{1}{0.833}(L/d - 0.5)f_u$$

按《钢结构设计规范》规定的 L/d 最小值（$L/d = 2$），就可求出对应的承压强度：

$$f_v = 1.8f_u$$ （5-6）

式（5-6）可作为确定无预拉力钢板设计承压强度的依据，但对于有预拉力的情况，采用上式则偏于安全。为此，我们把国内进行的类似试验结果绘于图 5-19 中，以便确定有预拉力钢板的承压强度。

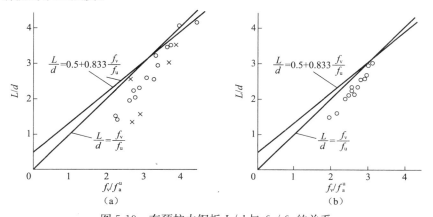

图 5-19 有预拉力钢板 L/d 与 f_v/f_u 的关系
(a) Q235；板材 L/d 与承压比关系；(b) Q345；板材 L/d 与承压比关系

可以看出，由于式（5-5）的推导没有考虑预拉力的有利影响，所以绝大部分试验点都在直线 $L/d = 0.5 + 0.833 \dfrac{f_v}{f_u}$ 以下，说明采用式（5-5）偏于安全；但当 L/d 超过 4 时，又偏于不安全。在《钢结构设计规范》规定的范围（$2 \leqslant L/d \leqslant 4$）内，采用下式：

$$L/d = \frac{f_v}{f_u} \tag{5-7}$$

采用式（5-7）比式（5-5）要简便、安全、经济（图 5-19）。由式（5-7）得承压强度：

$$f_v = (L/d) f_u$$

对于《钢结构设计规范》规定的最小值（$L/d = 2$），对应地就可得到：

$$f_v = 2 f_u \tag{5-8}$$

式（5-8）可作为确定有预拉力钢板设计承压强度的依据。比较式（5-6）和式（5-8）可发现，由式（5-8）所确定的承压强度比由式（5-6）所确定的承压强度高 10%，因此，我们可以这样认为：在《钢结构设计规范》规定的端距范围内，预拉力对钢板的承压强度有一个有利影响，并以能提高板的承压强度 10% 来考虑。

5.2.4 高强度螺栓连接设计承压强度的取值

根据前面的结果，高强度螺栓连接中，钢板的承压强度（有预拉力的）可由式（5-8）来确定，即：$f_v = 2 f_u$。我们取 f_u 为国标规定的最小值 $f_{u\,min}$，并引入一个消减系数 ϕ，就可得到钢板的设计承压强度：

$$f_c^b = 2\phi f_{u\,min}$$

与确定螺栓设计剪切强度一样，取 ϕ 为 0.7，则上式为：

$$f_c^b = 1.4 f_{u\,min} \tag{5-9}$$

式（5-9）即可作为高强度螺栓连接设计承压强度的计算公式。为了便于比较，我们也根据式（5-6）推导出无预拉力时，钢板设计承压强度的公式为：

$$f_c^b = 1.26 f_{u\,min} \tag{5-10}$$

式（5-9）和式（5-10）是由 Q235 钢和 Q345 钢试验得出来的，对于 16Mnq 钢、15MnV 钢、15MnVq 钢也可参照式（5-9）、式（5-10）计算。

从表 5-11 可以发现，TJ17-74 一栏的取值是根据式（5-10）计算结果确定的，因而没有考虑预拉力的有利影响。我们的建议值是基于式（5-9）的计算结果而确定的，考虑了预拉力对钢板承压强度的影响。

高强度螺栓连接设计承压强度   表 5-11

材质	组别、板厚	式（5-10）（MPa）	TJ17-74（MPa）	式（5-9）（MPa）	作者建议（MPa）
Q235	第 1～3 组	466	465	518	500
Q345	≤16mm	642	640	714	701
	17～25mm	617	615	686	670

材质	组别、板厚	式（5-10）（MPa）	TJ17-74（MPa）	式（5-9）（MPa）	作者建议（MPa）
Q345	26～36mm	592	590	658	640
15MnV	≤16mm	668	665	742	730
	17～25mm	643	640	714	700
15MnVq	26～36mm	619	615	688	670

5.3　带孔板的受力性能

5.3.1　试验情况

试件采用 Q235 钢，尺寸见图 5-20，机械性能见表 5-12。

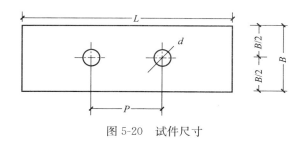

图 5-20　试件尺寸

钢材的机械性能　　　　　　　　　　　　表 5-12

材质	数量（件）	板厚（mm）	屈服点（MPa）	抗拉强度（MPa）	延伸率（%）	屈服比
Q235	5	8	254.1	435.6	26.90	0.582

为了得到带孔板在拉力作用下，孔周围的应力分布情况，在部分试件上贴电阻片，测其应力。试验在日本 VEH-200t 试验机上进行，应变由电阻应变仪（SD-54）测得，试件的变形由引伸仪测得。

5.3.2　试验结果及其分析

当试件安装在试验机上逐渐加载时，首先在孔洞周围产生较大变形。试件表面氧化铁皮剥落。同时圆孔被拉长成椭圆形。此时试件净截面已达屈服；随着荷载继续增加，在试件其他表面的氧化铁皮也开始剥落。可以明显地看到铁皮剥落线大致与荷载方向成 45°夹角。这说明在 45°斜截面上的剪应力（最大剪应力）达到了屈服，出现了剪切屈服线，继续加载，试件变形加快，椭圆孔越拉越长。最后，试件由于净截面（孔洞处截面）的拉应力达到极限抗拉强度而发生缩颈现象，以致被拉断，或由于斜截面上的剪应力达到极限剪切强度而被剪断。

试验结果汇总于表 5-13。

试件编号	数量	试件尺寸					$A_{\mathrm{j}}^{①}/A^{②}$	净截面平均抗拉强度（MPa）$f_{\mathrm{j}}^{③}$
		板厚 t (mm)	板宽 B (mm)	孔距 P (mm)	孔径 D (mm)	长度 L (mm)		
B2420—1	4	8	40	120	24	520	0.431	524.6
B2424	5	8	48	120	24	520	0.527	496.8
B2430	5	8	60	120	24	520	0.615	472.2
B2440	5	8	80	120	24	520	0.709	459.8
B2460	5	8	120	120	24	520	0.805	437.4
B2017	3	8	34	100	20	500	0.459	579.5
B2020	4	8	40	100	20	500	0.534	528.8
B2025	5	8	50	100	20	500	0.619	498.7
B2035	5	8	70	100	20	500	0.719	456.8
B2050	5	8	100	100	20	500	0.803	449.7
B1613	2	8	26	80	16	480	0.428	642.6
B1616	2	8	32	80	16	480	0.556	586.7
B1620	3	8	40	80	16	480	0.606	490.2
B1627	5	8	54	80	16	480	0.717	482.0
B1640	5	8	80	80	16	480	0.805	460.0
B1210	4	8	20	60	12	460	0.454	680.2
B1212	2	8	24	60	12	460	0.538	596.8
B1215	5	8	30	60	12	460	0.624	547.5
B1220	4	8	40	60	12	460	0.718	521.4
B1230	5	8	60	60	12	460	0.806	481.8
B1260	5	8	120	60	12	460	0.901	440.9

① A_{j} 表示板的净截面积；

② A 表示板的毛截面积；

③ 净截面积的平均抗拉强度 f_{j} 等于极限荷载除以板的净截面积，即 $f_{\mathrm{j}}=P_{\mathrm{u}}/A_{\mathrm{j}}$。

　　根据试验结果，可作下述分析：

　　(1) 带孔板净截面的平均抗拉强度（f_{j}）明显高于相同材质标准抗拉试件（图 5-21）的极限抗拉强度（435.6MPa），但其极限荷载下的变形低于标准抗拉试件在极限荷载下的变形（图 5-21）。

　　(2) 带孔板净截面平均抗拉强度（f_{j}）与 A_{j}/A 及孔径有关：对于相同孔径试件，随着 A_{j}/A 增大，f_{j} 相应降低，当 A_{j}/A 增到 0.8 以上时，f_{j} 降至几乎和标准抗拉试件的极限抗拉强度相等（图 5-22）；对于相同 A_{j}/A 的试件，随着孔径的增大，f_{j} 相应减少

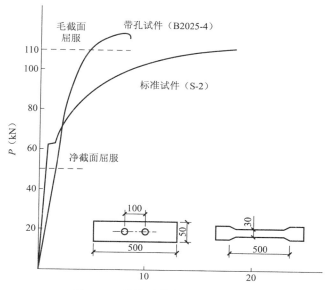

图 5-21　带孔试件与标准试件比较

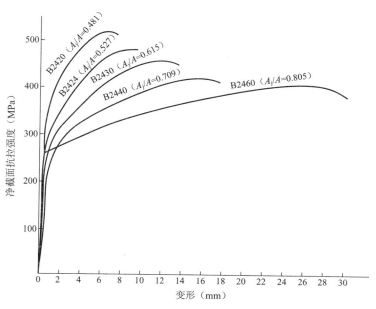

图 5-22　板宽（A_j/A）对荷载—变形的影响

（图 5-23）。对于以上结果可作如下解释。

由于孔洞的存在，板横截面局部有突变，导致应力集中，圆孔边处应力线曲折，因而要产生横向应力（σ_x）。当圆孔边处的峰值应力达到屈服点时，该处出现塑性变形，由于塑性流动的条件是材料体积保持常量，因此要使纵向的塑性变形继续下去，就必须在横向产生收缩，然而在应力峰值旁边很大范围内，材料的应力很低，仍处在弹性范围内，我们知道钢材在弹性范围内的泊松比（μ）（约为 0.285）小于屈服后泊松比（约为 0.5），因此应力低的部分就阻止应力高（孔边塑性区）的部分横向收缩，约束其塑性变形的发展，板内横向产生拉应力（$\sigma_2=\sigma_x$）。加上由荷载引起的纵向拉应力（$\sigma_x=f_y$），形成了双向平面拉应力状态（板厚时为三向拉应力状态）。根据强度理论，平面拉应力状态下的极限破坏荷载比单向受拉时要大（$S_3=\sigma_{1-}\sigma_2<\sigma_1$），因此，由于孔的存在，带孔板净截面的平均抗拉强度大于标准试件的抗拉强度。

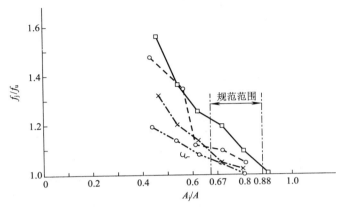

图 5-23　A_j/A 孔径对 f_j/f_u 的影响
B12：□—□；　B16：○—○；　B20：×—×；　B24：○⋯○

当 A_j/A 较小或孔径较小时，应力集中比较严重，所产生的横向拉应力 σ_2（σ_x）就比较大。因此，极限破坏荷载加大，净截面的平均抗拉强度也就大。例如 $A_j/A=0.45$、孔径为 12mm 时，净截面的平均抗拉强度 f_j 比标准试件的抗拉强度 f_u 约高 55%。

反之，当 A_j/A 较大或孔径较大时，净截面的平均抗拉强度就比较小，且接近单向受拉的标准抗拉强度。例如当 $A_j/A=0.805$、孔径为 24mm 时，净截面的平均抗拉强度 f_j 只比标准试件的抗拉强度 f_u 高 0.5%，两者几乎相等。

从试验结果来看，当 A_j/A 在《钢结构设计规范》规定的范围内（0.67～0.88）时，对于目前常用孔径（$\phi24$、$\phi20$）的试件，其净截面平均抗拉强度 f_j 只略高于标准试件的抗拉强度 f_u，最高不超过 10%（图 5-24）。因此，在规范规定的范围内偏于安全，可认为带孔板净截面的抗拉强度就是其母材的抗拉强度。

从图 5-23 可以很明显地看出，当 A_j/A 较小时，由于应力集中严重，孔边平面应力状态对板纵向的塑性变形的约束就大，结果在极限荷载下，其抗拉强度提高，但变形减小；随着 A_j/A 的增加，板纵向塑性变形受到的约束减小，结果在极限荷载下，其抗拉强度越来越小，但变形越来越大，当 $A_j/A=0.805$ 时，其荷载变形曲线接近于标准试件，这时其极限荷载下的变形达到最大。

（3）带孔板的应力分布，由于孔洞的存在，板净截面上的应力分布很不均匀，在孔洞附近出现高峰应力。其值大大超过毛截面的平均应力，但由于钢材塑性变形的发展，使高峰应力达到屈服点以后不再继续增大，发生应力重分布，结果使整个净截面的平均应力可达到屈服点（图 5-25）。

其他部位（毛截面）横截面上的应力分布和净截面上的分布不同，板中心线处的拉应力小于板边缘处的拉应力。钢板两边缘处的拉应力首先达到屈服。塑性变形的发展使应力重分布。最后毛截面的平均应力达到屈服点。图 5-26 为部分试件应力分布的试验测定结果。

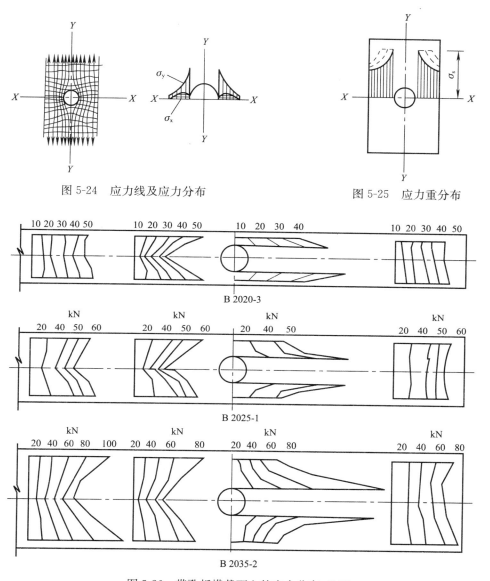

图 5-24 应力线及应力分布　　　　　图 5-25 应力重分布

图 5-26 带孔板横截面上的应力分布（kN）

（4）带孔板的应力—应变关系，特别是在净截面达到屈服点以后，是十分复杂的。国外学者提出了在净截面屈服前后的两种应力-应变关系表达式。净截面屈服前（$0<\sigma<f_y$）为

$$\sigma = \varepsilon E \tag{5-11}$$

式中　σ——应力，其值为 P/A；

　　　ε——弹性应变；

　　　E——钢材弹性模量。

净截面屈服后（$f_y<\sigma<f_u$）为

$$\sigma = f_y + (f_u - f_y)\left[1 - e^{-(f_u - f_y)\left(\frac{g}{1-a}\right)}\right]^{\frac{3}{2}} \tag{5-12}$$

式中 f_y、f_u——分别为净截面的屈服强度和抗拉强度；

　　　　g、d——分别为板宽和孔径。

　　我们把本次试验所测得的部分试件应力—应变关系与式（5-11）和式（5-12）的计算结果相比较，如图 5-27 所示，发现在塑性阶段，试验结果和计算结果比较吻合，而在弹性阶段（$\sigma < f_y$），试验测得的应变大于计算结果。说明在净截面的平均应力 σ 小于屈服点时，由于净截面上的应力分布很不均匀（应力集中），其截面上的应力—应变关系与胡克定律差距较大。

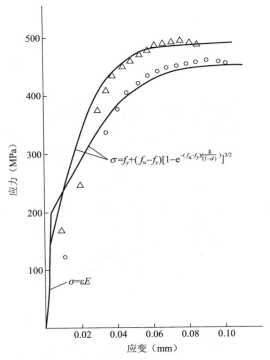

$$\sigma = f_y + (f_u - f_y)\left[1 - e^{-(f_u - f_y)(\frac{g}{1-d})}\right]^{3/2}$$

$$\sigma = \varepsilon E$$

图 5-27　试验结果与理论计算比较
○—试件 B2025-43；△—试件 B2424-5

　　总之，采用式（5-11）、式（5-12）来表示带孔板的应力—应变关系还是比较可行的。特别是当净截面的平均应力 σ 接近其抗拉强度 f_u 时，计算结果与试验结果几乎相同。

5.3.3　带孔板净截面设计强度的取值

　　从前面的试验结果及分析可知，在《钢结构设计规范》规定的边距范围内，A_j/A（0.67～0.88）比较大。带孔板净截面的设计强度就偏于安全地取其母材的设计强度，也即规范规定的钢材设计强度。

5.4　承压型连接接头承载力

5.4.1　试验情况

　　试验采用 20MnTiB 扭剪型高强度螺栓 M20 和 M22 两种规格，采用电动扳手终拧，终拧后的螺栓平均轴力分别为 188kN 和 192kN。

连接板材采用 Q235 和 Q345 两种钢材，Q235 表面喷砂处理，Q345 钢表面为原轧制面，试件分 3 个螺栓、5 个螺栓、7 个螺栓三组，共 9 个试件，试件尺寸见图 5-28。

主盖板之间的相对位移由电测位移计测定，电测位移计与 X-Y 记录仪相连，绘出荷载变形曲线。螺栓的轴力变化由压力传感器测得，如图 5-29 所示。试件组装完毕后，置于试验机上，加荷至接头破坏。

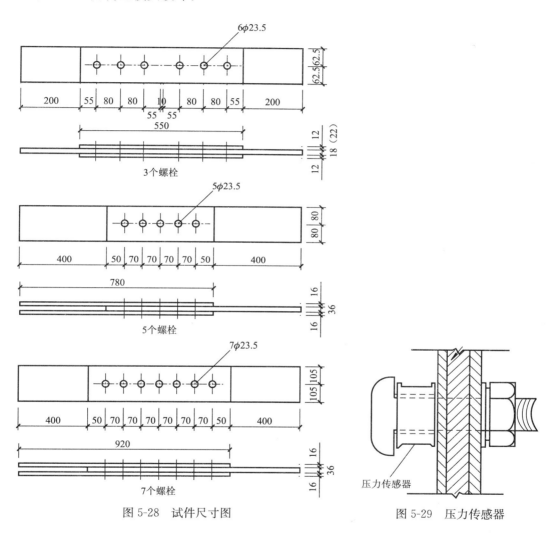

图 5-28　试件尺寸图　　　　　　　图 5-29　压力传感器

5.4.2　试验结果及其分析

试验结果列入表 5-14。

接头滑动（主滑动）之前，接头为摩擦型连接。接头滑动时会发出程度不同的响声。试验表明：3 个螺栓的试件，其板面为喷砂处理，抗滑移系数较大，响声也较大；5 个和 7 个螺栓的试件，其板面为原轧制表面，抗滑移系数较小，响声也较小。另外接头滑动时，各个螺栓处主、盖板间的相对滑移量也不尽相同。端头螺栓处的滑移量最大，中间螺栓处的滑移量最小。

表 5-14

试验结果概要

试件编号	螺栓数目	螺栓直径	连接材质	表面状态	A_n/A_s	滑动荷载（kN）	破坏荷载（kN）	平均螺栓极限剪切应力（MPa）	连接板净截面拉应力（MPa）	破坏形式
A	3	M22	Q235	喷砂	1.00	563.1	875.1	383.6	383.6	板断
B	3	M22	Q235	喷砂	1.04	569.0	882.9	387.1	372.1	板断
C	3	M22	Q235	喷砂	0.97	516.0	824.1	361.3	372.4	板断
D	3	M22	Q235	喷砂	0.83	461.0	739.7	324.3	389.7	板断
E	3	M22	Q235	喷砂	0.82	470.9	737.7	323.4	394.7	板断
F	5	M20	Q235	轧制	1.40	1010.4	2364.2	752.6	537.5	栓断
H	5	M20	Q235	轧制	1.40	990.8	2383.8	758.8	542.0	栓断
I	7	M20	Q235	轧制	1.36	1403.0	2913.6 *	662.4	487.1	未破坏
J	7	M20	Q235	轧制	1.36	1373.4	3286.4	742.2	549.4	栓断

* 由于试验机的夹具问题没有达到最终破坏。

3 个螺栓的接头，由于 A_n/A_s 比较小，接头第一个螺栓处的板净截面的拉应力超过其极限抗拉应力，板被拉断，这时螺栓的平均剪切应力还比较小，表面上看不出剪切变形。

5 个和 7 个螺栓的接头，由于 A_n/A_s 比较大，在连接板净截面应力达到其极限应力之前，螺栓的剪切应力率先达到其极限剪切应力，螺栓被剪断。在加荷过程中，当连接板和螺栓在弹性范围内工作时，端部螺栓比中间螺栓承担较多的应力。当端部螺栓连接处（螺栓或连接板）达到屈服时，接头中各个螺栓承担的应力产生重分配。在接近破坏荷载时，应力的分布几乎完全相等，所有螺栓几乎同时剪断。这和电算结果相吻合。

通过试验结果，对承压型高强度螺栓连接性能分析如下。

1. 短接头的承载能力

一般地认为接头在 5 个螺栓以下称为短接头，其承载能力取决于螺栓的剪切强度和连接板（带孔板）净截面的抗拉强度（端距、栓距在有关规范规定的范围内）。按照理想的情况，应该是螺栓和连接板同时破坏，即所谓的"平衡设计"概念。此时：$f_u A_n = f_v^b A_s$

$$A_n/A_s = f_v^b/f_u \tag{5-13}$$

式中　A_n——连接板（主、盖板）最小净截面积；

　　　A_s——螺栓的总剪切面积；

　　　f_v^b——螺栓的极限剪切强度；

　　　f_u——带孔板的净截面抗拉强度。

当 $A_n/A_s > f_v^b/f_u$ 时，接头的承载能力取决于螺栓的极限剪切强度。在受力过程中，接头各个螺栓所承受的荷载比较均匀，连接板孔的变形也较均匀。在达到极限荷载时，接头所有螺栓同时达到极限剪切强度而剪断。本次试验 5 个螺栓的接头就是这种情况的典型接头。

当 $A_n/A_s < f_v^b/f_u$ 时，接头的承载能力取决于连接板（带孔板）净截面的抗拉强度。在连接板没有屈服之前，每个螺栓所承担的荷载及孔的变形都比较均匀。当端头螺栓处的连接板屈服以后，此处螺栓孔变形（拉长）明显加大，螺栓轴力也明显下降。接近破坏极限荷载时，螺栓的轴力已很小，可近似地把连接板看作一个独立的带孔板承受拉力荷载，

其净截面达到极限抗拉强度而被拉断。本试验 3 个螺栓接头即为这种情况的典型接头。

2. 长接头的承载能力

我们对 7 个螺栓的接头进行了试验。从孔的变形来看，端头螺栓孔的变形（拉长）明显比中间螺栓孔大，5 个螺栓的接头就没有这么明显。这说明 7 个螺栓的接头，在受力过程中每个螺栓承担的荷载不均匀，端头螺栓受力最大，中间螺栓受力最小，呈马鞍形。可以肯定，接头越长，马鞍形越明显。

对于长接头来说，其承载力不仅取决于螺栓和连接板的承载力，而且还与接头的长度及 A_n/A_s 有关。平衡设计概念在这里失去意义。在较长接头中，端头螺栓由于受力和板的变形最大，最先达到其极限承载能力而破坏。这时中间螺栓的剪切应力还没有达到其极限剪切强度，接头螺栓的平均剪切应力小于其极限剪切强度。第一个螺栓的破坏，导致第二个螺栓达到极限剪切强度而破坏。这样螺栓相继破坏，即所谓的"解扣破坏"。

3. 荷载—变形的关系

图 5-30 为 X-Y 记录仪绘出的接头荷载—变形曲线。其中变形为 B 点与 A、C 点的相对位移。从图中可以看出，在主滑动之前，接头有很微小的变形；接头主滑动时，曲线呈水平段，主滑动位移在 1.5mm 左右，接近孔栓间隙。主滑动以后，接头进入承压状态，荷载变形曲线和单个螺栓荷载—变形（承压）曲线相符。

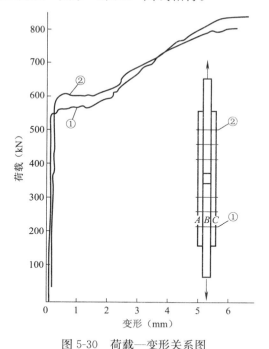

图 5-30　荷载—变形关系图
试件号：A；
滑动荷载：R_f：563.1；破坏荷载 R_u：875.1

4. 螺栓轴力的变化

用压力传感器（压力环）直接套在螺栓上，然后一起安装试件，螺栓轴力的大小与压力环相连的 YJ-5 应变仪控制。

对于 3 个螺栓的接头（图 5-31），由于 A_n/A_s 较小，接头滑动后，连接板净截面（①号螺栓处）很快屈服，连接板不能纵向伸；同时横向收缩变形，板厚减小，螺栓有所松动，轴力有非常明显的降低。端头①号螺栓一下子大约要降低70％的轴力。连接板被拉断时，①号螺栓和②号螺栓轴力分别只有其终拧后轴力的20％和50％。

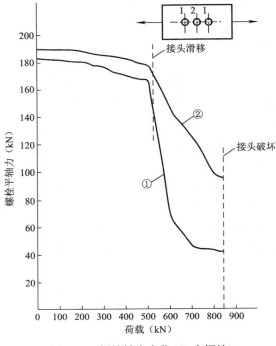

图 5-31 螺栓轴力变化（3 个螺栓）

对于 5 个和 7 个螺栓的接头，由于螺栓剪断时会损坏压力环，故当荷载达到 200kN 和 280kN 时卸掉了压力环。从试验结果看（图 5-32、图 5-33），在接头主滑动前，所有螺栓的轴力都基本上保持不变；接头滑动时，每个螺栓轴力都有程度不同的明显下降，一般

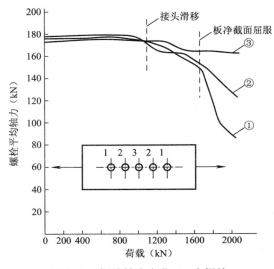

图 5-32 螺栓轴力变化（5 个螺栓）

地说，端头螺栓比中间螺栓轴力下降幅度大些：当①号螺栓处板净截面屈服时，①号螺栓轴力又有明显下降，此时其他螺栓基本上没有明显的轴力下降；随后②号螺栓处板净截面开始屈服，这时②号螺栓的轴力也明显下降，对长接头来说可以依次类推。

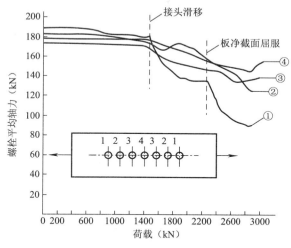

图 5-33 螺栓轴力变化（7 个螺栓）

从上面的试验结果可以得出承压型高强度螺栓连接接头螺栓轴力的变化规律：在摩擦阶段，螺栓轴力基本保持不变；在 A_n/A_s 较小时，由于板的变形，螺栓的轴力有所下降，但下降是非常平缓和非常小的，接头的主滑动引起螺栓轴力的第一次突降；连接板净截面屈服引起螺栓轴力的第二次突降，其下降幅度比第一次突降要大，如图 5-34 所示。

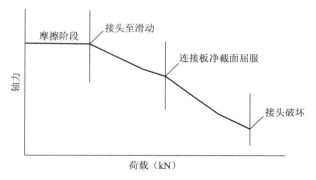

图 5-34 轴力变化示意图

5.4.3 理论计算结果及与试验结果的比较

1. 接头承载力

对 5 个螺栓和 3 个螺栓接头，计算结果（$A_n/A_s=1.38$）为螺栓被剪断，这与试验结果相符。从计算结果来看，螺栓的平均剪切应力低于试验结果（对 5 个螺栓接头约低 12%，7 个螺栓接头约低 10%），其主要原因是因为计算程序中没有考虑摩擦传力，而实际上摩擦传力始终在传递着一部分荷载，图 5-35 为试验结果和计算结果的比较，图中曲线为接头破坏时（栓断或板断）的螺栓平均剪切应力。

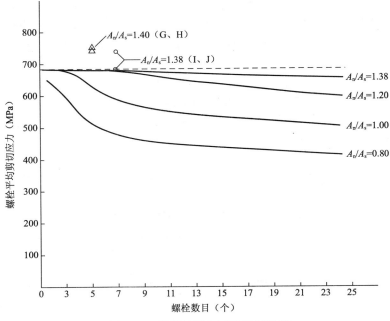

图 5-35　计算结果与试验结果比较
螺栓 M20（20MnTiB）；材质：Q345；孔距：70mm

对于 3 个螺栓的接头，计算结果（$A_n/A_s=0.8\sim1.0$）为接头连接板被拉断，与试验结果相符。从计算结果来看，计算结果高于试验结果 30％左右，主要原因是计算程序中，第一个螺栓处连接板净截面的受力按 $P_{1.2}=P_G-R_1$ 计算，而实际上在极限荷载时，第一个螺栓处连接板净截面所受的拉力约等于 P_G，图 5-36 为试验结果与计算结果的比较，图中曲线代表接头破坏（栓断或板断）时螺栓的平均剪切应力。

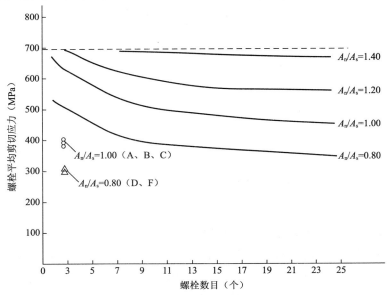

图 5-36　计算结果与试验结果的比较
螺栓 M20（20MnTiB）；材质：Q235；孔距：80mm

2. 螺栓的荷载分布

图 5-37 为与 7 个螺栓试件相同接头条件的接头螺栓，在连接板毛截面屈服和螺栓剪断时的荷载分布示意图。由计算结果可以看出，从开始加荷到板毛截面屈服，螺栓荷载分布呈现比较明显的马鞍形，即中间螺栓受力最小，端头螺栓受力最大；板毛截面屈服以后，随着荷载的增加，马鞍形越不明显，在接近螺栓剪断时，所有螺栓的剪切应力几乎完全相等，同时达到其极限剪切强度。计算机输出所有螺栓剪断的信息，与试验结果完全相符；对于 5 个螺栓接头可以得出相同的结论；对于 3 个螺栓接头，计算结果表明，两头螺栓的受力略高于中间螺栓，但相差不大，始终保持着很不明显的马鞍形，直至接头破坏。

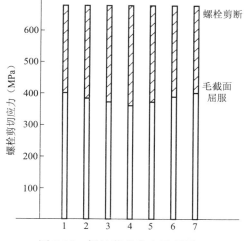

图 5-37　螺栓荷载分布示意图
（螺栓：20MnTiB；材质：Q235）

3. 接头长度对其承载力的影响

图 5-38 为 $A_n/A_s = 1.20 \sim 1.40$，Q235 钢接头承载力的计算结果，曲线代表接头破坏时的螺栓平均剪切应力。总的来看，随着接头的增长，接头承载力下降。对于 A_n/A_s 较小的接头，接头可能由于端头第一个螺栓处的板净截面所承受的荷载（约为 P_G）超过其极限抗拉荷载而破坏，所以接头较长时，接头长度对接头承载力的影响不明显。对于 A_n/A_s 较大的接头，接头的破坏为螺栓剪断。当接头较长时，螺栓的荷载分布不均匀，马鞍形比较明显。接头破坏时，螺栓的平均剪切应力低于螺栓的极限剪切应力。接头越长，破坏时螺栓的平均剪切应力越低，因此接头长度对承载力的影响就比较明显（图 5-38）。

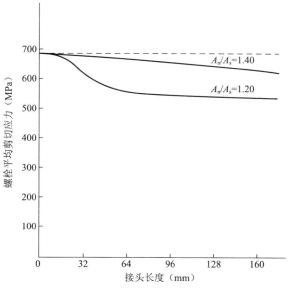

图 5-38　接头长度对其承载力的影响

另外，计算结果还表明，在相同接头长度下，有 13 个螺栓的接头承载力是有 10 个螺栓接头承载力的 1.3 倍。从中可以得到启示，在设计时应尽可能地使接头短些，即按《钢结构设计规范》规定的最小栓距设计接头，对承载力最有利。

4. A_n/A_s 对接头承载力的影响

从试验结果看出，不论是板破坏还是螺栓破坏，随着 A_n/A_s 增大，接头的承载力总有不同程度的增加。当 A_n/A_s 较小时，由于接头的破坏一般为连接板被拉断，所以 A_n/A_s 的变化直接影响到接头的承载力，从计算结果看，影响是非常明显的。当 A_n/A_s 较大时，接头的破坏一般为螺栓被剪断，A_n/A_s 的变化只影响到接头螺栓的荷载分布，相对地讲，A_n/A_s 的变化对接头承载力的影响与当连接板被拉断时的影响相比，就不是很明显；当 A_n/A_s 很大时（超过无穷大），可以认为 A_n/A_s 的变化对接头承载力没有影响（图 5-35 和图 5-36）。

5.4.4 承压型高强度螺栓连接设计建议

1. 应用范围

承压型高强度螺栓连接主要应用在承受静荷载和间接承受动荷载的抗剪连接中。由于接头主滑动以后，螺栓的轴力有明显降低，所以在抗拉及拉-剪连接中尽量不采用承压型连接。

采用承压型高强度螺栓连接的接头应允许有 1.5~2.0mm 的滑移量，这不会影响结构的正常工作。正常安装的试件的滑移量则较小。在实际施工的许多情况下，由于安装时存在着微小的不对中的缘故，接头常常在螺栓被拧紧之前，就处于承压状态，接头的滑移实际上很小。另外从接头的荷载—变形来看，接头滑动以后，在一定的荷载范围内，其接头的变形是比较稳定的，不会影响结构的正常使用。

2. 承压型高强度螺栓加工制作与安装

钢板连接处表面可不作任何处理，保持其原轧制面，如果进行处理，采用与摩擦型连接相同的方法。

螺栓孔采用钻孔成型，螺栓预拉力的施工方法及其要求相同于摩擦型连接。

3. 连接接头的设计

栓距、边距要求按《钢结构设计规范》规定取值。

对于受剪连接接头，每个螺栓的设计承载力应取下列三式中的较小值：

$$[N_v^b] = n_v \frac{\pi d^2}{4} f_v^b \tag{5-14}$$

$$[N_c^b] = d \sum t f_c^b \tag{5-15}$$

$$[N^L] = f A_n \tag{5-16}$$

式中 n_v——受剪切面数目；

d——螺栓公称直径；

$\sum t$——同一受力方向的承压构件的较小总厚度；

A_n——连接板最小净载面积；

f_v^b——板的设计承压强度；

f——板的设计抗拉强度。

为了考虑接头长度对接头承载力的影响，在目前长接头试验数据不足的情况下，建议仍采用《钢结构设计规范》的规定，即当螺栓沿受力方向的连接长度大于 $15d_0$ 时，应将螺栓的承载力乘以 $1.1 - \dfrac{L_1}{150d_0}$ 的折减系数。

第6章 摩擦—承压型受剪连接接头变形准则

6.1 变形准则的基本原理及国内外研究概况

6.1.1 变形准则

高强度螺栓抗剪连接接头在发生主滑动以后，即进入摩擦—承压型阶段，其接头的抗剪承载力 N 与接头的变形 Δ 有着密切的关系，即：

$$N = f(\Delta) \tag{6-1}$$

因此，在连接设计中，根据接头的变形，我们就可以得到在这个变形下连接接头的抗剪承载力，这就是按变形准则进行连接设计的基本思路。我们知道以往连接设计所依据的强度准则，是以各连接件的强度或连接板面间的摩擦强度来确定连接接头的最终承载力，而变形准则是以接头的变形来确定连接承载力，其研究应用不仅能确定各级变形下连接的承载力，而且为科学合理地确定接头的允许变形值和控制结构变形量提供了理论依据。

6.1.2 连接变形

对一个抗剪连接接头来说，其连接变形 Δ 由三部分组成，即：

$$\Delta = \Delta_1 + \Delta_2 + \Delta_3 \tag{6-2}$$

其中 Δ_1 为开始进入摩擦—承压阶段时连接的主滑动位移，它是由孔栓间隙所引起的，由于制作和安装的原因，其值具有相当的随机性，理论和试验都不便统计确定，另外，Δ_1 发生在摩擦—承压阶段以前，其值与摩擦—承压阶段接头的承载力关系很小，因此在研究摩擦—承压阶段的变形准则时，可不考虑 Δ_1 项。

Δ_2 为螺栓杆的剪切和弯曲变形，Δ_3 为连接板的承压变形，两者通常难以区分，试验中所测量的主、盖板间的相对位移，实际上就是两者之和，习惯上称此位移为承压变形 u，即：

$$u = \Delta_2 + \Delta_3 \tag{6-3}$$

对摩擦—承压型连接，承压变形 u 成为变形准则中的控制变形。

6.1.3 连接承载力

在变形准则通式（6-1）中去掉无关量 Δ_1 后，连接承载力 N 与承压变形 u 成一函数关系，即：

$$N = f(u) \tag{6-4}$$

上式可通过试验研究得到，其具体表达式是变形准则研究的核心。

变形准则的研究是以摩擦—承压型连接作为研究对象，这种连接的承载力 N 由两部分组成，一部分为连接板面间摩擦传递的力 N_1，称摩擦传力；另一部分为螺栓和连接板承压传递的力 N_2，称承压传力。理论分析和以往的研究成果表明，N_1、N_2 都与承压变形 u 有关，即：

$$N = N_1 + N_2 = f_1(u) + f_2(u) \tag{6-5}$$

上式的图示如图 6-1。

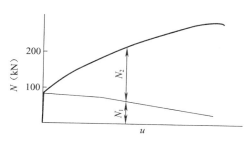

图 6-1 承压传力和摩擦传力示意图

6.1.4 国内外的研究概况

高强度螺栓连接的变形准则只是在最近几年才提出并开展研究和应用的。1989 年 5 月在前苏联莫斯科举行的有关螺栓连接的国际会议上，前苏联的研究学者在进行了大量单栓试件的试验和较系统的分析研究后，提出了高强度螺栓连接的变形设计准则，并在会议上发表了几篇有关变形准则的研究报告。前苏联学者有关变形准则方面的研究成果主要为：

提出了摩擦—承压型连接（Friction-Bearing Connection）的概念，指出连接的抗剪承载力 N 由摩擦传力（N_1）和承压传力（N_2）组成，且都与连接的承压变形（u）有关。通过对单栓试件的试验研究，得到连接接头一个螺栓抗剪承载力的变形准则表达式。

通过收集和研究国内外有关高强度螺栓连接方面的研究资料，特别是前苏联有关变形准则方面的研究资料，本研究在以下几方面进行了较深入的分析：

（1）在对高强度螺栓单栓试件进行试验研究的基础上，提出了和我国现行钢结构设计规范相适应的高强度螺栓连接变形准则的表达式，并对式中的系数分别进行了理论分析和试验研究。

（2）对变形准则在多栓头中的应用进行了研究，采用概率论理论，对多栓接头中螺栓不同时承压问题进行分析和计算，合理地确定螺栓不同时承压系数。

（3）通过数学模型分析，编译了相应的计算程序，从理论上对多栓接头在应用变形准则下的工作性能进行分析研究和计算。

（4）通过比较变形准则和现行规范在高强度螺栓连接设计上的差异，得到一些重要的结论，为推广应用变形准则提供依据。

6.2 试 验 研 究

6.2.1 变形准则表达式

参照前苏联的研究成果，并根据我国多年来在高强度螺栓连接方面的研究和《钢结构设计规范》(GB50017)，提出如下变形准则表达式，即一个螺栓的抗剪承载力为：

$$N = \gamma_{n1} \gamma_{n2} n_s \mu B_0 + \gamma_{B1} \gamma_{B2} \gamma_t R_u d t f_u \qquad (6\text{-}6)$$

式中前半部分为摩擦传力，后半部分为承压传力。

式中
γ_{n1}——接头主滑动后摩擦系数的降低系数；

γ_{n2}——承压变形对螺栓轴力的影响系数；

n_s——摩擦面数；

μ——摩擦系数；

B_0——螺栓预拉力；

γ_{B1}——螺栓不同时承压系数；

γ_{B2}——连接板端距的影响系数；

γ_t——连接板厚度的影响系数；

R_u——连接板材的抗拉强度；

d——螺栓直径；

t——连接板（芯板）厚度；

f_u——承压变形对承压传力的影响系数。

6.2.2 有关系数的确定

1. 摩擦系数降低系数 γ_{n1}

对绝大多数连接接头来说，主滑动以后，摩擦面的摩擦系数都较未滑动以前有所降低，为了确定降低的幅度，对两组试件进行了试验分析。

第一组为二栓接头，按摩擦系数试验标准进行摩擦系数试验，第一次滑动后，把试件取下拆开，重新组装后进行第二次摩擦系数试验。共做了 14 个试件，得到 28 组数据，试件尺寸见图 6-2。

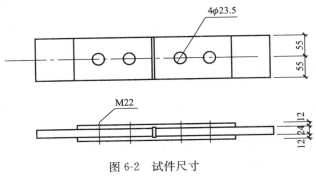

图 6-2 试件尺寸

第二组为单栓试件，试件尺寸与后面变形准则试件相同，参见图 6-7。对试件进行循环荷载试验，测得第一次主滑动时的摩擦系数 μ_1 和一个循环后第二次主滑动时的摩擦系数 μ_2。共做了 5 个试件，得到 5 组数据。

第一组试件采用在螺栓杆上套压力传感器的方法来控制螺栓轴力；第二组采用在螺杆上贴应变片来控制螺栓轴力。

试验结果汇总于表 6-1。

摩擦系数试验结果汇总表　　　　　　　　　表 6-1

试件编号	试件类型	摩擦面处理方法	试件个数	摩擦系数			μ_2/μ_1	
				μ_1	μ_2	μ_2/μ_1	平均值	σ
A201	第一组二栓试件	酸洗后生锈	3	0.567	0.416	0.722	0.846	0.09
A301			3	0.630	0.511	0.811		
B201		喷砂后生锈	2	0.679	0.574	0.845		
B301			2	0.660	0.618	0.936		
B601			2	0.778	0.687	0.833		
C301		砂轮打磨生锈	2	0.697	0.681	0.977		
D	第二组单栓试件	喷砂（未生锈）	1	0.401	0.323	0.806		
D			1	0.368	0.325	0.883		
D			1	0.300	0.284	0.950		
D			1	0.370	0.245	0.663		
D			1	0.432	0.360	0.833		

注：μ_1 为第一次主滑动时摩擦系数值；μ_2 为第二次主滑动时摩擦系数值。

第一组试件表面经处理后，均在室外放置了 20～60d，试件表面生锈，试验中发现，第一次滑动后的试件，打开后在螺栓孔周围的摩擦面呈现较明显的磨光发亮现象。这可能是摩擦系数降低的主要原因。

从表 6-1 的试验结果可看出，所有试件的摩擦系数均有所降低，平均降低 15.34%，笔者在此基础上建议，对摩擦—承压型连接的摩擦系数值打一个 0.85 的折扣，也就是摩擦系数降低系数取 0.85，即：

$$\gamma_{n1} = 0.85 \tag{6-7}$$

2. 连接板厚度影响系数 γ_t

对于双剪式连接接头，由于螺栓杆的弯曲变形，螺栓与芯板承压接触面（半圆柱面积的投影面积）如图 6-3 所示的阴影部分，阴影部分的面积与螺栓直径 d 和芯板厚度有关，连接厚度（芯板厚度）对承压传力的影响，可认为是以图中阴影面积占整个面积的比例体现出来的，把这个比例定义为厚度影响系数 γ_t，即：

$$\gamma_t = \frac{d \cdot t - 2 \cdot \frac{1}{2} \cdot t \cdot z}{d \cdot t} = 1 - \frac{z}{d} = 1 - \frac{t}{2d} \cdot \tan\alpha$$

对本次 M16 单栓试件在接头破坏后，芯板承压接触面的实测表明，α 角度一般都为 4°～5°，代入上式化简可得：

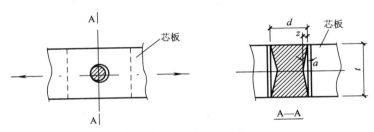

图 6-3　厚度影响系数计算简图

$$\gamma_{\mathrm{t}} = 1 - 0.04t/d \qquad (6\text{-}8)$$

式中　t——芯板厚度；

　　　d——螺栓直径。

由上式可知，t/d 越大，γ_{t} 越小，反之 γ_{t} 越大，但 γ_{t} 始终小于 1，实际上 γ_{t} 就是一个对芯板厚度的折减系数。

式（6-8）的图示见图 6-4。

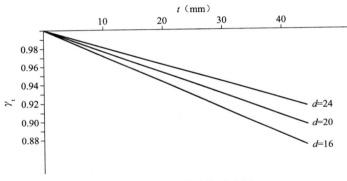

图 6-4　厚度影响系数示意图

3. 端距影响系数 γ_{B2}

在接头尺寸中，端距对承压承载力的影响最为明显，按照剪脱破坏理论，承压强度与端距的关系满足：

$$a/d = 0.5 + 0.833R_{\mathrm{c}}/R_{\mathrm{u}}$$

$$R_{\mathrm{c}} = (1.2a/d - 0.6)R_{\mathrm{u}}$$

式中　R_{c}——连接板材的承压强度；

　　　R_{u}——连接板材的抗拉强度；

　　　a——端距；

　　　d——螺栓直径。

由上式可知，连接的承压强度随端距的增大而增大，试验结果表明，当端距 $a \leqslant 3d$ 时，上式成立，但端距较大 $a \geqslant 3d$ 时，承压强度与端距没关系，几乎保持不变。根据上面的论述，端距影响系数 γ_{B2} 可按下式取值：

$$\gamma_{B2} = \begin{cases} 1.2a/d - 0.6 & (1.5d \leqslant a < 3d) \\ 3 & (a \geqslant 3d) \end{cases} \tag{6-9}$$

实际上端距影响系数 γ_{B2} 就是由连接板材抗拉强度转变到承压强度的放大系数，式（6-9）的图示见图 6-5。

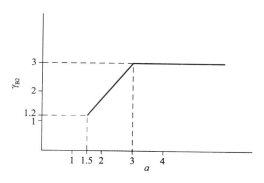

图 6-5　端距影响系数 γ_{B2}

6.2.3　变形准则试验概述

变形准则的具体表达式是通过单栓接头的试验研究得到的，承压变形对螺栓轴力和承压荷载的影响是本试验所要研究和确定的两个重要问题。

1. 试件材料及尺寸

试件采用的连接板材为 Q345 钢，其化学成分见表 6-2。

连接板材的化学成分　　　　　　　　表 6-2

成分	碳	锰	硅	硫	磷
含量（%）	0.14	1.33	0.40	0.015	0.018

对连接板材进行机械性能试验，抗拉试件沿板材轧制方向（纵向）截取，其尺寸如图 6-6 所示，共三组试件，试验结果见表 6-3。

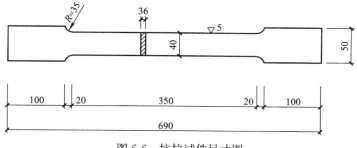

图 6-6　抗拉试件尺寸图

连接板材机械性能　　　　　　　　　　　　　　表 6-3

试件编号	屈服强度 N/（mm）²	抗拉强度 N/（mm）²	延伸率 δ（%）	端面收缩率 Ψ（%）
1	355	565	24	39
2	340	550	28	42
3	340	550	28	37
平均值	345	555	27	39

　　芯板厚度取 36mm，盖板厚度取 18mm，目的是保证在整个试验过程中板材净截面不发生屈服，始终保持在弹性范围内。这样考虑是为了避免在测量的承压变形中包含有板材的屈服变形，因为在连接设计时，规范规定需要对连接板材净截面进行强度验算来避免板材净截面的屈服。

　　试验为单栓抗拉形式，固定端采用两个 M24 扭剪型高强度螺栓紧固，其摩擦承载力大于试验螺栓的极限承载力，以保证在整个试验过程中，固定端不发生滑动现象。从试件尺寸上分Ⅰ型和Ⅱ型两种类型，试件组装图及尺寸见图 6-7。Ⅰ型试件共 16 件，Ⅱ型试件共 5 件。

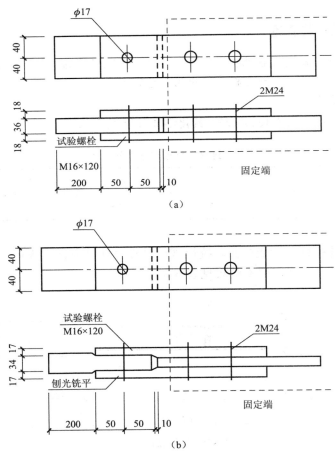

图 6-7　变形准则试件组装图及尺寸
（a）Ⅰ型；（b）Ⅱ型

2. 试验过程及仪器

试件先在地面上预拼装，固定端螺栓用电动扳手终拧，试验端用备用螺栓初拧，待组装完毕后置于拉力试验机夹具上，用试验螺栓拆换下备用螺栓，待试件校正对中后，由拉力机施加一个约 5kN 的荷载，其目的一方面是消除由于孔栓间隙引起的滑动变形，另一方面是为下一步对螺栓施加扭矩提供方便。

试件分 A、B、C 三组，A、C 两组要求对试验螺栓终拧，终拧采用扭矩扳手进行，螺栓轴力控制在螺栓的设计预拉力 100kN 左右；B 组试件螺栓不需终拧，螺栓预拉力为 0。

上述工作完毕以后，拉力机卸载至 0，接通并调整各测量仪器，然后拉力机以 10kN/min 的速度加载，直至试验螺栓破坏，试验结束。

试验中螺栓轴力是通过在试验螺栓光杆部分贴电阻应变片来测量的，参见图 6-8。应变片对称地贴在与受力方向垂直的两面。应变片引线通过螺头小孔引出并接到应变仪上，通过应变仪读数来测量螺栓的轴力。

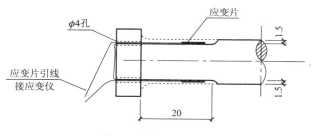

图 6-8　应变片示意图

承压变形是通过电测位移计测量主、盖板在试验螺栓处的相对位移得到的。一个试件需两侧对称安装两台位移计，以避免由于试件不对中、缺陷等因素造成两侧位移不等而引起测量结果的误差，试验中两台位移计并联，输出结果为两侧位移的平均值。位移计需用特制夹具安装。位移计输出引线与 X-Y 记录仪和数字显示器相连，通过 X-Y 记录仪和数字显示器可得到荷载与承压变形的关系曲线及承压变形值。

螺栓轴力及承压变形均每 10kN 级荷载读一次数。

6.2.4　试验结果及分析

对 A、B、C 三组共 21 个试件进行了试验。A 组螺栓预拉力控制在 100kN 左右，摩擦面为喷砂处理（未生锈）；B 组未施加预拉力，摩擦面处理同 A 组，A、B 组采用 I 型试件；C 组采用 II 型试件，螺栓预拉力同 A 组，但摩擦面在机床上经刨光铣平，表面光滑，组装试件时表面再涂抹些滑石粉，以尽量降低摩擦系数值。

所有试件及部分试验结果汇总于表 6-4。

从表 6-4 试验汇总表可以看出，A、B、C 三组试件的极限承载力和极限承压变形基本相同，说明螺栓预拉力和摩擦系数对极限承载力和极限承压变形影响很小，但在工作状态下，对承载力和承压变形有明显的影响，参见图 6-9。对 M16 高强度螺栓，其极限承压变形可达 3mm 左右、极限承载力可达 280kN 左右，相当于极限剪切强度 690kN/mm²。

变形准则试验汇总表 表 6-4

试件编号	试件类型	摩擦面处理	螺栓预拉力（kN）	摩擦系数	极限承压变形（mm）	极限荷载（kN）
A1			101.8	0.451	2.7	276.3
A2			90.0	0.430	2.8	281.0
A3			53.1	0.465		
A4			99.8	0.430	2.9	282.0
A5			100.7	0.365	3.0	280.0
A6			98.6	0.445	3.5	285.4
A7			100.1	0.463	3.0	290.0
A8	Ⅰ型试件	喷砂未生锈	100.9	0.513	3.4	291.3
A9			100.3	0.397	3.3	279.2
A10			90.4	0.422	3.1	274.5
B1					3.0	281.2
B2					3.1	279.0
B3					3.2	277.0
B4					3.2	274.5
B5					2.8	278.0
B6					3.1	278.0
C1			97.7	0.204	2.7	276.6
C2			106.4	0.204	3.3	282.9
C3	Ⅱ型试件	刨光铣平	79.1	0.126	2.6	274.0
C4			96.9	0.207	3.0	297.6
C5			97.1	0.216	3.1	273.5

注：1. A组摩擦系数平均值为 0.440，C 组摩擦系数平均值为 0.180。

2. 极限承压变形平均值为 3.04mm；极限荷载平均值为 280.6kN。

3. A3 试件由于电阻应变片脱落的问题，轴力达不到应有的预拉力值。

从摩擦面处理来看，由于试件较小，车间喷砂效果不好，再加上未生锈，平均摩擦系数值只达到 0.44，对刨光铣平的摩擦面，其摩擦系数有明显下降，平均值只为 0.18。

下面分项对试验结果进行分析研究。

1. 荷载—承压变形关系曲线

载荷—承压变形关系曲线通过 $X—Y$ 记录仪可直接得到。图 6-9 为 A、B、C 三组试件的典型曲线，从中可以看出，当荷载较小时，三条曲线差距较大，随着荷载增加，差距逐渐减小，接近极限状态时，三条曲线基本接近。螺栓预拉力和摩擦系数对接头荷载和承压变形的影响在图 6-9 中可以一目了然，在同一荷载级下，A 组试件承压变形最小，其次是摩擦系数较小的 C 组试件，无预拉力的 B 组试件承压变形最大；在相同承压变形下，A 组试件传递的荷载最大，C 组由于摩擦系数小，相应摩擦传力就小，其传递的荷载就比 A 组试件要小，B 组试件由于预拉力为零，摩擦传力几乎为零，因此 B 组试件传递的荷载最小。在接近极限状态时，A、B、C三组试件中螺栓由于杠杆力的作用，其变形和受力情况基本接近，最后都是螺栓被剪断而破坏，因此在接近极限状态时，三条曲线基本接近。

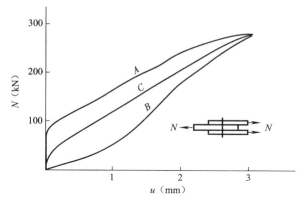

图 6-9　荷载—承压变形关系典型曲线

2. 螺栓轴力与承压变形的关系

对 A、C 组试件，试验开始时螺栓轴力为预拉力 B_0，试验过程中所测得的轴力为 B，则 B/B_0 与承压变形 u 的关系见图 6-10。

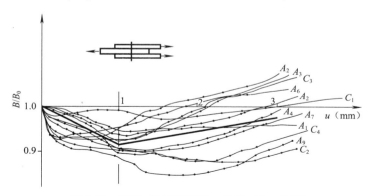

图 6-10　B/B_0 与承压变形 u 关系（A、C组）

从图 6-10 可看出，螺栓轴力与承压变形有着密切的关系，当承压变形较小时（$u \leqslant$ 1mm），螺栓轴力呈下降趋势；当承压变形大于 1mm 时，下降较平滑并逐渐呈上升的趋势。另外摩擦系数值的大小对螺栓轴力变化的影响很小。

对试验数据统计分析，归纳出 B/B_0 与承压变形 u 的关系如下：

$$B/B_0 = \begin{cases} 1 - 0.085u & (u \leqslant 1\text{mm}) \\ 0.890 + 0.025u & (u > 1\text{mm}) \end{cases} \tag{6-10}$$

以往国内外的试验表明，螺栓轴力随荷载增加而降低，但上面 A、C 组试件的试验结果中，为什么螺栓轴力随承压变形的增加反而呈上升趋势？这一现象的发生是由于单栓抗拉试件在荷载较大时会发生盖板向外撬起，在螺栓杆内产生了一个附加拉应力，从而增大了螺栓轴向拉力的结果而引起的。当承压变形较小时，这种撬起作用很小，螺栓轴力仍呈下降趋势，但随着承压变形的增大，这种撬起作用逐渐加大，以至于螺栓轴力反而呈上升的趋势。对一个抗剪连接接头来说，只是端头螺栓会出现上述这种情况，中间其他螺栓受盖板撬起的影响很小，为了得到接头中螺栓轴力与承压变形关系的实际情况，消除由于盖板撬起而引起螺栓轴力增加的因素，故对无预拉力的 B 组试件进行了螺栓轴力和承压变形的测量，由于对 B 组试件来说，试验开始时螺栓轴力为零，随着荷载的增加，螺栓轴力也逐渐增加，这一现象可以认为完全是由于盖板撬起而引起的。假定 $B_0 = 100\mathrm{kN}$，B 组试件 B/B_0 与承压变形的关系见图 6-11。对试验数据回归分析，可得到下式：

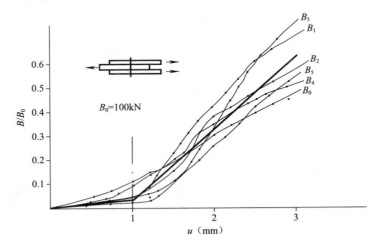

图 6-11　B/B_0 与承压变形关系（B 组）

$$B/B_0 = \begin{cases} 0.035 & (u \leqslant 1\mathrm{mm}) \\ -0.255 + 0.290u & (1\mathrm{mm} < u \leqslant 3\mathrm{mm}) \end{cases} \qquad (6\text{-}11)$$

式（6-11）实际就是由于盖板撬起而使螺栓轴力增加的数学表达式，为了消除盖板撬起作用的影响，螺栓轴力与承压变形的关系应该是式（6-10）减去式（6-11），即：

$$B/B_0 = \begin{cases} 1 - 0.12u & (u \leqslant 1\mathrm{mm}) \\ 1.15 - 0.27u & (1\mathrm{mm} < u \leqslant 3\mathrm{mm}) \end{cases} \qquad (6\text{-}12)$$

式（6-12）可认为是抗剪连接接头中螺栓轴力与承压变形的关系式（端头螺栓除外），它实际上反映螺栓轴力随承压变形的变化情况（图 6-12），因此变形准则中承压变形对螺栓轴力的影响系数 γ_{n2} 可定义为 B/B_0，即：

$$\gamma_{\mathrm{n2}} = \begin{cases} 1 - 0.12u & (u \leqslant 1\mathrm{mm}) \\ 1.15 - 0.27u & (1\mathrm{mm} < u \leqslant 3\mathrm{mm}) \end{cases} \qquad (6\text{-}13)$$

3. 承压传力与承压变形的关系

对于 A、C 组试件，可根据测定的螺栓轴力和摩擦系数，算出每一级荷载下摩擦传力 N_1，从荷载值 N 中减去 N_1，就得到每级荷载下承压传力 $N_2 = N - N_1$；对 B 组试件，其摩擦系数取 A 组试件的平均值 0.44，同样可得到相应的名义摩擦传力 N_1 和承压传力 N_2。由于每级荷载下承压变形可测得，因此承压传力 N_2 与承压变形的关系不难得到。

从式（6-14）承压传力的表达式来看，对一个具体的抗剪连接接头来说，除承压变形影响系数 f_{u} 外，其他系数均为定量，因此承压传力 N_2 与承压变形的关系实际上就是系数 f_{u} 与承压变形的关系，f_{u} 可由下式确定：

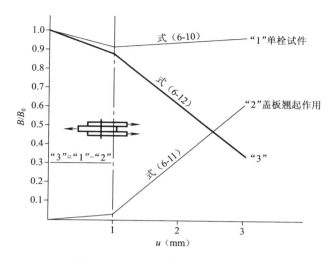

图 6-12　螺栓轴力与承压变形的关系

$$f_u = \frac{N_2}{\gamma_{B1}\gamma_{B2}\gamma_t R_u dt} \qquad (6\text{-}14)$$

对于此试件，式中各系数值为：$\gamma_{B1}=0.9$；$\gamma_{B2}=3$（$a=3d$）；$d=16\text{mm}$；$R_u=555\text{N/mm}^2$；

$$t=\begin{cases}36\text{mm}\quad（A、B 组）\\34\text{mm}\quad（C 组）\end{cases}$$

$$\gamma_t=\begin{cases}1-0.04\times36/16=0.91\quad（A、B 组）\\1-0.04\times34/16=0.915\quad（C 组）\end{cases}$$

对于每一级荷载我们都可以得到 f_u—u 一组数，每一个试件可得到一条 f_u—u 关系曲线，图 6-13 是这些曲线的汇总，从图可以看出，承压变形影响系数 f_u（或承压传力 N_2）与承压变形 u 的关系基本呈线性关系（$\gamma=0.98$）。从 A、B、C 三组试件的 f_u—u 曲线基本相同来看，承压变形影响系数 f_u 或承压传力 N_2 只与承压变形有关，而与摩擦系数和预拉力关系不大，也就是说摩擦系数和预拉力只影响摩擦传力 N_1。对试验得到的 300 组 f_u—u 数据进行统计回归，得到 f_u—u 关系如下：

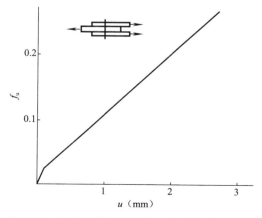

图 6-13　承压变形影响系数 f_u 与承压变形关系

$$f_u = \begin{cases} 0.253u & (u \leqslant 0.1\text{mm}) \\ 0.016 + 0.093u & (0.1\text{mm} < u \leqslant 3\text{mm}) \end{cases} \tag{6-15}$$

6.2.5 试验结果总结

通过上面的试验研究，可得到变形准则 $N = f(u)$ 的具体表达式：

$$N = \gamma_{n1} \gamma_{n2} n_s \mu B_0 + \gamma_{B1} \gamma_{B2} \gamma_t R_u dt f_u \tag{6-16}$$

式中　γ_{n1}——摩擦系数降低系数，取 0.85；

　　　γ_{n2}——承压变形对螺栓轴力的影响系数；

$$\gamma_{n1} = \begin{cases} 1 - 0.12u & (u \leqslant 1\text{mm}) \\ 1.15 - 0.27u & (1\text{mm} < u \leqslant 3\text{mm}) \end{cases}$$

　　　n_s——摩擦面数；

　　　μ——摩擦系数；

　　　B_0——螺栓预拉力，单位为 N；

　　　γ_{B1}——螺栓不同时承压系数，取 0.9；

　　　γ_{B2}——端距 a 影响系数；

$$\gamma_{B2} = \begin{cases} 1.2a/b - 0.6 & (1.5d \leqslant a < 3d) \\ 3 & (a \geqslant 3d) \end{cases}$$

　　　γ_t——连接板厚度影响系数；

$$\gamma_t = 1 - 0.04t/d;$$

　　　R_u——连接板材的抗拉强度，单位为 N/mm²；

　　　d——螺栓直径，单位为 mm；

　　　t——连接板厚度（双剪式为芯扳厚度），单位为 mm；

　　　f_u——承压变形对承压传力的影响系数，

$$f_u = \begin{cases} 0.253u & (u \leqslant 0.1\text{mm}) \\ 0.016 + 0.093u & (0.1\text{mm} < u \leqslant 3\text{mm}) \end{cases}$$

式中　u——承压变形，单位为 mm。

6.3 多栓接头中螺栓不同时承压问题的理论分析

无论是理论分析还是试验，变形准则都是基于对单栓接头进行分析研究，得到变形准则的表达式，然后推广应用到多栓接头中，这里存在一个十分突出而又必须解决的问题，就是由于制作和安装的原因，实际接头中螺栓孔距不可避免地存在偏差，使得接头中的螺栓不同时进入承压状态。现在所要解决的问题是接头应有多大的变形量才能保证接头所有螺栓都进入承压状态，换句话说就是怎样才能保证整个接头进入摩擦—承压状态。保证接头进入摩擦—承压状态接头所需要的变形量可由概率论理论进行分析计算。

孔距偏差 δ 可看作是符合正态分布的随机变量。假定接头滑动以后，接头中有一个螺栓进入承压状态，接头开始出现变形 u，随着变形的增大，n 个螺栓接头（单列螺栓）中可能会出现 2、3、4、…、n 个螺栓进入承压状态，几个螺栓进入承压状态这一事件，是一个随机和独立的随机变量 $(X = k, k = 0, 1, 2, \cdots, n)$，其数学模型是一个贝努利

（Bernoulli）试验。

　　设接头中 L 个以上螺栓进入承压状态的概率为 99.74% 时，P_L 为单个螺栓进入承压状态的概率，那么随机变量 $X=k$ 是服从参数为 n、P_L 的二项分布，即 $X \sim B(n, P_L)$。根据概率论理论，随机变量 $X=k$ 的所有概率之和应等于 1，即：

$$\sum_{k=0}^{n} P(X=k) = \sum_{k=0}^{n} C_n^k P_L^k (1-P_L)^{n-k} = 1$$

$$\sum_{k=0}^{L-1} C_n^k P_L^k (1-P_L)^{n-k} + \sum_{k=L}^{n} C_n^k P_L^k (1-P_L)^{n-k} = 1$$

$$1 - \sum_{k=0}^{L-1} C_n^k P_L^k (1-P_L)^{n-k} = \sum_{k=L}^{n} C_n^k P_L^k (1-P_L)^{n-k} \tag{6-17}$$

　　根据前面的假定，事件 $X=k$ 发生 $k=L$、$L+1\cdots n$ 的所有概率之和等于 0.9974，即：

$$\sum_{k=L}^{n} P(X=k) = \sum_{k=L}^{n} C_n^k P_L^k (1-P_L)^{n-k} = 0.9974$$

　　上式代入式（6-17）得：

$$1 - \sum_{k=0}^{L-1} C_n^k P_L^k (1-P_L)^{n-k} = 0.9974$$

$$1 - C_n^0 P_L^0 (1-P_L)^n - C_n^1 P_L^1 (1-P_L)^{n-1} - C_n^2 P_L^2 (1-P_L)^{n-2} - \cdots - C_n^{L-1} P_L^{L-1}$$
$$(1-P_L)^{n-L+1} = 0.9974$$

　　把上式的两项系数代入并整理可得：

$$1 - (1-P_L)^n - nP_L (1-P_L)^{n-1} - \frac{n(n-1)}{2!} P_L^2 (1-P_L)^{n-2} - \cdots - C_n^{L-1} P_L^{L-1}$$
$$(1-P_L)^{n-L+1} = 0.9974 \tag{6-18}$$

　　利用上式即可求出在 L 个以上螺栓进入承压的概率达 99.74% 时，一个螺栓进入承压所应有的概率 P_L。孔距偏差 δ 可看作是符合正态分布的随机变量。接头所产生的变形，注意这里所讲的变形仅是由于孔距偏差 δ 而引起接头发生的变形，没有考虑螺栓和连接板本身的变形，因此和孔距偏差一样，也是符合正态分布的随机变量，即 $X \sim N(0, \sigma^2)$。利用标准正态分布曲线（图 6-14）可以求出在概率 P_L 下，接头所应该发生的变形，即：$U_{BL} = \sigma Z$，式中 Z 可由下式确定：

$$\phi(Z) = \frac{1}{\sqrt{2\pi}} \int_{-\infty}^{Z} e^{-\frac{t^2}{2}} dt = \frac{1}{2} + \frac{P_L}{2} = \frac{1+P_L}{2} \tag{6-19}$$

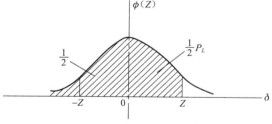

图 6-14　$N(0, 1)$ 分布

对于一个螺栓来讲，由于孔距偏差 δ 所引起的连接板间的相对位移，即前面所说的变形理论上都会在 $[-2\delta_{max}, +2\delta_{max}]$ 区间以内（图 6-15），根据正态分布的所谓"3σ 规则"，即 $3\sigma = 2\delta_{max}$，不难得到 $\sigma = 2/3\delta_{max}$，因此接头变形 U_{BL} 即为：

$$U_{BL} = \frac{2}{3} Z\delta_{max} \tag{6-20}$$

　　对一个 n 个螺栓的多栓接头，U_{BL} 均可由上面的公式计算确定。变形 U_{BL} 的含意是指接头主滑动以后，当接头变形达到 U_{BL} 时，接头中至少 L 个螺栓有 99.74% 的可能性已进入了承压状态。

作为一个例子，在此采用上述公式对一个 3 栓接头进行验算。其计算简图和计算参数见图 6-16，计算结果见表 6-5。

从表 6-5 可以看出，U_{B1} 与 δ_{max} 相近，这是合乎情理的，也从某种意义上验证了该计算理论的可靠性。实际上 U_{B1} 的计算无意义，因为计算假定中已假定接头滑动后已有一个螺栓进入承压状态。

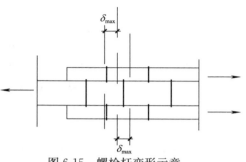

图 6-15　螺栓杆变形示意

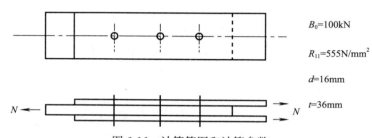

$B_0=100$kN

$R_{11}=555$N/mm^2

$d=16$mm

$t=36$mm

图 6-16　计算简图和计算参数

三栓接头计算结果　　　　　　　　　　　　　　　　　　　　　表 6-5

δ	U_{B1}	U_{B2}	U_{B3}
± 0.5mm	0.490mm	0.717mm	1.103mm
± 0.7mm	0.705mm	1.003mm	1.545mm
± 1.0mm	0.980mm	1.433mm	2.207mm
± 1.5mm	1.480mm	2.150mm	3.31mm

利用上述计算结果，根据此试验所得到的单栓荷载—变形关系曲线，我们可以得到三个螺栓不同时进入承压状态时极限承载力 N'（图中虚线）和三个螺栓同时进入承压状态时极限承载力 N，参见图 6-17。接头中螺栓不同时承压系数。

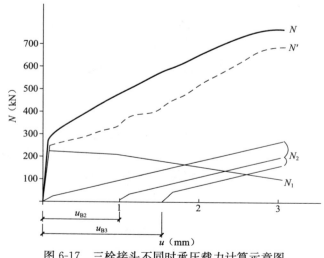

图 6-17　三栓接头不同时承压载力计算示意图

$$\gamma_{B1} = N'/N \tag{6-21}$$

系数 γ_{B1} 与 δ_{max} 密切相关，计算结果见表 6-6。

计算结果 表 6-6

δ_{max}	±0.5mm	±0.7mm	±1.0mm	±1.5mm
γ_{B1}	0.94	0.89	0.81	0.58

从表 6-6 的计算结果可以看出，不同时承压系数 γ_{B1} 随 δ_{max} 的增大而明显减小，我国《钢结构工程施工质量验收规范》（GB 50205）规定同一组栓孔距的允许偏差小于±0.7mm，此时计算结果 $\gamma_{B1}=0.89$，考虑到该值为理论极限值，实际上由于种种原因，接头的变形在达到 B_{UL} 之前，L 个螺栓很可能相继进入承压状态了，因此建议不同时承压系数 γ_{B1} 取 0.9。

解决了多栓接头中螺栓不同时承压问题之后，由单栓接头得到的变形准则在推广应用到多栓接头时，要在承压传力 N_2 项里引入不同时承压系数 γ_{B1}。

6.4 多栓接头承压力的理论分析和计算

有关高强度螺栓抗剪连接接头的理论分析和计算已在诸多文献里论述过，但其计算理论都是以强度准则为依据，并且假定接头滑动后，摩擦不再传力，接头的荷载全部由承压传递，本书所论述的计算是以变形准则为依据，考虑摩擦传力部分，即接头的荷载由摩擦和承压共同传递，其计算模型与实际情况更为相近。

6.4.1 理论分析

1. 基本假定

（1）以摩擦—承压型连接作为研究对象，接头荷载由摩擦和承压共同传递。

（2）以单列螺栓接头作为分析对象，接头上孔距、螺栓规格都相同，且为双剪式。

（3）对于多排螺栓接头，沿受力方向按行距分成等宽的条，每条上只有一列螺栓，认为各条具有相同的性能。

根据假定，可以把接头的每一条作为一个超静定结构，利用力的平衡条件和变形相容条件，建立方程组，由接头的承压变形 U 作为已知条件，求解方程，可以分别求出接头中每个螺栓所传递的荷载（包括摩擦传力 N_1 和承压传力 N_2），进而可以确定接头在承压变形 U 下的承载力。

2. 力的平衡条件

图 6-18 为一个等宽条上荷载传递简图，其中 P、Q 分别为主板、盖板产生的内力；N 为螺栓传递的力，包括摩擦传力 N_1 和承压传力 N_2；N_G 为外荷载。

在螺栓 L 和 $L+1$ 之间，主板的内力 $P_{L,L+1}$ 应等于外荷载 N_G 减去 L 行以前所有螺栓所传递的力，即：

$$P_{L,L+1} = N_G - \sum_{i=1}^{L} N_i \tag{6-22}$$

两块盖板的内力 $Q_{L,L+1}$ 应等于由 L 行以前所有螺栓传递力的总和，即：

$$Q_{L,L+1} = \sum_{i=1}^{L} N_i \tag{6-23}$$

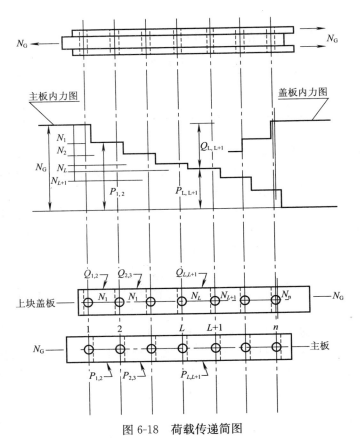

图 6-18　荷载传递简图

对 n 个螺栓的接头来说，所有螺栓传递力的总和应等于外加荷载，即：

$$N_G = \sum_{i=1}^{n} N_i \tag{6-24}$$

3. 变形相容条件

图 6-19 为螺栓 L 和 $L+1$ 一段螺栓，板和孔的变形关系简图，在某一级荷载作用下，主板栓距从原来的 P 伸长到 $P+e_{L,L+1}$；同样盖板栓距也从 P 变到 $P+e'_{L,L+1}$。

对于螺栓 L 和 $L+1$，其承压变形分别为 U_L 和 U_{L+1}，根据图 6-19 可得到如下关系：

$$P + e_{L,L+1} + d + U_{L+1} = P + e'_{L,L+1} + d + U_L$$
$$e_{L,L+1} + U_{L+1} = e'_{L,L+1} + U_L \tag{6-25}$$

式中 U_L、U_{L+1} 分别为 L 和 $L+1$ 螺栓的承压变形；$e_{L,L+1}$、$e'_{L,L+1}$ 分别为螺栓 L 和 $L+1$ 之间主板、盖板受拉产生的拉伸变形。

4. 螺栓承压变形

根据单栓接头的变形准则，可以得到每个螺栓所传递的荷载与其承压变形的关系，即：

$$
\begin{aligned}
N_L &= \gamma_{n1} \gamma_{n2} n_s \mu B_0 + \gamma_{B1} \gamma_{B2} \gamma_t R_u d t f_u \\
&= \gamma_{n1} (A_1 + A_2 U_L) n_s \mu B_0 + \gamma_{B1} \gamma_{B2} \gamma_t R_u d t (B_1 + B_2 U_L) \\
&= A_1 \gamma_{n1} n_s \mu B_0 + B_1 \gamma_{B1} \gamma_{B2} \gamma_t d R_u t + (A_2 \gamma_{n1} n_s \mu B_0 + B_2 \gamma_{B1} \gamma_{B2} \gamma_t d R_u t) U_L \\
&= E + F U_L
\end{aligned}
$$

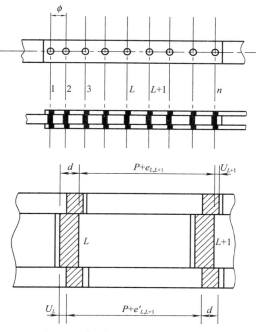

图 6-19　螺栓和板的变形关系简图

通过上式，可分别求出螺栓 L 和 $L+1$ 的承压变形：

$$U_L = \frac{1}{F}(N_L - E) \tag{6-26}$$

$$U_{L+1} = \frac{1}{F}(N_{L+1} - E) \tag{6-27}$$

式中：

$$E = A_1 \gamma_{n1} n_s \mu B_0 + B_1 \gamma_{B1} \gamma_{B2} \gamma_t d R_u t$$

$$F = A_2 \gamma_{n1} n_s \mu B_0 + B_2 \gamma_{B1} \gamma_{B2} \gamma_t d R_u t$$

A_1、A_2、B_1、B_2 分别为系数 γ_{n2}、f_u 的试验回归系数。

5. 主板、盖板的伸长变形

把主板、盖板看作是承受拉力荷载的带孔板，根据带孔板的应力—应变关系，主板、盖板伸长变形确定如下：

弹性范围内：

$$e_{L,L+1} = \left(N_G - \sum_{i=1}^{L} N_i\right) p / (A_{g1} E) \tag{6-28}$$

$$e'_{L,L+1} = \sum_{i=1}^{L} N_i \, p / (A_{g2} E) \tag{6-29}$$

弹—塑性范围内：

$$e_{L,L+1} = \frac{P R_y A_{n1}}{A_{g1} E} + p \left\{ \frac{-1}{(R_u - R_y)(g/(g-d))} \ln \left[1 - \left(\frac{N_G - \sum_{i=1}^{L} N_i - R_y A_{n1}}{(R_u - R_y) A_{n1}} \right)^{\frac{2}{3}} \right] \right\} \tag{6-30}$$

$$e'_{L,L+1} = \frac{P R_y A_{n2}}{A_{g2} E} + p \left[\frac{-1}{(R_u - R_y)[g/(g-d)]} \ln \left\{ 1 - \left(\frac{\sum_{i=1}^{L} N_i - R_y A_{n2}}{(R_u - R_y) A_{n2}} \right)^{\frac{2}{3}} \right\} \right] \tag{6-31}$$

99

式中　R_u、R_y——分别为连接板材的抗拉强度和屈服强度；

　　　　A_{g1}、A_{g2}——分别为主板、盖板的毛截面积；

　　　　A_{n1}、A_{n2}——分别为主板、盖板的净截面积；

　　　　p、g、d——分别为栓距、板宽、螺栓直径；

　　　　N_i——接头中第i个螺栓所受剪力；

　　　　N_G——接头所受剪力。

6.4.2　计算方法

把螺栓和板的变形计算式（6-26）～式（6-31）代入变形相容关系式（6-25），对于 n 个螺栓的接头总共可以得到（$n-1$）个相容关系方程式，加上接头的力平衡方程式（6-24），总共可得到 n 个方程式。由于每一个方程式中都含有 N_L、N_{L+1}、N_G 三个未知量，因此开始先给出第一个螺栓的承压变形值 U_1，利用变形准则求出 N_1，然后假定一个接头荷载 N_G，这样代入方程以后，可依次求出 N_2、$N_3 \cdots N_n$，将计算结果代入力平衡方程式(6-24)，如果满足则计算结果，如果不满足，则调整 N_G，重新计算，直到满足为止。

通过求出的每个螺栓所传递的荷载 N_L，可利用变形准则计算出每个螺栓的承压变形 U_L，进而可得到每个螺栓摩擦传力 N_{1L} 和承压传力 N_{2L} 等一系列有用的数据，为合理确定接头的承载力和承压变形允许值提供理论依据。

上述计算过程如图 6-20 所示。

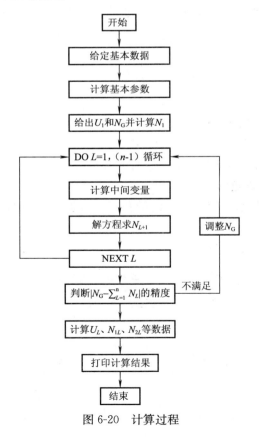

图 6-20　计算过程

6.4.3 计算程序及计算模型和计算参数

根据前述多栓接头的理论计算方法及计算程序框图，使用 FORTRAN 语言编写了专用计算程序，利用该程序，可以对摩擦—承压型高强度螺栓连接各阶段的工作性能进行理论分析研究。程序的主要功能为：已知多栓接头端头第一个螺栓的承压变形值，可以得到接头中其他螺栓的承压变形值，以及由变形准则所确定的接头中每个螺栓的承载力（N）、摩擦传力（N_1）、承压传力（N_2）和接头承载力。

计算模型为单排双剪式高强度螺栓抗剪连接，螺栓为 M16 大六角头高强度螺栓，见图 6-21。

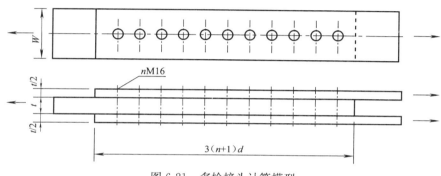

图 6-21 多栓接头计算模型

计算参数：

螺栓：M16 大六角头高强度螺栓，10.9S，预拉力 $B_0 = 100000$N；

连接板：芯板厚度 $t = 36$mm，极限抗拉强度 $R_u = 555$N/mm^2，屈服强度 $R_t = 345$N/mm^2。

摩擦面：喷砂处理，摩擦系数取 0.55。

6.4.4 计算结果及讨论

1. 承压变形的分布及取值

图 6-22 为一个 15 栓接头螺栓承压变形的计算结果，从图中可看出，多栓接头中各螺栓的承压变形不尽相同，两端螺栓的承压变形大，中间螺栓的承压变形小，呈马鞍形对称分布。接头中螺栓承压变形的马鞍形分布曲线随着荷载的增大越明显。

关于多栓接头承压变形的取值，笔者在总结了试验和理论计算结果的基础上，认为以端头第一个螺栓的承压变形作为接头承压变形值为宜，理由如下：

（1）从理论计算结果来看，对一个高强度螺栓抗剪连接接头，其端头第一个螺栓的承压变形最大，若取接头所有螺栓承压变形的平均值作为接头承压变形值，则不论接头有多长，螺栓有多少，接头螺栓的平均承载均相同，这就很可能导致较长接头的承压变形和螺栓平均承载均在工作范围内，而端头螺栓的承压变形和承载已超过其极限状态而破坏，这种不安全的情况很难从设计计算上避免。若取端头第一个螺栓的承压变形作为整个接头承压变形值的话，只要承压变形控制在工作范围内，就可以确保接头中所有螺栓都能很好地参加工作，消除了上述不安全的隐患。

（2）对多栓接头来说，不论试验还是工程实际，端头第一个螺栓的承压变形，也即端头主板、盖板间的相对位移最直观和具体，可以比较容易地测量到。而所有接头螺栓承压变形的平均值则是比较抽象和难以测定的。

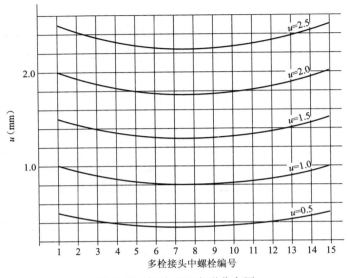

图 6-22　螺栓承压变形分布图

基于上述原因，本书所说的接头承压变形均指端头第一个螺栓的承压变形值。

2. 螺栓轴力的分布

图 6-23 为一个 15 栓接头螺栓轴力的计算结果，接头中两端螺栓的轴力最小，中间螺栓的轴力最大，呈凸形对称分布，随着承压变形的增大，曲线凸的程度越来越明显。

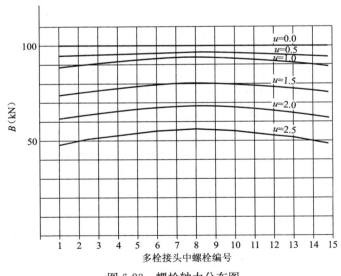

图 6-23　螺栓轴力分布图

3. 螺栓承载的分布

接头中每个螺栓的承载都由摩擦传力和承压传力两部分组成，图 6-24 为一个 15 栓

接头螺栓承载力 N、摩擦传力 N_1 及承压传力 N_2 的分布图。从图中可看出，摩擦传力与螺栓轴力有关，其分布为凸形对称分布；承压传力与承压变形有关，其分布为马鞍形对称分布；螺栓承载即摩擦传力与承压传力之和仍呈马鞍形对称分布，但分布曲线凹的程度显然比承压传力要小。随着承压变形的增大，各分布曲线的曲率逐渐变大。

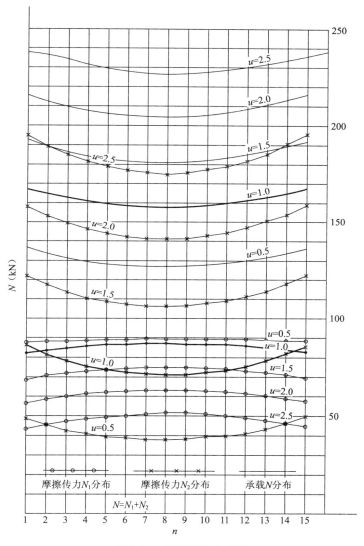

图 6-24　螺栓承载分布图

4. 接头承载力

接头承载力就是在某一承压变形下接头所有螺栓承载之和，计算结果表明，接头螺栓的平均承载随螺栓个数（接头长度）增加而降低，图 6-25 为计算模型在各级承压变形下的计算结果，从图可看出，各级承压变形下的曲线（直线）几乎平行，说明螺栓平均承载力的降低幅度只随接头长度有关，而与承压变形大小无关。借用 GB 50017 规范中长度拆

减系数 K 的概念，也即：$K=$ 接头的实际承载力/（单栓承载力 x 螺栓个数）。计算结果表明，长度折减系数 K 与螺栓个数 n 呈线性关系，对上述的计算模型和计算参数，K 与 n 的关系见图6-26。

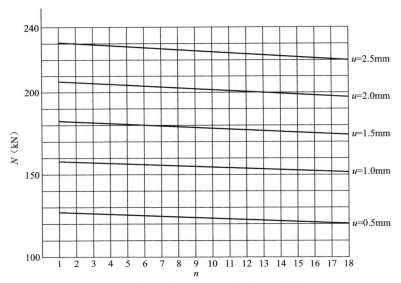

图6-25　螺栓平均承载力与接头长度的关系

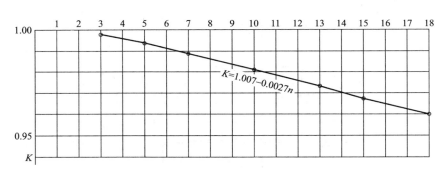

图6-26　长度折减系数 K 与螺栓个数 n 关系

对于不同的计算参数折减系数 K 与螺栓个数 n 的关系不尽相同，但是如果连接板净截面不屈服的话，理论计算的长度折减系数远小于 GB 50017 规范规定的长度折减系数 $K=1.1-\dfrac{L}{150d_0}$，为了与 GB 50017 规范相吻合和安全考虑，在利用变形准则进行连接接头设计时，同样可引用 GBJ 17—1988 规范规定长度折减系数：

$$K = 1.1 - \frac{L}{150d_0} \qquad (6\text{-}32)$$

式中　L——接头长度 $L=(n-1)P$；

$\quad\quad P$——栓距；

$\quad\quad d_0$——栓孔直径。

6.5 变形准则在连接设计中的应用

6.5.1 设计建议

在以上研究分析的基础上，本书提出变形准则在高强度螺栓抗剪连接设计上的设计建议，主要内容如下：

(1) 变形准则设计适用于摩擦—承压型高强度螺栓抗剪连接。在承压变形 u 下，每个高强度螺栓的设计承载力为：

$$N = \gamma_{n1} \gamma_{n2} n_s \mu P + \gamma_{B1} \gamma_{B2} \gamma_t f d t f_u \tag{6-33}$$

式中　γ_{n1}——摩擦系数降低系数，取 0.85；

　　　γ_{n2}——承压变形对螺栓轴力的影响系数，

$$\gamma_{n2} = \begin{cases} 1 - 0.12u & (u \leqslant 1\text{mm}) \\ 1.15 - 0.27u & (1\text{mm} < u \leqslant 3\text{mm}) \end{cases}$$

　　　n_s——摩擦面数；

　　　μ——摩擦系数；

　　　P——螺栓设计预拉力，单位 N；

　　　γ_{B1}——接头螺栓不同时承压系数，取 0.9；

　　　γ_{B2}——端距 a 影响系数，

$$\gamma_{B2} = \begin{cases} 1.2a/d - 0.6 & (1.5d \leqslant a < 3d) \\ 3 & (a \geqslant 3d) \end{cases}$$

　　　γ_t——连接板（芯板）厚度影响系数，

　　　$\gamma_t = 1 - 0.04t/d$

　　　f——连接板材的设计强度，N/mm²；

　　　d——螺栓直径，mm；

　　　t——连接板（芯板）厚度，mm；

　　　f_u——承压变形对承压传力的影响系数

$$f_u = \begin{cases} 0.253u & (u \leqslant 0.1\text{mm}) \\ 0.016 + 0.093u & (0.1\text{mm} < u \leqslant 3\text{mm}) \end{cases}$$

　　　u——接头承压变形，mm。

(2) 对于较长的连接接头，由于接头中螺栓承载不均，接头的设计承载力应考虑接头长度折减系数 K，该折减系数仍采用 GBJ 17—1988 规范规定的值，即：

$$K = 1.1 - \frac{L}{150d_0} (15d_0 \leqslant L \leqslant 60d_0) \tag{6-34}$$

式中　L——接头长度；

　　　d_0——螺栓孔径。

6.5.2 变形准则与现行规范（GB 50017）在连接设计上的比较

按照 GBJ 17—1988《钢结构设计规范》对高强度螺栓抗剪连接接头进行强度设计，

从而得到连接接头按强度准则进行设计的设计承载力。

计算模型同图 6-20。计算参数如下：

螺栓：M16 高强度螺栓，10.9S，设计预拉力 $B_c = 100\text{kN}$，设计剪切强度 $f_v^b = 310\text{N/mm}^2$；

连接板：16Mn，板厚 $t = 36\text{mm}$，设计强度 $f = 290\text{N/mm}^2$；设计承压强度 $f_c^b = 590\text{N/mm}^2$。

摩擦面：喷砂处理，设计摩擦系数 $\mu = 0.55$。

按照 GBJ 17—1988 的规定，需要进行以下几方面的验算：

1. 摩擦控制承载力

$$N_F = [1.3 \times (0.9 n_f \mu B_0)]n = [1.3 \times (0.9 \times 2 \times 0.55 \times 100)]n = 128.7n(\text{kN})$$

2. 螺栓受剪承载力

$$N_V = \left(n_v \frac{\pi d^2}{4} f_v^b\right)n = \left(2 \times \frac{\pi 16 \times 16}{4} \times 310\right)n = 125n(\text{kN})$$

3. 连接板承压承载力

$$N_C = (d \sum t f_c^b)n = (16 \times 36 \times 590)n = 340 \times 10^3 \times n = 340n(\text{kN})$$

连接接头的设计承载力应取上述较小者即：$N_强 = 125n$ （kN）

对于接头长度 $L \geqslant 15d_0$ 时，GB 50017 规定对承载力乘以折减系数 $K = 1.1 - L/(150d_0)$，对本设计模型，7 栓以上的接头都应考虑这一折减系数。

利用变形准则的专用计算程序，对上述计算模型和计算参数进行理论计算，得到各级承压变形下接头理论承载力 $N_变$，表 6-7 列出计算结果及与 GB 50017 计算设计承载力比较。

计算结果与计算设计承载力的比较 表 6-7

螺栓数量	GB 50017 $N_强$ （kN）	$u = 1.0\text{mm}$		$u = 2.0\text{mm}$		$U = 3.0\text{mm}$	
		$N_变$ （kN）	$N_变/N_强$	$N_变$ （kN）	$N_变/N_强$	$N_变$ （kN）	$N_变/N_强$
1	125.0	127.0	1.02	139.9	1.12	152.8	1.22
3	375.0	380.8	1.02	419.6	1.12	458.4	1.22
5	625.0	634.0	1.02	698.5	1.12	763.0	1.22
7	857.5	886.4	1.03	976.6	1.14	1067.0	1.24
10	115.0	1263.4	1.10	1391.9	1.21	1520.5	1.32
13	1398.0	1638.6	1.17	1805.3	1.29	1972.0	1.41
15	1538.0	1887.7	1.23	2079.8	1.35	2271.9	1.48
18	1710.0	2259.9	1.32	2489.9	1.46	2719.8	1.59
21	1838.0	2630.0	1.43	2764.2	1.50	3165.7	1.72

从表 6-7 可看出，对于一般连接接头（$n \leqslant 21$，$L \leqslant 60d_0$）变形准则的理论承载力 $N_变$，在承压变形 $u=1$、2、3mm 时分别比 GB 50017 所确定的设计承载力 $N_强$ 大 2%~43%、12%~50% 和 22%~72%。

利用前述变形准则的设计建议，进行连接设计，可得到在承压变形分别为 1、2、3mm 时的连接接头设计承载力。表 6-8 列出了变形准则所确定的设计承载力和规范（GB 50017）所确定的设计承载力，以及两者的比值：

变形准则与规范设计承载力的比较　　　　　　　　　　　表 6-8

GB 50017 所确定设计承载力 $N_强$	变形准则		
	承压变形	设计承载力 N	$N/N_强$
125nk	1mm	127nk	1.02
	2mm	139.9nk	1.12
	3mm	152.8nk	1.22

注：n 为接头螺栓个数；k 为长度折减系数。

表 6-8 可以看出，当承压变形 $u=1$、2、3mm 时，变形准则所确定的设计承载力分别比 GB 50017 所确定的设计承载力大 2%、12% 和 22%。当 GB 50017 强度准则确定的设计承载力与变形准则所确定的设计承载力相等时，利用变形准则可反算出此时的承压变形值 $u=0.95$mm，也就是说，对于本书所讨论的计算模型和计算参数，GB 50017 所确定的强度极限状态，相当于接头发生了 0.95mm 承压变形，当然对于不同的计算参数此承压变形值不尽相同，对相同的计算模型，但连接板材改为 Q235 钢，摩擦系数 $\mu=0.45$ 时，此承压变形值约为 2mm。

M16 高强度螺栓的孔栓间隙为 1mm，理论上讲极限主滑动位移可达 2 倍孔栓间隙，即 2mm，实际上极难达到这一极限情况，特别是多栓接头几乎是不可能的。笔者几年来所做的大量高强度螺栓接头试验表明，由于制作和安装上的原因，实际接头的主滑动位移一般都在孔栓间隙左右，甚至更小。因此可以断言，按照规范 GB 50017 所设计的 M16 高强度螺栓连接接头当其连接板材分别为 Q345 和 Q235 钢时，接头的变形（包括主滑动位移和承压变形）将不会超过 3mm 和 4mm，大多数情况连接接头的变形可控制在 1.5~3.5mm。

6.6 结　　论

通过对高强度螺栓抗剪连接变形准则进行较全面和系统地理论分析和试验研究，得到如下结论：

（1）高强度螺栓抗剪连接可采用变形准则进行设计，在承压变形 u 下，每个高强度螺栓的设计承载力按式（6-33）进行计算，即：

$$N = \gamma_{n1}\gamma_{n2}n_s\mu P + \gamma_{B1}\gamma_{B2}\gamma_t fdtf_u$$

式中 $\gamma_{n1}=0.85$，摩擦系数降低系数，

$$\gamma_{n2} = \begin{cases} 1-0.12u & (u \leqslant 1\text{mm}) \\ 1.15-0.27u & (1\text{mm} < u \leqslant 3\text{mm}) \end{cases}$$

n_s——摩擦面数；

μ——摩擦系数；

P——螺栓设计预拉力，单位 N；

γ_{B1}——接头螺栓不同时承压系数 $\gamma_{B1}=0.9$；

γ_{B2}——端距 a 影响系数

$$\gamma_{B2} = \begin{cases} 1.2a/d-0.6 & (1.5d \leqslant a < 3d) \\ 3 & (a \geqslant 3d) \end{cases}$$

γ_t——连接板（芯板）厚度影响系数，$\gamma_t=1-0.04t/d$；

f——连接板材的设计强度，N/mm^2；

d——螺栓直径，mm；

t——连接板（芯板）厚度，mm；

$$f_u = \begin{cases} 0.253u & (u \leqslant 0.1\text{mm}) \\ 0.016+0.093u & (0.1\text{mm} < u \leqslant 3\text{mm}) \end{cases}$$

（2）试验结果表明，螺栓预拉力和摩擦系数只对摩擦传力有影响，而与承压传力无关，在相同的承压变形下，有预拉力或摩擦系数大的试件所传递的荷载要比无预拉力或摩擦系数小的试件大；在同一荷载下，有预拉力或摩擦系数大的试件的承压变形要比无预拉力或摩擦系数小的试件小。但螺栓预拉力和摩擦系数对试件的极限承载力和极限承压变形没有影响。

（3）多栓接头由于孔距偏差 δ 而引起接头螺栓不同时承压，对于 n 栓接头，要使其中 L 个以上的螺栓进入承压状态（保证率为 99.74%），接头所应该具有的变形为

$$u_{B1} = \frac{2}{3} \cdot Z \cdot \delta_{max}$$

其中 δ_{max} 为孔距偏差的最大值；Z 可通过以下公式确定：

$$\phi(Z) = \frac{1}{\sqrt{2\pi}}\int_{-\infty}^{Z} e^{-\frac{t^2}{2}}\,dt = \frac{P_L+1}{2}$$

$$1-(1-P_L)^n-nP_L(1-P_L)^{n-1}-\frac{n(n-1)}{2!}P_L^2(1-P_L)^{n-2}-\cdots\cdots-C_n^{L-1}P_L^{L-1}(1-P_L)^{n-L+1}=0.9974$$

（4）理论计算结果表明，多栓接头中螺栓承载（N）、承压传力（N_2）和承压变形（u）均呈马鞍形对称分布；螺栓轴力（B）和摩擦传力（N_1）呈凸形对称分布，所有分布曲线的曲率随着承压变形增大而增大。另外取端头第一个螺栓的承压变形作为多栓接头的承压变形值比较适宜。

（5）对于 M16 高强度螺栓连接（连接板 16Mn），按照本书提出的变形准则设计建议，接头在承压变形 $u=1$、2、3mm 时变形准则设计承载力，分别比现行规范（GB

50017）所确定设计承载力高 2%、12%和 22%。

（6）对于 M16 高强度螺栓连接，当其连接板材为 Q345（$\mu=0.55$）和 Q235（$\mu=0.45$）时，按现行规范（GB 50017）所确定的设计承载力（强度极限状态）分别相当于接头发生了 0.95mm 和 2mm 的承压变形。接头的变形（包括主滑动位移）基本上可控制在 1.5～3.5mm 之内。

第7章 高强度螺栓受拉连接接头

7.1 高强度螺栓受拉连接的工作机理

高强度螺栓受拉连接的基本承载力原理由简化了的模型加以说明。首先用1个螺栓拧紧2块板来考虑作用于螺栓轴方向的外力的情况（图7-1）。

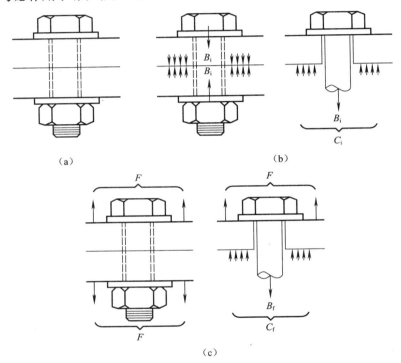

图 7-1 简化计算模型

螺栓由连接处的固定状态（图7-1a）到螺栓被拧紧，螺栓的轴力变为 B_i，螺栓仅有 ΔL_b 的伸长，连接板材仅缩短 ΔL_p 而保持平衡。这时，在连接板材之间发生压力 C_i（图7-1b）。这里螺栓和连接板材的弹簧常数各为 K_b、K_p，则下式成立：

$$\left.\begin{array}{l} B_i = K_b \Delta L_b \\ C_i = -K_p \Delta L_p \end{array}\right\} \tag{7-1}$$

$$B_i = C_i \tag{7-2}$$

设在连接处作用螺栓轴方向的外力为 F，则螺栓再伸长，其轴向力变为 B_f，连接板材的压缩变形一部分被清除，板材间的压力变为 C_f（图7-1c）。这时螺栓和连接板材的变形量相等，假如设此为 ΔL_f，则下式成立：

$$B_f = C_f + F \tag{7-3}$$

$$\Delta L_{\rm f} = \frac{B_{\rm f} - B_{\rm i}}{K_{\rm b}} = \frac{C_{\rm i} - C_{\rm f}}{K_{\rm p}} \tag{7-4}$$

外力作用时的附加轴力为 ΔB，在板材间压力的减少量为 ΔC 时，则：

$$\left. \begin{array}{l} \Delta B = B_{\rm f} - B_{\rm i} = K_{\rm b} \Delta L_{\rm f} \\ \Delta C = C_{\rm i} - C_{\rm f} = K_{\rm p} \Delta L_{\rm f} \end{array} \right\}$$

由此，用式（7-2）、式（7-3）之关系得：

$$F = \Delta B + \Delta C$$

所以

$$\Delta L_{\rm f} = \frac{F}{K_{\rm b} + K_{\rm p}} \tag{7-5}$$

结果求得如下的关系：

$$\left. \begin{array}{l} B_{\rm f} = B_{\rm i} + \dfrac{K_{\rm b}}{K_{\rm b} + K_{\rm p}} F \\[2mm] C_{\rm f} = C_{\rm i} - \dfrac{K_{\rm p}}{K_{\rm b} + K_{\rm p}} F \end{array} \right\} \tag{7-6}$$

从这些公式可以看出，作用外力分为螺栓的附加轴力部分和板材间压力减少的部分，因为螺栓的弹簧常数为连接板材的弹簧常数的几分之一，所以外力作用的大部分，用在使板材间的压力减小。随着外力的增加，板材间的压力变小，当 $C_{\rm f} = 0$ 时，就是发生离间的时候，这时的外力就是离间荷载 $F_{\rm sep}$。此值由式（7-6）的关系，可推导出：

$$F_{\rm sep} = \frac{K_{\rm b} + K_{\rm p}}{K_{\rm p}} B_{\rm i} = \left(1 + \frac{K_{\rm b}}{K_{\rm p}}\right) B_{\rm i} \tag{7-7}$$

连接板材离间之后，因为外力全部都由螺栓承受，所以这时螺栓与外力的关系由下式来表示：

$$B_{\rm f} = F \tag{7-8}$$

以上所述螺栓的轴力、板材间的压力、外力之间的关系表示于图 7-2 和图 7-3。图 7-2 是把螺栓与连接板材的变形通过各力的关系表示出来，根据这个图，可以很好地理解式（7-1）～式（7-6）的关系。图 7-3 所示是螺栓轴力与外力的关系。

图 7-3 的 S 点是产生离间的点，在 AS 间螺栓的轴力稍有增加，作用于螺栓的应力主要由初拉力产生。SU 间为离间之后，这时作用于连接处的外力全部由螺栓来承受。假如螺栓的初拉力 $B_{\rm i}$ 较小，则 A 点接近原点，因为 AS 的坡度不变，离间荷载也变小，外力从小的阶段开始就由螺栓承受。

在实际连接处，离间荷载附近板材间压力的消失现象是缓慢产生的，螺栓轴力与外力的关系如图 7-3 所示，不是实线的完全折线，而在 S 点附近如虚线那样呈曲线形状。将作用于螺栓连接处的外力除掉时，外力的大小，若回到初期直线范围内，则螺栓轴力表示出完全可逆的动态，即可回到相当初期轴力 $B_{\rm i}$ 的 A 点。然而当作用外力到达 S 点附近曲线部分时，由这点除掉荷载，螺栓轴力并不回到 A 点，而是稍小一些回到 A' 点，轴力发生了减少（图 7-3 的虚线）。这种轴力的减少是随作用外力越大变得越大。所以，设计上把作用外力限制在初期的直线范围内是必要的，这意味着设计上所用容许承载力控制在比初期轴力 $B_{\rm i}$ 要低的程度。因为初期轴力 $B_{\rm i}$ 尽可能大，容许承载力也可以大，所以，根据与摩擦连接时相同的理由采用设计螺栓拉力为 B_0。

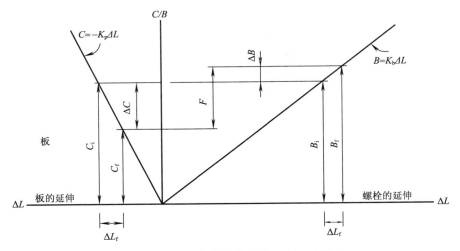

图 7-2 螺栓和板材的作用力与变形的关系

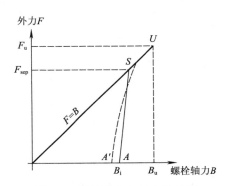

图 7-3 螺栓轴力与外力的关系

7.2 T形受拉件中高强度螺栓撬力（杠杆力）计算

    T形受拉件在外加拉力作用下其翼缘板发生弯曲变形，而在板边缘产生撬力，撬力会增加螺栓的拉力并降低接头的刚度，必要时在计算中考虑其影响。撬力作用计算模型如图 7-4 所示，分析时可以取图 7-4（a）所示的阴影部分 T 形连接件作计算单元。公式推导如下：

    由图 7-4（b）平衡条件得：

$$B = Q + N_t \tag{7-9}$$

$$M'_2 = Qe_1 \tag{7-10}$$

$$M_1 + M'_2 - N_t e_2 = 0 \tag{7-11}$$

M_1 为作用在翼缘与腹板连接处截面的塑性弯矩；M'_2 为作用在翼缘板螺栓处净截面的塑性弯矩，引入净截面系数 δ：

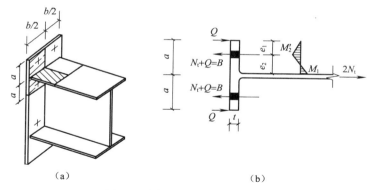

图 7-4 撬力作用计算模型示意

(a) 计算单元；(b) T形件计算简图

$$\delta = 1 - \frac{d_0}{b} \tag{7-12}$$

式中 b ——T形连接翼缘板一个螺栓覆盖宽度；

$\quad\quad d_0$ ——螺栓孔径。

$$M'_2 = \delta M_2 \tag{7-13}$$

式中 M_2 为作用在翼缘板螺栓处毛截面的塑性弯矩。

因此，式（7-11）可以写作：

$$M_1 + \delta M_2 - N_t e_2 = 0 \tag{7-14}$$

令：$\alpha = \dfrac{M_2}{M_1}$，则式（7-14）可以写作：

$$M_1 + \alpha\delta M_1 - N_t e_2 = 0$$

$$M_1 = \frac{N_t e_2}{1 + \alpha\delta} \tag{7-15}$$

由式（7-10）：

$$\alpha\delta M_1 = Q e_1 \tag{7-16}$$

将式（7-15）代入式（7-16）得到：

$$\alpha\delta \cdot \frac{N_t e_2}{1 + \alpha\delta} = Q e_1$$

$$Q = \frac{\alpha\delta}{1 + \alpha\delta} \cdot \frac{e_2}{e_1} N_t \tag{7-17}$$

将式（7-17）带入式（7-9），得到：

$$B = \left(1 + \frac{\alpha\delta}{1 + \alpha\delta} \cdot \frac{e_2}{e_1}\right) N_t \tag{7-18}$$

T形连接翼缘板截面的塑性弯矩 M_1 为：

$$M_1 = \frac{bt^2 f_y}{4} \tag{7-19}$$

将式（7-19）带入式（7-15）得到：

$$\frac{bt^2 f_y}{4} = \frac{N_t e_2}{1 + \alpha\delta}$$

$$t = \sqrt{\frac{4N_t e_2}{b f_y (1 + \alpha \delta)}} \tag{7-20}$$

式（7-20）即为计入撬力影响后 T 形受拉件翼缘板厚度计算公式。当 $\alpha = 0$ 时，$Q = 0$，表示没有杠杆力作用。此时板厚为 t_c，螺栓受力 N_t 可以达到 N_t^b，以钢板设计强度 f 代替屈服强度 f_y，得到式（7-21），故可认为 t_c 为 T 形件，可不考虑撬力影响的最小厚度。当翼板厚度小于 t_c 时，T 形连接件及其连接应考虑撬力的影响，此时计算所需的翼板较薄，即 T 形件刚度较弱，同时连接螺栓会附加撬力 Q，从而会增大螺栓直径或提高强度级别。根据上述公式推导与使用条件，分别提出了考虑或不考虑撬力的 T 形受拉接头的设计方法与计算公式。

$$t_c = \sqrt{\frac{4N_t^b e_2}{b f}} \tag{7-21}$$

当设计中考虑撬力作用时，以式（7-20）为基础，推导中参考了美国钢结构设计规范（AISC）中受拉 T 形连接接头设计方法，用 α' 代替 α 得：

$$t_p = \sqrt{\frac{4N_t e_2}{b f (1 + \alpha' \delta)}} \tag{7-22}$$

令 $\psi = 1 + \alpha' \delta$，得到下式：

$$t = \sqrt{\frac{4N_t e_2}{b f \psi}} \tag{7-23}$$

式中的 N_t^b 取值为 $0.8P$，按正常使用极限状态设计时，使高强螺栓受拉板间保留一定的压紧力。式（7-24）保证连接件之间不被拉离；按承载能力极限状态设计时应满足式（7-25）的要求，此时螺栓轴向拉力控制在 $1.0P$。

（1）按承载能力极限状态设计时应满足式（7-24）的要求。

$$N_t + Q \leqslant 1.25 N_t^b \tag{7-24}$$

（2）按正常使用极限状态设计时应满足式（7-25）的要求。

$$N_t + Q \leqslant N_t^b \tag{7-25}$$

7.3 T 形受拉连接接头设计

（1）沿螺栓杆轴方向受拉连接接头（图 7-5），由 T 形受拉件与高强度螺栓连接承受并传递拉力，适用于吊挂 T 形件连接节点或梁柱 T 形件连接节点。

（2）T 形件受拉连接接头的构造应符合下列规定：

1）T 形受拉件的翼缘厚度不宜小于 16mm，且不宜小于连接螺栓的直径；

2）有预拉力的高强度螺栓受拉连接接头中，高强度螺栓预拉力及其施工要求应与摩擦型连接相同；

3）螺栓应紧凑布置，其间距应满足 $e_1 \leqslant 1.25 e_2$ 的要求；

4）T 形受拉件宜选用热轧剖分 T 形钢。

（3）计算不考虑撬力作用时，T 形受拉连接接头应按下列规定计算确定 T 形件翼缘板厚度、撬力与连接螺栓。

1）T 形件翼缘板的最小厚度 t_{ec} 按下式计算：

$$t_{ec} = \sqrt{\frac{4e_2 N_t^b}{b f}} \tag{7-26}$$

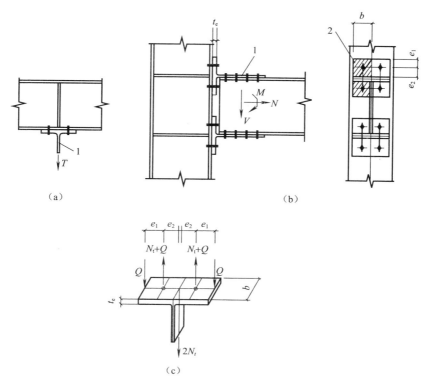

图 7-5　T形受拉件连接接头

(a) 吊挂 T 形件连接节点；(b) 梁柱 T 形连接节点；(c) T 形件受拉受力简图

1—T 形受拉件；2—计算单元

式中　b ——按一排螺栓覆盖的翼缘板（端板）计算宽度，mm；

$\quad\quad e_2$ ——螺栓中心到 T 形件腹板边缘的距离，mm。

2）一个受拉高强度螺栓的抗拉承载力应满足下式要求：

$$N_t \leqslant N_t^b \tag{7-27}$$

式中　N_t ——一个高强度螺栓的轴向拉力，kN。

（4）计算考虑撬力作用时，T 形受拉连接接头应按下列规定计算确定 T 形件翼缘板厚度、撬力与连接螺栓。

1）当 T 形件翼缘厚度小于 t_{ec} 时应考虑撬力作用影响，受拉 T 形件翼缘板厚度 t_e 按下式计算：

$$t_e \geqslant \sqrt{\frac{4e_1 N_t}{\psi b f}} \tag{7-28}$$

式中　ψ ——撬力影响系数，$\psi = 1 + \delta\alpha'$；　　　　　　　　　　　　　　　　$(7\text{-}29)$

$\quad\quad \delta$ ——翼缘板截面系数，$\delta = 1 - \dfrac{d_0}{b}$；

$\quad\quad e_1$ ——螺栓中心到 T 形件翼缘边缘的距离，mm；

$\quad\quad \alpha'$ ——系数，当 $\beta \geqslant 1.0$ 时，α' 取 1.0；当 $\beta < 1.0$ 时，$\alpha' = \dfrac{1}{\delta}\left(\dfrac{\beta}{1-\beta}\right)$，且满足 $\alpha' \leqslant 1.0$；

$\quad\quad \beta$ ——系数，

$$\beta = \frac{1}{\rho}\left(\frac{N_t^b}{N_t} - 1\right) \tag{7-30}$$

式中 ρ——系数，

$$\rho = \frac{e_2}{e_1}$$

2）撬力 Q 按下式计算：

$$Q = N_t^b\left[\delta\alpha\rho\left(\frac{t_e}{t_{ec}}\right)^2\right] \tag{7-31}$$

式中 α——系数，

$$\alpha = \frac{1}{\delta}\left[\frac{N_t}{N_t^b}\left(\frac{t_{ec}}{t_e}\right)^2 - 1\right] \geqslant 0 \tag{7-32}$$

3）考虑撬力影响时，高强度螺栓的受拉承载力应按下列规定计算：

按承载能力极限状态设计时应满足下式要求：

$$N_t + Q \leqslant 1.25N_t^b \tag{7-33}$$

按正常使用极限状态设计时应满足下式要求：

$$N_t + Q \leqslant N_t^b \tag{7-34}$$

7.4 外伸式端板连接接头设计

外伸式端板连接为梁或柱端头焊以外伸端板，再以高强度螺栓连接组成的接头（图 7-6）。接头可同时承受轴力、弯矩与剪力，适用于钢结构框架（刚架）梁柱的连接节点。

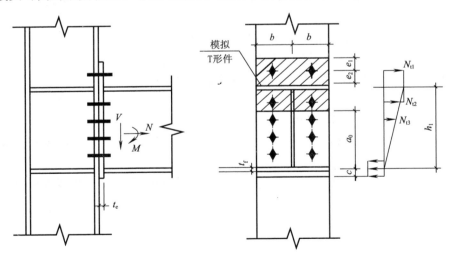

图 7-6 高强度螺栓连接接头

1. 外伸式端板连接接头的构造应符合的要求

（1）端板连接宜采用摩擦型高强度螺栓连接。

（2）端板的厚度不宜小于 16mm，且不宜小于连接螺栓的直径。

（3）连接螺栓应紧凑布置，螺栓布置与间距应满足 $e_1 \leqslant 1.25e_2$ 的要求。螺栓至板件边缘的距离在满足螺栓施拧条件下应尽量采用最小间距，端板螺栓竖向最大间距不应大于 400mm。

（4）端板直接与柱翼缘连接时，相连部位的柱翼缘板厚度不应小于端板厚度。

（5）为加强端板刚性，减少撬力影响，端板外伸部位宜设加劲肋。

2. 外伸式端板接头的设计与计算应符合的规定

（1）不考虑撬力作用时外伸端板接头的计算：

1）端板厚度按式（7-26）计算；

2）受拉螺栓计算；

按对称于梁受拉翼缘的两排螺栓均匀受拉计算，每个螺栓的最大拉力 N_t 应符合下式要求：

$$N_t = \frac{M}{n_2 h_1} + \frac{N}{n} \leqslant N_t^b \tag{7-35}$$

式中　　M、N——端板连接处的弯矩与轴拉力，轴力沿螺栓轴向为压力时不考虑（$N = 0$）；

　　　　n_2——对称布置于受拉翼缘侧的两排螺栓的总数（如图 7-6，$n_2 = 4$）。

当两排受拉螺栓承载力不能满足式（7-35）要求时，可计入布置于受拉区的第三排螺栓共同工作，此时最大受拉螺栓的拉力 N_t 应符合下式要求：

$$N_t = \frac{M}{h_1 \left[n_2 + n_3 \left(\frac{h_3}{h_1} \right)^2 \right]} + \frac{N}{n} \leqslant N_t^b \tag{7-36}$$

式中　　n_3——第三排受拉螺栓的数量（如图 7-6：$n_3 = 2$）；

　　　　h_3——第三排螺栓中心至受压翼缘中心的距离。

3）抗剪螺栓计算

除抗拉螺栓外，端板上其余螺栓均为抗剪螺栓，每个螺栓承受的剪力应符合下式要求：

$$N_v = \frac{V}{n_v} \leqslant N_v^b \tag{7-37}$$

式中　　n_v——抗剪螺栓总数。

（2）当考虑撬力作用时，可将受拉螺栓与梁受拉翼缘及部分端板（图 7-6 中阴影部分）视同等效的受拉 T 形件接头，按下列各式进行计算：

1）端板厚度按式（7-28）计算；

2）作用于端板的撬力 Q 按式（7-31）计算；

3）受拉螺栓按对称于梁受拉翼缘的两排螺栓均匀受拉承担全部拉力计算，每个螺栓的最大拉力应符合下式要求：

$$\frac{M}{n_t h_1} + \frac{N}{n} + Q \leqslant 1.25 N_t^b \tag{7-38}$$

当轴力沿螺栓轴向为压力时，$N = 0$。

4）除抗拉螺栓外，端板上其余螺栓均为抗剪螺栓，其每个螺栓承受的剪力应符合式（7-37）的要求。

7.5　轴向拉力作用下钢管法兰连接

7.5.1　试验概况

试验包括圆管无加劲肋法兰连接节点、圆管有加劲肋法兰连接节点、方矩管无加劲肋法兰连接节点、方矩管有加劲肋法兰连接节点沿轴向拉力试验。考察节点承载力、破坏形态，着重研究法兰板形状、法兰板厚度、螺栓边距参数、螺栓个数及强度等级、高强度螺栓预拉力对节点承载力的影响。

1. 试件及材料机械性能

（1）试件。

本次试验共 13 个圆管法兰连接节点试件和 6 个方矩管法兰连接节点试件。试件分为 4 组，第 1 组为圆管无加劲肋连接节点试件，共 7 个；第 2 组为圆管有加劲肋法兰连接节点试件，共 6 个；第 3 组为方矩管无加劲肋法兰连接节点试件，共 3 个；第 4 组为方矩管有加劲肋法兰连接节点试件，共 3 个。试件示意图如图 7-7 所示。

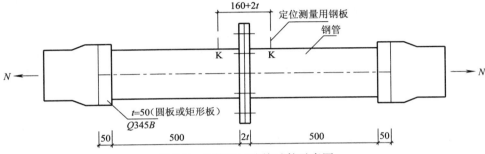

图 7-7　钢管法兰连接试件示意图

圆管法兰连接节点试件如图 7-8 所示，主要设置了法兰板形状、法兰板厚度 t_f、螺栓距管壁距离 a、高强度螺栓有无预拉力等试验参数。圆管法兰连接各节点试件详细尺寸如表 7-1 所示。

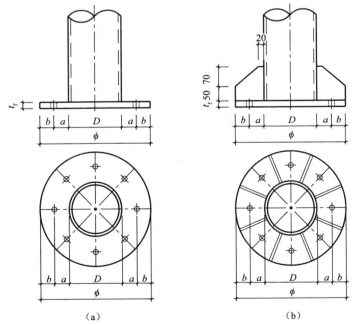

（a）　　　　　　　　　　　　（b）

图 7-8　圆管法兰连接节点参数示意图

（a）圆管无加劲肋连接节点；（b）圆管有加劲肋连接节点

试件编号	钢管尺寸	螺栓				法兰板		螺栓边距		加劲肋	形状
		n	规格	强度	P (kN)	t_f (mm)	Φ (mm)	a (mm)	b (mm)		
C-01		8		8.8S	—	17.7	314	30	30		A
C-02		8		8.8S	—	17.7	314	30	30		B
C-03		8		8.8S	—	20	404	65	40		A
C-04	194×10	8	M20	8.8S	154	20	404	65	40	无	A
C-05		8		8.8S	115	20	404	65	40		A
C-06		8		8.8S	—	25	474	100	40		A
C-07		12		10.9S	154	13.6	474	100	40		A
CR-01		8		8.8S	—	9.7	314	30	30		A
CR-02		8		8.8S	—	9.7	314	30	30		B
CR-03	194×10	8	M20	8.8S	—	13.6	404	65	40	有	A
CR-04		8		8.8S	115	13.6	404	65	40		A
CR-05		8		10.9S	154	13.6	404	65	40		A
CR-06		8		8.8S	—	13.6	474	100	40		A

注：n 为螺栓个数；P 为单个螺栓施加的预拉力；t_f 为法兰板厚；Φ 为法兰板直径；a 为螺栓距管壁距离；b 为螺栓中心距法兰板外边缘距离；A 为圆板，B 为环形。

方矩管法兰连接节点试件如图 7-9 所示。主要设置了螺栓边距 a、除沿管壁四周布螺

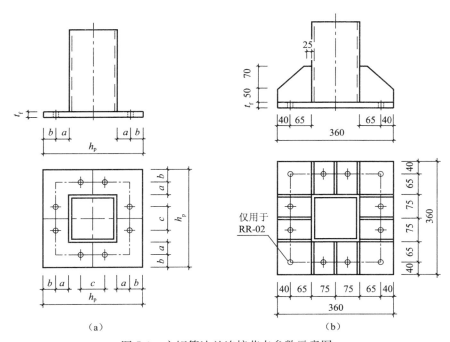

图 7-9 方矩管法兰连接节点参数示意图
(a) 方矩管无加劲肋连接节点（R-01、R-02）；(b) 方矩管有加劲肋连接节点（RR-01，四角螺栓仅用于 RR-02 试件）

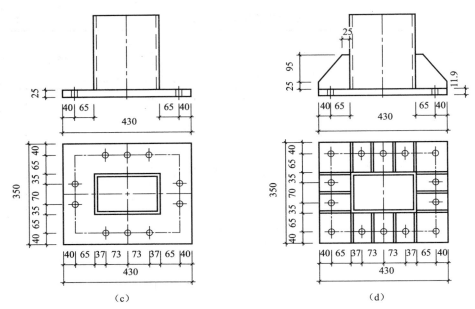

(c) (d)

图 7-9　方矩管法兰连接节点参数示意图（续）
(c) 试件 R-03；(d) 试件 RR-03

栓外，另在法兰板四角布置螺栓等试验参数，几何参数示意图如图 7-9 所示。方矩管法兰连接各节点试件详细尺寸如表 7-2 所示。

方矩管法兰连接节点试件　　　　　　　　　　　　　　表 7-2

试件编号	钢管尺寸	螺栓				法兰板		螺栓边距（mm）			加劲肋
		N	规格	强度	P (kN)	t_f (mm)	尺寸 (mm)	a	b	c	
R-01	150×150×9.7	8			—	19.4	270×270	30	30	75	
R-02	150×150×9.7	8	M20	8.8S	—	25	360×360	65	40	75	无
R-03	220×140×9.7	10			—	25	430×350	65	40	—	
RR-01	150×150×9.7	8			115	13.6	360×360	65	40	75	
RR-02	150×150×9.7	12	M20	8.8S	115	11.9	360×360	65	40	75	有
RR-03	220×140×9.7	14			—	11.9	430×350	65	40	—	

注：n 为螺栓个数；P 为单个螺栓施加的预拉力；t_f 为法兰板厚；c 为相邻螺栓间距；a 为螺栓中心距钢管外壁距离；b 为螺栓中心距法兰板外边缘距离。

(2) 材料机械性能。
法兰板材料机械性能如表 7-3 所示，表中均为实测值，计算分析中也采用本实测值。

法兰板材料机械性能　　　　　　　　　　　　　　表 7-3

t_f	σ_y	σ_u	试件编号
9.7	305	440	CR-01、CR-02
11.9	270	450	RR-02、RR-03
13.6	270	455	C-07、CR-03～CR-06、RR-01

t_f	σ_y	σ_u	试件编号
17.7	275	450	C-01、C-02
19.4	260	425	R-01
20	225	380	C-03～C-05
25	275	455	C-06、R-02、R-03

注：t_f 为法兰板厚度，mm；σ_y 为抗拉屈服强度，MPa；σ_u 为抗拉极限强度，MPa。

钢管材料机械性能如表 7-4 所示。表中方矩管 $150\times150\times9.7$、$220\times140\times9.7$ 的抗拉屈服强度及极限强度均为成型前钢板性能。表中各值均为实测值。

钢管材料机械性能　　　　　　　　　　　　　表 7-4

钢管（mm）	σ_y（MPa）	σ_u（MPa）
194×10	310	490
$150\times150\times9.7$	305	440
$220\times140\times9.7$	305	440

（3）试件焊缝。

钢管与法兰板的连接焊接采用全熔透焊缝，加劲肋与钢管、法兰板为双面角焊缝焊接，如图 7-10 所示。

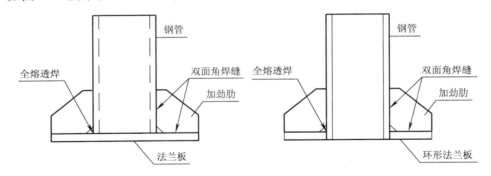

图 7-10　试件焊缝示意图

方矩形钢管由钢板冷弯成槽形，然后对扣焊接，截面形状如图 7-11 所示。焊缝全部采用 ER50 焊丝进行 CO_2 气体保护焊。

2. 试验装置及测点布置

本试验在中冶集团建筑研究总院工程结构试验室进行（图 7-12）。主要试验装置有：400t 卧式拉力机、SW-20B 数据采集仪（电阻应变仪）、应变式位移传感器等。

图 7-11　方矩管截面形状

为测量节点沿钢管轴向位移，在离法兰板 80mm 处钢管焊接定位测量用钢板（即图 7-7 中 K 点位置），以便安装位移计，沿管壁四周共安装 4 个位

（a）   （b）

图 7-12 钢管法兰连接试件及 400t 卧式试验机全貌

移计。同时在钢管与法兰板连接焊缝的上下焊趾处贴电阻片，测定局部应力，如图 7-13
所示。

图 7-13 位移计安装位置

3. 加载

试验时，在试件两端施加轴向拉力。试件在正式加载时荷载步取 50kN 或 100kN，每
个荷载步记录测点处的应力和位移，并注意观察节点变形情况，加载至节点破坏。

7.5.2 试验结果

1. 节点承载力及破坏形态

由试验得到的法兰连接节点承载力及各试件破坏形态如表 7-5 所示。试件 C-01、C-03、
C-04 共 3 个节点试件的最终破坏形态为螺栓断裂，1 个螺栓先断裂，随后出现多个螺栓相
继断裂。试件 C-05、C-07、CR-05 均在法兰板与钢管连接焊缝的焊趾处产生裂纹。其余
试件均是法兰板进入塑性，出现大变形，是比较理想的破坏形态。

节点试验承载力及破坏形态   表 7-5

试件编号	N_y (kN)	N_u (kN)	破坏形态	备注
C-01	1200	1600	B+F	法兰板进入塑性，出现大变形，呈锅盖状。1600kN 时，1 个螺栓断裂，为弯状断裂
C-02	1000	1375*	F	法兰板进入塑性，出现大变形，1350kN 时停止加载
C-03	750	1250	B+F	螺栓断裂破坏，法兰板张开明显，中部鼓起呈锅盖状
C-04	750	1200	B+W+F	至 1200kN 时，法兰板呈锅盖状十分明显，法兰板与钢管的焊缝在焊趾产生裂缝，同时螺栓断裂

试件编号	N_y（kN）	N_u（kN）	破坏形态	备注
C-05	750	1200	W	加载至1200kN时，法兰板与钢管的焊缝产生开裂，螺栓尚未断裂，但已被严重挤弯
C-06	950	1300*	F	位移测量读数增长快，法兰板已有较大变形，未发现其他破坏形态，在1200kN时，停止加载
C-07	500	850	W+F	至850kN时，法兰板中部明显鼓起，法兰板与管的焊缝焊趾处出现微细裂缝
CR-01	800	1250*	F	加荷至700kN时，法兰板在焊有加劲肋处张开，1250kN时，法兰板变形很大
CR-02	800	1200*	F	加荷至700kN时，法兰板在焊有加劲肋处张开，1200kN时，法兰板变形很大
CR-03	750	1000*	F	至950kN拉力时，法兰板在焊有加劲肋处张开，法兰板大变形，1000kN时停止加载
CR-04	750	1000*	F	至700kN时，法兰板焊有加劲肋处已张开，950kN时出现大变形，1000kN时停止加载
CR-05	850	1200	W	加载至1200kN时，加劲肋端部（在法兰板上）焊缝焊趾处产生微小裂纹
CR-06	650	900*	F	900kN时法兰板已明显张开，停止加载
R-01	1300	1750*	F	至1650kN时法兰板中部有些张开（外鼓），但还不明显，至1750kN时已十分显著，但未发现裂纹
R-02	1150	1575*	F	法兰板中部鼓胀明显，未发现裂纹
R-03	1300	1800*	F	至1700kN卸载时，法兰板变形明显，呈锅盖状
RR-01	1100	1500*	F	四个角部的法兰板明显张开，至1450kN时角尖张开量达10~14mm，在法兰板中部的加劲肋处分离
RR-02	1350	1800	R	至1800kN时发出脆响，荷载自动回落，卸载后发现方管四个角部的加劲肋头部的焊缝均已开裂
RR-03	1400	2050*	F	1600kN时，方矩管长边加劲肋处的法兰板有微小张开，至1900kN时张开已明显，2050kN时停止加载

注：N_y 为节点试件屈服荷载；N_u 为节点试件破坏荷载；带 * 的为节点试验未做到断裂破坏；B 为螺栓断裂；F 为法兰板进入塑性，出现大变形；W 为钢管与法兰板连接焊缝开裂；R 为加劲肋顶端与钢管的焊缝开裂。

2. 节点试件轴向荷载位移曲线

根据试验记录绘制的试件节点荷载位移曲线如图7-14～图7-17所示，其中，试件节点轴向位移为测量位移读数平均值。

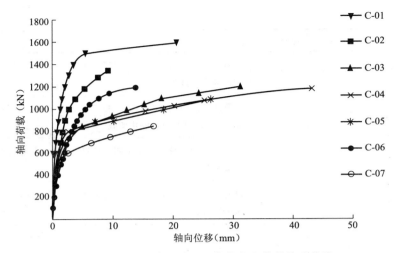

图 7-14　圆管无加劲肋法兰连接节点荷载位移曲线

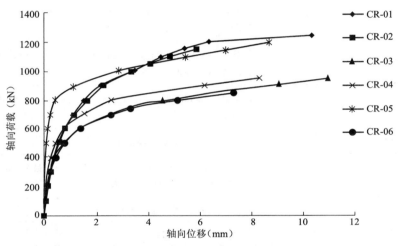

图 7-15　圆管有加劲肋法兰连接节点荷载位移曲线

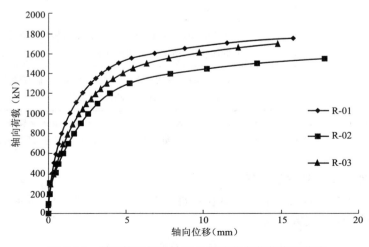

图 7-16　方矩管无加劲肋法兰连接节点荷载位移曲线

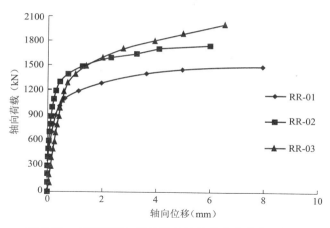

图 7-17 方矩管有加劲肋法兰连接节点荷载位移曲线

7.5.3 试验结果分析

1. 破坏形态分析

（1）螺栓破坏。

从试验中可以观察到，随着荷载的增加，法兰板由中心向外缘逐渐张开，伴随变形产生撬力，使螺栓轴向拉力增大，同时还叠加了孔壁挤压螺栓产生的弯曲应力，从而导致螺栓断裂。螺栓破坏是脆性破坏，在工程设计中应避免此种破坏形态的出现。见图 7-18、图 7-19。

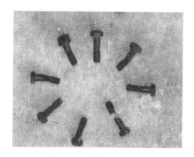

图 7-18 螺栓断裂图

图 7-19 螺栓弯曲变形

（2）法兰板破坏。

1）圆管无加劲肋法兰连接节点：图 7-20 为试件 C-02 法兰板变形图。从图中可以看出，在轴向拉力作用下，法兰板外缘抵紧，钢管内部及外周边的法兰板被拉开，呈锅盖状。这表明，在柔性法兰连接板的外缘，两块法兰板之间有撬力产生。

2）圆管有加劲肋法兰连接节点：图 7-21 所示为 CR-02 试件法兰板变形。与无加劲肋法兰连接节点不同，有加劲肋节点的法兰板在有加劲肋处被拉开，仅在布置螺栓区域的外边缘抵紧，撬力大大减小。

3）方矩管无加劲肋法兰连接节点：对于方矩管无加劲肋法兰连接节点，如图 7-22 所示，R-01 试件在轴向拉力作用下，法兰板中部鼓起，外边缘抵紧未张开。这表明两块法兰板之间有撬力产生。

125

图 7-20　圆管无加劲肋法兰连接节点法兰板变形

图 7-21　圆管有加劲肋法兰连接节点
法兰板变形

图 7-22　方矩管无加劲肋法兰连接
法兰板变形

4）方矩管有加劲肋法兰连接节点：对于在四边布置螺栓（四角未布置螺栓）的有加劲肋法兰连接节点，如试件 RR-01，法兰板中部有鼓起，四角张开很大，在中心线处加劲肋位置抵紧，如图 7-23 所示。

当在四角布置螺栓时，如试件 RR-03，由于螺栓对法兰板的约束作用，法兰板在四角抵紧未张开，中心线上有加劲肋处法兰板外边缘抵紧，边加劲肋处法兰板张开，见图 7-24。

图 7-23　方矩管有加劲肋法兰
连接法兰板变形（RR-01）

图 7-24　方矩管有加劲肋法兰
连接法兰板变形（RR-03）

（3）焊缝破坏。

从表 7-5 可知，试件 C-05、C-07、CR-05 均在钢管与法兰板的连接焊缝焊趾处出现裂缝，导致节点破坏。试件中的焊缝外观及几何尺寸都合格，经超声波探伤，焊缝质量合格。这种破坏形式发生在法兰板厚度较大的情况下，刚性嵌固使焊趾处产生很大的弯曲应力。因此，若加工制作时焊缝质量得不到保证，将会产生提前破坏，见图 7-25。

（4）加劲肋失效。

本次试验中，试件 RR-02 在角部的加劲肋顶端与钢管连接焊缝（未围焊）产生裂缝，导致节点破坏。角部的加劲肋在节点破坏后并未发生屈曲变形，原因可能是加劲肋上部产生局部弯曲，且存在高度应力集中。因此，需保证加劲肋的强度和稳定，施工时应在该处进行围焊，以保证焊接质量。

图 7-25　钢管与法兰连接焊缝开裂

2. 各试验参数对节点承载力的影响

下面将依次研究圆管无加劲肋法兰连接节点、圆管有加劲肋法兰连接节点、方矩管无加劲肋法兰连接节点、方矩管有加劲肋法兰连接节点中各试验参数对节点承载力的影响。

（1）圆管无加劲肋法兰连接节点。

1）法兰板形状的影响：由图 7-26 可以看出，对于圆管无加劲肋法兰连接，当法兰板为环形时，节点屈服荷载下降 16.7%，破坏荷载下降 14.06%。在中心开洞会降低法兰板固结的刚度，使得节点承载力下降。

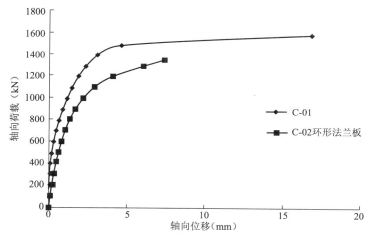

图 7-26　圆管无加劲肋连接法兰板形状影响

2）法兰板厚度 t_f 的影响：从图 7-27 可以看出，试件 C-07 在增加螺栓个数、提高螺栓强度等级和对螺栓施加预拉力的情况下，节点屈服荷载仍比 C-06 试件的低 50%，破坏荷载比 C-06 试件的低 34.61%。可见，增加法兰板厚度可以大幅度提高节点承载力。

3）螺栓距管壁距离 a 的影响：a 值增大，即螺栓距钢管壁越远，节点承载力越低，且降幅较大。如图 7-28 所示，试件 C-06 在法兰板厚度增加的前提下，节点屈服荷载下降 20.83%，破坏荷载下降 18.75%。可见，螺栓距管壁距离 a 对圆管无加劲肋法兰连接节点承载力影响较大。

4）螺栓预拉力的影响：从图 7-29 可以看出，与 C-03 试件相比，对 C-04、C-05 试件螺栓施加 154kN、115kN 的预拉力后，节点屈服荷载未提高。但施加预拉力后，初期刚度提高 20%～50%，节点变形减小。

（2）圆管有加劲肋法兰连接节点。

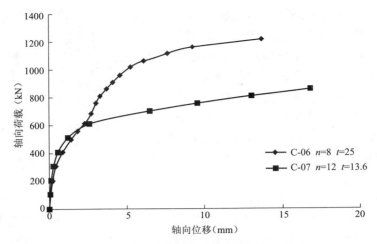

图 7-27　圆管无加劲肋连接法兰板厚度影响

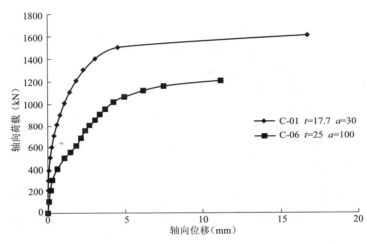

图 7-28　圆管无加劲肋法兰连接螺栓距管壁距离 a 的影响

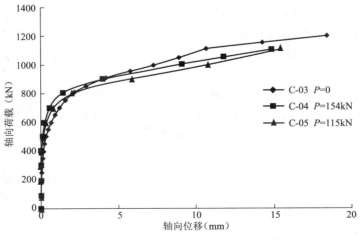

图 7-29　圆管无加劲肋法兰连接预拉力影响

1）法兰板形状的影响：从图7-30可以看出，法兰板中心开洞后，节点屈服荷载几乎未下降，破坏荷载下降4%。可见，法兰板中心开洞对圆管有加劲肋法兰连接承载力影响很小。

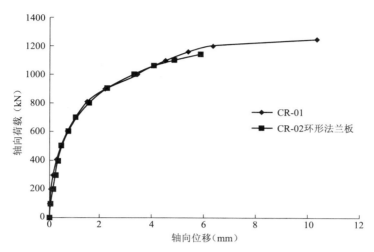

图7-30　圆管有加劲肋法兰连接法兰形状影响

2）螺栓距管壁距离a的影响：从图7-31可以看出，试件CR-06中，螺栓距离管壁较远，节点屈服荷载基本未下降，破坏荷载下降约15%。可见，螺栓边距参数a值对圆管有加劲肋法兰连接的承载力影响很小。

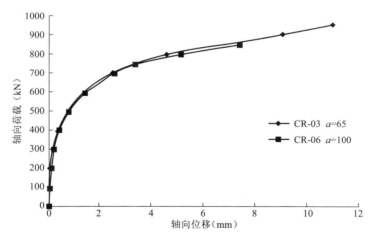

图7-31　圆管有加劲肋螺栓距管壁距离a的影响

3）螺栓强度等级的影响：试件CR-05采用强度等级为10.9S的高强度螺栓后，节点屈服荷载提高约13.3%，破坏荷载提高约20%，如图7-32所示。因此，在法兰板未过早屈服的前提下，提高螺栓强度等级可以大幅度地提高节点承载力。

4）螺栓预拉力的影响：从图7-33可以看出，对试件CR-04高强度螺栓施加115kN预拉力，节点屈服荷载提高约10%，破坏荷载未提高。但对高强度螺栓施加预拉力后，节

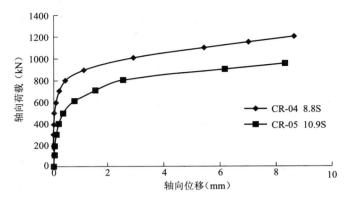

图 7-32　圆管有加劲肋螺栓等级影响

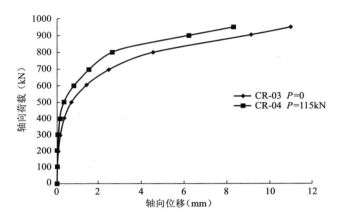

图 7-33　圆管有加劲肋预拉力影响

点刚度增大，节点沿钢管轴向位移减小。

（3）方矩管无加劲肋法兰连接节点。

螺栓距管壁距离 a 的影响：如图 7-34 所示，当 a 增大时（试件 R-01：30mm，试件 R-02：65mm），即使增加试件 R-02 的法兰板厚度，节点屈服荷载仍降低约 11.54%，破坏荷载降低约 11.27%。可见，螺栓距离管壁的距离 a 对方矩管无加劲肋法兰节点的承载力影响很大，离管壁距离 a 增大，节点承载力降低。在节点仅受轴向拉力时，螺栓距管壁的距离应在安装许可的情况下尽可能小些，而在受弯时，设计者应在螺栓距离、螺栓数量及强度等级、法兰板厚度中作出合理选取。

（4）方矩管有加劲肋法兰连接节点。

四角布螺栓的影响：从图 7-35 可以看出，试件 RR-02 在四角布置螺栓后，节点屈服荷载提高 22.72%，破坏荷载提高 20%。可见，在四角布螺栓可以大幅度提高节点承载力，减小法兰板厚度，亦能减小节点变形，但是钢管四角的加劲肋顶端与钢管的焊缝易产生裂缝。

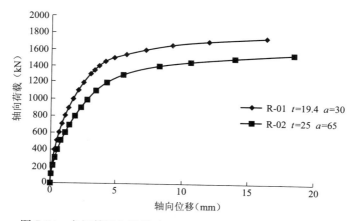

图 7-34　方矩管无加劲肋法兰连接螺栓距管壁距离 a 的影响

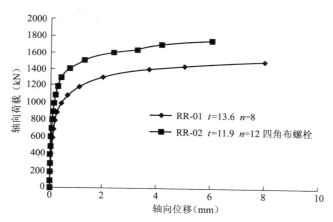

图 7-35　方矩管有加劲肋法兰连接四角布螺栓的影响

7.5.4　钢管法兰连接节点的有限元分析及研究

采用通用有限元软件 ANSYS（10.0）进行钢管法兰连接节点的有限元研究。建立试验中全部 19 个节点试件的有限元模型，将有限元计算结果与试验结果进行对比分析。对圆管无加劲肋法兰连接节点、圆管有加劲肋法兰连接节点、方矩管无加劲肋法兰连接节点、方矩管有加劲肋法兰连接节点进行对比研究。另建立了 39 个钢管法兰连接节点模型，将法兰板厚度、螺栓边距、螺栓个数或螺栓强度等级、螺栓有无预拉力等模型参数的变动范围扩大，通过有限元计算，在更大范围内研究这些参数对节点承载力的影响。

1. 法兰连接有限元模型

钢管、高强度螺栓及加劲肋均采用 SOLID95 单元，法兰板采用 SOLID92 单元。接触单元用 TARGE170 模拟 3D 目标面，CONTA174 模拟 3D 接触面，材料摩擦系数取 0.3。预拉力单元 Prest179 单元专门用来对高强度螺栓施加预拉力。

钢管、法兰板以及加劲肋板的屈服强度采用材料强度试验实测值，新建立的有限元模型采用对应的试验节点材料性能数据。螺栓为 8.8S 级与 10.9S 级高强度螺栓，屈服强度分别为 $f_y=640MPa$、$f_y=900MPa$。所有材料的弹性模量为 $E=2.06\times10^5 N/mm^2$，各向同性，泊松比 $\mu=0.3$。在考虑材料非线性时，假定所选钢材为理想弹塑性材料，遵循 Von Mises 屈服准则及相关的流动准则。

有限元模型依据试验各构件几何条件建立。为节省计算时间，对无加劲肋法兰连接两端钢管各取 250mm，对有加劲肋法兰连接两端钢管长度各取 350mm。计算时取 1/4 或 1/2 的钢管法兰连接节点模型进行建模和计算。

钢管法兰连接节点模型约束条件为两端简支。采用荷载增量加载方式，荷载步的大小考虑塑性应变的增幅。

2. 试验节点试件有限元模型计算及分析

（1）有限元计算结果。

对于试验节点试件，节点模型尺寸及材料机械性能均采用试验实测值。图 7-36～图 7-54给出了各个试件的试验荷载位移曲线和 ANSYS 有限元计算荷载位移曲线对比。

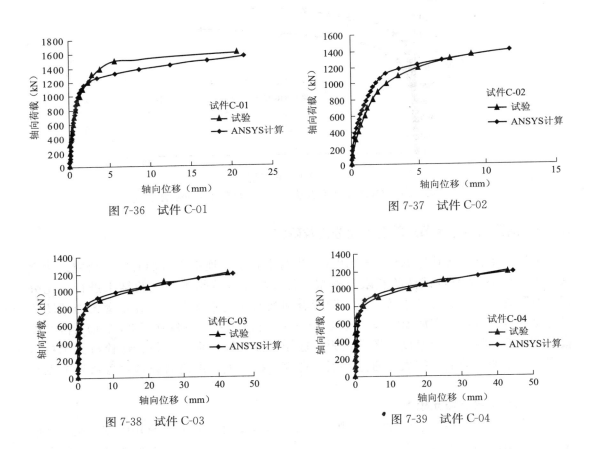

图 7-36　试件 C-01

图 7-37　试件 C-02

图 7-38　试件 C-03

图 7-39　试件 C-04

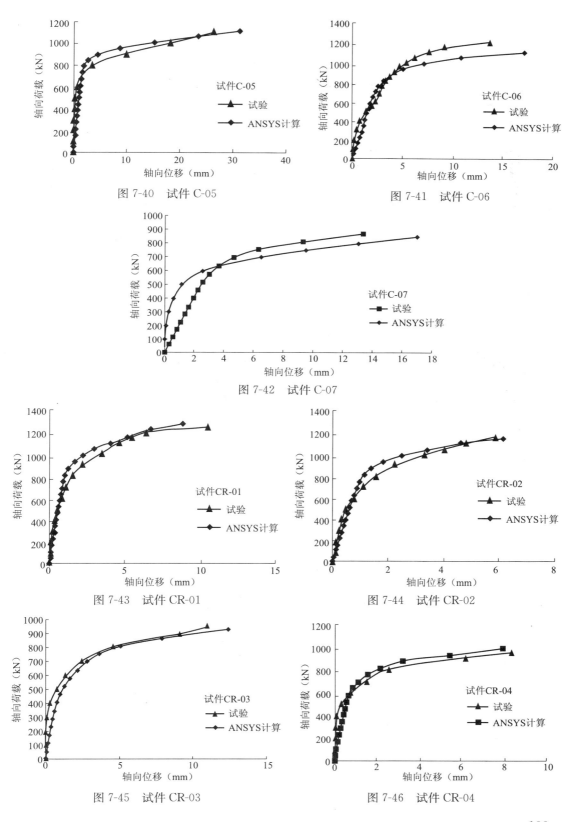

图 7-40 试件 C-05

图 7-41 试件 C-06

图 7-42 试件 C-07

图 7-43 试件 CR-01

图 7-44 试件 CR-02

图 7-45 试件 CR-03

图 7-46 试件 CR-04

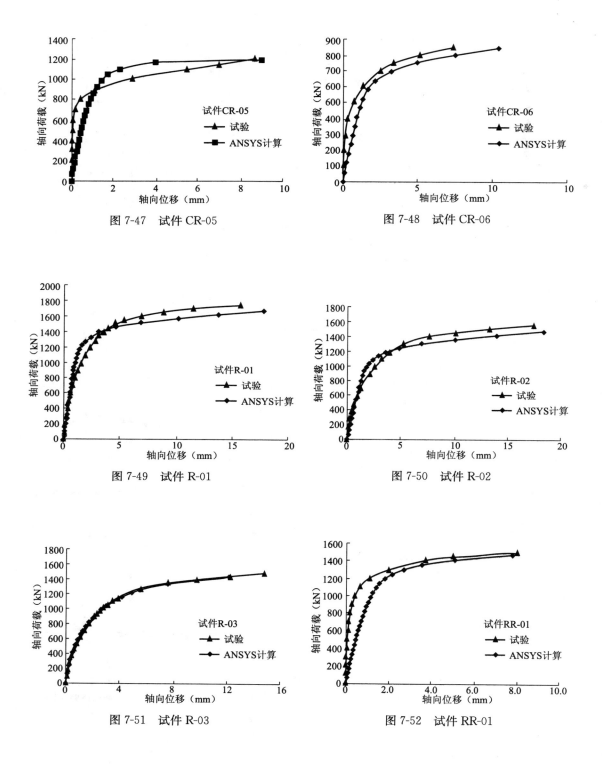

图 7-47　试件 CR-05

图 7-48　试件 CR-06

图 7-49　试件 R-01

图 7-50　试件 R-02

图 7-51　试件 R-03

图 7-52　试件 RR-01

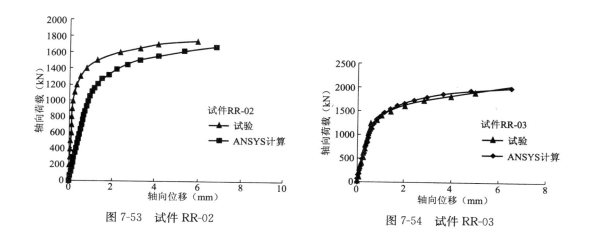

图 7-53 试件 RR-02   图 7-54 试件 RR-03

试验节点试件的有限元模型计算承载力与试验结果对比如表 7-6 所示。

试验节点试件有限元计算结果

表 7-6

试件编号	试验结果（kN）		ANSYS 计算结果（kN）			
	N_{ey}	N_{eu}	N_y	N_u	N_{ey}/N_y	N_{eu}/N_u
C-01	1200	1600	1100	1561	1.09	1.02
C-02	1000	1375	1011	1404	0.99	0.98
C-03	750	1250	752	1144	1.00	1.09
C-04	750	1200	760	1197	0.99	1.00
C-05	750	1200	730	1115	1.03	1.08
C-06	950	1300	752	1098	1.26	1.18
C-07	500	850	572	872	0.87	0.97
CR-01	800	1250	809	1272	0.99	0.98
CR-02	800	1200	752	1156	1.06	1.04
CR-03	750	1000	636	925	1.18	1.08
CR-04	750	1000	693	982	1.08	1.02
CR-05	850	1200	809	1195	1.05	1.00
CR-06	650	900	640	867	1.02	1.04
R-01	1300	1750	1176	1680	1.11	1.04
R-02	1150	1575	1034	1469	1.11	1.07
R-03	1300	1800	1137	1763	1.14	1.02
RR-01	1100	1500	1034	1469	1.06	1.02
RR-02	1350	1800	1156	1676	1.17	1.07
RR-03	1400	2050	1319	1976	1.06	1.04

注：N_{ey} 为试验屈服荷载；N_{eu} 为试验极限荷载；N_y 为有限元计算屈服荷载；N_u 为有限元计算极限荷载。

（2）有限元计算结果与试验结果对比分析。

图 7-36～图 7-54 为各试验节点有限元计算与试验荷载位移曲线对比图。从图中可以看出，对试件 CR-05 及 RR-01、RR-02，有限元计算的节点初期刚度比试验结果低。其余 16 个试件有限元计算结果与试验结果基本符合。

从表 7-6 可以看出，除试件 C-06 试验屈服荷载与有限元计算结果的比值为 1.26 外，其余试件的比值在 0.87～1.17 之间，如图 7-55 所示。除试件 C-06 试验极限荷载与有限元计算结果的比值为 1.18 外，其余试件的比值在 0.97～1.09 之间，如图 7-56 所示。

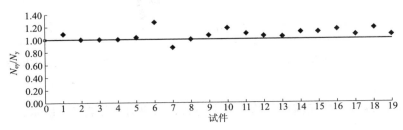

图 7-55　试验节点试件有限元计算与试验结果对比（N_{ey}/N_y）

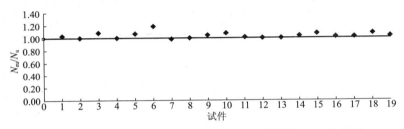

图 7-56　试验节点试件有限元计算与试验结果对比（N_{eu}/N_u）

考虑到试验测试的离散性，可以认为有限元计算的精度满足工程设计的要求，建立在有限元计算基础上的分析是可靠的。

图 7-55 和图 7-56 中，1～7 为圆管无加劲肋法兰连接试件 C-01～C-07；8～13 为圆管有加劲肋法兰连接试件 CR-01～CR-06；14～16 为方矩管无加劲肋法兰连接试件 R-01～R-03；17～19 为方矩管有加劲肋法兰连接试件 RR-01～RR-03。

3. 钢管法兰连接节点有限元参数影响分析

（1）圆管无加劲肋法兰连接。

1）法兰连接几何尺寸及相关参数：为了研究法兰板厚度、螺栓距管壁距离、螺栓个数或螺栓强度等级、螺栓有无预拉力等模型数对法兰连接承载力的影响，共计算了 13 个节点模型。法兰连接节点的几何尺寸、相关参数见表 7-7。

圆管无加劲肋法兰连接有限元计算模型节点参数　　　　　　表 7-7

序号	钢管	a (mm)	b (mm)	t_f (mm)	n	预拉力（kN）	分析内容
C-01	194×10	30	30	18	8	—	
C-02	194×10	65	40	20	8	—	预拉力 P
C-03	194×10	65	40	20	8	115	
C-01	194×10	30	30	18	8	—	

序号	钢管	a （mm）	b （mm）	t_{f} （mm）	n	预拉力 （kN）	分析内容
CB-01	194×10	30	30	18	6	—	螺栓个数 n
CB-02	194×10	30	30	18	12	—	
C-01	194×10	30	30	18	8	—	
CP-01	194×10	65	40	14	8	—	
CP-02	194×10	65	40	16	8	—	
CP-03	194×10	65	40	18	8	—	法兰板厚 t_{f}
CP-04	194×10	65	40	22	8	—	
CP-05	194×10	65	40	24	8	—	
C-01	194×10	30	30	18	8	—	
CE-01	194×10	36	30	18	8	—	
CE-02	194×10	45	30	18	8	—	螺栓距管壁距离 a
CE-03	194×10	60	30	18	8	—	

2）各参数对节点承载力影响的分析。

① 法兰板板厚 t_{f} 的影响。图 7-57 给出了 6 组荷载位移曲线，反映了法兰板板厚对节点承载力的影响。在本算例中，在板厚从 14mm 增加到 24mm 范围内，节点极限承载力呈线性增加。随着板厚的增加，法兰板刚度增大，变形能力增大，撬力减小，节点承载力提高。

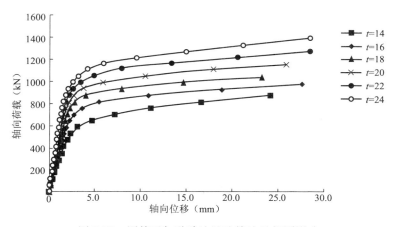

图 7-57 圆管无加劲肋法兰连接法兰板厚影响

② 螺栓距管壁距离 a 的影响。为方便法兰节点施工安装，螺栓距离钢管壁需要有一定的距离，特别是对高强度螺栓施加预拉力时，需预留出电动扭矩扳手操作空间。因此需要考虑在不同 a 值的情况下，法兰节点承载力的变化。

从图 7-58 中可以看出，当螺栓距法兰板外边缘距离一定时，随着螺栓距管壁的距离增加，节点承载力降低。螺栓距管壁越远，对法兰板的约束作用减小，法兰板在与钢管连接处弯矩越大，法兰板塑性变形越大，从而节点承载力下降。

③ 螺栓个数的影响。由图 7-59 可以看出，在一定范围内，增加螺栓个数可提高节点的承载力。螺栓个数的增加，会增大对法兰板的约束，使得法兰板的受力趋于均匀，从而使节点承载力有所提高。但是，螺栓个数应与法兰板相匹配，当法兰板进入塑性出现大变

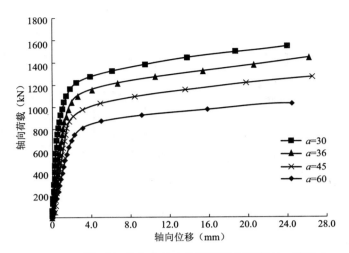

图 7-58　圆管无加劲肋法兰连接螺栓距管壁距离 a 的影响

形时，即使增加螺栓个数，节点承载力也不会再提高。

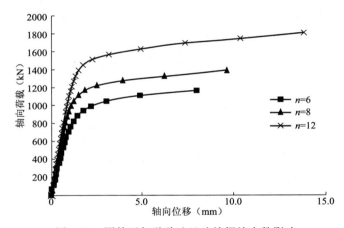

图 7-59　圆管无加劲肋法兰连接螺栓个数影响

④ 螺栓预拉力的影响。对高强度螺栓施加预拉力，节点承载力提高很小，但可以增大节点初期刚度。

（2）圆管有加劲肋法兰连接。

1）法兰连接几何尺寸及相关参数：对于圆管有加劲肋法兰连接，我们设置了法兰板厚、螺栓距管壁距离、加劲肋厚度等模型参数，共计算了 9 个节点模型。节点几何尺寸、相关参数如表 7-8 所示。

圆管有加劲肋法兰连接有限元计算模型节点参数　　　　　　　表 7-8

序号	钢管	a (mm)	b (mm)	t_{f} (mm)	t_{r} (mm)	n	分析内容
CR-01	194×10	30	30	10	6	8	
CRP-01	194×10	30	30	14	6	8	法兰板厚 t_{f}
CRP-02	194×10	30	30	18	6	8	
CRP-03	194×10	30	30	22	6	8	

序号	钢管	a (mm)	b (mm)	t_f (mm)	t_r (mm)	n	分析内容
CR-01	194×10	30	30	10	6	8	螺栓距管壁距离 a
CRE-01	194×10	36	30	10	6	8	
CRE-02	194×10	45	30	10	6	8	
CRE-03	194×10	60	30	10	6	8	
CR-01	194×10	30	30	10	6	8	加劲肋厚度 t_r
CRR-01	194×10	30	30	10	4	8	
CRR-02	194×10	30	30	10	8	8	

2）计算结果分析：各参数对节点承载力的影响具体如下。

① 法兰板厚 t_f 的影响。从图 7-60 可以看出，增加法兰板的厚度可以提高节点的承载力。当板厚由 10mm 增加到 14mm 时，节点承载力提高了 20.9%；板厚由 14mm 增加到 18mm 时，节点承载力提高了 7.8%；板厚由 18mm 增加到 22mm 时，节点承载力提高了 2.1%。随着厚度的增加，节点承载力的提高越来越小，到一定厚度时，节点的承载力几乎不再提高。此时，厚板本身的刚度较大，同时受加劲肋的约束作用，在轴向拉力作用下，法兰板变形微小，节点的承载力约等于螺栓的承载力。

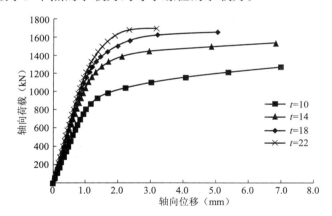

图 7-60　圆管有加劲肋法兰连接法兰板厚影响

② 螺栓距管壁距离 a 的影响。图 7-61 给出的是不同 a 值节点的荷载位移曲线（b 值固定）。从图中可以看出，a 值对节点的承载力仍有影响，随着 a 值增大，节点承载力降低。加劲肋的存在使得撬力作用大大减小，也就削弱了该参数对节点承载力的影响，该参数对节点承载力的影响较无加劲肋的影响要小。因此，a 的取值由螺栓的排列、构造要求和施工所需要的空间共同决定。

③ 加劲肋厚度 t_r 的影响。从图 7-62 中可以看出，在本例中，增加加劲肋的厚度对提高节点的承载力影响很小，即不能有效地增大节点刚度。但是加劲肋厚度必须与法兰板及钢管相匹配。

（3）方矩管无加劲肋法兰连接。

1）法兰连接几何尺寸及相关参数：为了研究法兰板厚度、螺栓间距、螺栓与管壁距离及法兰板四角有无螺栓对方矩管法兰连接承载力的影响，共计算了 10 个节点模型。法

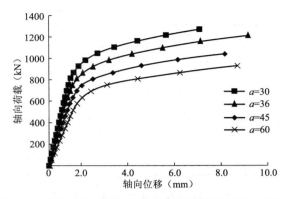

图 7-61 圆管有加劲肋法兰连接螺栓距管壁距离 a 的影响

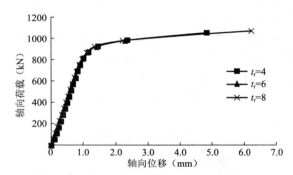

图 7-62 圆管有加劲肋法兰连接加劲肋厚度 t_r 的影响

兰连接节点的几何尺寸、相关参数见表 7-9。

方矩管无加劲肋法兰连接有限元计算模型节点参数 表 7-9

序号	钢管 (mm)	a (mm)	b (mm)	c (mm)	t_f (mm)	n	分析内容
RC-01	150×150×10	40	40	50	18	8	
RC-02	150×150×10	40	40	75	18	8	螺栓间距 c
RC-03	150×150×10	40	40	100	18	8	
RC-02	150×150×10	40	40	75	18	8	
RP-01	150×150×10	40	40	75	14	8	法兰板厚 t_f
RP-02	150×150×10	40	40	75	22	8	
RP-03	150×150×10	40	40	75	26	8	
RC-02	150×150×10	40	40	75	18	8	
RE-01	150×150×10	30	40	75	18	8	螺栓距管壁距离 a
RE-02	150×150×10	50	40	75	18	8	
RE-03	150×150×10	60	40	75	18	8	
RB-01	150×150×10	40	40	75	18	12	四角布螺栓

2）计算结果分析：下面将根据有限元计算结果，对各参数对节点承载力的影响进行分析。

① 法兰板板厚 t_f 的影响。图 7-63 给出的是在其他参数相同，只改变法兰板厚度的情况下，法兰节点的荷载位移曲线。由图可以看出，增加法兰板的厚度可以提高节点的承载力，随着厚度的增加，节点承载力提高幅度减少。此时，厚板本身的刚度较大，在轴向拉力作用下，变形微小，节点承载力增大。

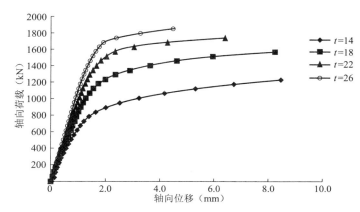

图 7-63　方矩管无加劲肋法兰连接法兰板厚的影响

② 螺栓间距 c 的影响。从图 7-64 可以看出，螺栓间距对节点的承载力和变形影响很小。因此，一般按所需螺栓个数和工程实际的构造要求布置螺栓间距即可。

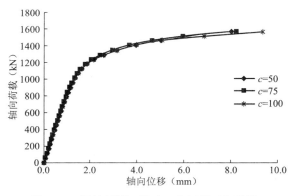

图 7-64　螺栓间距 c 影响（方矩管无加劲肋）

③ 螺栓距管壁距离 a 的影响。图 7-65 给出了 4 组法兰连接节点的荷载位移曲线。从图中可以看出，保持螺栓距法兰板外边缘距离不变，当螺栓离钢管外壁越远时，节点承载力越小，即 a 增大，极限承载力减小。研究表明，a 增大，法兰板之间的撬力增大，法兰板变形增大，节点承载力降低。

④ 在四角布置螺栓的影响。除沿管壁四边布置螺栓外，在法兰板四角布置螺栓，法兰板四角变形减小，节点承载力提高约 9.4%。如图 7-66 所示，四角螺栓对法兰板变形产生约束，分担了部分外力。研究表明，四角的螺栓受力远比中间螺栓受力要小。

（4）方矩管有加劲肋法兰连接。

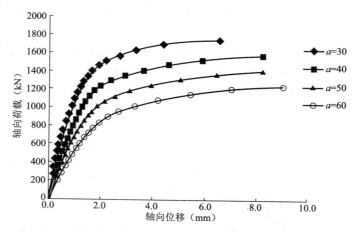

图 7-65 方矩管无加劲肋法兰连接螺栓距管壁距离 a 的影响

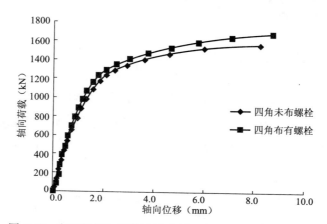

图 7-66 方矩管无加劲肋法兰连接四角是否布置螺栓的影响

1）法兰连接节点参数：本节将研究法兰板厚度、螺栓与管壁距离及法兰板四角是否有螺栓对法兰连接承载力的影响，共计算 7 个节点模型。法兰连接节点的几何尺寸、相关参数见表 7-10。

方矩管有加劲肋法兰连接有限元计算模型节点参数

表 7-10

序号	钢管（mm）	a（mm）	b（mm）	c（mm）	t_f（mm）	n	分析内容
RRP-01	150×150×10	40	40	75	10	8	
RRP-02	150×150×10	40	40	75	14	8	
RRP-03	150×150×10	40	40	75	18	8	法兰板厚 t_f
RRP-04	150×150×10	40	40	75	22	8	
RRE-01	150×150×10	30	40	75	14	8	
RRE-02	150×150×10	50	40	75	14	8	螺栓距管壁距离 a
RRE-03	150×150×10	60	40	75	14	8	

2）计算结果分析：下面将根据有限元计算结果，对各参数对节点承载力的影响进行分析。

① 法兰板厚 t_f 的影响。图 7-67 给出的荷载位移曲线，反映了法兰板厚度对节点承载力的影响。从图中可以看出，当板厚增加到 18mm 后，再增加板厚，节点极限承载力不再增大。板厚的增加使得法兰板的刚度增加，法兰板的弯曲变形会大大减小，撬力减小。此时，节点的承载力由螺栓的承载力控制，约等于螺栓的抗拉承载力。

② 螺栓距管壁距离 a 的影响。从图 7-68 可以看出，螺栓距管壁距离 a 对有加劲肋法兰连接节点承载力的影响很小。a 值从 30mm 增大到 60mm，节点承载力下降约 6.7%。这是由于加劲肋的存在使得撬力的作用大大减小，与之相关联的参数 a 对节点承载力的影响自然随之减小。这与圆管有加劲肋法兰连接得出的结论是一致的。

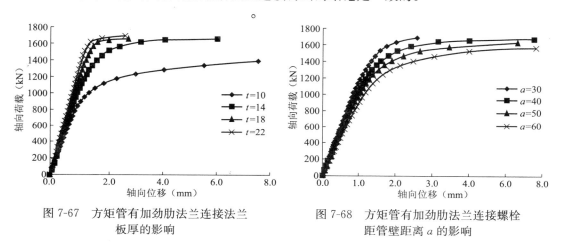

图 7-67　方矩管有加劲肋法兰连接法兰
板厚的影响

图 7-68　方矩管有加劲肋法兰连接螺栓
距管壁距离 a 的影响

③ 四角布螺栓的影响。从图 7-69、图 7-70 中可以看出，在法兰板四角布置螺栓后，节点屈服荷载提高约 18.2%，极限荷载几乎未提高。同时法兰板四角不再张开，法兰板变形能力有所提高。

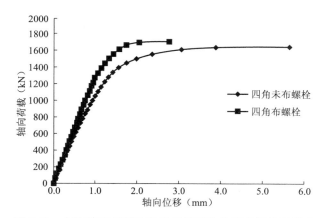

图 7-69　方矩管有加劲肋法兰连接四角是否布螺栓的影响

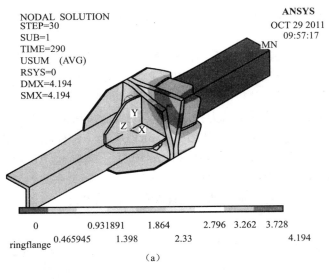

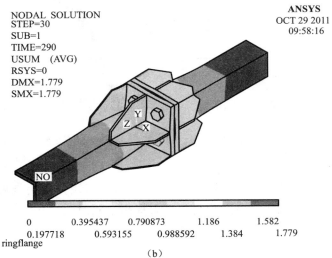

图 7-70 方矩管有加劲肋法兰连接节点变形图
(a) 四角未布螺栓；(b) 四角布螺栓

7.5.5 基于屈服线理论的钢管法兰连接设计方法的推导

钢管法兰连接节点的试验表明，该连接方式有三种典型的破坏形态：①法兰板进入塑性，出现大变形；②螺栓破坏；③钢管与法兰连接焊缝破坏。其中，螺栓破坏、焊缝破坏均是在法兰板进入塑性出现大变形之后的最终破坏形态。下面将以法兰板塑性变形这一破坏形态对节点承载力进行研究。

1. 圆管法兰连接

（1）圆管法兰连接形式及参数定义。

圆管法兰连接分为无加劲肋法兰连接和有加劲肋法兰连接两种形式，如图 7-71 所示。法兰板连接计算中各参数定义如下：D 为圆钢管外径，mm；r 为圆钢管外周的半径，

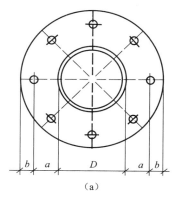
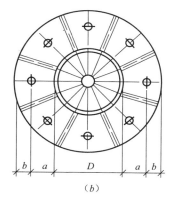

(a)　　　　　　　　　　　　　(b)

图 7-71　圆钢管法兰连接平面示意图
(a) 圆管无加劲肋法兰连接；(b) 圆管无加劲肋法兰连接

$r=D/2$，mm；a 为螺栓中心至圆钢管外壁的距离，mm；b 为螺栓中心至法兰板外边缘的距离，mm；n 为螺栓个数；σ_y 为法兰板材料的抗拉屈服强度，N/mm²；t_f 为法兰板厚度，mm。

（2）圆钢管无加劲肋法兰连接。

对圆钢管无加劲肋法兰连接节点施加轴向拉力，当节点沿钢管轴向拉力作用达到一定值后，法兰板局部开始分离，法兰板的屈服线开始发展，并最终形成破坏机构。如图 7-72 所示，在形成机构的过程中，分离点 X 的移动顺序为 $P_1 \rightarrow P_2 \rightarrow P_3$。法兰板屈服点最开始出现在钢管壁位置及螺栓处，随着塑性发展，P_1 与 A 和 C 之间、B 与 C 之间形成屈服线 P_1A、P_1C、BC，屈服线从点 P_1 向 P_2 发展过程中，可能在点 X 处与螺栓 A、C 之间形成屈服线 XA、XC，此时机构形成，屈服线形状如图 7-73 所示。

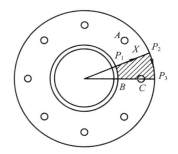
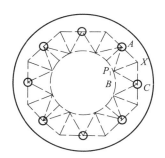

图 7-72　圆钢管无加劲肋法兰连接法兰板分离顺序　　　图 7-73　屈服线形状

所取法兰板计算区格如图 7-74 所示。

对钢管施加轴向拉力 N，法兰板在与钢管连接处产生虚位移为 δ，令 $OP=x$（$a \leqslant x \leqslant r+a+b$），$r+a+b=m$，$r+a=k$。图中各点坐标为：$O$（0，0，$\delta$），$A$（$r\cos\dfrac{\pi}{n}$，$r\sin\dfrac{\pi}{n}$，$\delta$），$B$（$r$，0，$\delta$），$C$（$r\cos\dfrac{\pi}{n}$，$-r\sin\dfrac{\pi}{n}$，$\delta$），$D$（$k\cos\dfrac{2\pi}{n}$，$k\sin\dfrac{2\pi}{n}$，0），$E$（$k$，0，0），$P$（$x\cos\dfrac{\pi}{n}$，$x\sin\dfrac{\pi}{n}$，0）。

145

对于平面 ABC、BCE、ABE、AEP、ADP，各自的法向量为：

$$\vec{N}_{ABC} = [0,0,1]$$

$$\vec{N}_{ABE} = \left[\delta, \frac{1-\cos\frac{\pi}{n}}{\sin\frac{\pi}{n}}\delta, a\right]$$

$$\vec{N}_{BCE} = \left[\delta, -\frac{1-\cos\frac{\pi}{n}}{\sin\frac{\pi}{n}}\delta, a\right]$$

$$\vec{N}_{AEP} = \left[\delta, \frac{k-x\cos\frac{\pi}{n}}{x\sin\frac{\pi}{n}}\delta, \frac{k(r-x)}{x}\right]$$

$$\vec{N}_{ADP} = \left[\left(x-2k\cos\frac{\pi}{n}\right)\delta, -\frac{x\cos\frac{\pi}{n}-k\cos\frac{2\pi}{n}}{\sin\frac{\pi}{n}}\delta, k(x-r)\right]$$

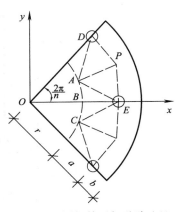

图 7-74 圆钢管无加劲肋法兰
连接计算模型

螺栓中心线外法兰板区域所在的平面法向量为 $\vec{N}_0 = [0,0,1]$。

根据几何关系，可以计算得到各屈服线的长度 l_i 和转角为 θ_i：

$$l_{AB} = 2r\sin\frac{\pi}{2n}, \theta_{AB} = \frac{\delta}{a\cos\frac{\pi}{2n}}$$

$$l_{AE} = \sqrt{k^2+r^2-2kr\cos\frac{\pi}{n}}, \theta_{AE} = \frac{\left|x-k\right|\sqrt{k^2+r^2-2kr\cos\frac{\pi}{n}}}{k(k-r)(x-r)\sin\frac{\pi}{n}}$$

$$l_{BE} = a, \theta_{BE} = \frac{2\tan\frac{\pi}{2n}}{a}\delta$$

$$l_{AP} = x-r, \theta_{AP} = \frac{2\left|x-k\cos\frac{\pi}{n}\right|}{k(x-r)\sin\frac{\pi}{n}}\delta$$

$$l_{PE} = \sqrt{x^2+k^2-2kx\cos\frac{\pi}{n}}, \theta_{PE} = \frac{\sqrt{x^2+k^2-2kx\cos\frac{\pi}{n}}}{k(x-r)\sin\frac{\pi}{n}}\delta$$

根据虚功原理有，

$$N\delta = m_p\sum l_i\theta_i = m_p[2n(l_{AB}\theta_{AB}+l_{AE}\theta_{AE})+n(l_{BE}\theta_{BE}+l_{AP}\theta_{AP}+l_{PE}\theta_{PE})] \quad (7\text{-}39)$$

其中，$m_p = \frac{1}{4}t_f^2\sigma_y$，为屈服线处法兰板全截面屈服时单位长度上的抵抗弯矩。

由式（7-39）可以看出，N 是关于 x 的函数：$N=f(x)$。

根据荷载极限定理可知，应取荷载最小值作为计算荷载，则有：

$$N = N_{\min} = 8nm_p \frac{r+a}{a} \tan \frac{\pi}{2n} = 2nt_f^2 \sigma_y \frac{r+a}{a} \tan \frac{\pi}{2n} \qquad (7\text{-}40)$$

由式（7-40）可以得出法兰板厚度计算式：

$$t_f \geqslant \sqrt{\frac{Na}{2n\sigma_y(r+a)\tan\dfrac{\pi}{2n}}} \qquad (7\text{-}41)$$

（3）圆钢管有加劲肋法兰连接。

有加劲肋法兰连接的法兰板有四种破坏模式，如图 7-75 所示，其中放射线区域为塑性域。（M1）为螺栓个数适中，螺栓距钢管管壁较远时的破坏形式。（M2）为螺栓距钢管壁较近时的破坏模式。（M3）为螺栓布置非常密时形成的破坏机构。（M4）为螺栓个数较少时的破坏模式。

在工程实践中，应尽量避免（M3）、（M4）破坏形式的出现。以下将对（M1）、（M2）两种情形进行分析研究。

1）（M1）情形：对于（M1）情形，分析模型如图 7-76 所示。对钢管施加轴向拉力 N，法兰板在与钢管连接处产生虚位移为 δ，令 $\varphi = \frac{\pi}{n}$，$\angle HGC = \omega$，$r+a+b = m$，$r+a = s$。图中 CG、GD 长为 L_1，CE、DF 长为 L_2，GM、GN 长为 L_3。L_2、L_3 为屈服线，扇形区域 GCHD 为塑性区域，L_1 分别与 L_2、L_3 垂直。

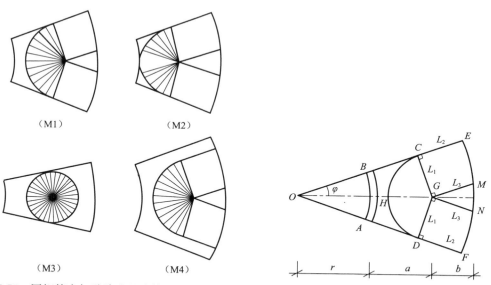

图 7-75　圆钢管有加劲肋法兰连接法兰板破坏模式　　　图 7-76　圆钢管有加劲肋法兰连接计算模型

形成屈服线 L_2、L_3 所需的功为：

$$W_1 = m_p(L_2 + L_3)\theta \qquad (7\text{-}42)$$

θ 为屈服线 L_2、L_3 的转角。根据 E. H. Mansfield[3] 屈服线理论解析方法，扇形塑性域 CGH 的功为：

$$W_2 = 2\omega m_p L_1 \theta \qquad (7\text{-}43)$$

根据虚功原理有：$N\delta = NL_1\theta = W_1 + W_2$。

将式（7-42）、式（7-43）代入上式可以求出：

$$N = m_p \left(2\omega + \frac{L_2 + L_3}{L_1} \right) \tag{7-44}$$

L、L_2、L_3 可以由图 7-76 中的几何关系求出：

$$L_1 = s \sin\varphi$$

$$L_2 = m - s \cos\varphi$$

$$L_3 = \sqrt{m^2 - (s \sin\varphi)} - s \cos\varphi$$

其中，$\omega = \dfrac{\pi}{2} - \varphi = \dfrac{\pi}{2} - \dfrac{\pi}{n}$。

2）（M2）情形：对于（M2）情形，其分析模型如图 7-77 所示。假定钢管沿轴向的力 N 作用下，位移为 δ，令 $\varphi = \dfrac{\pi}{n}$，$\angle HGC = \omega$，$r + a + b = m$，$r + a = s$。图中 CG、GD 长为 L_1，CE、DF 长为 L_2，GM、GN 长为 L_3。L_2、L_3 为屈服线，扇形区域 GCHD 为塑性区域，L_1 分别与 L_2、L_3 垂直。

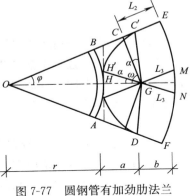

图 7-77　圆钢管有加劲肋法兰连接计算模型

由 E. H. Mansfield 解析方法知，当 CE 与 HH' 对数曲线相接的时候，所做的功最小。因此形成塑性域 $GC'H'$ 消耗的功为：

$$W_1 = 2\omega m_p L_1 \theta \sec^2 a, \ \sec^2 a = 1 + \left(\frac{1}{\omega} \ln \frac{L_1}{a} \right) \tag{7-45}$$

形成屈服线 L_2、L_3 所需的功为：

$$W_2 = m_p (L_2 + L_3)\theta \tag{7-46}$$

其中，θ 为屈服线 L_2、L_3 的转角。

根据虚功原理，$N\delta = NL_1\theta = W_1 + W_2$。

将式（7-45）、式（7-46）代入上式有：

$$N = m_p \left(2\omega \sec^2 a + \frac{L_2 + L_3}{L_1} \right) \tag{7-47}$$

L_1、L_2、L_3 可以由图 7-77 中的几何关系求出：

$$L_1 = s \sin\varphi$$

$$L_2 = m - s \cos\varphi$$

$$L_3 = \sqrt{m^2 - (s \sin\varphi)^2} - s \cos\varphi$$

$$\omega = \frac{\pi}{2} - \varphi = \frac{\pi}{2} - \frac{\pi}{n}$$

根据以上的分析，对于圆管有加劲肋法兰连接，所需的法兰板厚度计算如下：

当 $a > (r + a)\sin\dfrac{\pi}{n}$ 时，所需法兰板厚为：

$$t \geqslant \sqrt{\frac{2N}{n\sigma_y \gamma}} \tag{7-48}$$

式中，$\gamma = \left(2\omega + \dfrac{L_2 + L_3}{L_1} \right)$。

当 $a \leqslant (r+a)\sin\dfrac{\pi}{n}$ 时，所需法兰板厚为：

$$t \geqslant \sqrt{\dfrac{2N}{n\sigma_y\gamma}} \tag{7-49}$$

式中，$\gamma = \left(2\omega\sec^2 a + \dfrac{L_2+L_3}{L_1}\right)$，$\sec^2 a = 1 + \left(\dfrac{1}{\omega}\ln\dfrac{L_1}{a}\right)$。

式（7-48）、式（7-49）中：

$$\varphi = \dfrac{\pi}{n}, \omega = \dfrac{\pi}{2} - \varphi$$

$$L_1 = (r+a)\sin\varphi, L_2 = (r+a+b) - (r+a)\cos\varphi$$

$$L_3 = \sqrt{(r+a+b)^2 - [(r+a)\sin\varphi]^2} - (r+a)\cos\varphi$$

2. 方矩管法兰连接

（1）方矩管法兰连接形式及参数定义。

方矩管法兰连接分为无加劲肋法兰连接和有加劲肋法兰连接两种形式，见图 7-78。

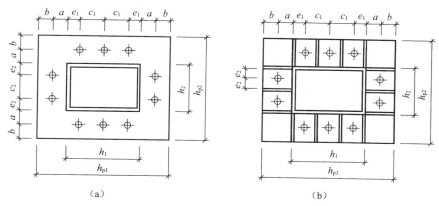

（a）　　　　　　　　　　　　　（b）

图 7-78　方矩管法兰连接平面示意图

（a）方矩管无加劲肋法兰连接；（b）方矩管有加劲肋法兰连接

法兰板连接计算中各参数定义如下：h_1、h_2 为方矩管管边长（mm）；h_{p1}、h_{p2} 为方矩管管边长（mm）；a 为螺栓中心至方钢管外壁的距离（mm）；b 为螺栓中心至法兰板外边缘的距离（mm）；c_1、c_2 为螺栓间距（mm）；n 为螺栓个数；σ_y 为法兰板钢材的抗拉强度设计值（N/mm²）；t_f 为法兰板厚度（mm）。

（2）方矩管无加劲肋法兰连接。

方矩管无加劲肋法兰连接的假设屈服线如图 7-79 所示，图中虚线为假定屈服线。对钢管施加轴向拉力 N，法兰板在与钢管连接处产生虚位移为 δ。在边长为 h_1 的两侧螺栓个数为 n_1，在边长为 h_2 的两侧螺栓个数为 n_2，节点螺栓总数为 n，即 $n = n_1 + n_2$。

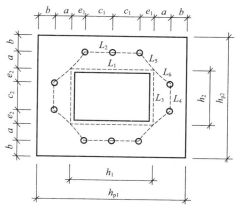

图 7-79　方矩管无加劲肋法兰连接计算模型

149

根据几何关系，各屈服线长度及其转角为：

屈服线 L_1：$l_1 = h_1, \theta_1 = \dfrac{\delta}{a}$

屈服线 L_2：$l_2 = \dfrac{(n_1 - 2)}{2}c_1, \theta_2 = \dfrac{\delta}{a}$

屈服线 L_3：$l_3 = h_2, \theta_3 = \dfrac{\delta}{a}$

屈服线 L_4：$l_4 = \dfrac{(n_2 - 2)}{2}c_2, \theta_4 = \dfrac{\delta}{a}$

屈服线 L_5：$l_4 = \sqrt{a^2 + e_1^2}, \theta_5 = \dfrac{\delta e_1}{a\sqrt{a^2 + e_1^2}}$

屈服线 L_6：$l_6 = \sqrt{a^2 + e_2^2}, \theta_6 = \dfrac{\delta e_2}{a\sqrt{a^2 + e_2^2}}$

根据虚功原理有，

$$N\delta = m_{\mathrm{p}} \sum l_i \theta_i = m_{\mathrm{p}} \big[2(l_1\theta_1 + l_2\theta_2 + l_3\theta_3 + l_4\theta_4) + 4(l_5\theta_5 + l_6\theta_6) \big]$$

$$= 2m_{\mathrm{p}} \frac{h_1 + h_2 + \frac{1}{2}\big[(n_1 - 2)c_1 + (n_2 - 2)c_2\big] + 2(e_1 + e_2)}{a} \tag{7-50}$$

其中，$m_{\mathrm{p}} = \dfrac{1}{4}t_{\mathrm{f}}^2 \sigma_{\mathrm{y}}$，为屈服线处全截面屈服时单位长度上的抵抗弯矩。

由上式可以得出：

$$N = \frac{h_1 + h_2 + (n_1 - 2)c_1 + (n_2 - 2)c_2 + 2(e_1 + e_2)}{2a} t_{\mathrm{f}}^2 \sigma_{\mathrm{y}} \tag{7-51}$$

由式（7-51）可以得出法兰板厚度计算式：

$$t_{\mathrm{f}} \geqslant \sqrt{\frac{N}{\gamma \sigma_{\mathrm{y}}}} \tag{7-52}$$

其中，$\gamma = \dfrac{h_1 + h_2 + (n_1 - 2)c_1 + (n_2 - 2)c_2 + 2(e_1 + e_2)}{2a}$。

当钢管为方钢管时，且各边螺栓个数及布置方式相同的时候，上述公式可以简化为：

$$t_{\mathrm{f}} \geqslant \sqrt{\frac{N}{\gamma \sigma_{\mathrm{y}}}} \tag{7-53}$$

其中 c 为螺栓间距，$\gamma = \dfrac{(n-4)\ c + 8e}{2a}$。

（3）方矩管有加劲肋法兰连接。

对于方矩管有加劲肋法兰连接，螺栓边距 a 值对屈服线形状有影响，以下将分两种情况进行分析。

1）当 $a \leqslant \dfrac{\sqrt{2}}{2}c$ 时，方矩管有加劲肋法兰连接计算区格及屈服线形状如图 7-80 所示，图中虚线为假定屈服线。假设在轴向拉力 N 作用下，钢管沿轴向虚位移为 δ，节点螺栓总数为 n。

图 7-80 中各屈服线长度及转角为：

150

屈服线 L_1：$l_1 = c, \theta_1 = \dfrac{\delta}{a}$

屈服线 L_2：$l_2 = a + b, \theta_2 = \dfrac{2\delta}{c}$

屈服线 L_3：$l_3 = \sqrt{a^2 + \dfrac{c^2}{4}}, \theta_3 = \delta\sqrt{\dfrac{1}{a^2} + \dfrac{4}{c^2}}$

屈服线 L_4：$l_4 = b_1, \theta_4 = \dfrac{4\delta}{c}$

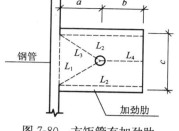

图 7-80　方矩管有加劲肋
法兰连接计算模型

根据虚功原理有，

$$N\delta = nm_p\sum l_i\theta_i = nm_p[l_1\theta_1 + 2(l_2\theta_2 + l_3\theta_3) + l_4\theta_4]$$

$$= nm_p\left[\frac{8(a+b)}{c} + \frac{(a+2b)c}{ab}\right] \tag{7-54}$$

其中，$m_p = \dfrac{1}{4}t_f^2\sigma_y$，为屈服线处全截面屈服时单位长度上的抵抗弯矩。

由上式可以得出：

$$N = \left[\frac{8(a+b)}{c} + \frac{2c}{a}\right]\frac{t_f^2\sigma_y}{4} \tag{7-55}$$

法兰板所需厚度必须满足：

$$t_f \geqslant \sqrt{\frac{4N}{\gamma\sigma_y}} \tag{7-56}$$

式中，$\gamma = \dfrac{8(a+b)}{c} + \dfrac{2c}{a}$。

2）当 $a > \dfrac{\sqrt{2}}{2}c$ 时，方矩管有加劲肋法兰连接计算区格及屈服线形状如图 7-81 所示，图中虚线为假定屈服线，放射线状扇形区域 PAB 为塑性域。假设在轴向拉力 N 作用下，钢管沿轴向虚位移为 δ，角 $APB = \dfrac{\pi}{2}$，节点螺栓总数为 n。

形成塑性域 ABP 所需做的功为：$W = \dfrac{\sqrt{2}}{2}\pi m_p\delta$。

各屈服线的长度和转角为：

屈服线 L_1：$l_1 = b + \dfrac{c}{2}, \theta_1 = \dfrac{2\delta}{c}$

屈服线 L_2：$l_2 = b, \theta_2 = \dfrac{4\delta}{c}$

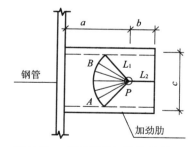

图 7-81　方矩管有加劲肋法兰
连接计算模型

根据虚功原理有，

$$N\delta = n(m_p\sum l_i\theta_i + W)$$

$$= nm_p\left[\frac{\sqrt{2}}{2}\pi + \frac{8b}{c} + 2\right] \tag{7-57}$$

其中，$m_p = \dfrac{1}{4}t_f^2\sigma_y$，为屈服线处全截面屈服时单位长度上的抵抗弯矩。

由上式可以得出：

$$N = \left[\frac{\sqrt{2}}{2}\pi + \frac{8b}{c} + 2 \right] \frac{t_f^2 \sigma_y}{4} \tag{7-58}$$

法兰板所需厚度必须满足：

$$t_f \geqslant \sqrt{\frac{4N}{\gamma \sigma_y}} \tag{7-59}$$

其中，$\gamma = \frac{\sqrt{2}}{2}\pi + \frac{8b}{c} + 2$。

7.5.6 主要研究结论

(1) 法兰连接节点承载力与法兰板厚度 t_f、螺栓距钢管壁的距离 a、螺栓个数或强度等级等有关。增加法兰板厚度，在满足螺栓排列的构造要求和施工操作距离要求的前提下适当减小 a 值，增加螺栓个数或采用高强度等级的螺栓，均可提高节点承载力。

(2) 对螺栓施加预拉力，法兰连接节点承载力基本未提高。但节点初期刚度提高 20%~50%，亦能提高节点变形能力。

(3) 对圆管无加劲肋法兰连接，采用圆板或者环形法兰板对节点承载力有一定影响：使用环形法兰板会降低节点承载力（本试验中降低约 16%）。而对圆管有加劲肋法兰连接节点，法兰板形状对节点承载力影响很小（降低约 4%）。

(4) 对方矩管无加劲肋法兰连接，除沿正对管壁位置处布置螺栓外，另在四角布置螺栓，节点屈服荷载基本未提高，极限荷载有所提高（本试验中提高约 9.4%）。而对于方矩管有加劲肋法兰连接，四角布螺栓可以较大幅度地提高节点承载力（节点屈服荷载提高约 22.7%，破坏荷载提高约 20%）。同时亦能提高节点变形能力，但是钢管四角的加劲肋顶端与钢管的焊缝在达到破坏荷载前易产生裂缝。

(5) 对有加劲肋法兰连接，加劲肋的设置会使钢管在与加劲肋顶端连接处产生应力集中。

(6) 在钢管法兰连接设计中，应根据钢管承载力，合理地选取法兰板厚度、螺栓个数，避免出现螺栓破坏形式。在满足螺栓安装施工要求的前提下，应减小螺栓距管壁的距离 a。

(7) 加劲肋的尺寸与厚度必须与法兰板尺寸及钢管相匹配。

7.5.7 设计计算公式建议

(1) 圆钢管和方矩形钢管的法兰连接接头，可采用无加劲肋和有加劲肋两种形式。

(2) 法兰连接接头中螺栓群中心应与所连接杆件中心重合或接近。对于矩形或方形管的法兰连接接头，应在钢管的四边均匀布置螺栓。螺栓的间距、端距、边距等应符合《钢结构高强度螺栓连接技术规程》(JGJ 82-2011) 的要求。

(3) 圆钢管截面的法兰连接接头，其法兰板厚度 t 应满足下列要求：

1) 无加劲肋时：

$$t \geqslant \sqrt{\frac{Na}{2nf(r+a)\tan \frac{\pi}{2n}}}$$

2）有加劲肋时：

$$t \geqslant \sqrt{\frac{2N}{nf\gamma}}$$

① 当 $a > (r+a)\sin\frac{\pi}{n}$ 时，$\gamma = \left(2\omega + \frac{L_2 + L_3}{L_1}\right)$

② 当 $a \leqslant (r+a)\sin\frac{\pi}{n}$ 时，$\gamma = \left(2\omega\sec^2 a + \frac{L_2 + L_3}{L_1}\right)$，$\sec^2 a = 1 + \left(\frac{1}{\omega}\ln\frac{L_1}{a}\right)$

其中，

$L_1 = (r+a)\sin\varphi$

$L_2 = (r+a+b) - (r+a)\cos\varphi$

$L_3 = \sqrt{(r+a+b)^2 - [(r+a)\sin\varphi]^2} - (r+a)\cos\varphi$

$\varphi = \frac{\pi}{n}$，$\omega = \frac{\pi}{2} - \varphi$

（4）方矩形钢管截面的法兰连接接头，其法兰板厚度 t 应满足下列要求：

1）无加劲肋时：

$$t \geqslant \sqrt{\frac{N}{\gamma f}}$$

其中，$\gamma = \frac{h_1 + h_2 + (n_1 - 2)c_1 + (n_2 - 2)c_2 + 2(e_1 + e_2)}{2a}$。

2）有加劲肋时：

$$t \geqslant 1.1\sqrt{\frac{4N}{\gamma f}}$$

① 当 $a \leqslant \frac{\sqrt{2}}{2}c$ 时，$\gamma = \frac{8(a+b)}{c} + \frac{2c}{a}$

② 当 $a > \frac{\sqrt{2}}{2}c$ 时，$\gamma = \frac{\sqrt{2}}{2}\pi + \frac{8b}{c} + 2$

第8章 高强度螺栓与焊缝并用连接

栓焊并用连接，是指在接头中的连接部位同时以高强度螺栓连接和角焊缝连接共同承受同一剪力作用的连接。它可以提高节点承载力，缩小节点几何尺寸，是一种重要的钢结构连接形式，目前在工程实践中已得到应用，如柱牛腿的连接、纯栓连接的焊接补强等。下面通过高强度螺栓摩擦型连接和角焊缝并用连接的试验研究和有限元模拟，总结出此类节点的相关特性，并提出节点承载力的建议设计公式。主要内容有：①通过栓焊并用连接节点（包括先栓后焊共同受力的并用连接，先栓并受力后再施焊的共同受力并用连接）的试件加工和试件试验，对试验结果以及节点的破坏形式和破坏承载力进行研究分析，得出高强度摩擦型连接和焊缝并用时的工作机理和结论；②通过试件模型的有限元分析，从理论上得出栓焊并用连接节点的极限承载力和节点的性能，如螺栓和焊缝承担荷载的历程分析等，并与试验结果进行对比分析；③提出高强度螺栓的摩擦型连接与焊缝并用时节点的设计建议，包括承载力设计公式及工程使用上的要求等。

8.1 试 验 概 况

8.1.1 试验内容及数据

节点连接选用扭剪型高强度螺栓 M20×75 和 M24×80，焊条选用 Φ3.2E43 型。连接板采用 Q345B 钢材，芯板厚 $t=18$mm，盖板厚 $t=14$mm，螺栓、焊材和钢材的力学性能均符合相关规范要求。连接面的处理：用于 M24 螺栓的连接件仅做抛丸除锈，摩擦面的抗滑移系数 $\mu>0.3$ 即可，用于 M20 的螺栓先抛丸除锈，然后喷石英砂处理，并要求摩擦面的抗滑移系数 $\mu>0.5$。螺栓及螺孔：螺栓采用扭剪型高强度螺栓（10.9S），螺孔尺寸为芯板孔 $\phi24$，盖板孔 $\phi22$（M20 10.9S）；芯板孔 $\phi28$，盖板孔 $\phi26$（M24 10.9S）。试件芯板孔增大的原因是为了避免高强度螺栓连接时孔壁先出现承压的可能。试件加工时角焊缝长度及焊高受到严格控制，并经打磨修整。试验机、试件见图 8-1、图 8-2。

试件分为三类：（Ⅰ）纯栓连接或纯焊连接，称为基本连接；（Ⅱ）组合连接，由栓和焊基本连接并用组合而成；（Ⅲ）纯栓连接节点受荷下进行焊缝增强的连接。试件的编号、连接形式和破坏荷载见表 8-1。其中纯栓连接受荷下的焊缝补强连接试验目的，在于为以服役纯栓连接节点的焊接补强提供数据及试验上的支持，为工程应用提供实例。

试件的编号、连接形式和破坏荷载 表 8-1

试件编号	试件连接形式	试件破坏形式
1 号	2M20 纯螺栓连接	465kN 时出现滑移
2 号	2M24 纯螺栓连接	470kN 时出现滑移
3 号-1	侧焊缝纯焊连接 $h_f=5$mm，$l_w=80$mm	392kN 时焊缝剪断

154

试件编号	试件连接形式	试件破坏形式
3 号-2	侧焊缝纯焊连接 h_f=5mm，l_w=120mm	588kN 时焊缝剪断
4 号	侧焊缝纯焊连接 h_f=3.5mm，l_w=120mm	375kN 时焊缝剪断
5 号	4 号＋6 号侧焊缝和端焊缝组合连接	793kN 时焊缝断裂
6 号	端焊缝纯焊连接 h_f=3.5mm，l_w=120mm	330kN 时焊缝断裂
7 号	1 号＋4 号栓焊并用连接	877kN 时出现滑移，然后焊缝剪断
8 号	2 号＋4 号栓焊并用连接	950kN 时焊缝剪断并滑移
9 号	1 号＋3 号栓焊并用连接	798kN 时焊缝剪断并滑移
10 号	2 号＋3 号栓焊并用连接	910kN 时焊缝开裂，940kN 时滑移断裂
11 号	1 号＋4 号栓焊并用连接	810kN 时出现滑移，随即焊缝剪断
12 号	1 号＋4 号在 $0.5P_s$ 下施焊的栓焊并用连接	868kN 时焊缝剪断
13 号	2 号＋3 号在 $0.5P_s$ 下施焊的栓焊并用连接	872kN 时焊缝剪断
14 号	1 号＋4 号在 $0.8P_s$ 下施焊的栓焊并用连接	884kN 时焊缝剪断
15 号	2 号＋3 号在 $0.8P_s$ 下施焊的栓焊并用连接	917kN 时焊缝剪断
16 号	1 号＋6 号栓焊并用连接	820kN 时端焊缝断裂
17 号	1 号＋6 号在 $0.8P_s$ 下施焊的栓焊并用连接	770kN 时焊缝断裂

注：P_s 指纯高强度螺栓摩擦型连接试件的滑移荷载；15 号实测 h_f=5.7mm。

图 8-1　WE—1000 液压万能试验机

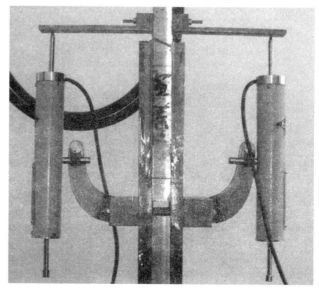

图 8-2　位移传感器及试件

8.1.2　试验分析

试件 5 号、7 号、8 号及后续编号试件是由基本试件经过组合而得来的并用试件，画出并用试件与其所含基本试件的荷载-位移曲线对比图，以比较两者承载力间的关系，图中虚线部分为基本试件在同一位移下的承载力叠加值。如图8-3～图8-14所示。

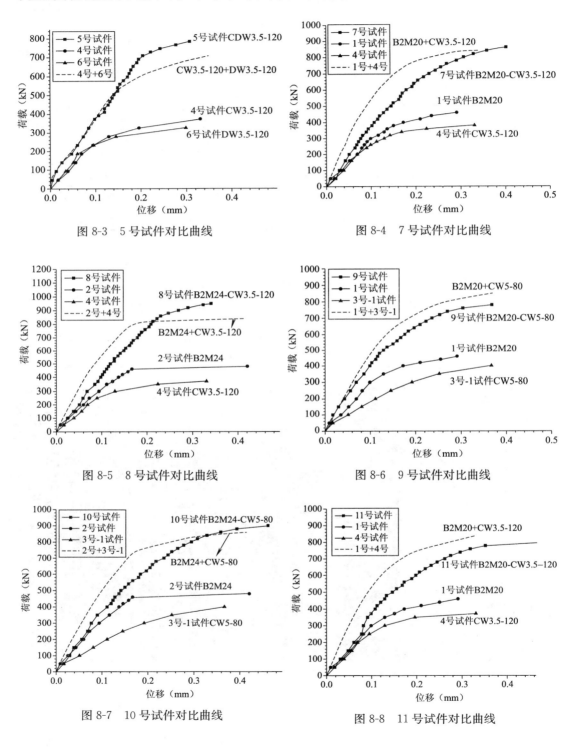

图8-3　5号试件对比曲线

图8-4　7号试件对比曲线

图8-5　8号试件对比曲线

图8-6　9号试件对比曲线

图8-7　10号试件对比曲线

图8-8　11号试件对比曲线

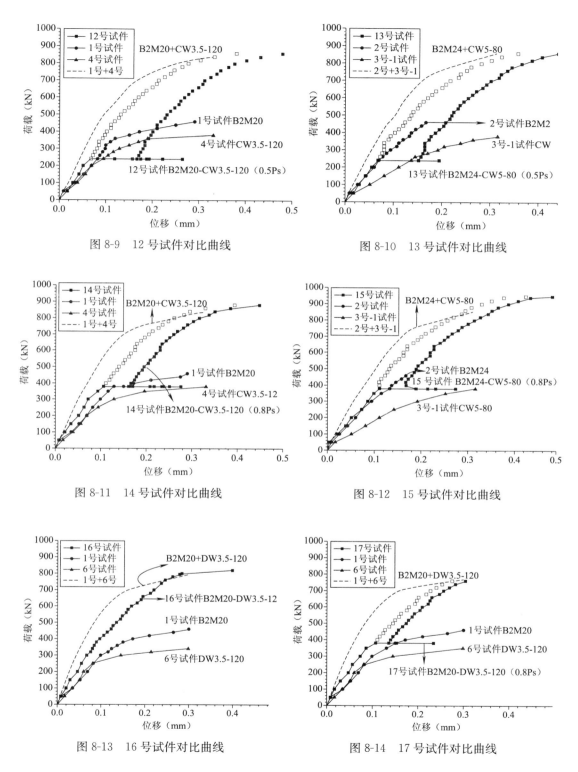

图 8-9　12 号试件对比曲线

图 8-10　13 号试件对比曲线

图 8-11　14 号试件对比曲线

图 8-12　15 号试件对比曲线

图 8-13　16 号试件对比曲线

图 8-14　17 号试件对比曲线

从图 8-3～图 8-14 中可知，并用试件破坏时的承载力与其所含基本试件极限承载力叠加值相差不大；纯栓连接在拉伸荷载作用下的施焊补强节点破坏时的位移虽与相应的并用试件的位移有所不同（试验时焊接热对试件位移产生影响，焊缝未完全冷却），但两者的极限承载力大小基本一致；并用试件在破坏前的某个位移下承受荷载并非就是其所含基本试件在此位移所受荷载的叠加值，而是在其施荷开始的大部分位移范围内叠加值大于并用值。通过对并用试件的试验极限承载力与其所含基本试件的试验极限承载力叠加值的比较，判断两者之间的关系，见表 8-2。

并用试件极限承载力试验值与所含基本试件极限承载力叠加值比较表　　表 8-2

试件编号	试件试验值 N_v	基本试件试验值 N_b、N_{fs}、N_{fe} 及叠加值 N_{bf}	N_v/N_{bf}
5 号	793kN（4 号+6 号）	$N_{fs}=375$kN；$N_{fe}=330$kN；$N_{bf}=705$kN	1.12
7 号	877kN（1 号+4 号）	$N_b=465$kN；$N_{fs}=375$kN；$N_{bf}=840$kN	1.04
8 号	950kN（2 号+4 号）	$N_b=470$kN；$N_{fs}=375$kN；$N_{bf}=845$kN	1.12
9 号	798kN（1 号+3 号-1）	$N_b=465$kN；$N_{fs}=392$kN；$N_{bf}=857$kN	0.93
10 号	910kN（2 号+3 号-1）	$N_b=470$kN；$N_{fs}=392$kN；$N_{bf}=862$kN	1.05
11 号	810kN（1 号+4 号）	$N_b=465$kN；$N_{fs}=375$kN；$N_{bf}=840$kN	0.96
12 号	868kN（1 号+4 号）	$N_b=465$kN；$N_{fs}=375$kN；$N_{bf}=840$kN	1.03
13 号	872kN（2 号+3 号-1）	$N_b=470$kN；$N_{fs}=392$kN；$N_{bf}=862$kN	1.01
14 号	884kN（1 号+4 号）	$N_b=465$kN；$N_{fs}=375$kN；$N_{bf}=840$kN	1.05
15 号	917kN（2 号+3 号-1）	$N_b=470$kN；$N_{fs}=392$kN；$N_{bf}=862$kN	1.06
16 号	820kN（1 号+6 号）	$N_b=465$kN；$N_{fe}=330$kN；$N_{bf}=795$kN	1.03
17 号	770kN（1 号+6 号）	$N_b=465$kN；$N_{fe}=330$kN；$N_{bf}=795$kN	0.97
各并用试件承载力试验值与所含基本试件的叠加值之比 N_v/N_{bf} 的平均值			1.03

注：N_b 为螺栓连接抗滑移极限承载力；N_{fs} 为侧焊缝连接极限承载力；N_{fe} 为端焊缝连接极限承载力；N_{bf} 为基本试件极限承载力叠加值；N_v 为并用试件的极限承载力试验值。

由于试验的离散及焊缝尺寸把握尺度的偏差，出现微小的偏移值是符合实际情况的。根据表 8-2 的数据并从 N_v/N_{bf} 的平均值 1.03 来看，高强度螺栓的摩擦型连接与焊缝并用连接的承载力基本为其所含基本连接承载力的叠加值；从试验试件的破坏形式（基本为焊缝先于螺栓而破坏，也有螺栓先滑移的情况，但随即焊缝也发生破坏）和 N_v/N_{bf} 比值上来看，可认为在试验条件下的并用连接中，螺栓连接和焊缝连接的并用效率均为 1。

8.2　有限元分析及其与试验结果的比较

8.2.1　试验试件模型的有限元分析

在分析中采用 SOLID92 实体单元，摩擦面采用的接触单元为 TARGE170 和 CONTA174，对螺栓的预拉力采用预拉单元 PRETS179。钢板的弹性模量取 $E=2.06\times10^5$N/mm^2，屈服强度 $\sigma_y=345$N/mm^2，泊松比 $\upsilon=0.3$；焊缝材料为 E43 焊条，根据试验取其屈服强度 $\sigma_y=385$N/mm^2，泊松比 $\upsilon=0.3$。侧焊缝的弹性模量取 $E=9.0\times10^5$N/mm^2，端焊缝的弹性模量取 $E=1.5\times10^6$N/mm^2。高强度螺栓的屈服强度取为 940N/mm^2。摩擦面抗滑移系数取试验实测值 $\mu=0.70$（M20 连接时，喷石英砂处理）和 $\mu=0.50$（M24 连接时，抛丸除锈处理）。在焊缝模拟时，未考虑残余应力对试件的影响。

单元网格划分采用自由网格划分并加上手动控制。以 7 号为例来说明划分后的物理模型如图 8-15～图 8-19 所示。

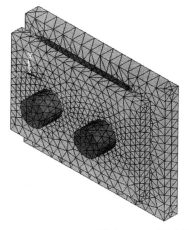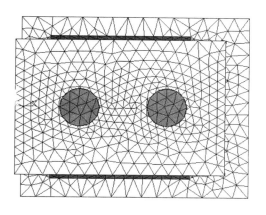

图 8-15　7 号试件模型网格划分的等轴测图及正视图

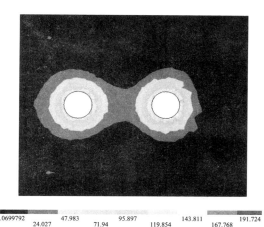

.0699792　　47.983　　　95.897　　　143.811　　191.724
　　24.027　　　71.94　　　119.854　　167.768

图 8-16　7 号模型螺栓预紧后芯板应力图

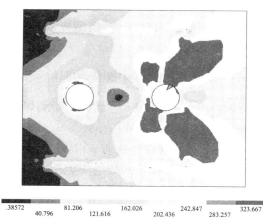

.38572　　81.206　　162.026　　242.847　　323.667
　40.796　121.616　202.436　283.257

图 8-17　拉伸破坏时芯板应力图

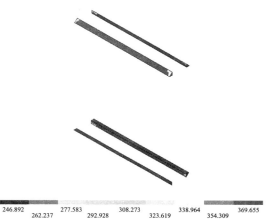

246.892　277.583　308.273　338.964　369.655
262.237　292.928　323.619　354.309

图 8-18　极限承载力时焊缝应力分布图

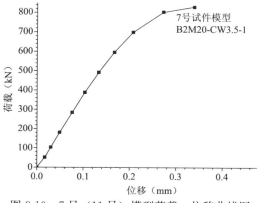

图 8-19　7 号（11 号）模型荷载—位移曲线图

根据有限元分析结果，列表比较各并用试件模型极限承载力与其包含基本试件叠加值的关系，见表8-3。

并用试件模型及其所包含基本试件模型极限承载力分析值对比表 表8-3

模型编号	模型分析值 N_v'	基本试件模型分析值 N_b'、N_{fs}'、N_{fe}' 及其叠加值 N_{bf}'	N_v'/N_{bf}'
5号	697kN（4号+6号）	$N_{fs}'=363kN$；$N_{fe}'=305kN$；$N_{bf}'=668kN$	1.04
7号	829kN（1号+4号）	$N_b'=461kN$；$N_{fs}'=363kN$；$N_{bf}'=824kN$	1.01
8号	801kN（2号+4号）	$N_b'=477kN$；$N_{fs}'=363kN$；$N_{bf}'=840kN$	0.95
9号	804kN（1号+3号）	$N_b'=461kN$；$N_{fs}'=383kN$；$N_{bf}'=844kN$	0.95
10号	788kN（2号+3号）	$N_b'=477kN$；$N_{fs}'=383kN$；$N_{bf}'=860kN$	0.92
11号	829kN（1号+4号）	$N_b'=461kN$；$N_{fs}'=363kN$；$N_{bf}'=824kN$	1.01
16号	886kN（1号+6号）	$N_b'=461kN$；$N_{fe}'=305kN$；$N_{bf}'=766kN$	1.15

从表8-3可以看出，含侧焊缝的并用试件分析模型的极限承载力大体等于其所含基本试件分析模型极限承载力的叠加值；含有端焊缝的并用连接，其连接的极限承载力会略大于它所含有的基本试件分析模型极限承载力的叠加值，5号、16号试件模型都说明了这一点。

8.2.2 栓焊并用连接中螺栓和焊缝承担荷载的历程分析

统计4号、7号和8号试件模型侧焊缝上所有节点的应力并加以平均，得到各自的平均值分别为381.0N/mm²、381.6N/mm²和380.6N/mm²，可以认为焊缝在独自作用时和与螺栓并用时的承载力是基本相同的，这说明焊缝能充分地发挥其承载作用。又如10号、13号和15号试件模型的焊缝应力平均值相比也可说明这一点。根据试件模型在某个时间步上焊缝应力的统计平均值与其最终破坏时焊缝的应力平均值之比来判断在此时间步上焊缝的承载力。如7号试件模型焊缝的承担荷载在时间步2.175（第二载荷步中第三子步）上的求解如下：此时间步上焊缝应力统计平均值为194.67N/mm²，它与焊缝最终破坏时（4号纯焊试件破坏荷载363kN）的焊缝应力平均值381.6N/mm²相比后得到172.52kN，即认为是焊缝此时所承担荷载。依次求出各个时间步上焊缝承担的荷载，用时间步上所施加的总荷载减去焊缝所承担的荷载，就是螺栓所承担的荷载。根据以上的分析思路，分别以7号、8号和12号、14号试件模型（均为侧面角焊缝，焊缝高度和长度为 $h_f=3.5mm$，$l_w=120mm$）为例，来说明栓焊并用连接中螺栓和焊缝各自所承担荷载历程的变化，如图8-20所示。

从图8-20和图8-21不难看出，螺栓在起始时承担很小的一部分荷载，直到焊缝承担的荷载大约达到其极限承载力的0.8倍时，螺栓才逐渐承受较大荷载；此后螺栓所承担的荷载迅速增大，焊缝所承受的荷载也有所增加；直至后来焊缝屈服，螺栓承载力有所增加，再到最后节点的破坏。

从图8-22和图8-23可以看出，对纯栓连接在拉伸荷载作用下的焊缝加强节点来说，一旦有了角焊缝的存在，则角焊缝所受荷载会迅速增加，且相当大地承担所增加的荷载；

螺栓承担的荷载有所回落，但在焊缝承担荷载到一定程度时，螺栓所承受的荷载仍继续增加；最后焊缝屈服，螺栓也达到一定承载力后并用连接节点受拉而破坏。

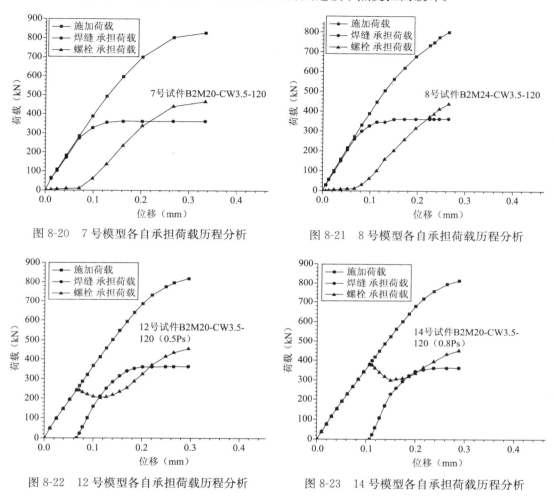

图 8-20　7 号模型各自承担荷载历程分析　　　图 8-21　8 号模型各自承担荷载历程分析

图 8-22　12 号模型各自承担荷载历程分析　　图 8-23　14 号模型各自承担荷载历程分析

总之，根据以上分析可以看出，栓焊并用连接中的螺栓和焊缝各自承担荷载的历程是螺栓在起始时承担较小荷载，直到焊缝达到一定的承载力后才承受较大荷载；栓焊并用中的螺栓和焊缝基本都能发挥各自的承载力作用；尤其是焊缝的作用发挥得更为充分，由上面的分析可知，其并用效率基本上都可以达到 1.0。

8.2.3　第 III 类连接与第 II 类连接的比较分析

第 III 类连接指纯栓连接受荷后再施焊的并用连接，第 II 类连接即为普通意义的并用连接（即螺栓连接尚未受荷时就增加焊接连接）。根据试验及有限元分析结果，比较分析第 III 类试件和第 II 类并用试件，得出两类试件极限承载力的相互关系。其中 12 号、14 号试件模型与 7 号试件模型进行对比；13 号、15 号试件模型和 10 号试件模型进行对比；17 号试件模型跟 16 号试件模型进行对比。上述试件模型分析及试验结果见表 8-4。

第 III 类试件和第 II 类试件模型分析结果和试验结果对比表 表 8-4

模型		试件施焊时拉力（kN）	破坏位移（mm）	破坏荷载（kN）	破坏荷载比值
模型编号	7 号	—	0.339	829	—
	12 号	240	0.295	818	0.99
	14 号	380	0.288	814	0.98
	10 号	—	0.339	788	—
	13 号	240	0.301	781	0.99
	15 号	380	0.293	789	1.00
	16 号	—	0.310	886	—
	17 号	380	0.329	881	0.99
试验		试件施焊时拉力（kN）	破坏位移（mm）	破坏荷载（kN）	破坏荷载比值
试件编号	7 号	—	0.402	860	—
	12 号	240	0.479	868	1.01
	14 号	380	0.448	884	1.02
	10 号	—	0.462	910	—
	13 号	240	0.686	872	0.96
	15 号	380	0.480	917	1.00
	16 号	—	0.399	820	—
	17 号	380	0.304	770	0.94

注：240kN 对应 0.5Ps，380kN 对应 0.8Ps；破坏荷载比值为第Ⅲ类/第Ⅱ类。

根据表 8-4 数据可知，第 III 类试件的极限承载力与对应的第 II 类试件的极限承载力相差不大；从破坏荷载的平均比值 0.99 来看，可认为承载力基本相等。分别对 7 号、12 号和 14 号试件模型焊缝节点上的第四强度应力进行统计，得知其平均值分别为 $381.6 N/mm^2$、$380.1 N/mm^2$、$379.8 N/mm^2$，可见第 II 类试件和第 III 类试件焊缝承担的承载力基本相同；也就是说在第 III 类试件节点中，施焊后的焊缝承担较多的荷载，也可发挥较好的作用；同时螺栓也达到了其极限承载力。这就意味着相同连接规格的第 II 类连接和第 III 类连接的极限承载力相差不大，为高强度螺栓的摩擦型连接节点的焊接加强和已受荷构件的焊接加固提供了试验研究和分析依据。

8.2.4 侧焊缝长度较大时栓焊并用连接的焊缝应力变化

以往关于侧面角焊缝的研究表明，侧焊缝主要承受剪力的作用，在弹性阶段，应力沿焊缝长度方向分布不均匀，两端大而中间小。本小节仅作有限元计算分析，用以说明侧焊缝长度较大时，焊缝作用不能充分发挥，但在并用连接时，栓接不仅能自身发挥功效，还能使焊缝的应力沿长度均匀化，提高利用效率。取下列模型进行分析，模型几何符号及特性见图 8-24 及表 8-5。

试件	芯板				盖板				高强度螺栓				侧面角焊缝				
	宽度 B_1 (mm)	长度 K_1 (mm)	厚度 t_1 (mm)	数量 (块)	宽度 B_2 (mm)	长度 K_2 (mm)	厚度 t_2 (mm)	数量 (块)	直径 (mm)	级别 (S)	P (kN)	数量 (颗)	L_1 (mm)	L_2 (mm)	L_w (mm)	h_f (mm)	数量 (条)
A1	300	290	30	1	100	250	20	2	20	10.9	155	3	35	140	210	6	4
A2	300	360	30	1	100	320	20	2	20	10.9	155	4	35	210	280	6	4
A3	300	430	30	1	100	390	20	2	20	10.9	155	5	35	280	350	6	4
A4	370	290	30	1	170	250	20	2	20	10.9	155	6	35	140	210	6	4
A5	370	360	30	1	170	320	20	2	20	10.9	155	8	35	210	280	6	4
A6	370	430	30	1	170	390	20	2	20	10.9	155	10	35	280	350	6	4

注：计算中取抗滑移系数 $\mu = 0.4$。

在模拟分析 A 系列试件中，采用焊脚高度为 6mm 的侧面角焊缝，焊缝长度相对于焊脚高度来说长度较大，例如 210mm、280mm 和 350mm。从图 8-25 可知，侧面角焊缝的抗剪承载力随着焊缝长度的增加并不呈线性增加，相反有明显的折减。

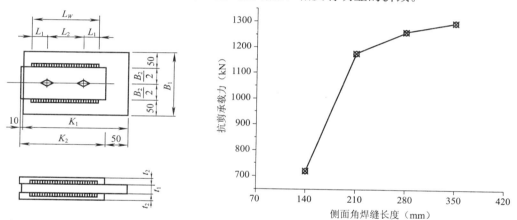

图 8-24　模型上各几何符号代表意义值　图 8-25　$h_f = 6mm$ 时侧面角焊缝长度不同时的抗剪承载力变化

对焊脚高度 $h_f = 6mm$，长度为 210mm、280mm 和 350mm 的侧焊缝在不同试件侧焊缝单独连接和栓焊并用连接时沿焊缝长度方向上的第四强度应力进行比较，如图 8-26～图 8-31 所示。

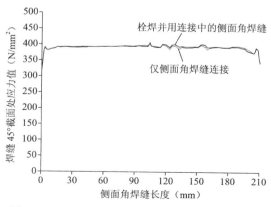

图 8-26　A1 纯焊与并用连接时侧焊缝应力比较

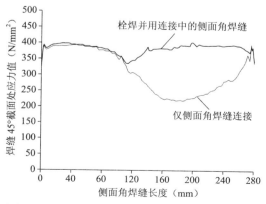

图 8-27　A2 纯焊与并用连接时侧焊缝应力比较

163

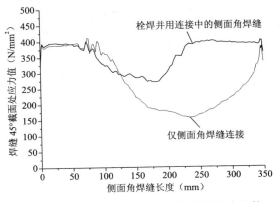

图 8-28 A3 纯焊与并用连接时侧焊缝应力比较

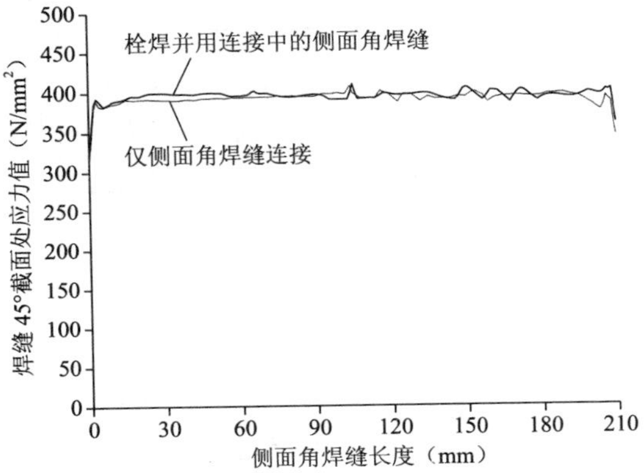

图 8-29 A4 纯焊与并用连接时侧焊缝应力比较

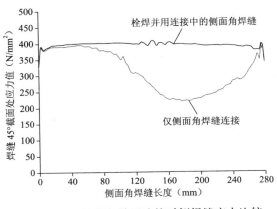

图 8-30 A5 纯焊与并用连接时侧焊缝应力比较

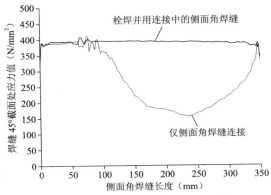

图 8-31 A6 纯焊与并用连接时侧焊缝应力比较

从图 8-26～图 8-31 中可以看出，侧焊缝连接中，焊缝在有效截面上的应力随着焊缝长度的增加呈明显的马鞍形分布，两端大而中间小。但是当侧面角焊缝与高强度螺栓并用连接时，侧面角焊缝的应力得到了明显改善。从图中我们可以看出，随着螺栓数目的增加，焊缝有效截面上的应力分布愈加趋向均匀。这是因为施加了高强度螺栓使得连接板之间夹紧，从而在栓焊并用连接节点受剪力作用的过程中，限制了侧面角焊缝的变形，使得侧面角焊缝产生应力重分布，有效截面上应力分布比较均匀，从而栓焊并用连接的承载力得到了明显提高，详见表 8-6。

试件 A1～A6 纯栓、纯焊、栓焊并用时极限承载力统计   表 8-6

试件	纯焊时① (kN)	纯栓连接时② (kN)	栓焊并用连接 (kN)	①+② (kN)
A1	387.6	1176.2	1606.8	1563.8
A2	503.0	1261.3	2085.8	1764.3
A3	618.8	1297.7	2319.3	1916.5
A4	738.7	1176.2	1962.7	1914.9
A5	975.7	1261.3	2860.5	2237.0
A6	1200.5	1297.7	3681.9	2498.2

8.2.5 试验与有限元分析比较

1. 并用试件与基本试件试验与有限元模型的荷载—位移曲线对比

根据对并用试件的试验和模拟分析，比较两者的荷载—位移曲线，更充分地了解在并用连接中螺栓和焊缝对节点承载力的贡献。分别作出并用试件 5 号、7 号、8 号、9 号、10 号及 16 号试验和模型分析结果的曲线对比图，如图 8-32～图 8-37 所示。

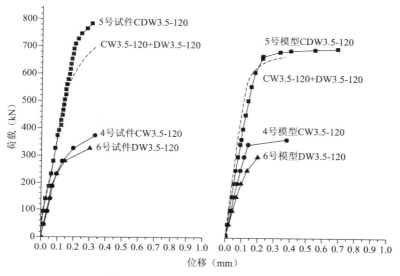

图 8-32　5 号试件分析结果对比图

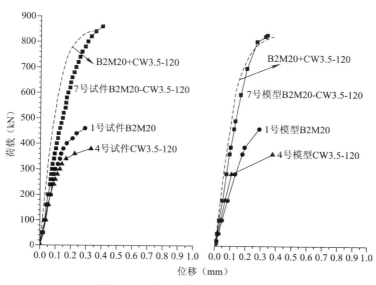

图 8-33　7 号试件分析结果对比图

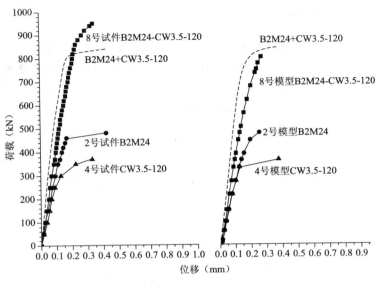

图 8-34　8号试件分析结果对比图

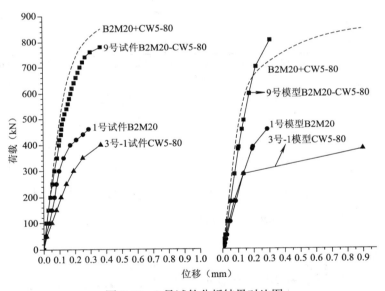

图 8-35　9号试件分析结果对比图

　　通过图 8-32～图 8-37 各并用试件试验与模型分析结果的对比，可知两者的荷载—位移曲线的趋势大体一致。从各并用连接所含基本连接的叠加值曲线（虚线部分）来看，可以认为试验和模型分析结果基本吻合，更说明了基本试件之间的变形协调能力是比较好的。从各图中的叠加值曲线和试验与模型分析荷载—位移曲线的对比中也可得出，基本连接在受荷开始的绝大部分位移下，其荷载在同一位移的叠加值会大于并用连接在此位移下所受荷载。这说明了栓焊并用连接在受荷过程中并不是其所含基本连接的简单叠加。

166

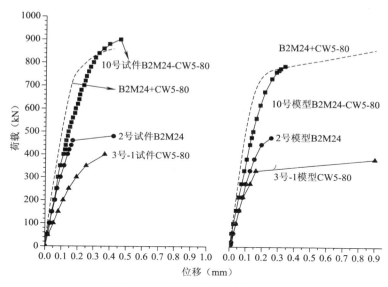

图 8-36　10 号试件分析结果对比图

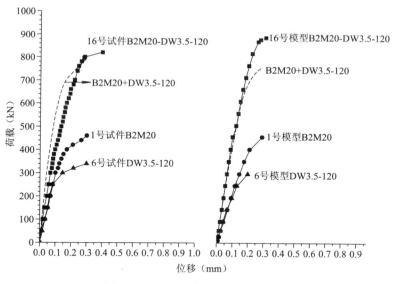

图 8-37　16 号试件分析结果对比图

2. 各试件试验研究与模型分析的荷载—位移曲线对比

根据试件试验数据和相对应的模型分析数据，分别画出各个试件的试验与模型分析荷载-位移曲线对比图，如图 8-38～图 8-54 所示。其中第 III 类试件在对比中未考虑试验时焊接温度对试件位移的影响；11 号试件同 7 号试件。

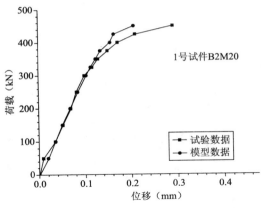

图 8-38　1 号试件试验和模型对比图

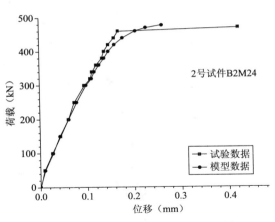

图 8-39　2 号试件试验和模型对比图

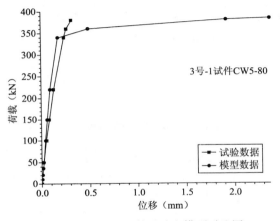

图 8-40　3 号-1 试件试验和模型对比图

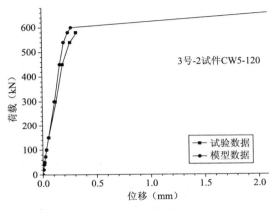

图 8-41　3 号-2 试件试验和模型对比图

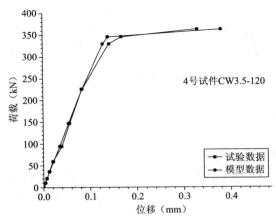

图 8-42　4 号试件试验和模型对比图

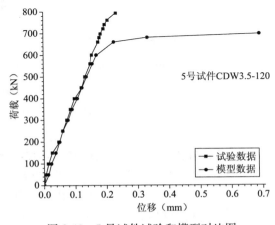

图 8-43　5 号试件试验和模型对比图

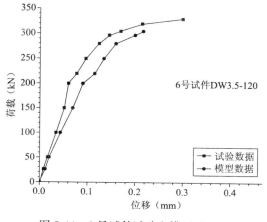

图 8-44　6 号试件试验和模型对比图

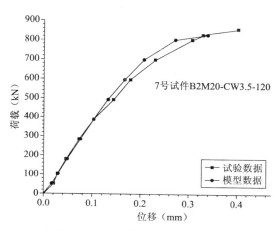

图 8-45　7 号试件试验和模型对比图

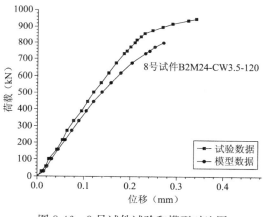

图 8-46　8 号试件试验和模型对比图

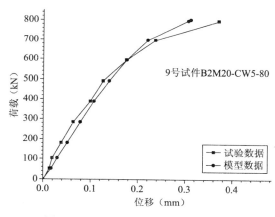

图 8-47　9 号试件试验和模型对比图

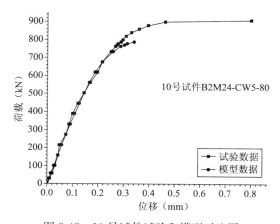

图 8-48　10 号试件试验和模型对比图

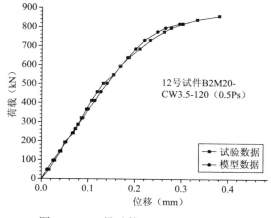

图 8-49　12 号试件试验和模型对比图

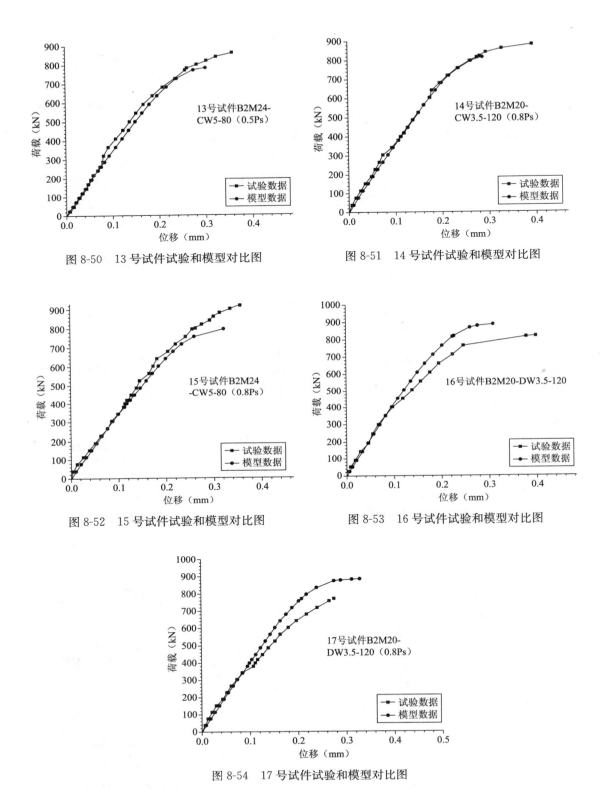

图 8-50　13 号试件试验和模型对比图

图 8-51　14 号试件试验和模型对比图

图 8-52　15 号试件试验和模型对比图

图 8-53　16 号试件试验和模型对比图

图 8-54　17 号试件试验和模型对比图

从以上对比可知，不含端焊缝的试件，考虑到试验的离散性和焊缝尺寸的偏差（如15号等）等因素，其模型分析结果和试验结果可认为是基本相吻合的；端焊缝的实际情况比较复杂，在假定它为理想弹塑性材料和不考虑焊接残余应力的条件下去模拟它显然是不够的，从5号、16号、17号都可看出试验结果和模拟分析结果有出入，故对端焊缝的模拟只作为一般的定性分析。

3. 试件模型组合值分析及其与试验结果的对比

比较试件的模拟分析结果和试验结果，并分析两者的组合情况及结果的差异，总结出栓焊并用连接节点的承载力相关性能。试件模型分析与试验结果比较表见表8-7。

试件模型分析与试验结果对比表

表 8-7

试件编号	模型分析结果			试验结果			N_v'/N_v
	组合值 N_v' （kN）	叠加值 N_{bf}' （kN）	N_v'/N_{bf}'	组合值 N_v （kN）	叠加值 N_{bf} （kN）	N_v/N_{bf}	
1 号	461	—		465	—	—	0.99
2 号	477	—		470	—	—	1.01
3 号-1	383	—		392	—	—	0.98
3 号-2	657	—		588	—	—	1.12
4 号	363	—		375	—	—	0.97
5 号	697	668	1.04	793	705	1.12	0.88
6 号	305	—		330	—	—	0.92
7 号	829	824	1.01	877	840	1.04	0.95
8 号	801	840	0.95	950	845	1.12	0.84
9 号	804	844	0.95	798	857	0.93	0.94
10 号	788	860	0.92	910	862	1.05	0.87
11 号	829	824	1.01	810	840	0.96	1.02
12 号	818	824	0.99	868	840	1.03	0.97
13 号	781	860	0.91	872	862	1.01	0.90
14 号	814	824	0.99	884	840	1.05	0.92
15 号	789	860	0.92	917	862	1.06	0.86
16 号	886	766	1.15	820	795	1.03	1.08
17 号	881	766	1.15	770	795	0.97	1.14

从表8-7可以看出，无论是试件的模型分析结果还是试验结果，栓焊并用连接节点的组合值与叠加值之比总是大于0.9的，栓焊并用连接节点的组合值与其叠加值之比的模型分析结果之平均值为0.97（不含16号、17号试件），试验结果为1.03。试验样本和模型样本均符合正态分布，模型样本的 $\mu'=0.97$，$\sigma'=0.04$；试验样本的 $\mu=1.03$，$\sigma=0.06$；各取其概率分布的0.05分位值，可以得到栓焊并用连接模型的承载力为 $N_v'=(\mu'-1.645\sigma')N_{bf}'=0.904N_{bf}'$，栓焊并用连接试验试件的承载力为 $N_v=(\mu-1.645\sigma)N_{bf}=0.93N_{bf}$。比较模型分析和试验结果，即 N_v'/N_v 的值，考虑到试验的离散，可认为两者

的结果是基本吻合的。

下面对各试件的试验结果和模型分析结果进行比较，得出螺栓和焊缝各自在栓焊并用连接中的并用效率。试验和模型分析的栓焊并用效率对比见表8-8。

试件和模型分析栓焊并用效率对比 表8-8

试件编号	试验试件栓焊并用效率		模型分析栓焊并用效率	
	侧焊缝并用效率	螺栓并用效率	侧焊缝并用效率	螺栓并用效率
5号	1.0	1.27（端焊缝）	1.0	1.10（端焊缝）
7号	1.0	1.07	1.0	1.01
8号	1.0	1.22	1.0	0.92
9号	1.0	0.87	1.0	0.91
10号	1.0	1.10	1.0	0.85
11号	1.0	0.94	1.0	1.01
12号	1.0	1.06	1.0	0.99
13号	1.0	1.02	1.0	0.83
14号	1.0	1.09	1.0	0.97
15号	1.0	1.12	1.0	0.86
16号	1.0（端焊缝）	1.05	—	—
17号	1.0（端焊缝）	0.95	—	—

注：模型分析中的端焊缝只做定性分析，不再参与并用效率统计。

对各基本连接试件的极限承载力进行比较，本试验用栓焊并用试件的螺栓和焊缝的极限承载力之比在1～1.5内。从表8-8中可以得出，不论是试验结果还是模型分析结果，并用连接中的侧面角焊缝的并用效率均可达到1.0，螺栓的并用效率也都在0.8以上。试验试件中有的螺栓并用效率过高是因为试件焊缝尺寸有些偏大，使得偏大的那部分焊缝所承担的荷载被误认为是由螺栓承担而造成的。表8-7和表8-8为栓焊并用连接节点的承载力计算提供了可靠的试验和模型分析对比数据。

4. 焊接热对螺栓温度的影响

栓焊并用的施工顺序为先栓后焊。钢材焊接时局部受高温作用，冷却后其性能可以得到恢复，而焊接对施加了预应力的螺栓会产生一定的影响。如螺栓受热温度在100～150℃时，螺栓预应力的松弛损失值约为10%，温度超过此范围松弛损失会增大，且这种损失在短时间内就会发生。据实测数据，终拧5min后完成总损失的40%，15min完成45%～50%，1h完成的占50%～55%，约80%的预拉力损失发生在终拧后24h内，一个月接近全部完成。以图8-55H型钢腹板焊接为例，工厂内焊接环境温度为30℃时，采用CO_2气体保护焊（热输出量相对较小），实测外侧边排螺栓的温度达到100℃以上，围焊角部的螺栓温度可超过150℃，持续高温的时间达到20min。如果在现场阳光暴晒之下，采用手工电弧焊，则螺栓的温度会更高，持续时间也会加长。为克服焊接热作用对栓焊抗滑移性能的影响，对加固补强节点，应在焊接24h后对离焊缝100mm范围内的高强度螺栓（端头和边排螺栓）予以补拧，补拧扭矩为螺栓的终拧扭矩。对于新制作安装的混用节点，可先初拧，待焊接冷却后对全体螺栓进行终拧。此时不仅要考虑翼板焊接对上下端螺栓的传热作用（焊接时螺栓温度可达150℃），还应考虑翼板焊接收缩引起腹板向内微小滑移的影响，因此设计时腹板高强度螺栓的抗剪承载力应乘以0.9的折减系数。

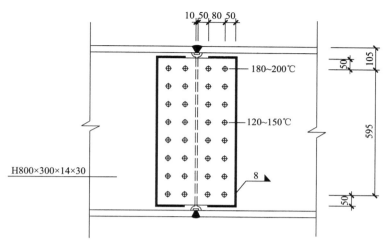

图 8-55　焊缝附近螺栓温度测定实例

8.3　栓焊并用连接节点承载力设计公式分析

根据统计知计算模型样本的 $\mu' = 0.97$，$\sigma' = 0.04$ 及试验样本的 $\mu = 1.03$，$\sigma = 0.06$。假设符合正态分布并各取其概率分布的 0.05 分位值，则栓焊并用连接模型的承载力为 $N_v' = (\mu' - 1.645\sigma')$，$N_{bf}' = 0.904N_{bf}'$，其试验试件的承载力为 $N_v = (\mu - 1.645\sigma)$ $N_{bf} = 0.93N_{bf}$，在计算时可取 $N_v = 0.90N_{bf}$；上面也提到，试件的侧面角焊缝的并用效率均达到 1.0，螺栓的并用效率也都在 0.8 以上，在计算时可取 $N_v = 1.0N_{fs} + 0.8N_b$。参考《钢结构设计规范》（GB50017-2003）中的规定，并考虑到焊接热对螺栓抗剪承载力的影响（在此取螺栓承载力的折减系数为 0.95），提出栓焊并用连接节点承载力计算的建议公式如下：

（1）考虑到栓焊并用中螺栓和焊缝各自的并用效率时的计算公式为：

$$N_v = 1.0N_{fs} + 0.95 \cdot 0.8N_b \approx 1.0N_{fs} + 0.75N_b =$$

$$\sum 0.7h_f l_w f_f^w + 0.75 \cdot n \cdot 0.9n_f \mu P \qquad (8-1)$$

（2）从栓焊并用连接的整体承载力角度来分析而不考虑栓焊并用时螺栓和焊缝各自的并用效率，则计算公式为：

$$N_v = 0.9(N_{fs} + 0.95N_b) = 0.9\sum 0.7h_f l_w f_f^w + 0.85 \cdot n \cdot 0.9n_f \mu P \qquad (8-2)$$

比较式（8-1）和式（8-2），若并用连接中螺栓和焊缝承载力的关系为 $N_{fs} = \alpha \cdot N_b$，则式（8-1）和式（8-2）分别为 $N_v = (\alpha + 0.75)N_b$ 和 $N_v = (0.9\alpha + 0.85)N_b$。当 $\alpha = 1$ 时两式等价。本研究中要求并用连接中螺栓和焊缝各自的承载力应相差不大，换算后两式计算的差值仅为 2%。但由于试件样本数量较少，具有一定局限性，而考虑到螺栓和焊缝各自并用效率时的栓焊并用连接节点的设计承载力更符合实际，故建议采用（1）类公式，

即 $N_v = 1.0N_{fs} + 0.75N_b$。

从纯栓连接在拉伸荷载作用下的焊缝补强节点试验研究和有限元分析中可知，其承载力和在相同尺寸条件下栓焊并用连接节点的承载力相差不大，故参照式（1）类公式并考虑螺栓连接可能出现的滑移（滑移后摩擦面的抗滑移系数会降 10% 左右，故取螺栓承载力的折减系数为 0.9），提出纯栓连接的焊缝补强节点承载力计算可参考下列公式：

$$N_v = 1.0N_{fs} + 0.9 \cdot 0.95 \cdot 0.8N_b \approx 1.0N_{fs} + 0.7N_b$$
$$= \sum 0.7h_f l_w f_f^w + 0.7 \cdot n \cdot 0.9n_f \mu P \tag{8-3}$$

依据试验结果和有限元计算，并参照上述分析，对摩擦型高强度螺栓连接与侧焊缝、端焊缝并用连接，建议采用以下公式计算：

$$N_v = 0.85N_{fs} + N_{fe} + 0.25N_b \tag{8-4}$$

为了安全起见，上式中对螺栓的承载力作了较大折减。

上面各式中符号的意义可参考《钢结构设计规范》（GB50017-2003）或《钢结构高强度螺栓连接技术规程》（JGJ 82-2011）。

从现有试验和计算覆盖的范围来看，两种连接的承载力可以叠加，甚至超过两者之和，摩擦型高强度螺栓连接能较好地共同工作。在栓焊并用连接设计时，为保证节点强度安全，高强度螺栓直径和焊缝尺寸应按各自抗剪承载力设计值之比不超过 3 的要求进行配置，以避免两种连接的承载力相差过大，使承载力低的一方发挥不出作用。

栓焊并用连接的施工顺序应为先高强度螺栓紧固，后实施焊接，焊缝的形式为贴角焊缝。宜在焊接 24h 后对离焊缝 100mm 范围内的高强度螺栓进行补拧，补拧扭矩为终拧扭矩。当摩擦型高强度螺栓连接在负载下采用贴角焊缝进行加固改造时，螺栓连接和焊缝连接应能分别承担加固焊接补强前的荷载和加固后所增加的荷载。当加固焊接补强前的荷载小于摩擦型高强度螺栓连接承载力设计值 25% 时，或加固前可以进行卸载时，可按并用连接设计，即按本研究上述公式设计。

8.4 设 计 建 议

（1）栓焊并用连接接头（图 8-56）宜用于改造、加固的工程。其连接构造应符合下列规定：

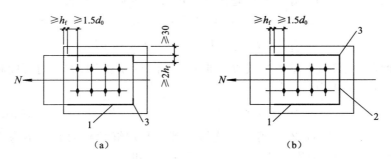

图 8-56 栓焊并用连接接头

(a) 高强度螺栓与侧焊缝并用；(b) 高强度螺栓与侧焊缝及端焊缝并用
1—侧焊缝；2—端焊缝；3—连续绕焊

1）平行于受力方向的侧焊缝端部起弧点距板边不应小于 h_f，且与最外端的螺栓距离应不小于 $1.5d_0$；同时侧焊缝末端应连续绕角焊不小于 $2h_f$ 长度；

2）栓焊并用连接的连接板边缘与焊件边缘距离不应小于 30mm。

（2）栓焊并用连接施工的顺序应先高强度螺栓紧固，后实施焊接。焊缝形式应为贴角焊缝。高强度螺栓直径和焊缝尺寸应按栓、焊各自抗剪承载力设计值相差不超过 3 倍的要求进行匹配。

（3）栓焊并用连接的抗剪承载力应分别按下列公式计算：

1）高强度螺栓与侧焊缝并用连接：

$$N_{wb} = N_{fs} + 0.75N_{bv} \tag{8-5}$$

式中　N_{bv} ——连接接头中高强度螺栓摩擦型连接抗剪承载力设计值，kN；

N_{fs} ——连接接头中侧焊缝抗剪承载力设计值，kN；

N_{wb} ——连接接头的栓焊并用连接抗剪承载力设计值，kN。

2）高强度螺栓与侧焊缝及端焊缝并用连接：

$$N_{wb} = 0.85N_{fs} + N_{fe} + 0.25N_{bv} \tag{8-6}$$

式中　N_{fe} ——连接接头中端焊缝抗剪承载力设计值，kN。

（4）在既有高强度螺栓摩擦型连接接头上新增角焊缝进行加固补强时，其栓焊并用连接设计应符合下列规定：

1）高强度螺栓摩擦型连接和角焊缝焊接连接应分别承担加固焊接补强前的荷载和加固焊接补强后所增加的荷载；

2）当加固前进行结构卸载或加固焊接补强前的荷载小于高强度螺栓摩擦型连接承载力设计值 25％时，可按上述第（3）条进行连接设计。

（5）当栓焊并用连接采用先栓后焊的施工工序时，应在焊接 24h 后对离焊缝 100mm 范围内的高强度螺栓补拧，补拧扭矩应为施工终拧扭矩值。

（6）高强度螺栓摩擦型连接不宜与垂直受力方向的贴角焊缝（端焊缝）单独并用连接。

第9章 高强度螺栓连接施工

9.1 连接件加工与制孔

9.1.1 连接件和螺栓孔的构造要求

（1）高强度螺栓孔径按照表 9-1 匹配。

高强度螺栓连接的孔径匹配（mm）　　　　　　　　表 9-1

螺栓公称直径			M12	M16	M20	M22	M24	M27	M30
孔型	标准圆孔	直径	13.5	17.5	22	24	26	30	33
	大圆孔	直径	16	20	24	28	30	35	38
	槽孔 长度	短向	13.5	17.5	22	24	26	30	33
		长向	22	30	37	40	45	50	55

（2）不得在同一个连接摩擦面的盖板和芯板同时采用扩大孔型（大圆孔、槽孔）。当盖板按大圆孔、槽孔制孔时，应增大垫圈厚度或采用孔径与标准垫圈相同的连续型垫板。垫圈或连续垫板厚度应符合下列规定：

1）M24 及以下规格的高强度螺栓连接副，垫圈或连续垫板厚度不宜小于 8mm；

2）M24 以上规格的高强度螺栓连接副，垫圈或连续垫板厚度不宜小于 10mm；

3）冷弯薄壁型钢结构的垫圈或连续垫板厚度不宜小于连接板（芯板）厚度。

（3）高强度螺栓孔距和边距的容许间距应按表 9-2 的规定采用。

高强度螺栓孔距和边距的容许间距　　　　　　　　表 9-2

名称	位置和方向			最大容许间距（两者较小值）	最小容许间距
中心间距	外排（垂直内力方向或顺内力方向）			$8d_0$ 或 $12t$	$3d_0$
	中间排	垂直内力方向		$16d_0$ 或 $24t$	
		顺内力方向	构件受压力	$12d_0$ 或 $18t$	
			构件受拉力	$16d_0$ 或 $24t$	
	沿对角线方向			—	
中心至构件边缘距离	顺力方向			$4d_0$ 或 $8t$	$2d_0$
	切割边或自动手工气割边				$1.5d_0$
	轧制边、自动气割边或锯割边				

注：1. d_0 为高强度螺栓连接板的孔径，对槽孔为短向尺寸；t 为外层较薄板件的厚度；

2. 钢板边缘与刚性构件（如角钢、槽钢等）相连的高强度螺栓的最大间距，可按中间排的数值采用。

（4）设计布置螺栓时，应考虑工地专用施工工具的可操作空间要求。常用扳手可操作空间尺寸宜符合表 9-3 的要求。

施工扳手可操作空间尺寸　　　　　　　　　　　　表 9-3

扳手种类		参考尺寸（mm）		示意图
		a	b	
手动定扭矩扳手		$1.5d_0$ 且不小于 45	$140+c$	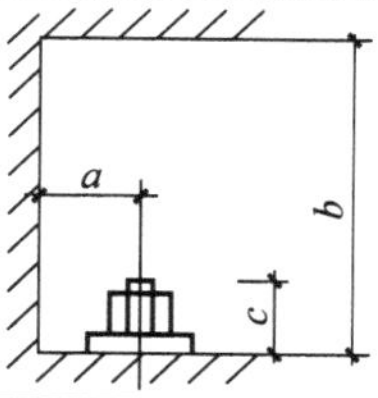
扭剪型电动扳手		65	$530+c$	
大六角电动扳手	M24 及以下	50	$450+c$	
	M24 以上	60	$500+c$	

9.1.2 连接件制孔偏差要求

（1）高强度螺栓连接构件制孔允许偏差应符合表 9-4 的规定。

高强度螺栓连接构件制孔允许偏差（mm）　　　　　　　　表 9-4

公称直径			M12	M16	M20	M22	M24	M27	M30
孔型	标准圆孔	直径	13.5	17.5	22.0	24.0	26.0	30.0	33.0
		允许偏差	$+0.43$ 0	$+0.43$ 0	$+0.52$ 0	$+0.52$ 0	$+0.52$ 0	$+0.84$ 0	$+0.84$ 0
		圆度	1.00			1.50			
	大圆孔	直径	16.0	20.0	24.0	28.0	30.0	35.0	38.0
		允许偏差	$+0.43$ 0	$+0.43$ 0	$+0.52$ 0	$+0.52$ 0	$+0.52$ 0	$+0.84$ 0	$+0.84$ 0
		圆度	1.00			1.50			
	槽孔	长度　短向	13.5	17.5	22.0	24.0	26.0	30.0	33.0
		长度　长向	22.0	30.0	37.0	40.0	45.0	50.0	55.0
		允许偏差　短向	$+0.43$ 0	$+0.43$ 0	$+0.52$ 0	$+0.52$ 0	$+0.52$ 0	$+0.84$ 0	$+0.84$ 0
		允许偏差　长向	$+0.84$ 0	0.84 0	$+1.00$ 0	$+1.00$ 0	$+1.00$ 0	$+1.00$ 0	$+1.00$ 0
中心线倾斜度			应为板厚的 3%，且单层板应为 2.0mm，多层板叠组合应为 3.0mm						

（2）高强度螺栓连接构件的栓孔孔距允许偏差应符合表 9-5 的规定。

高强度螺栓连接构件孔距允许偏差（mm）　　　　　　　　表 9-5

孔距范围	＜500	501～1200	1201～3000	＞3000
同一组内任意两孔间	±1.0	±1.5	—	—
相邻两组的端孔间	±1.5	±2.0	±2.5	±3.0

注：孔的分组规定：

（1）在节点中连接板与一根杆件相连的所有螺栓孔为一组；

（2）对接接头在拼接板一侧的螺栓孔为一组；

（3）在两相邻节点或接头间的螺栓孔为一组，但不包括上述（1）、（2）两款所规定的孔；

（4）受弯构件翼缘上的孔，每米长度范围内的螺栓孔为一组。

9.1.3 制孔的施工要求

（1）主要构件连接和直接承受动力荷载重复作用且需要进行疲劳计算的构件，其连接高强度螺栓孔应采用钻孔成型。次要构件连接且板厚小于等于 12mm 时可采用冲孔成型，孔边应无飞边、毛刺。

（2）采用标准圆孔连接处板迭上所有螺栓孔，均应采用量规检查，其通过率应符合下列规定：

1）用比孔的公称直径小 1.0mm 的量规检查，每组至少应通过 85%；

2）用比螺栓公称直径大 0.2～0.3mm 的量规检查（M22 及以下规格为大 0.2mm，M24～M30 规格为大 0.3mm），应全部通过。

（3）凡量规不能通过的孔，必须经施工图编制单位同意后，方可扩钻或补焊后重新钻孔。扩钻后的孔径不应超过 1.2 倍螺栓直径。补焊时，应用与母材相匹配的焊条补焊，严禁用钢块、钢筋、焊条等填塞。每组孔中经补焊重新钻孔的数量不得超过该组螺栓数量的 20%。处理后的孔应做出记录。

9.2 高强度螺栓连接安装

9.2.1 高强度螺栓长度的确定

高强度螺栓长度 l 应保证在终拧后，螺栓外露丝扣为 2～3 扣。其长度应按下式计算：

$$l = l' + \Delta l \tag{9-1}$$

式中　l'——连接板层总厚度 mm；

　　Δl——附加长度，mm，$\Delta l = m + n_w s + 3p$；

　　m——高强度螺母公称厚度 mm；

　　n_w——垫圈个数；扭剪型高强度螺栓为 1；大六角头高强度螺栓为 2；

　　s——高强度垫圈公称厚度，mm；

　　p——螺纹的螺距，mm。

当高强度螺栓公称直径确定之后，Δl 可按表 9-6 取值。但采用大圆孔或槽孔时，高强度垫圈公称厚度（s）应按实际厚度取值。根据式（9-1）计算出的螺栓长度按修约间隔 5mm 进行修约，修约原则为 2 舍 3 进，修约后的长度为螺栓公称长度，可以作为螺栓的订货依据。

高强度螺栓附加长度 Δl（mm）　　　　　表 9-6

螺栓公称直径	M12	M16	M20	M22	M24	M27	M30
高强度螺母公称厚度	12.0	16.0	20.0	22.0	24.0	27.0	30.0
高强度垫圈公称厚度	3.00	4.00	4.00	5.00	5.00	5.00	5.00
螺纹的螺距	1.75	2.00	2.50	2.50	3.00	3.00	3.50
大六角头高强度螺栓附加长度	23.0	30.0	35.5	39.5	43.0	46.0	50.5
扭剪型高强度螺栓附加长度	—	26.0	31.5	34.5	38.0	41.0	45.5

9.2.2 高强度螺栓连接接触面间隙处理

对因板厚公差、制造偏差或安装偏差等产生的接触面间隙，应按表 9-7 规定进行处理。

接触面间隙处理 表 9-7

项目	示意图	处理方法
1	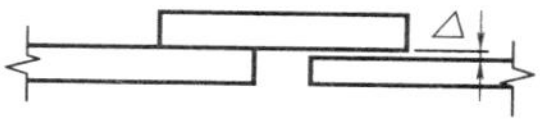	△<1.0mm 时可不予处理（摩擦型连接除外）
2	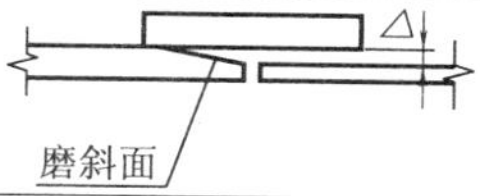 磨斜面	△＝（1.0～3.0）mm 时将厚板一侧磨成 1：10 缓坡，使间隙小于 1.0mm
3	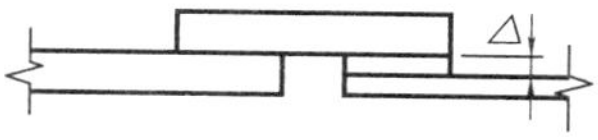	△＞3.0mm 时加垫板，垫板厚度不小于 3mm，最多不超过 3 层，垫板材质和摩擦面处理方法应与构件相同

9.2.3 临时螺栓和冲钉数量

高强度螺栓连接安装时，在每个节点上应穿入的临时螺栓和冲钉数量，由安装时可能承担的荷载计算确定，并应符合下列规定：

（1）不得少于节点螺栓总数的 1/3；

（2）不得少于两个临时螺栓；

（3）冲钉穿入数量不宜多于临时螺栓数量的 30％。

9.2.4 紧固扳手和连接副组装

（1）高强度螺栓施工所用的扭矩扳手，班前必须校正，其扭矩相对误差应为±5％，合格后方准使用。校正用的扭矩扳手，其扭矩相对误差应为±3％。

（2）高强度螺栓的安装应在结构构件中心位置调整后进行，其穿入方向应以施工方便为准，并力求一致。高强度螺栓连接副组装时，螺母带圆台面的一侧应朝向垫圈有倒角的一侧。对于大六角头高强度螺栓连接副组装时，螺栓头下垫圈有倒角的一侧应朝向螺栓头。

9.2.5 螺栓孔修孔与扩孔

（1）安装高强度螺栓时，严禁强行穿入。当不能自由穿入时，该孔应用铰刀进行修整，修整后孔的最大直径不应大于 1.2 倍螺栓直径，且修孔数量不应超过该节点螺栓数量的 25％。修孔前应将四周螺栓全部拧紧，使板迭密贴后再进行铰孔。严禁气割扩孔。

（2）按标准孔型设计的孔，修整后孔的最大直径超过 1.2 倍螺栓直径或修孔数量超过该节点螺栓数量的 25％时，应经设计单位同意。扩孔后的孔型尺寸应作记录，并提交设计单位，按大圆孔、槽孔等扩大孔型进行折减后复核计算。

9.2.6 初拧、复拧、终拧

（1）高强度大六角头螺栓连接副的拧紧应分为初拧、终拧。对于大型节点应分为初拧、复

179

拧、终拧。初拧扭矩和复拧扭矩为终拧扭矩的 50% 左右。初拧或复拧后的高强度螺栓应用颜色在螺母上标记，按本批次连接副扭矩系数值所计算的终拧扭矩值进行终拧。终拧后的高强度螺栓应用另一种颜色在螺母上标记。高强度大六角头螺栓连接副的初拧、复拧、终拧宜在一天内完成。

（2）扭剪型高强度螺栓连接副的拧紧应分为初拧、终拧。对于大型节点应分为初拧、复拧、终拧。初拧扭矩和复拧扭矩值为 $0.065P_c d$，或按表 9-8 选用。初拧或复拧后的高强度螺栓应用颜色在螺母上标记，用专用扳手进行终拧，直至拧掉螺栓尾部梅花头。对于个别不能用专用扳手进行终拧的扭剪型高强度螺栓，应按扭矩系数取 0.13 所计算的终拧扭矩值进行终拧。扭剪型高强度螺栓连接副的初拧、复拧、终拧宜在一天内完成。

扭剪型高强度螺栓初拧（复拧）扭矩值（N·m）　　表 9-8

螺栓公称直径	M16	M20	M22	M24	M27	M30
初拧扭矩（N·m）	115	220	300	390	560	760

（3）高强度螺栓在初拧、复拧和终拧时，连接处的螺栓应按一定顺序施拧，确定施拧顺序的原则为由螺栓群中央顺序向外拧紧，和从接头刚度大的部位向约束小的方向拧紧（图 9-1）。几种常见接头螺栓施拧顺序应符合下列规定：

1）一般接头应从接头中心顺序向两端进行（图 9-1a）；

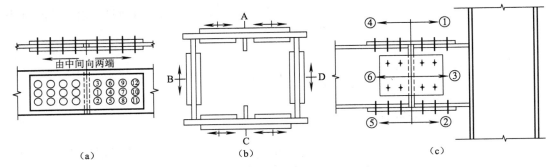

图 9-1　常见螺栓连接接头施拧顺序
(a) 一般接头；(b) 箱形接头；(c) 工字梁接头

2）箱型接头应按 A、C、B、D 的顺序进行（图 9-1b）；

3）"工"字梁接头栓群应按①～⑥顺序进行（图 9-1c）；

4）"工"字形柱对接螺栓紧固顺序为先翼缘后腹板；

5）两个或多个接头栓群的拧紧顺序应先主要构件接头，后次要构件接头。

9.3　大六角头高强度螺栓连接副扭矩法紧固

9.3.1　大六角头高强度螺栓连接副扭矩系数

对于大六角头高强度螺栓连接副，拧紧螺栓时，加到螺母上的扭矩值 M 和导入螺栓的轴向紧固力（轴力）P 之间存在对应关系：

$$M = KDP \tag{9-2}$$

式中　　D——螺栓公称直径，mm；

　　　　P——螺栓轴力，kN；

　　　　M——施加于螺母上的扭矩值，kN·m；

　　　　K——扭矩系数。

扭矩系数 K 主要与下列因素有关：

（1）螺母和垫圈间接触面的平均半径及摩擦系数值；

（2）螺纹形式、螺距及螺纹接触面间的摩擦系数值；

（3）螺栓及螺母中螺纹的表面处理及损伤情况等。

高强度螺栓连接副的扭矩系数 K 是衡量高强度螺栓质量的主要指标，是一个具有一定离散性的综合折减系数，我国标准《钢结构用高强度大六角头螺栓、大六角螺母、垫圈技术条件》GB/T1231 规定 10.9S 大六角头高强度螺栓连接副必须按批保证扭矩系数供货，同批连接副的扭矩系数平均值为 0.110～0.150（10.9S），其标准偏差应小于或等于 0.010，在安装使用前必须按供应批进行复验。

大六角头高强度螺栓连接副，应按批进行检验和复验，所谓批是指：同一性能等级、材料、炉号、螺纹规格、长度（当螺栓长度≤100mm 时，长度相差≤15mm；螺栓长度＞100mm 时，长度相差≤20mm，可视为同一长度）、机械加工、热处理工艺、表面处理工艺的螺栓为同批次；同一性能等级、材料、炉号、螺纹规格、机械加工、热处理工艺、表面处理工艺的螺母为同批；同一性能等级、材料、炉号、规格、机械加工、热处理工艺、表面处理工艺的垫圈为同批；分别由同批螺栓、螺母、垫圈组成的连接副为同批连接副。

扭矩系数试验用的螺栓、螺母、垫圈试样，应从同批螺栓副中随机抽取，按批量大小一般取 5～10 套（由于经过扭矩系数试验的螺栓仍可用于工程，所以如果条件许可，样本多取一些更能反映该批螺栓的扭矩系数），试验状态应与螺栓使用状态相同，试样不允许重复使用。扭矩系数复验应在国家认可的有资质的检测单位进行，试验所用的轴力计和扭矩扳手应经计量认证。

9.3.2　扭矩法紧固

对大六角头高强度螺栓连接副来说，当扭矩系数 K 确定之后，由于螺栓的轴力（预拉力）P 是由设计规定的，则螺栓应施加的扭矩值 M 就可以容易地计算确定，根据计算确定的施工扭力矩值，使用扭矩扳手（手动、电动、风动）按施工扭矩值进行终拧，这就是扭矩法施工的原理。

在确定螺栓的轴力 P 时应根据设计预拉值，一般考虑螺栓的施工预拉力损失 10%，即螺栓施工预拉力（轴力）P 按 1.1 倍的设计预拉力取值，表 9-9 为大六角头高强度螺栓施工预拉力（轴力）P 值。

高强度螺栓施工预拉力（kN）　　　　　　　　　　　　　　表 9-9

性能等级	螺栓公称直径（mm）						
	M12	M16	M20	M22	M24	M27	M30
8.8S	45	75	120	150	170	225	275
10.9S	60	110	170	210	250	320	390

螺栓在储存和使用过程中扭矩系数易发生变化，所以在工地安装前一般都要进行扭矩系数复检，复检合格后根据复检结果确定施工扭矩，并以此安排施工。

在采用扭矩法终拧前，应首先进行初拧，对螺栓多的大接头，还需进行复拧。初拧的目的就是使连接接触面密贴，使螺栓"吃上劲"，一般常用规格螺栓（M20、M22、M24）的初拧扭矩在 200～300N·m，螺栓轴力达到 10～50kN 即可，在实际操作中，可以让一个操作工使用普通扳手用自己的手力拧紧即可。

初拧、复拧及终拧的次序，一般地讲都是从中间向两边或四周对称进行，初拧和终拧的螺栓都应做不同的标记；避免漏拧、超拧等安全隐患，同时也便于检查人员检查紧固质量。

9.4 扭剪型高强度螺栓连接副紧固

扭剪型高强度螺栓和大六角头高强度螺栓在材料、性能等级及紧固后连接的工作性能等方面都是相同的，所不同的是外形和紧固方法，扭剪型高强度螺栓是一种自标量型（扭矩系数）的螺栓，其紧固方法采用扭矩法原理，施工扭矩是由螺栓尾部梅花头的切口直径来确定的。

9.4.1 螺栓尾部梅花头的切口直径确定

图 9-2 为扭剪型高强度螺栓紧固过程示意。扭剪型高强度螺栓的紧固采用专用电动扳手，扳手的扳头由内、外两个套筒组成，内套筒套在梅花头上，外套筒套在螺母上，在紧固过程中，梅花头承受紧固螺母所产生的反扭矩，此扭矩与外套筒施加在螺母上的扭矩大小相等，方向相反，螺栓尾部梅花头切口处承受该纯扭矩作用。当加于螺母的扭矩值增加到梅花头切口扭断力矩时，切口断裂，紧固过程完毕，因此施加螺母的最大扭矩即为梅花头切口的扭断力矩。

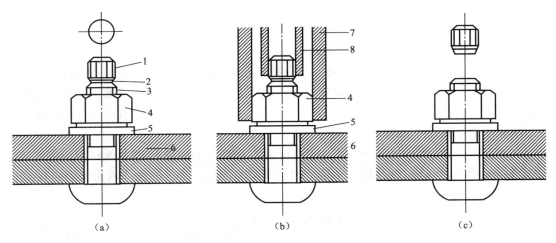

图 9-2 扭剪型螺栓紧固过程
（a）紧固前；（b）紧固中；（c）紧固后
1—梅花头；2—断裂切口；3—螺栓螺纹部分；4—螺母；
5—垫圈；6—被紧固的构件；7—外套筒；8—内套筒

由材料力学可知，切口的扭断力矩 M_b 与材料及切口直径有关，即：

$$M_b = \frac{\pi}{16}d_0^3\tau_b \qquad (9\text{-}3)$$

式中　τ_b——扭转极限强度，MPa，$\tau_b=0.77f_u$；

　　　d_0——切口直径，mm；

　　　f_u——螺栓材料的抗拉强度，MPa。

施加在螺母上的扭矩值 M_k 应等于切口扭断力矩 M_b，即：

$$M_k = M_b = KdP = \frac{\pi}{16}d_0^3(0.77f_u) \qquad (9\text{-}4)$$

由式（9-4）可得：

$$P = \frac{0.15d_0^3f_u}{Kd} \qquad (9\text{-}5)$$

式中　P——螺栓的紧固轴力；

　　　f_u——螺栓材料的抗拉强度；

　　　K——连接副的扭矩系数；

　　　d——螺栓的公称直径；

　　　d_0——梅花头的切口直径。

由上式可知，扭剪型高强度螺栓的紧固轴力 P 不仅与其扭矩系数有关，而且与螺栓材料的抗拉强度及梅花头切口直径直接有关，这就给螺栓制造提出了更高更严的要求，需要同时控制 K、f_u、d_0 三个参量的变化幅度，才能有效地控制螺栓轴力的稳定性，为了便于应用，在扭剪型高强度螺栓的技术标准中，直接规定了螺栓轴力 P 及其离散性，而隐去了与施工无关的扭矩系数 K 等。

9.4.2　紧固轴力测试

大六角头高强度螺栓连接副在出厂时，制造商应提供扭矩系数值及变异系数，同样，扭剪型高强度螺栓连接副在出厂时，制造商应提供螺栓的紧固轴力及其变异系数（或标准偏差）。在进入工地安装前，需要对连接副进行紧固轴力的复验，复验用的螺栓、螺母、垫圈必须从同批连接副中随机取样，按批量大小一般取 5～10 套，试验状态应与螺栓使用状态相同。试验应在国家认可的有资质的检测单位进行，试验使用的轴力计应经过计量认证。

扭剪型高强度螺栓的紧固轴力试验，一般取试件数（连接副）紧固轴力的平均值和标准偏差来判定该批螺栓连接副是否合格，根据产品标准的规定，10.9S 扭剪型高强度螺栓连接副紧固轴力的平均值及标准偏差（变异系数）应符合表 9-10 的要求，当螺栓长度小于表 9-11 中的数值时，由于试验机具等困难，无法进行轴力试验，因此允许不进行轴力复验，但应进行螺栓材料的强度、硬度及螺母、垫圈硬度等试验来旁证该批螺栓的轴力值。当同批螺栓中还有长度较长的螺栓时，也可用较长螺栓的轴力试验结果旁证该批螺栓的轴力值。

扭剪型高强度螺栓连接副紧固轴力（kN） 表 9-10

螺纹规格		M16	M20	M22	M24
每批紧固轴力的平均值（kN）	公称	109	170	211	245
	Min	99	154	191	222
	Max	120	186	231	270
紧固轴力标准偏差 $\sigma \leqslant$		1.01	1.57	1.95	2.27

允许不进行紧固轴力试验螺栓长度限制 表 9-11

螺栓规格	M16	M20	M22	M24
螺栓长度（mm）	≤60	≤60	≤65	≤70

由同批螺栓、螺母、垫圈组成的连接副为同批连接副，这里批的概念同大六角头高强度螺栓连接副，即：同一材料等级、材料、炉号、螺纹规格、长度（当螺栓长度≤100mm 时，长度相差≤15mm；螺栓长度＞100mm 时，长度相差≤20mm，可视为同一长度）、机械加工、热处理工艺及表面处理工艺的螺栓为同批；同一材料、炉号、螺纹规格、机械加工、热处理工艺及表面处理工艺的螺母为同批；同一材料、炉号、规格、机械加工、热处理工艺及表面处理工艺的垫圈为同批。

9.4.3 扭剪型高强度螺栓连接副紧固

扭剪型高强度螺栓连接副紧固施工相对于大六角头高强度螺栓连接副紧固施工要简便得多，正常的情况采用专用的电动扳手进行终拧，梅花头拧掉标志着螺栓终拧的结束，对检查人员来说也很直观明了，只要检查梅花头掉没掉就可以了。

为了减少接头中螺栓群间相互影响及消除连接板面间的缝隙，紧固要分初拧和终拧两个步骤进行，对于超大型的接头还要进行复拧。扭剪型高强度螺栓连接副的初拧扭矩可适当加大，一般初拧螺栓轴力可以控制在螺栓终拧轴力值的 50%～80%，对常用规格的高强度螺栓（M20、M22、M24）初拧扭矩可以控制在 400～600N·m，若用转角法初拧，初拧转角控制在 45°～75°，一般以 60°为宜。

由于扭剪型高强度螺栓是利用螺尾梅花头切口的扭断力矩来控制紧固扭矩的，所以用专用扳手进行终拧时，螺母一定要处于转动状态，即在螺母转动一定角度后扭断切口，才能起到控制终拧扭矩的作用。否则由于初拧扭矩达到或超过切口扭断扭矩或出现其他一些不正常情况，终拧时螺母不再转动切口即被拧断，失去了控制作用，螺栓紧固状态成为未知，造成工程安全隐患。

扭剪型高强度螺栓终拧过程如下：

（1）先将扳手内套筒套入梅花头上，再轻压扳手，再将外套筒套在螺母上。完成本项操作后最好晃动一下扳手，确认内、外套筒均已套好，且调整套筒与连接板面垂直。

（2）按下扳手开关，外套筒旋转，直至切口拧断。

（3）切口断裂，扳手开关关闭，将外套筒从螺母上卸下，此时注意拿稳扳手，特别是高空作业。

（4）启动顶杆开关，将内套筒中已拧掉的梅花头顶出，梅花头应收集在专用容器内，禁止随便丢弃，特别是高空坠落伤人。

图 9-3 为扭剪型高强度螺栓连接副终拧示意图。

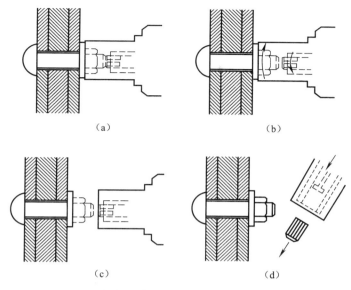

图 9-3　扭剪型高强度螺栓连接副终拧示意图

9.5　高强度螺栓连接副转角法紧固

因扭矩系数的离散性，特别是螺栓制造质量或施工管理不善，扭矩系数超过标准值（平均值和变异系数），在这种情况下采用扭矩法施工，即用扭矩值控制螺栓轴力的方法，就会出现较大的误差，欠拧或超拧问题突出。为解决这一问题，引入转角法施工，即利用螺母旋转角度以控制螺杆弹性伸长量来控制螺栓轴向力的方法。

试验结果表明，螺栓在初拧以后，螺母的旋转角度与螺栓轴向力成对应关系，当螺栓受拉处于弹性范围内，两者呈线性关系，因此根据这一线性关系，在确定了螺栓的施工预拉力（一般为 1.1 倍设计预拉力）后，就很容易得到螺母的旋转角度，施工操作人员按照此旋转角度紧固施工，就可以满足设计上对螺栓预拉力的要求，这就是转角法施工的基本原理。

高强度螺栓转角法施工分初拧和终拧两步进行（必要时需增加复拧），初拧的要求比扭矩法施工要严，因为起初受连接板间隙的影响，螺母的转角大都消耗于板缝，转角与螺栓轴力关系极不稳定，初拧的目的是为消除板缝影响，给终拧创造一个大体一致的基础。转角法施工在我国已有 30 多年的历史，但对初拧扭矩的大小没有统一标准，各个工程根据具体情况确定，一般地讲，对于常用螺栓（M20、M22、M24），初拧扭矩定在 200～300N·m 比较合适，原则上应该使连接板缝密贴为准。终拧是在初拧的基础上，再将螺母拧转一定的角度，使螺栓轴向力达到施工预拉力。图 9-4 为转角法施工示意。

初拧（复拧）后连接副的终拧角度按表 9-12 执行。

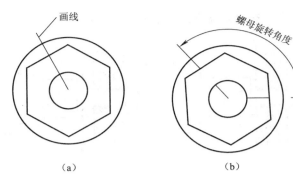

（a）   （b）

图 9-4　转角法施工方法

初拧（复拧）后大六角头高强度螺栓连接副的终拧转角　　　　表 9-12

螺栓长度 L 范围	螺母转角	连接状态
$L \leqslant 4d$	1/3 圈（120°）	连接形式为一层芯板加两层盖板
$4d < L \leqslant 8d$ 或 200mm 及以下	1/2 圈（180°）	
$8d < L \leqslant 12d$ 或 200mm 以上	2/3 圈（240°）	

注：1. d 为螺栓公称直径；

　　2. 螺母的转角为螺母与螺栓杆之间的相对转角；

　　3. 当螺栓长度 L 超过 12 倍螺栓公称直径 d 时，螺母的终拧角度应由试验确定。

转角法施工次序如下：

初拧：采用定扭扳手，从栓群中心顺序向外拧紧螺栓。

初拧检查：一般采用敲击法，即用小锤逐个检查，目的是防止螺栓漏拧。

划线：初拧后对螺栓逐个进行划线，如图 9-4（a）所示。

终拧：用专用扳手使螺母再旋转一个额定角度，如图 9-4（b）所示，螺栓群紧固的顺序同初拧。

终拧检查：对终拧后的螺栓逐个检查螺母旋转角度是否符合要求，可用量角器检查螺栓与螺母上画线的相对转角。

作标记：对终拧完的螺栓用不同颜色笔作出明显的标记，以防漏拧和重拧，并供质检人员检查。

终拧使用的工具目前有风动扳手、电动扳手、电动定转角扳手及手动扳手等，一般的扳手控制螺母转角大小的方法是将转角角度刻划在套筒上，这样当套筒套在螺母上后，用笔将套筒上的角度起始位置划在钢板上，开机后待套筒角度终点线与钢板上标记重合后，终拧完毕，这时套筒旋转角度即为螺母旋转的角度。当使用定扭角扳手时，螺母转角由扳手控制，达到规定角度后，扳手自动停机。为保证终拧转角的准确性，施拧时应注意防止螺栓与螺母共转的情况发生，为此螺头一边有人配合卡住螺头最为安全。

螺母的旋转角度应在施工前复验，复验程序同扭矩法施工，即复验用的螺栓、螺母、垫圈试样，应从同批螺栓副中随机抽取，按批量大小一般取 5～10 套，试验状态应与螺栓使用状态相同，试样不允许重复使用。转角复验应在国家认可的有资质的检测单位进行，试验所用的轴力计、扳手及量角器等仪器应经过计量认证。

9.6　高强度螺栓连接副储运与保管

（1）大六角头高强度螺栓连接副由一个螺栓、一个螺母和两个垫圈组成；扭剪型高强度连接副由一个螺栓、一个螺母和一个垫圈组成。

（2）高强度螺栓连接副应按批配套进场，并附有出厂质量保证书。高强度螺栓连接副应在同批内配套使用。

（3）高强度螺栓连接副在运输、保管过程中，应轻装、轻卸，防止损伤螺纹。

（4）高强度螺栓连接副应按包装箱上注明的批号、规格分类保管；室内存放，堆放应有防止生锈、潮湿及沾染脏物等措施。高强度螺栓连接副在安装使用前严禁随意开箱。

（5）高强度螺栓连接副的保管时间不应超过 6 个月。当保管时间超过 6 个月后使用时，必须按要求重新进行扭矩系数或紧固轴力试验，检验合格后方可使用。

9.7 高强度螺栓连接副转角法紧固试验研究

9.7.1 试验概况

高强度螺栓紧固试验是在中冶集团建筑研究总院建筑工程检测中心的钢材试验室进行的。主要进行了三类试验：

（1）在电测轴力-扭矩复合检测仪上进行了各种类型高强度螺栓的扭矩—轴力—转角性能试验；

（2）在电测轴力-扭矩复合检测仪上进行了 10.9S M20×70 磷化高强度螺栓的拧断试验；

（3）在抗滑移试验用的钢板试件上进行了两种直径磷化高强度螺栓的扭矩—轴力—转角性能试验。

1. 试验螺栓

本次试验所采用的高强度螺栓是由我国生产厂家所提供的的 8.8S 和 10.9S 大六角头高强度螺栓连接副，包括了 M20 和 M24 两种直径规格，从表面处理上分为了磷化、达克膺以及热镀锌三种（图 9-5）。M20 螺栓有 70mm 和 140mm 两种公称长度，M24 螺栓有 80mm 和 160mm 两种公称长度（图 9-6）。所有的螺栓拧紧试验都是用普通手动扭矩扳手拧紧的。本次试验的螺栓列于表 9-13。

试验用高强度螺栓连接副列表　　　　　　　　表 9-13

螺栓等级	公称直径（mm）	公称长度（mm）	表面处理	数量	备注
8.8S	20	70	磷化	10	电测轴力仪
	20	70	达克膺	8	电测轴力仪
	20	70	热镀锌	8	电测轴力仪
	24	80	磷化	10	电测轴力仪
	24	80	达克膺	8	电测轴力仪
	24	80	热镀锌	8	电测轴力仪
10.9S	20	70	磷化	7	电测轴力仪
	20	70	达克膺	10	电测轴力仪
	20	70	热镀锌	10	电测轴力仪
	20	140	磷化	4	抗滑移钢板试件

螺栓等级	公称直径（mm）	公称长度（mm）	表面处理	数量	备注
	20	70	磷化	7	拧断试验
	20	140	磷化	8	电测轴力仪
	24	80	磷化	10	电测轴力仪
10.9S	24	80	达克罗·	8	电测轴力仪
	24	80	热镀锌	10	电测轴力仪
	24	160	磷化	4	抗滑移钢板试件
	24	160	磷化	8	电测轴力仪

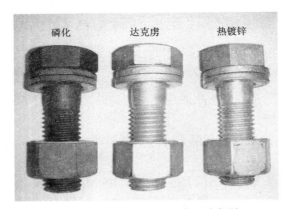

图 9-5 三种表面处理的高强度螺栓

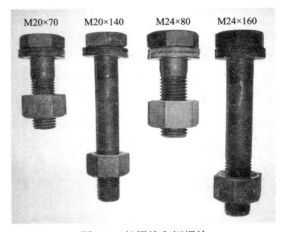

图 9-6 长螺栓和短螺栓

试验之前需要用游标卡尺对连接副的尺寸进行实测，实测合格后方可拿来进行试验。测量项目包括螺栓光杆直径和螺栓有效长度、螺母的内外径、垫圈内外径等。并目测观察螺纹部分是否碾制合格，本次使用的热镀锌连接副中有一部分加工的不是很理想，试验中没有使用。

2. 电测轴力-扭矩复合检测仪系统

高强度螺栓的扭矩－轴力－转角性能试验采用的是中冶集团建筑研究总院研制的YJZ-500A型高强度螺栓轴力扭矩复合检测仪，包括智能数字指示器、拉力传感器、扭矩传感器和打印装置，另外还配备有相应的底板、肋板、墙头板等辅助件。该仪器的特点是可以同时读取施拧扭矩值和螺栓轴力值，操作简便，读数准确。图 9-7 为电测轴力仪的原理图。YJZ-500A 型高强度螺栓轴力扭矩复合检测仪可以测量长度大于 55mm 的高强度螺栓，通过调节拉力传感器的长度可以适应不同握距的螺栓。

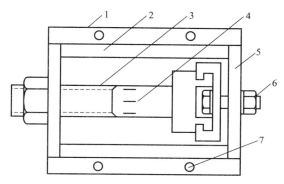

图 9-7　电测轴力仪原理图
1—底板；2—肋板；3—拉力传感器；4—电阻应变片；5—墙头板；6—试验螺栓；7—固定孔

测量扭矩时用的是独立的 2000N·m 级扭矩传感器。通过拉力传感器测得的螺栓轴力和通过扭矩传感器测得的拧紧扭矩都可以通过数字显示仪读出。图 9-8 是 YJZ-500A 高强度螺栓轴力扭矩复合检测仪的照片。

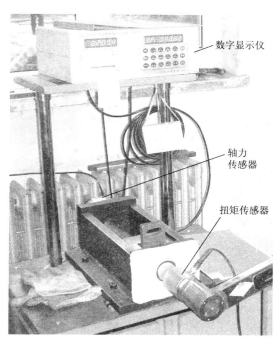

图 9-8　YJZ-500A 型高强度螺栓轴力扭矩复合检测仪

由于 YJZ-500A 型高强度螺栓轴力扭矩复合检测仪的主要任务是用于高强度螺栓的预拉力及扭矩系数检测，因此该仪器本身并不能直接读取拧紧过程中的转角量。为了实现测量扭矩—轴力—转角性能试验的目的，笔者尝试过在螺母上画线的方法，类似于转角法施工中采取的措施，但是这样在使用扭矩扳手套筒的过程中不能随时控制螺母旋转的角度增量。后来改用提前在设备的墙头板或约束钢板上标定角度值，并在扭矩扳手的套筒上画线对应于已标定的角度线的方法（图 9-9 和图 9-10）。

图 9-9　电测轴力仪上角度测量示意　　　　图 9-10　被拧紧钢板上角度测量示意

3. 试验步骤

在本次试验拧紧过程中都是以先给螺母施加 100N·m 的初拧扭矩作为记录数据的起点。以 30°作为螺母转角增量，即每拧过 30°记录一次轴力值和扭矩值，轴力和扭矩都是直接从数字显示仪上读取的（图 9-11），左边读取扭矩值，精度为 0.1，右边读取轴力值，精度是 0.01。

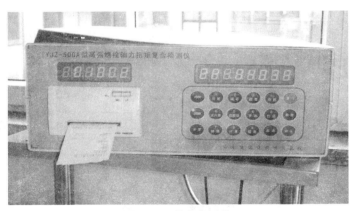

图 9-11　数字显示仪

一个人在试验过程中不能同时施拧和控制角度，因此，在一个人拧紧的过程中需要有另一个人配合控制角度增量。在高强度螺栓的扭矩—转角—轴力性能测试试验中，最大螺母转角按照下面的角度值进行控制：8.8S 螺栓的最大螺母转角为 240°，10.9S 螺栓的最大螺母转角为 270°。试验过程中同时还记录下轴力达到规定预拉力值时的扭矩系数作为数据分析时的参考。

试验中拧紧螺栓时用的扳手是普通的 2000N·m 级手动扭矩扳手，试验基本按照现场施工时工人手动拧紧螺栓的方式进行（图 9-12）。所不同的是工地拧紧时可以一气呵成地完成拧紧工作，而试验中为了记录数据则需要按照30°的角度增量逐步拧紧。

4. 螺栓拧断试验

本次试验中针对10.9S的M20×70磷化大六角头高强度螺栓进行了拧紧直至螺栓破坏的全过程记录试验，目的是为了能够考察高强度螺栓的拧紧性能和极限螺母转角能力。高强度螺栓作为一种高强度钢材，没有明显的屈服点，拧紧时的屈服强度和抗拉强度都要比纯张拉试验中的低，这些都可以通过螺栓拧断试验加以验证。同时高强度螺栓在用螺母转角法进行紧固时安全储备的大小也由极限螺母转角能力决定。高强度螺栓的

图 9-12　用普通扭矩扳手拧紧螺栓

拧紧破坏形式有哪些，以及螺栓拧断时的破坏形态都是本课题研究中所关心的问题。因此通过全过程试验记录下高强度螺栓拧紧直至破坏的轴力一转角关系是十分必要的。进行该试验时所用的试验设备和试验步骤与进行一般的扭矩一轴力一转角试验时是一样的。

5. 抗滑移钢板试件上的拧紧试验

在电测轴力仪上进行的螺栓拧紧试验跟实际中在板束上拧紧螺栓的状态有一定的差异。其中最基本的差别就是，电测轴力仪试验的螺栓在握距范围内有空隙，不能充分体现握距内充满板束的刚度大小。因此仅在电测轴力仪测试进行试验是不够充分的，还需要在约束钢板上进行螺栓拧紧试验的结果作为轴力仪测试结果的对比和参照。本次试验中针对10.9S的M20和M24磷化高强度螺栓，在试验室做过抗滑移试验用的钢板试件上进行了一部分高强度螺栓的轴力一转角性能试验（图9-13）。

图 9-13　抗滑移钢板上的拧紧试验

9.7.2　试验结果与分析

1. 研究分析内容

本研究试验主要包括两部分：在YJZ-500A型高强度螺栓轴力扭矩复合检测仪上进行的高强度螺栓扭矩一轴力一转角性能试验和扭断试验；在抗滑移试验用钢板试件上拧紧的高强度螺栓性能试验。针对上述试验的结果，结合目前国内外做过的高强度螺栓转角性能试验和国外关于转角法的规范，进行了比较分析。

（1）分析了作为转角法终拧起点的板密贴状态时高强度螺栓轴力的取值，给出了此时对应的施拧扭矩值，提出了满足螺母转角法要求的施拧起点。

（2）通过试验比较了不同表面处理的高强度螺栓连接副的转角性能，包括了磷化、达克罗和热镀锌高强度螺栓连接副在本次试验中记录的扭矩系数值的差异，以及不同表面状态的连接副在轴力一转角关系上的异同点。

（3）分析了试验设备或板束的刚度对于试验结果的影响。

（4）分析比较了不同夹握长度（握距）的螺栓在拧紧性能上的异同。

（5）通过试验记录的结果可以计算得到，分析比较了不同类型连接副的转角刚度。

（6）通过试验得到了达到我国规范要求的螺栓预拉力所需要的螺母转角值。并对比国外的规范要求提出适合于我国的建议。

（7）通过对 10.9S 的 M20×70 磷化大六角高强度螺栓连接副的拧断试验，对比国内外的试验结果，分析了高强度螺栓连接副的极限转角能力，以及采用螺母转角法拧紧时的安全储备。

（8）总结了进行连接副转角性能试验所需要考虑的要点，包括扭矩系数和延展性等因素都会对连接副的螺母转角拧紧性能有所影响。

2. 板密贴状态

螺栓在实际紧固的过程中，需要轴力增加到一定的大小才开始和螺母的转角值成比例。这是因为在开始阶段由于被连接板件的平整度不同、贴合不充分造成的，所以选择转角测量的起点非常重要。在美国是以板密贴状态（Snug Tight）作为初拧的终点和终拧的起点，也就是计量螺母转角的起点。密贴状态对于螺母转角法的有效性有着很大的影响。当螺栓先被拧到密贴状态的时候，达到要求预拉力所规定的螺母转角才适用。AASHTO 规范中对于密贴状态的描述是"可以通过用冲击扳手冲击几下，或者是普通长度的扳手用人力充分拧紧的状态"。该定义没有明确指出达到密贴状态所需的紧固件轴力或扭矩值。考虑到不同人对"充分拧紧"的理解可能不同，如此定义密贴状态就显得不够明确。

一个人使用普通长度的扳手能够达到最大扭矩估计为 200N·m。按照我国《钢结构高强度螺栓连接的设计、施工及验收规程》（JGJ 82-1991）中的要求，高强度螺栓扭矩系数的平均值应在 0.110～0.150，并且本次试验中测得的扭矩系数，除了热镀锌的有很大一部分超过了 0.150 以外，其他的基本都在该范围之内。由此算得的"最大扭矩"时对应的螺栓轴力分别为：M20：66.67～90.91kN；M24：55.56～75.76kN。

图 9-14 所示的曲线图是在电测轴力仪上记录的 M20 螺栓从轴力为 0 开始的轴力—转角关系图。从图中可以看出 66.67kN 差不多位于线性段的下限。图 9-15 所示的则是同样的螺栓在约束钢板上拧紧的关系曲线图，可以看出 66.67kN 差不多也是位于线性段的下限。

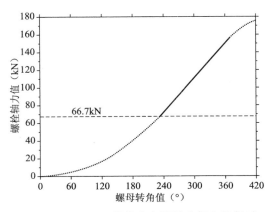

图 9-14　M20×70 螺栓在电测轴力仪上拧紧时，从轴力为 0 开始的轴力—转角关系平均值曲线

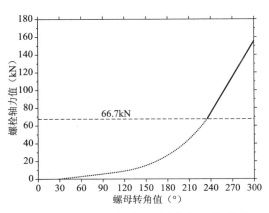

图 9-15　M20×70 螺栓在约束钢板上拧紧时，从轴力为 0 开始的轴力—转角关系平均值曲线

与 M20 螺栓不同的是，从图 9-16 和图 9-17 所示的 M24 的轴力-转角关系图可以看出 83.33kN 差不多才位于线性段的下限，也就是说 M24 要求板密贴时螺栓轴力更大，但是此时 200N·m 的初拧扭矩就显得不够充分了。同样达到密贴状态，M24 比 M20 螺栓需要的扭矩要大。

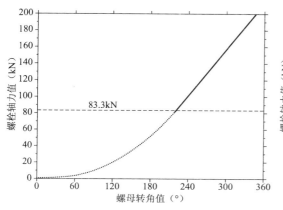

图 9-16　M24×80 螺栓在电测轴力仪上拧紧时，从轴力为 0 开始的轴力—转角关系平均值曲线

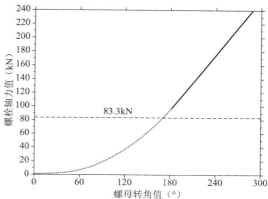

图 9-17　M24×80 螺栓在约束钢板上拧紧时，从轴力为 0 开始的轴力—转角关系平均值曲线

在本研究中，取 66.7kN 作为 M20 螺栓的"密贴状态"轴力，取 83.3kN 作为 M24 螺栓的"密贴状态"轴力。

在美国以前的研究中，达到密贴状态所用的螺栓轴力等于紧固件最小抗拉强度的 10%（对于 M20 螺栓为 20.3kN，对于 M24 螺栓为 29.3kN）。在 A325M 公制螺栓的研究项目中，检验了两种密贴状态：最小抗拉强度的 10%；高强度螺栓轴力达到 44.48kN（10kips）。试验证明，试验设备的不同对扭矩—轴力关系并没有影响。数据中还包括了出厂状态螺栓和风化后的螺栓的结果，指出除去润滑层后也同样达到密贴状态，M20 螺栓所需要的扭矩比 M24 的小。

在我国以前的研究中发现，40B 钢的 M22 高强度螺栓预拉力达到 50kN 左右时，预拉力才与转角的增长成比例。在日本也有类似的结论，因此在日本的建筑施工标准规范（JASS 6 钢结构工程）中对初拧扭矩的规定如表 9-14 所示。其中初拧扭矩基本是按照扭矩系数 $K = 0.130$ 计算的。

日本规范中的转角法初拧扭矩　　　　　　　　　　　　　　　表 9-14

螺栓的公称直径	初拧扭矩（kgf·cm）
M12	约 500
M16	约 1000
M20，M22	约 1500
M24	约 2000
M27	约 3000
M30	约 4000

美国规范中的"充分拧紧"的要求对其 M20 螺栓似乎是合适的，这是由于美国的高强度螺栓制品的扭矩系数偏大。而本试验证明，对于扭矩系数偏大的连接副需要提高其初拧扭矩，以满足密贴状态的预拉力要求，关于这方面的具体内容在下一节中有表述。紧固件的表面状态对初拧扭矩是有较大影响的，在扭矩系数离散比较大的时候，同样的初拧扭矩可能得到不同的密贴状态，这是需要特别注意的。

3. 表面处理

本研究试验中所使用的高强度螺栓紧固件都是进行过表面处理的产品，包括磷化、达克罗和热镀锌三种。与传统的发黑处理方式不同，磷化处理是在金属表面生成难溶于水的磷酸盐膜，可以增加与涂膜之间的附着力。

目前在钢结构中还使用了许多镀锌构件，因为其防腐、防锈效果好，可以降低涂漆成本。美国的研究表明镀锌的高强度螺栓在纯拉试验中与普通高强度螺栓没有明显区别，但拧紧性能却在润滑和无润滑时明显不同。主要是因为镀锌工艺的限制，造成螺栓和螺母的螺纹接触面不平滑，在拧紧螺母的过程中因为螺纹面摩擦产生的剪切应力很大，很可能造成在拧紧的过程中螺栓还没有达到最小抗拉强度就提前发生破坏（图 9-18）。镀锌过程控制不好时，会造成扭矩系数偏大，增加发生延迟断裂的危险性。

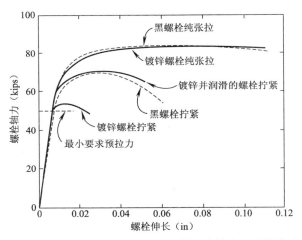

图 9-18　1in 的 A325 黑螺栓和镀锌螺栓轴力—延伸关系

达克罗作为一种特殊的锌铬涂层，表面涂层厚度比传统的电镀锌、热镀锌要小很多，可以控制到只有 $6 \sim 12\mu m$。本次试验所用的达克罗高强度螺栓连接副在拧紧性能上与同类型的磷化产品没有明显的区别。

图 9-19～图 9-22 展示了本次试验过程中记录的不同强度等级和不同直径的紧固件在三种表面处理情况下的轴力—转角关系比较。本次进行的试验基本都是以 100N·m 大小的扭矩为记录转角的起点进行的，从图中比较可以看出，在初拧预拉力都达到密贴状态要求的预拉力（如前所述，本次试验中 M20 取 66.7kN，M24 取 83.3kN）时，热镀锌高强度螺栓的转角比磷化和达克罗螺栓多出了 40°～50°，而从密贴状态达到紧固要求预拉力（不同高强度螺栓的紧固要求预拉力见表 9-15）所需要的转角基本是一样的。这表明了在弹性范围内，以相同的初拧预拉力作为转角计算起点的条件下，不同表面处理的紧固件轴力—转角性能没有明显区别。

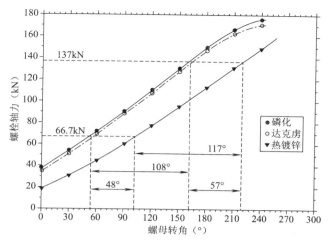

图 9-19　不同表面处理的 8.8S M20×70 螺栓的轴力—转角关系比较

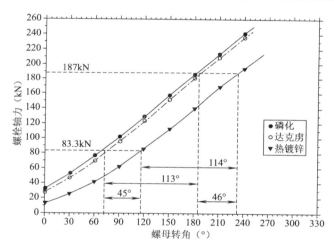

图 9-20　不同表面处理的 8.8S M24×80 螺栓的轴力—转角关系比较

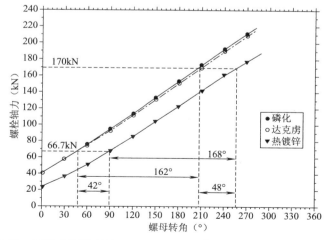

图 9-21　不同表面处理的 10.9S M20×70 螺栓的轴力—转角关系比较

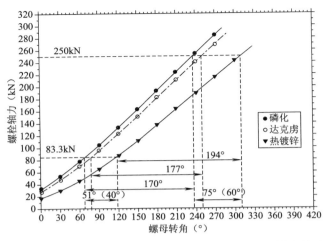

图 9-22　不同表面处理的 10.9S M24×80 螺栓的轴力—转角关系比较

高强度大六角头螺栓施工预拉力（kN）

表 9-15

螺栓等级	螺栓公称直径（mm）						
	M12	M16	M20	M22	M24	M27	M30
8.8S	50	88	137	165	187	248	303
10.9S	60	110	170	210	250	320	390

　　在使用控制扭矩法的紧固过程中，扭矩系数 K 是重要因素。螺母转角法属于位移控制的方法，因此在采用螺母转角法时扭矩系数就显得不是很重要，不过在使用额定初拧扭矩的方法决定初拧时，扭矩系数对螺母转角法还是有影响的。从图 9-23、图 9-24 可以看到，8.8S 和 10.9S 的不同类型的紧固件通过试验测得的扭矩系数值，其中磷化和达克罗紧固件的扭矩系数基本都能控制到 0.130 左右（0.111～0.139），在目前我国标准规定的 0.110～0.150 范围之内，而热镀锌紧固件的扭矩系数（0.190～0.447）则超过了这个范围且离散性较大。

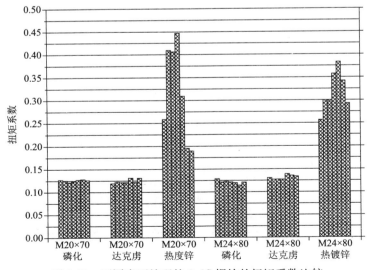

图 9-23　不同表面处理的 8.8S 螺栓的扭矩系数比较

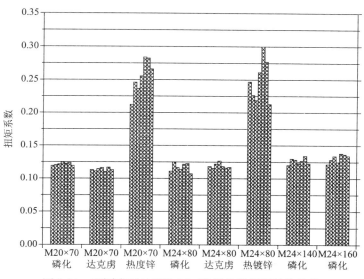

图 9-24 不同表面处理的 10.9S 螺栓的扭矩系数比较

从图 9-25 和图 9-26 给出的扭—拉关系图可以明显地看出，热镀锌螺栓的扭—拉关系曲线的斜率要大一些，而磷化和达克庐的相比则没有明显区别，甚至达克庐对应的曲线斜率还要比磷化的小一些。

从图 9-25 和图 9-26 还可以看出，在同样达到密贴状态要求的预拉力时，热镀锌螺栓需要的初拧扭矩要比磷化和达克庐的大很多。对于 M20 的高强度螺栓，磷化和达克庐只需要大约 170N·m 的初拧扭矩，而热镀锌则需要 300N·m；对于 M24 的高强度螺栓，磷化和达克庐需要大约 260N·m，热镀锌则需要 475N·m。从图中还可以看出，同样达到施工要求预拉力所需的施拧扭矩，热镀锌大约是磷化和达克庐的两倍多。

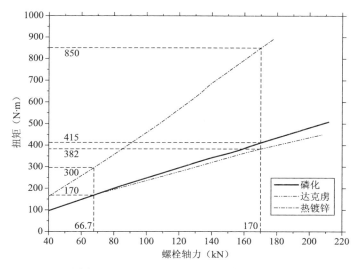

图 9-25 不同表面处理的 10.9S M20×70 螺栓的扭—拉关系比较

4. 试验装置或板件的刚度

从螺母转角法的紧固原理可知，板件刚度不同对高强度螺栓的拧紧性能有重要的影

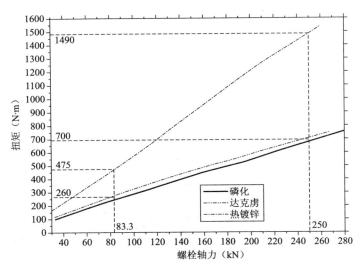

图 9-26 不同表面处理的 10.9S M24×80 螺栓的扭—拉关系比较

响。本次试验中使用的 YJZ-500A 型高强度螺栓轴力扭矩复合检测仪与实际的有板束拧紧状态的区别在于，螺栓握距内没有填充满钢板，所以可以很明显地了解到其约束刚度要小于实际中拧紧板束时的约束刚度，在螺栓弹簧系数 K_b 一定的情况下，板的弹簧系数 K_p 越小，达到同样轴力 T 所需的转角 θ 就越大。正如所预想的那样，图 9-27 和图 9-28 都说明了这一点。以所预定的密贴状态预拉力作为起点，对于 M20×70 的螺栓，在抗滑移钢板上拧紧只需要 70°就达到要求预拉力值，而在电测轴力仪上则需要约 145°，相当于在板束上拧紧的两倍。类似的，对于 M24×80 的螺栓，在板束上拧紧大约需要 85°，而在电测轴力仪上需要大约 175°，同样相当于板束上拧紧的两倍。

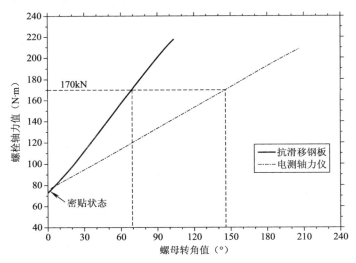

图 9-27 不同试验装置的 10.9S M20 高强度螺栓的轴力—转角关系比较

因为所使用的抗滑移钢板试件为多次使用过的，其密贴程度已经较好，而且预定的密贴状态预拉力也足够大，因此在该板束上拧紧的转角值可以看作实际紧固时情况的下限；而由于电测轴力仪的刚度要小，因此可以将其看作实际情况的上限。

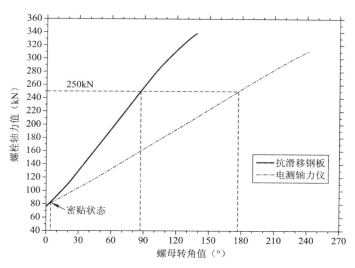

图 9-28　不同试验装置的 10.9S M24 高强度螺栓的轴力—转角关系比较

5. 螺栓夹握长度（握距）

相同直径的螺栓，长度越大则其抗拉刚度越小。考察螺栓拧紧刚度时就需要考虑螺栓夹握长度，即握距的影响了。在实际连接工程里，握距大的螺栓节点处往往板束的层数也越多。综合考虑上面两点，可知随着螺栓长度（确切地说是有效长度）和板束层数的增加，转角法对螺母转角的需要量也会增加。表 9-16 为我国以前的研究中记录的某工地 40B 钢 M22 高强度螺栓的施工终拧转角表，初拧扭矩为 300N·m，该表很好地说明了高强度螺栓的终拧转角与约束板件的连接厚度以及层数有很大的关系。

M22 高强度螺栓施工终拧转角值　　　　　　　　　　　　　表 9-16

转角 ＼ 板层数	2	3	4	5	6	7
60°	60					
65°	65，70					
70°	75，80					
75°	85	70，85				
80°	90，95，1	80，90				
90°	00	95，110，11	95			
100°	110	0	110，120	110	120	
115°		120	130	120，130	130，140，15	
130°			140，160		0	140
145°					170	170

图 9-29 是两种板束厚度的 40B 钢 M22 螺栓的紧固预拉力与螺母转角关系图。

图 9-30 和图 9-31 是本次试验中在 YJZ-500A 型高强度螺栓轴力扭矩复合检测仪上，分别对 10.9S 的 M20×70、M20×140 和 M24×80、M24×160 记录的螺栓轴力与螺母转

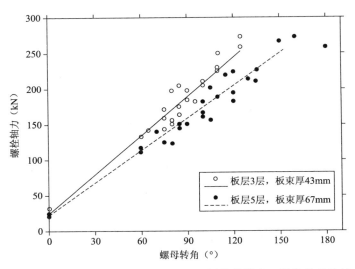

图 9-29　两种约束板厚的 40B 钢 M22 螺栓的轴力—转角关系比较

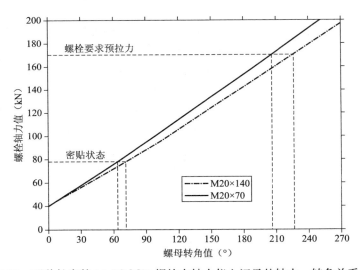

图 9-30　两种长度的 10.9S M20 螺栓在轴力仪上记录的轴力—转角关系比较

角的关系比较。与在约束板件上拧紧试验结果不同的是，螺栓长度的增加并没有明显地提高对螺母转角的要求。其原因是由于电测轴力仪本身的弹簧系数比实际板束的弹簧系数小，此时轴力仪的弹簧系数在转角刚度中起主导作用，所以在电测轴力仪上记录的螺母转角对于螺栓长度变化并不像在实际板束上拧紧时敏感。能够说明这一点的是，M20 螺栓对长度变化的敏感度比 M24 的明显，这是因为在同样的条件下，M24 螺栓的弹簧系数比 M20 螺栓的大，在仪器本身的弹簧系数一定的前提下，M24 螺栓的弹簧系数对其轴力-转角关系的影响更小。

6. 转角刚度

当高强度螺栓连接达到了"密贴状态"时，螺栓轴力的增加量就开始与螺母转角的增加量呈线性关系了，一直到连接的局部发生屈服（例如超过螺栓的保证荷载）为止。该直线段的斜

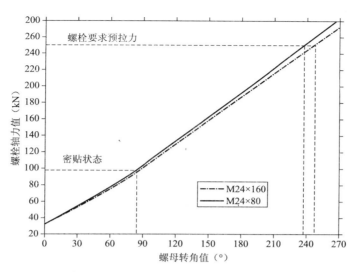

图 9-31 两种长度的 10.9S M24 螺栓在轴力仪上记录的轴力—转角关系比

率可以代表弹性阶段紧固件的轴力—转角关系，所以提出了转角刚度的概念，定义转角刚度 K_R 为：

$$K_R = \frac{\Delta P}{\Delta R} \tag{9-6}$$

式中 ΔP 表示的是螺栓轴力的增量，ΔR 代表的是螺母转角的增量（图 9-32）。

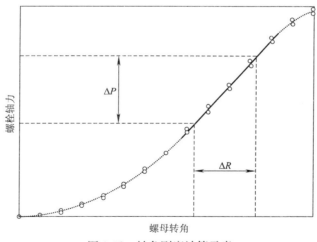

图 9-32 转角刚度计算示意

转角刚度的概念从理论上进行过推导，同时还得到了理想状态下转角刚度的角度表达式：

$$\frac{1}{K_R} = \frac{360^\circ}{P} \left(\frac{1}{K_b} + \frac{1}{K_p} \right) \tag{9-7}$$

式中 P 为螺纹的螺距，K_b 和 K_P 则分别代表螺栓和约束板件的弹簧系数。在本章前面两节中分析了这两者对于紧固件的轴力—转角关系的影响。在螺距一定的前提下，转角刚度 K_R 受到 K_b 和 K_P 的联合影响。

从图 9-33~图 9-35 记录的试验结果，可以看出：

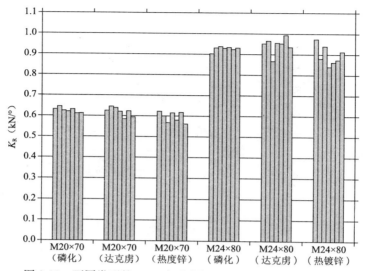

图 9-33　不同类型的 8.8S 高强度螺栓的转角刚度 K_R 比较图

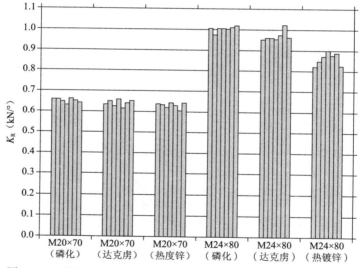

图 9-34　不同类型的 10.9S 高强度螺栓的转角刚度 K_R 比较图（1）

（1）高强度螺栓的转角刚度 K_R 与紧固件表面处理没有明显关系。

（2）高强度螺栓的转角刚度与螺栓直径有关。螺栓直径越大，拧过相同的角度时轴力增长的越快，M24 的 K_R 比 M20 的 K_R 增加了大约 50％。

（3）高强度螺栓的转角刚度与螺栓的强度等级关系不大，10.9S 的 K_R 比 8.8S 的 K_R 稍大一些，但是不明显。说明两种强度等级的螺栓在弹性阶段的预拉力对螺母转角的增长比例是基本一致的。

（4）设备或约束板件的刚度加大后，转角刚度 K_R 随之增加。本试验中在抗滑移钢板上拧紧的 K_R 就比在电测轴力仪上的 K_R 增加了一倍左右。

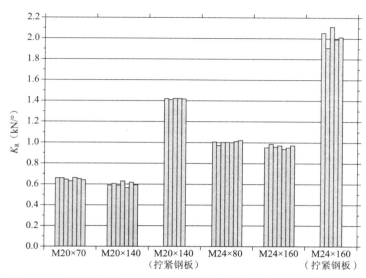

图 9-35　不同类型的 10.9S 高强度螺栓的转角刚度 K_R 比较图（2）

7. 达到施工要求预拉力的螺母转角

根据我国高强度螺栓设计预拉力的计算方法，施工中考虑到松弛引起的预拉力损失，一般都按 10% 的超张拉来定义紧固时需要达到的预拉力值。该值已经在表 9-15 中列出。本试验中以"密贴状态"为起点，以施工要求的预拉力为目标，记录了不同类型紧固件的螺母转角值，下面将螺母转角值用 ΔR 来表示。表 9-17 中列出了本次试验中不同类型螺栓从"密贴状态"开始拧紧到要求预拉力所需要的螺母转角值 ΔR。

不同类型螺栓达到施工要求预拉力需要的螺母转角值（从密贴状态开始）　表 9-17

螺栓等级	螺栓规格	表面处理	螺母转角值 ΔR（°）	备注
8.8S	M20×70	磷化	109	电测轴力仪
		达克罗	109	电测轴力仪
		热镀锌	120	电测轴力仪
	M24×80	磷化	115	电测轴力仪
		达克罗	114	电测轴力仪
		热镀锌	119	电测轴力仪
10.9S	M20×70	磷化	159	电测轴力仪
		达克罗	162	电测轴力仪
		热镀锌	169	电测轴力仪
	M24×80	磷化	171	电测轴力仪
		达克罗	178	电测轴力仪
		热镀锌	195	电测轴力仪
	M20×140	磷化	173	电测轴力仪
	M24×160	磷化	178	电测轴力仪
	M20×140	磷化	73	抗滑移钢板
	M24×160	磷化	82	抗滑移钢板

图 9-36~图 9-39 分别表示了不同类型的紧固件在试验中记录的螺母转角值柱状图比较。

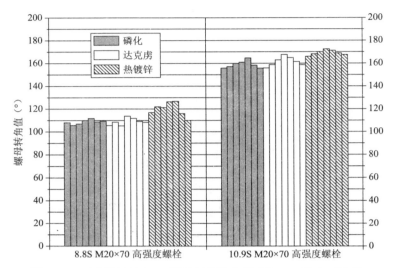

图 9-36 两种等级的 M20 螺栓螺母转角值比较（三种表面处理）

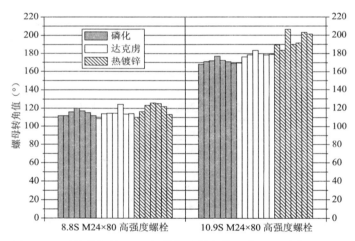

图 9-37 两种等级的 M24 螺栓螺母转角值比较（三种表面处理）

从图 9-36 和图 9-37 可以得出以下结论：

（1）不同的表面处理对于螺母转角值影响不大，相比较起来热镀锌的稍微大一些，这应该是由于热镀锌的涂层比较厚而且凹凸不平，导致螺纹处镀层部分发生变形引起的。

（2）10.9S 的螺母转角值比 8.8S 的要大，$\Delta R_{10.9}$ 比 $\Delta R_{8.8}$ 大了 $50°\sim60°$。这是因为不同强度等级的螺栓在弹性阶段的增长速度是基本一致的，而且 10.9S 螺栓的屈服点比较高。因此在弹性范围内，同样的终拧螺母转角要求可能会造成 10.9S 高强度螺栓的终拧预拉力偏低。

（3）M20 的 ΔR 与 M24 的 ΔR 没有明显差别，M24 的比 M20 的只是稍大一点，因此在规定螺母转角值要求的时候可以不考虑螺栓直径的差别。对于超大直径的螺栓，国外有关的研究证明也会和强度等级增加有同样的问题，所以对于超大直径螺栓还需要专门进行

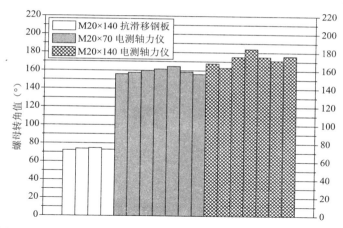

图 9-38　10.9S 磷化 M20 螺栓三种不同情况的螺母转角值 ΔR 比较

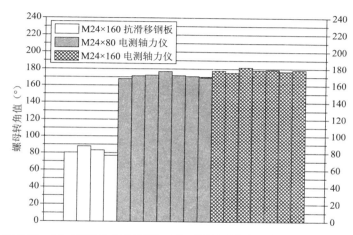

图 9-39　10.9S 磷化 M24 螺栓三种不同情况的螺母转角值 ΔR 比较

试验来决定螺母转角值。

　　从图 9-38 和图 9-39 还可以得出的结论是：电测轴力仪测得的螺母转角值 ΔR 比在约束钢板上拧紧时测得的 ΔR 大了一倍左右。前文中已经分析过，一方面是由于电测轴力仪本身的刚度比较低，一方面是由于试验中所用的抗滑移试验用钢板在经多次使用后密贴程度比较好，同时在螺栓上套了轴力传感器，也就是说在拧紧螺栓的过程中，板束的压缩变形量较小，大部分的能量都用于螺栓拉伸，因此螺栓的轴力增长较快。可以把轴力仪上记录的结果看作实际操作时螺母转角值的上限，把在板束上拧紧的结果看作实际操作时螺母转角值的下限。

　　在电测轴力仪上记录的 M20×140 和 M24×160 的 ΔR 比 M20×70 和 M24×80 的 ΔR 大一点但是不多。其中 M20 的增加了约 10%，而 M24 的只增加了约 5%。原因已在"试验装置或板件刚度"一节中分析过，是由于电测轴力仪刚度小造成的。螺栓的直径越大，仪器刚度的主导作用就越明显，而在被拧紧板束的刚度比较大时，螺栓的弹簧系数就在转角刚度中占主导作用了。在实际操作时，螺栓的长径比仍是必须考虑的一点。

　　在试验过程中，螺栓丝扣外露基本控制在 0~2 圈，相当于对同一种长度螺栓的最大握距状态。即便在这种情况下，对于长度较短的螺栓，轴力增加得还是相当的快。螺母转角法是以±30°为误差范围控制的，因此对于短螺栓可以适当考虑减小螺母转角值的要求，也可以满足预拉力要求。

8. 极限转角性能

在使用螺母转角法拧紧螺栓时是允许进入塑性区域的，因此考察高强度螺栓连接的极限转角性能是为了保证在拧紧螺栓的时候有足够的安全储备。

美国早期的转角法研究主要针对 A325 螺栓，差不多相当于我国的 8.8S 螺栓。一般说来低强度材料的延展性要优于高强度材料。因此对于 A325 螺栓，将预拉力控制在塑性范围内没什么问题。相关的研究结果表明，对于高强度合金钢材料制成的 1000MPa 以上抗拉强度级别的高强度螺栓，在需要加大螺母转角值的同时有必要考虑紧固件的极限转角性能。

图 9-40 为本次试验中针对 10.9S M20×70 螺栓的轴力—转角全过程曲线。可以看出，在拧紧时螺栓的最大强度基本上相当于规定的材料最小抗拉强度。

从图中还可以看出螺栓在到达规定最小屈服强度之前已经发生屈服，不过没有明显的屈服点。拧到保证荷载时的螺母转角为 200°，拧到最大轴力的螺母转角为 430°。这说明高强度螺栓尽管没有明显的屈服点，但是在到达最大轴力之前还是有比较大的转角量可以依赖，并且在塑性阶段螺栓轴力增长速度比较缓慢，所以预拉力超过屈服点是螺母转角法的基本目标。

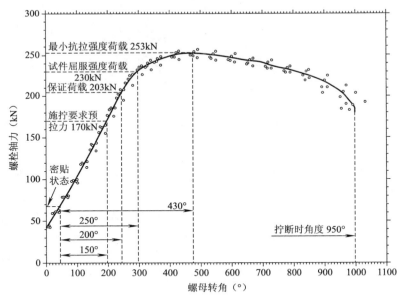

图 9-40　10.9S 磷化 M20×70 螺栓轴力—转角关系图
（图中的保证荷载为国外规范中规定的 10.9S 高强度螺栓连接副的螺栓保证荷载）

高强度螺栓在拧紧时的破坏形式一般有两种：螺母滑扣破坏和螺栓拧断破坏。滑扣破坏是由于在螺母螺纹处屈服导致螺牙咬合失败造成的；拧断破坏的断裂形式跟张拉破坏形式的类似之处是一般都会发生比较明显的颈缩，所不同的是螺栓拧断时的断裂位置一般位于靠近螺母支承面一侧的螺纹处，并且由于是在扭剪和张拉的联合作用，断裂面一般都是斜面（图 9-41）。

滑扣破坏　　　　　　　拧断破坏

图 9-41　螺栓拧紧破坏的两种形式

　　图 9-42 是我国以前的研究中对 40B 钢 M22×80 螺栓进行拧断试验的结果。螺栓拧断时的转角和本次试验的结果列于表 9-18。从表中可以看出螺栓有效长度越短则极限转角越小。施工过程中涂黄油对紧固件的极限转角性能是不利的。

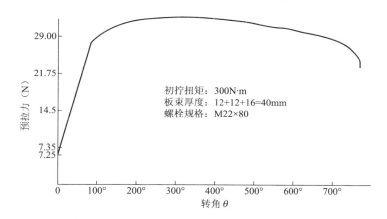

图 9-42　40B 钢 M22×80 螺栓轴力—转角关系图

螺栓拧断时的螺母转动角度　　　　　　　　　　　　　　　　表 9-18

螺栓规格	润滑状态	拧断时螺母转动角度（°）	拧断时螺母转动角度平均值（°）	断裂情况
M22×70	涂黄油	605		颈缩很小
M22×70	涂黄油	680		颈缩很小
M22×70	涂黄油	665		颈缩明显
M22×70	涂黄油	—	638.3	滑扣
M22×70	涂黄油	675		颈缩明显
M22×70	涂黄油	605		颈缩明显
M22×70	涂黄油	600		颈缩很小

螺栓规格	润滑状态	拧断时螺母转动角度（°）	拧断时螺母转动角度平均值（°）	断裂情况
M22×100	涂黄油	820		颈缩明显
M22×100	涂黄油	750		颈缩明显
M22×100	涂黄油	730		颈缩明显
M22×100	涂黄油	655	750	颈缩明显
M22×100	涂黄油	745		颈缩明显
M22×100	涂黄油	800		颈缩明显
M22×100	涂黄油	—		滑扣
M22×100	不涂油	855		颈缩明显
M22×100	不涂油	735	828.3	颈缩明显
M22×100	不涂油	895		颈缩明显
M20×70	不涂油	990		颈缩明显
M20×70	不涂油	960		颈缩明显
M20×70	不涂油	—		滑扣
M20×70	不涂油	990		颈缩明显
M20×70	不涂油	1020	985	颈缩明显
M20×70	不涂油	960		颈缩明显
M20×70	不涂油	990		颈缩明显

本次试验中记录的 20MnTiB 钢 M20×70 螺栓的极限转角值比前者记录的要大，这是因为电测轴力仪的刚度比较小，改善了螺栓的变形能力和极限转角性能。反之，板件刚度越大，对紧固件的极限转角性能则是不利的。

美国在对 A325 公制螺栓的研究中，专门在刚度极大的定型硬钢板设备上进行了螺栓极限转角性能测试试验，试验结果表明对于 M24×70 和 M20×70 的 A325M 公制螺栓，拧断时的螺母转角对于空螺纹 3 圈的＞360°，对于螺栓丝扣不外露的＞540°。由此可以看出对于转角法里的一般规定，目前的螺母转角值要求有着充足的安全储备。

9.7.3 螺母转角法的施工要求

1. 初拧要求

关于初拧（计量螺母转角的起点），研究转角法的初期（从 20 世纪 40 年代到 50 年代），在美国铁道协会进行了各种试验，当时的初拧是用手拧紧，以手拧紧状态（finger tight position）作为起点，以后 Bethlehem 公司重新做了试验，由于手拧紧状态下板的密贴程度参差不齐使用不方便，所以提出了以板密贴（snug position）为起点的方案。此时的所谓板密贴是指用冲击扳手冲击 2～3 下，或是普通长度的扳手用人力充分拧紧的状态，由于施工人员的精神状态和施工位置等情况都不同，这种对板密贴状态的笼统的规定比较容易造成初拧状态不一致。

在建筑结构中，使接头杆件之间密贴所需要的力和板厚以及周边的约束情况等有关，与所用的螺栓直径及被拧紧板材的厚度大致成比例，如果给螺栓施加的预拉力达到了标准预拉力的 1/5～1/3，则可认为保证了密贴。因此，不论螺栓属于什么钢种，根据螺栓的直径大致可以决定初拧所需的预拉力。

目前在同时使用扭矩法和转角法的德国和日本，都采用额定初拧扭矩的方法来控制初拧预拉力，这样便可以使用定扭矩扳手进行转角法的初拧。初拧采用多大扭矩合适，国外的规定并不统一。我国目前对转角法初拧扭矩的大小也没有标准规定，各工地在施工前根据工程具体情况来确定。以前铁道部在采用转角法施工时对于 M22 高强度螺栓一般采用 300N·m 的初拧扭矩。

在 JGJ 82-2011 中对扭剪型高强度螺栓的初拧扭矩规定为 $0.5 \times 0.130Pd$，即终拧扭矩的 50%。试验表明螺母转角法的初拧扭矩可以稍小。由于我国和日本都要求连接副的扭矩系数控制在 0.110～0.150 范围内，因此可参考日本对初拧扭矩的要求，结合第 4 章中板密贴状态时的预拉力设定，以及扭矩—轴力—转角试验的结果提出初拧扭矩的建议，列于表 9-19。在现场紧固之前，最好通过连接副的扭矩系数验证试验对初拧扭矩值进行校正。

螺母转角法建议初拧扭矩（N·m） 表 9-19

M12	M16	M20	M22	M24	M27	M30
60	100	180	220	260	340	420

2. 终拧转角值要求

对于 8.8S 的高强度螺栓，实际紧固的过程中 120°基本可以保证螺栓进入塑性段。因此，尽管终拧转角值的控制范围有 60°之大，却能够保证预拉力不小于规定要求的最小预拉力，并且通过极限转角性能研究试验证明不会出现过拧的危险。这正是螺母转角法作为一种位移控制方法的优势所在。

可是对于 10.9S 的高强度螺栓，这种转角的要求就有不够充分的可能性。在美国主要使用的都是 A325S 螺栓，对 A490S 并不推荐，同时美国的相当一部分连接都属于承压型连接，在美国对承压型螺栓只要求拧紧到密贴状态（snug tight）就认为合格了，这些习惯和要求都与我国有很大的不同。

此外还需要综合考虑的是：

由于公制螺纹的螺距小于英制螺纹的螺距，同样的螺母转角产生的公制螺纹的螺栓伸长量不如英制螺纹的螺栓伸长量大，通过位移关系分析可以想到对于公制螺纹需要更多的螺母转角来保证螺栓预拉力值满足要求。因此，在美国的一项关于公制螺纹的研究项目中提出过将 1/3 圈转角改为 1/2 圈转角的建议。

欧美是以螺栓的保证荷载作为设计预拉力的基准，而我国要求的设计预拉力距离屈服点还有比较大的一段距离。因此当以设计预拉力的 1.1 倍即施工要求预拉力为目标进行终拧时，180°的终拧螺母转角得到的预拉力已满足要求。

图 9-43 和图 9-44 比较了试验中 8.8S 和 10.9S 的结果。通过比较可以看出两种等级的高强度螺栓在弹性阶段的斜率是相同的。在电测轴力仪上进行试验的结果表明，从"密贴状态"开始拧紧时，螺母转 120°对 8.8S 高强度螺栓已经超过了要求预拉力值，对于

10.9S高强度螺栓还没有达到；螺母转180°时8.8S高强度螺栓进入了塑性区域，10.9S高强度螺栓也超过了要求预拉力值，不过仍在弹性范围内。

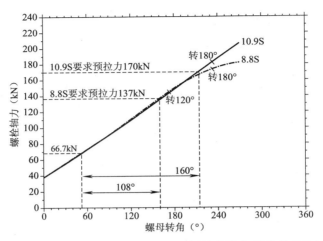

图9-43　8.8S和10.9S的M20×70螺栓的轴力-转角关系比较

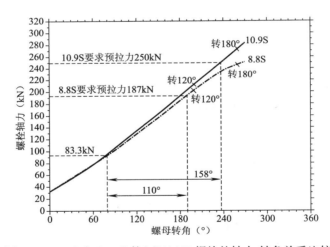

图9-44　8.8S和10.9S的M24×80螺栓的轴力-转角关系比较

在硬度极大的定型钢板上进行拧紧试验，拧断时的螺母转角量在360°以上，而一般的螺栓极限转角都在600°以上，因此在采用螺母转角控制时可以有足够的安全储备。

综合以上几点，可以得出的结论是：对于长径比小于4的情况，120°（±30°）的转角要求可以保证8.8S高强度螺栓稳定的终拧预拉力和10.9S高强度螺栓在弹性范围内的要求预拉力。对于直径较大以及长径比较大的高强度螺栓，有必要在保证初拧充分的前提下进行连接副的转角性能验证试验，确保终拧结果满足规范要求。

3. 螺母转角法施工工艺

转角法的拧紧过程和扭矩法不同，因为只需要将螺母转一定角度即可，所以对拧紧工具没有特殊要求。对于普通的手动扭矩扳手或电动扳手，可以将规定转角角度刻划在套筒上，用笔将套筒上的角度起始位置划在钢板上，当套筒角度的终点线拧至与钢板上的标记重合后即终拧完毕。这时套筒旋转的角度即为螺母旋转的角度。目前也有专门的电动定转角扳手，此时螺母转角由扳手控制，到达规定角度后，扳手自动停机。施拧时应注意防止螺栓与螺母共转的情况发生，为此螺栓头一侧应有人配合卡住螺栓头后再进行施拧。

螺母转角法的施工工艺如下：

初拧：采用定扭矩扳手或其他扳手，以额定的初拧扭矩值，从节点或螺栓群中心顺序向外拧紧螺栓。

初拧检查：工地一般采用敲击法，即用小锤逐个检查，防止有螺栓漏拧。

划线：在初拧后，对全部螺栓有关的螺栓、螺母、垫圈以及构件都要逐个进行划线（图9-45）。

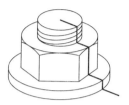

终拧：以初拧结束为起点，使将螺母旋转要求的角度。螺栓群拧紧的顺序同初拧。

终拧检查：检查终拧角度是否达到规定角度，可用量角器检查螺栓与螺母上划线的相对转角。

图9-45　转角法终拧前划线图示

作标记：对初拧或终拧完成的螺栓应做出不同的标记，以防漏拧或重拧。

9.7.4　结论与建议

1. 主要结论

本课题研究中对两种性能等级（8.8S和10.9S）和三种表面处理（磷化、达克罗和热镀锌）的M20与M24高强度大六角头高强度螺栓连接副的拧紧性能进行了试验研究和分析。通过本课题研究的工作，得出的主要结论有如下几点：

螺栓紧固轴力达到一定数值后即认为满足了板密贴状态，此后螺栓轴力与螺母转角在弹性范围内成正比。实际操作时可以通过施加初拧扭矩的方法得到密贴状态。

不同表面处理的螺栓，其扭矩系数有所偏差，但在弹性阶段的轴力—转角关系却是基本一致的。这说明螺母转角法作为一种位移控制的方法，对于扭矩系数的要求可以不像控制扭矩法中的那么严格。

拧紧板束的刚度越大，螺栓的轴力-转角曲线在弹性范围内的斜率就越大。在拧紧板束刚度增大的同时，会降低螺栓在拧紧过程的延展性，对螺栓拧紧时的安全储备是不利的。

螺栓的夹握长度（握距）越大，达到要求预拉力时需要的螺母转角就越大。握距减小，在减小螺母转角需要值的同时还会降低螺栓的极限转角性能，即短螺栓不如长螺栓的安全储备大，延展性较差。

综合考虑螺栓与板件的刚性提出了转角刚度 K_R 的概念。转角刚度是螺栓的轴力—转角关系的直接决定因素，综合了螺栓和板束刚度的效果。

从密贴状态开始到施工要求预拉力值（1.1×设计预拉力值）所需要的螺母转角值，受到强度等级的影响比较大，8.8S所需要的螺母转角值大约只是10.9S的65%～70%。若以120°作为长径比小于4的螺栓的终拧螺母转角值，对于8.8S螺栓可以得到塑性区域内的稳定的预拉力，而对于10.9S螺栓预拉力很可能还停留在弹性区域。

从密贴状态开始到施工要求预拉力值所需要的螺母转角值受螺栓直径变化的影响不很大，但在超大直径螺栓中应用时需要由试验确定。

螺栓在拧紧时的极限转角性能与许多因素有关。考虑握距最小和板件刚度最大的条件时，螺栓的极限转角能力也在一圈以上，在现场拧紧记录的 40B 钢 M22 螺栓的拧断角度在 600° 以上，在试验室记录的 10.9S 20MnTiB 钢 M20 螺栓的拧断角度则在 1000° 左右，这说明螺母转角法进行紧固有着足够的安全度。

螺栓在拧紧过程中的屈服强度和最大强度比纯拉试件的屈服强度和抗拉强度要低，延伸率也会下降。螺栓拧断的破坏与纯拉破坏不同，属于剪切破坏，一般发生在螺母支承面一侧的螺栓螺纹处，且断面倾斜不规则。

2. 对螺母转角法施工要求的建议

初拧时可以采用定扭矩法。初拧扭矩可以按照 0.13×初拧预拉力×螺栓公称直径的公式计算。对于扭矩系数不合格的连接副可以通过校正试验对初拧扭矩进行修正。本文建议的初拧扭矩值列于表 9-19。

对于长径比小于 4 的 8.8S 螺栓，120° 的终拧转角要求没有问题。而对于 10.9S 螺栓，由于拧过 120° 之后的预拉力仍停留在弹性阶段，因此有必要在初拧充分的基础之上谨慎地操作，以免出现终拧预拉力偏差大甚至施拧不足。建议对于长径比小于 8 的 10.9S 螺栓，终拧转角值采用 180°。

对于长径比大于 4 小于 8 的高强度螺栓，采用 180° 的终拧转角值，对于 8.8S 和 10.9S 高强度螺栓都可以得到较为稳定的终拧预拉力，并且其安全储备比长径比小于 4 的螺栓的安全储备充分，并且用 180° 控制在施工操作上也十分直观、方便。

前两条的具体螺母终拧转角建议值列于表 9-20，本课题中对长径比大于 8 的高强度螺栓没有研究。

建议以初拧结束为起点的螺母终拧转角值　　　　　表 9-20

螺栓公称长度	螺栓等级	螺母转角	被连接件表面状态
螺栓直径的 4 倍以下	8.8S	120°	被连接件两面都与螺栓轴线垂直
	10.9S	180°	
螺栓直径的 4 倍以上，8 倍以下	8.8S	180°	
	10.9S	180°	

与扭矩法施工前进行扭矩系数检验类似，转角法施工前应该考虑进行螺母转角性能验证试验，以确保同一批螺栓轴力-转角关系的一致性。

表 9-20 中给出的螺母转角值指的是螺母与螺栓之间的相对转角，转角公差为 ±30°。对于终拧预拉力有可能在螺栓弹性范围内的情况应考虑减小螺母转角值的允许公差，或者取消负公差。

第 10 章　高强度螺栓连接施工质量检验与验收

10.1　高强度大六角头螺栓连接副进场检验

高强度大六角头螺栓连接副应进行扭矩系数、螺栓楔负载、螺母保证载荷检验,其检验方法和结果应符合现行国家标准《钢结构用高强度大六角头螺栓、大六角螺母、垫圈技术条件》(GB/T 1231)规定。

高强度大六角头螺栓连接副进场时,按照检验批抽检扭矩系数,扭矩系数的平均值及标准偏差应符合表 10-1 的要求。

高强度大六角头螺栓连接副扭矩系数平均值及标准偏差值　　　表 10-1

连接副表面状态	扭矩系数平均值	扭矩系数标准偏差
符合现行国家标准《钢结构用高强度大六角头螺栓、大六角螺母、垫圈技术条件》(GB/T 1231)的要求	0.110~0.150	≤0.0100

注:每套连接副只做一次试验,不得重复使用。试验时,垫圈发生转动,试验无效。

10.2　扭剪型高强度螺栓连接副进场检验

扭剪型高强度螺栓连接副应进行紧固轴力、螺栓楔负载、螺母保证载荷检验,检验方法和结果应符合现行国家标准《钢结构用扭剪型高强度螺栓连接副》(GB/T 3632)规定。

扭剪型高强度螺栓连接副进场时,按照检验批抽查紧固轴力,紧固轴力平均值及标准偏差应符合表 10-2 的要求。

扭剪型高强度螺栓连接副紧固轴力平均值及标准偏差值　　　表 10-2

螺栓公称直径		M16	M20	M22	M24	M27	M30
紧固轴力值 (kN)	最小值	100	155	190	225	290	355
	最大值	121	187	231	270	351	430
标准偏差 (kN)		≤10.0	≤15.4	≤19.0	≤22.5	≤29.0	≤35.4

注:每套连接副只做一次试验,不得重复使用。试验时,垫圈发生转动,试验无效。

10.3　摩擦面抗滑移系数检验

摩擦面的抗滑移系数应按下列规定进行检验:

(1)抗滑移系数检验应以钢结构制作检验批为单位,由制作厂和安装单位分别进行,每一检验批三组；单项工程的构件摩擦面选用两种及两种以上表面处理工艺时，则每种表面处理工艺均需检验。

（2）抗滑移系数检验用的试件由制作厂加工，试件与所代表的构件应为同一材质、同一摩擦面处理工艺、同批制作，使用同一性能等级的高强度螺栓连接副，并在相同条件下同批发运。

（3）抗滑移系数试件宜采用图 10-1 所示形式（试件钢板厚度 $2t_2 \geqslant t_1$）；试件的设计应考虑摩擦面在滑移之前试件钢板的净截面仍处于弹性状态。

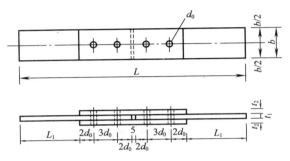

图 10-1　抗滑移系数试件

（4）抗滑移系数应在拉力试验机上进行并测出其滑动荷载；试验时，试件的轴线应与试验机夹具中心严格对中。

（5）抗滑移系数 μ 应按下式计算，抗滑移系数 μ 的计算结果应精确到小数点后 2 位。

$$\mu = \frac{N}{n_f \sum P_t} \tag{10-1}$$

式中　N——滑动荷载；

　　　　n_f——传力摩擦面数目，$n_f = 2$；

　　　　P_t——为高强度螺栓预拉力实测值（误差小于等于 2%），试验时控制在 $0.95P \sim 1.05P$ 范围内；

　　$\sum P_t$——与试件滑动荷载一侧对应的高强度螺栓预拉力之和。

（6）抗滑移系数检验的最小值必须等于或大于设计规定值。当不符合上述规定时，构件摩擦面应重新处理。处理后的构件摩擦面应按本节规定重新检验。

10.4　紧固质量检验

10.4.1　大六角头高强度螺栓连接施工紧固质量检查

大六角头高强度螺栓连接施工紧固质量检查应符合下列规定：

（1）扭矩法施工的检查方法应符合下列规定：

1）用小锤（约 0.3kg）敲击螺母对高强度螺栓进行普查，不得漏拧。

2）终拧扭矩应按节点数抽查 10%，且不应少于 10 个节点；对每个被抽查节点应按螺栓数抽查 10%，且不应少于 2 个螺栓。

3）检查时先在螺杆端面和螺母上画一直线，然后将螺母拧松约60°角；再用扭矩扳手重新拧紧，使两线重合，测得此时的扭矩应在$0.9T_{ch}\sim1.1T_{ch}$范围内。T_{ch}应按下式计算：

$$T_{ch} = kPd \tag{10-2}$$

式中　P ——高强度螺栓预拉力设计值（kN）；

　　　T_{ch}——检查扭矩（N·m）；

　　　k ——扭矩系数；

　　　d ——螺栓直径（mm）。

4）如发现有不符合规定的，应再扩大1倍检查，如仍有不合格者，则整个节点的高强度螺栓应重新施拧。

5）扭矩检查宜在螺栓终拧1h以后、24h之前完成；检查用的扭矩扳手，其相对误差应为±3%。

（2）转角法施工的检查方法应符合下列规定：

1）普查初拧后在螺母与相对位置所划的终拧起始线和终止线所夹的角度应达到规定值。

2）终拧转角应按节点数抽查10%，且不应少于10个节点；对每个被抽查节点按螺栓数抽查10%，且不应少于2个螺栓。

3）在螺杆端面和螺母相对位置划线，然后全部卸松螺母，在按规定的初拧扭矩和终拧角度重新拧紧螺母，测量终止线与原终止线划线间的角度，应符合表10-3要求，误差在±30°者为合格。

初拧（复拧）后大六角头高强度螺栓连接副的终拧转角　　　　　　　表10-3

螺栓长度 L 范围	螺母转角	连接状态
$L\leqslant4d$	1/3圈（120°）	连接形式为一层芯板加两层盖板
$4d<L\leqslant8d$ 或 200mm 及以下	1/2圈（180°）	
$8d<L\leqslant12d$ 或 200mm 以上	2/3圈（240°）	

注：1. d 为螺栓公称直径。

　　2. 螺母的转角为螺母与螺栓杆之间的相对转角。

　　3. 当螺栓长度 L 超过12倍螺栓公称直径 d 时，螺母的终拧角度应由试验确定。

4）如发现有不符合规定的，应再扩大1倍检查，如仍有不合格者，则整个节点的高强度螺栓应重新施拧。

5）转角检查宜在螺栓终拧1h以后、24h之前完成。

10.4.2　扭剪型高强度螺栓连接副终拧质量检查

扭剪型高强度螺栓连接副终拧检查，以目测尾部梅花头拧断为合格。对于不能用专用扳手拧紧的扭剪型高强度螺栓，当采用扭矩法或转角法施工时，应按10.4.1的规定进行终拧紧固质量检查。

10.5　施工质量验收

10.5.1　一般规定

（1）高强度螺栓连接分项工程验收应按现行国家标准《钢结构工程施工质量验收规

范》（GB 50205）和本规程的规定执行。

（2）高强度螺栓连接分项工程检验批合格质量标准应符合下列规定：

1）主控项目必须符合现行国家标准《钢结构工程施工质量验收规范》（GB 50205）中合格质量标准的要求；

2）一般项目其检验结果应有80％及以上的检查点（值）符合现行国家标准《钢结构工程施工质量验收规范》（GB 50205）中合格质量标准的要求，而且允许偏差项目中最大超偏差值不应超过其允许偏差限值的1.2倍；

3）质量检查记录、质量证明文件等资料应完整。

（3）当高强度螺栓连接分项工程施工质量不符合现行国家标准《钢结构工程施工质量验收规范》（GB 50205）和本规程的要求时，应按下列规定进行处理：

1）返工或更换高强度螺栓连接副的检验批，应重新进行验收；

2）经有资质的检测单位检测鉴定能够达到设计要求的检验批，应予以验收；

3）经有资质的检测单位检测鉴定达不到设计要求，但经原设计单位核算认可能够满足结构安全的检验批，可予以验收；

4）经返修或加固处理的检验批，如满足安全使用要求，可按处理技术方案和协商文件进行验收。

10.5.2　检验批的划分

（1）高强度螺栓连接分项工程检验批宜与钢结构安装阶段分项工程检验批相对应，其划分宜遵循下列原则：

1）单层结构按变形缝划分；

2）多层及高层结构按楼层或施工段划分；

3）复杂结构按独立刚度单元划分。

（2）高强度螺栓连接副进场验收检验批划分宜遵循下列原则：

1）与高强度螺栓连接分项工程检验批划分一致；

2）按高强度螺栓连接副生产出厂检验批批号，宜以不超过2批为1个进场验收检验批，且不超过6000套；

3）同一材料（性能等级）、炉号、螺纹（直径）规格、长度（当螺栓长度不大于100mm时，长度相差不大于15mm，当螺栓长度大于100mm时，长度相差不大于20mm，可视为同一长度）、机械加工、热处理工艺及表面处理工艺的螺栓、螺母、垫圈为同批，分别由同批螺栓、螺母及垫圈组成的连接副为同批连接副。

（3）摩擦面抗滑移系数验收检验批划分宜遵循下列原则：

1）与高强度螺栓连接分项工程检验批划分一致；

2）以分部工程每2000t为一检验批；不足2000t者视为一批进行检验；

3）同一检验批中，选用两种及两种以上表面处理工艺时，每种表面处理工艺均需进行检验。

10.5.3　验收资料

高强度螺栓连接分项工程验收资料应包含下列内容：

（1）检验批质量验收记录；

（2）高强度大六角头螺栓连接副或扭剪型高强度螺栓连接副见证复验报告；

（3）高强度螺栓连接摩擦面抗滑移系数见证试验报告（承压型连接除外）；

（4）初拧扭矩、终拧扭矩（终拧转角）、扭矩扳手检查记录和施工记录等；

（5）高强度螺栓连接副质量合格证明文件；

（6）不合格质量处理记录；

（7）其他相关资料。

附录　T形受拉连接接头撬力（杠杆力）速算图表

受拉 T 形件翼缘板连接接头算例

以 M20 G8.8 螺栓连接 Q235 钢板为例，受拉连接接头计算过程如下：

一、计算条件

螺栓等级：8.8S　螺栓规格：M20　连接板材料：Q235，$d=20\text{mm}$，$d_0=22\text{mm}$

预拉力 $P=125\text{kN}$，$f=235\text{N/mm}^2$，$e_2=1.5d_0=1.5\times22=33\text{mm}$，$b=3d_0=3\times22=66\text{mm}$

因 $e_1\leqslant1.25e_2$，取 $e_1=1.25e_2=1.25\times33=41.25\text{mm}$，$N_t^b=0.8P=0.8\times125=100\text{kN}$

求出：$t_{ec}=\sqrt{\dfrac{4e_2N_t^b}{bf}}=\sqrt{\dfrac{4\times33\times100\times1000}{66\times235}}=29.173\text{mm}$

二、详细过程

当 $N_t=0.4P$ 时，$N_t=50\text{kN}$

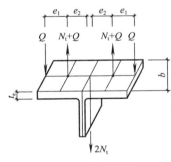

T形件受拉件受力简图

1. $\rho=\dfrac{e_2}{e_1}=\dfrac{33}{41.25}=0.800$

2. $\beta=\dfrac{1}{\rho}\left(\dfrac{N_t^b}{N_t}-1\right)=\dfrac{1}{0.800}\left(\dfrac{100}{50}-1\right)=1.250$

3. $\delta=1-\dfrac{d_0}{b}=1-\dfrac{22}{66}=0.667$

4. $\alpha'=1.000$

5. $\alpha'=\dfrac{1}{\delta}\left(\dfrac{\beta}{1-\beta}\right)=\dfrac{1}{0.667}\left(\dfrac{1.250}{1-1.250}\right)=-7.500$

6. 判断 β 值，最终 α' 取 1.000

7. $\Psi=1+\delta\alpha'=1+0.667\times1.000=1.667$

8. $t_e=\sqrt{\dfrac{4e_2N_t}{\Psi bf}}=\sqrt{\dfrac{4\times33\times50\times1000}{1.667\times66\times235}}=15.977\text{mm}$

9. $\alpha=\dfrac{1}{\delta}\left[\dfrac{N_t}{N_t^b}\left(\dfrac{t_{ec}}{t_e}\right)^2-1\right]=\dfrac{1}{0.667}\left[\dfrac{50}{100}\left(\dfrac{29.173}{15.977}\right)^2-1\right]=1.000$

10. $Q=N_t^b\left[\delta\alpha\rho\left(\dfrac{t_e}{t_{ec}}\right)^2\right]=100\times\left[0.667\times1.000\times0.800\times\left(\dfrac{15.977}{29.173}\right)^2\right]=16.000\text{kN}$

11. $N_t+Q=50+16=66\text{kN}$

三、计算说明：

b——按一排螺栓覆盖的翼缘板（端板）计算宽度（mm）；

e_1——螺栓中心到 T 形件翼缘边缘的距离（mm）；

e_2——螺栓中心到 T 形件腹板边缘的距离（mm）；

t_{ec}——T 形件翼缘板的最小厚度；

N_t—— 一个高强度螺栓的轴向拉力；

N_t^b—— 一个受拉高强度螺栓的受拉承载力；

t_e—— 受拉 T 形件翼缘板的厚度；

Ψ—— 撬力影响系数；

δ—— 翼缘板截面系数；

α'—— 系数，$\beta \geqslant 1.0$ 时，α' 取 1.0；

　　　　$\beta < 1.0$ 时，$\alpha' = [\beta/(1-\beta)]/\delta$，且满足 $\alpha' \leqslant 1.0$；

β—— 系数；

ρ—— 系数；

Q—— 撬力；

α—— 系数 $\geqslant 0$。

附 1　高强度螺栓连接副（10.9S）＋Q235 连接板材

附 1.1　M12 G10.9S Q235 $e_1=1.25e_2$时 计算列表

计算条件			
计算条件	螺栓等级	10.9S	
计算条件	螺栓规格	M12	
计算条件	连接板材料	Q235	
计算条件	$d=$	12	mm
计算条件	$d_0=$	13.5	mm
计算条件	预拉力 $P=$	55	kN
计算条件	$f=$	235	N/mm^2
计算条件	$e_2=1.5d_0=$	20.25	mm
计算条件	$b=3d_0=$	40.5	mm
计算条件	取 $e_1=1.25e_2$	25.3125	mm
计算条件	$N_t^b=0.8P=$	44	kN
计算条件	$N'_t=\dfrac{5N_t^b}{2\rho+5}=$	33.333	kN
计算条件	$t_{ec}=\sqrt{\dfrac{4e_2N_t^b}{bf}}=$	19.351	mm

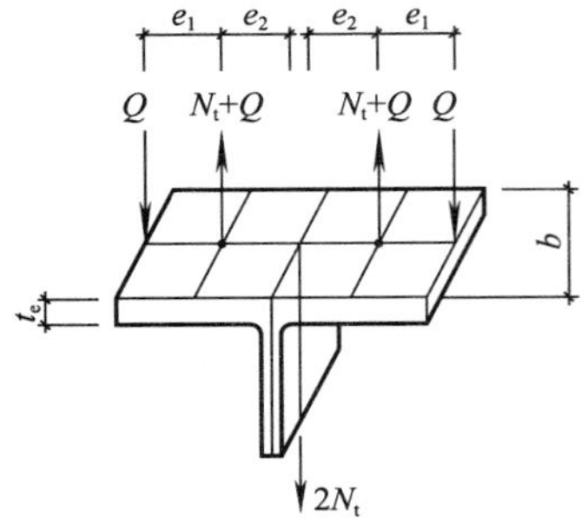

T形件受拉件受力简图

计算列表		N_t（kN）							
		$0.1P$	$0.2P$	$0.3P$	$0.4P$	$0.5P$	$0.6P$	N'_t	$0.7P$
		5.5	11	16.5	22	27.5	33	33.333	38.5
1	$\rho=\dfrac{e_2}{e_1}=$	0.800	0.800	0.800	0.800	0.800	0.800	0.800	0.800
2	$\beta=\dfrac{1}{\rho}\left(\dfrac{N_t^b}{N_t}-1\right)=$	8.750	3.750	2.083	1.250	0.750	0.417	0.400	0.179
3	$\delta=1-\dfrac{d_0}{b}=$	0.667	0.667	0.667	0.667	0.667	0.667	0.667	0.667
4	α'	1.000	1.000	1.000	1.000	1.000	1.000	1.000	1.000
5	$\alpha'=\dfrac{1}{\delta}\left(\dfrac{\beta}{1-\beta}\right)=$	−1.694	−2.045	−2.885	−7.500	4.500	1.071	1.000	0.326
6	判断β值，最终 α' 取	1.000	1.000	1.000	1.000	1.000	1.000	1.000	0.326
7	$\Psi=1+\delta\alpha'$	1.667	1.667	1.667	1.667	1.667	1.667	1.667	1.217
8	$t_e=\sqrt{\dfrac{4e_2N_t}{\Psi bf}}=$	5.300	7.495	9.179	10.599	11.850	12.981	13.047	16.406
9	$\alpha=\dfrac{1}{\delta}\left[\dfrac{N_t}{N_t^b}\left(\dfrac{t_{ce}}{t}\right)^2-1\right]=$	1.000	1.000	1.000	1.000	1.000	1.000	1.000	0.326
10	$Q=N_t^b\left[\delta\alpha\rho\left(\dfrac{t_e}{t_{ec}}\right)^2\right]=$	1.760	3.520	5.280	7.040	8.800	10.560	10.667	5.500
11	N_t+Q	7.260	14.520	21.780	29.040	36.300	43.560	44.000	44.000

说明：

b——按一排螺栓覆盖的翼缘板（端板）计算宽度（mm）；　e_1——螺栓中心到 T 形件翼缘边缘的距离（mm）；

e_2——螺栓中心到 T 形件腹板边缘的距离（mm）；　t_{ec}——T 形件翼缘板的最小厚度；

N_t——一个高强度螺栓的轴向拉力；　N_t^b——一个受拉高强度螺栓的受拉承载力；

t_e——受拉 T 形件翼缘板的厚度；　Ψ——撬力影响系数；　δ——翼缘板截面系数；

α'——系数，$\beta\geqslant1.0$时，α'取 1.0；$\beta<1.0$时，$\alpha'=[\beta/(1-\beta)]/\delta$，且满足 $\alpha'\leqslant1.0$；

β——系数；　ρ——系数；　Q——撬力；　α——系数$\geqslant0$；　N'_t——Q为最大值时，对应的 N_t 值

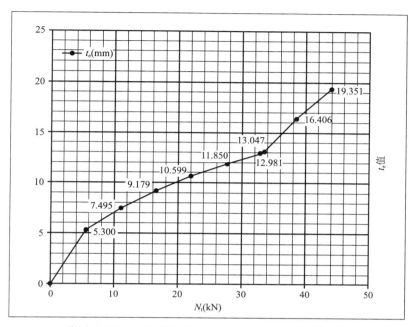

附图 1.1-1　M12 G10.9S Q235 $e_1 = 1.25e_2$ 时 t_e 值图表

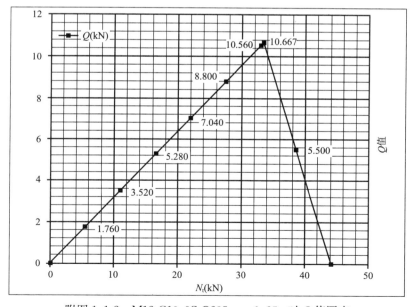

附图 1.1-2　M12 G10.9S Q235 $e_1 = 1.25e_2$ 时 Q 值图表

附 1.2 M12 G10.9S Q235 $e_1 = 1.5d_0$ 时 计算列表

计算条件			
螺栓等级	10.9S		
螺栓规格	M12		
连接板材料	Q235		
$d=$	12	mm	
$d_0=$	13.5	mm	
预拉力 $P=$	55	kN	
$f=$	235	N/mm²	
$e_2=1.5d_0=$	20.25	mm	
$b=3d_0=$	40.5	mm	
取 $e_1=1.25e_2$	20.25	mm	
$N_t^b=0.8P=$	44	kN	
$N_t'=\dfrac{5N_t^b}{2\rho+5}=$	31.429	kN	
$t_{ec}=\sqrt{\dfrac{4e_2N_t^b}{bf}}=$	19.351	mm	

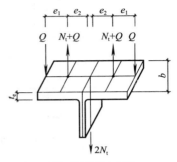

T形件受拉件受力简图

计算列表		N_t（kN）							
		0.1P	0.2P	0.3P	0.4P	0.5P	N_t'	0.6P	0.7P
		5.5	11	16.5	22	27.5	31.429	33	38.5
1	$\rho=\dfrac{e_2}{e_1}=$	1.000	1.000	1.000	1.000	1.000	1.000	1.000	1.000
2	$\beta=\dfrac{1}{\rho}\left(\dfrac{N_t^b}{N_t}-1\right)=$	7.000	3.000	1.667	1.000	0.600	0.400	0.333	0.143
3	$\delta=1-\dfrac{d_0}{b}=$	0.667	0.667	0.667	0.667	0.667	0.667	0.667	0.667
4	α'	1.000	1.000	1.000	1.000	1.000	1.000	1.000	1.000
5	$\alpha'=\dfrac{1}{\delta}\left(\dfrac{\beta}{1-\beta}\right)=$	−1.750	−2.250	−3.750	/	2.250	1.000	0.750	0.250
6	判断 β 值，最终 α' 取	1.000	1.000	1.000	1.000	1.000	1.000	0.750	0.250
7	$\Psi=1+\delta\alpha'$	1.667	1.667	1.667	1.667	1.667	1.667	1.500	1.167
8	$t_e=\sqrt{\dfrac{4e_2N_t}{\Psi bf}}=$	5.300	7.495	9.179	10.599	11.850	12.668	13.683	16.759
9	$\alpha=\dfrac{1}{\delta}\left[\dfrac{N_t}{N_t^b}\left(\dfrac{t_{ec}}{t}\right)^2-1\right]=$	1.000	1.000	1.000	1.000	1.000	1.000	0.750	0.250
10	$Q=N_t^b\left[\delta\alpha\rho\left(\dfrac{t_e}{t_{ec}}\right)^2\right]=$	2.200	4.400	6.600	8.800	11.000	12.571	11.000	5.500
11	N_t+Q	7.700	15.400	23.100	30.800	38.500	44.000	44.000	44.000

说明	
b——按一排螺栓覆盖的翼缘板（端板）计算宽度（mm）； e_1——螺栓中心到T形件翼缘边缘的距离（mm）；	
e_2——螺栓中心到T形件腹板边缘的距离（mm）； t_{ec}——T形件翼缘板的最小厚度；	
N_t——一个高强度螺栓的轴向拉力； N_t^b——一个受拉高强度螺栓的受拉承载力；	
t_e——受拉T形件翼缘板的厚度； Ψ——撬力影响系数； δ——翼缘板截面系数；	
α'——系数，$\beta \geqslant 1.0$ 时，α' 取 1.0；$\beta < 1.0$ 时，$\alpha'=[\beta/(1-\beta)]/\delta$，且满足 $\alpha' \leqslant 1.0$；	
β——系数； ρ——系数； Q——撬力； α——系数 $\geqslant 0$； N_t——Q 为最大值时，对应的 N_t 值	

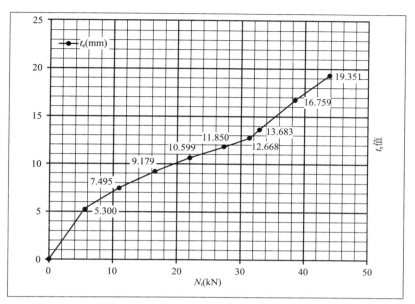

附图 1.2-1　M12 G10.9S Q235 $e_1 = 1.5d_0$ 时 t_e 值图表

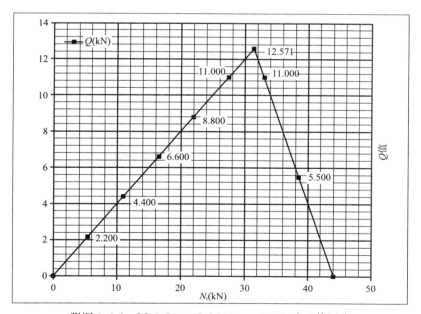

附图 1.2-2　M12 G10.9S Q235 $e_1 = 1.5d_0$ 时 Q 值图表

附 1.3 M16 G10.9S Q235 $e_1 = 1.25e_2$ 时 计算列表

<table>
<tr><td rowspan="12">计算条件</td><td colspan="2">螺栓等级</td><td colspan="2">10.9S</td><td></td></tr>
<tr><td colspan="2">螺栓规格</td><td colspan="2">M16</td><td></td></tr>
<tr><td colspan="2">连接板材料</td><td colspan="2">Q235</td><td></td></tr>
<tr><td colspan="2">$d=$</td><td>16</td><td>mm</td><td></td></tr>
<tr><td colspan="2">$d_0=$</td><td>17.5</td><td>mm</td><td></td></tr>
<tr><td colspan="2">预拉力 $P=$</td><td>100</td><td>kN</td><td></td></tr>
<tr><td colspan="2">$f=$</td><td>235</td><td>N/mm^2</td><td></td></tr>
<tr><td colspan="2">$e_2=1.5d_0=$</td><td>26.25</td><td>mm</td><td></td></tr>
<tr><td colspan="2">$b=3d_0=$</td><td>52.5</td><td>mm</td><td></td></tr>
<tr><td colspan="2">取 $e_1=1.25e_2$</td><td>32.8125</td><td>mm</td><td></td></tr>
<tr><td colspan="2">$N_t^b=0.8P=$</td><td>80</td><td>kN</td><td></td></tr>
<tr><td colspan="2">$N_t'=\dfrac{5N_t^b}{2\rho+5}=$</td><td>60.606</td><td>kN</td><td></td></tr>
</table>

$$t_{ec}=\sqrt{\frac{4e_2N_t^b}{bf}}= \quad 26.093 \ \text{mm}$$

T形件受拉件受力简图

计算列表		N_t（kN）							
		0.1P	0.2P	0.3P	0.4P	0.5P	0.6P	N_t'	0.7P
		10	20	30	40	50	60	60.606	70
1	$\rho=\dfrac{e_2}{e_1}=$	0.800	0.800	0.800	0.800	0.800	0.800	0.800	0.800
2	$\beta=\dfrac{1}{\rho}\left(\dfrac{N_t^b}{N_t}-1\right)=$	8.750	3.750	2.083	1.250	0.750	0.417	0.400	0.179
3	$\delta=1-\dfrac{d_0}{b}=$	0.667	0.667	0.667	0.667	0.667	0.667	0.667	0.667
4	α'	1.000	1.000	1.000	1.000	1.000	1.000	1.000	1.000
5	$\alpha'=\dfrac{1}{\delta}\left(\dfrac{\beta}{1-\beta}\right)=$	−1.694	−2.045	−2.885	−7.500	4.500	1.071	1.000	0.326
6	判断 β 值，最终 α' 取	1.000	1.000	1.000	1.000	1.000	1.000	1.000	0.326
7	$\Psi=1+\delta\alpha'$	1.667	1.667	1.667	1.667	1.667	1.667	1.667	1.217
8	$t_e=\sqrt{\dfrac{4e_2N_t}{\Psi bf}}=$	7.146	10.106	12.377	14.292	15.979	17.504	17.592	22.122
9	$\alpha=\dfrac{1}{\delta}\left[\dfrac{N_t}{N_t^b}\left(\dfrac{t_{ce}}{t}\right)^2-1\right]=$	1.000	1.000	1.000	1.000	1.000	1.000	1.000	0.326
10	$Q=N_t^b\left[\delta\alpha\rho\left(\dfrac{t_e}{t_{ec}}\right)^2\right]=$	3.200	6.400	9.600	12.800	16.000	19.200	19.394	10.000
11	N_t+Q	13.200	26.400	39.600	52.800	66.000	79.200	80.000	80.000

说明

b——按一排螺栓覆盖的翼缘板（端板）计算宽度（mm）；　　e_1——螺栓中心到 T 形件翼缘边缘的距离（mm）；

e_2——螺栓中心到 T 形件腹板边缘的距离（mm）；　　　t_{ec}——T 形件翼缘板的最小厚度；

N_t——一个高强度螺栓的轴向拉力；　　　　　　　　　N_t^b——一个受拉高强度螺栓的受拉承载力；

t_e——受拉 T 形件翼缘板的厚度；　　Ψ——撬力影响系数；　　δ——翼缘板截面系数；

α'——系数，$\beta\geqslant 1.0$ 时，α' 取 1.0；$\beta<1.0$ 时，$\alpha'=[\beta/(1-\beta)]/\delta$，且满足 $\alpha'\leqslant 1.0$；

β——系数；　　ρ——系数；　　Q——撬力；　　α——系数 $\geqslant 0$；　　N_t'——Q 为最大值时，对应的 N_t 值

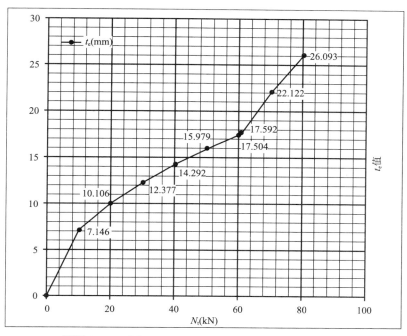

附图 1.3-1　M16 G10.9S Q235 $e_1 = 1.25e_2$ 时 t_e 值图表

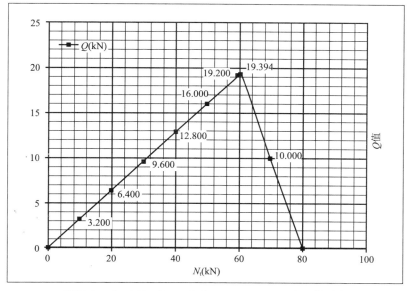

附图 1.3-2　M16 G10.9S Q235 $e_1 = 1.25e_2$ 时 Q 值图表

附1.4 M16 G10.9S Q235 $e_1=1.5d_0$时 计算列表

<table>
<tr><td rowspan="12">计算条件</td><td colspan="2">螺栓等级</td><td colspan="2">10.9S</td></tr>
<tr><td colspan="2">螺栓规格</td><td colspan="2">M16</td></tr>
<tr><td colspan="2">连接板材料</td><td colspan="2">Q235</td></tr>
<tr><td colspan="2">$d=$</td><td>16</td><td>mm</td></tr>
<tr><td colspan="2">$d_0=$</td><td>17.5</td><td>mm</td></tr>
<tr><td colspan="2">预拉力 $P=$</td><td>100</td><td>kN</td></tr>
<tr><td colspan="2">$f=$</td><td>235</td><td>N/mm²</td></tr>
<tr><td colspan="2">$e_2=1.5d_0=$</td><td>26.25</td><td>mm</td></tr>
<tr><td colspan="2">$b=3d_0=$</td><td>52.5</td><td>mm</td></tr>
<tr><td colspan="2">取 $e_1=e_2$</td><td>26.25</td><td>mm</td></tr>
<tr><td colspan="2">$N_t^b=0.8P=$</td><td>80</td><td>kN</td></tr>
<tr><td colspan="2">$N_t'=\dfrac{5N_t^b}{2\rho+5}=$</td><td>57.143</td><td>kN</td></tr>
</table>

T形件受拉件受力简图

$t_{ec}=\sqrt{\dfrac{4e_2N_t^b}{bf}}=$ 26.093 mm

计算列表	N_t (kN)							
	0.1P	0.2P	0.3P	0.4P	0.5P	N_t'	0.6P	0.7P
	10	20	30	40	50	57.143	60	70
1　$\rho=\dfrac{e_2}{e_1}=$	1.000	1.000	1.000	1.000	1.000	1.000	1.000	1.000
2　$\beta=\dfrac{1}{\rho}\left(\dfrac{N_t^b}{N_t}-1\right)=$	7.000	3.000	1.667	1.000	0.600	0.400	0.333	0.143
3　$\delta=1-\dfrac{d_0}{b}=$	0.667	0.667	0.667	0.667	0.667	0.667	0.667	0.667
4　α'	1.000	1.000	1.000	1.000	1.000	1.000	1.000	1.000
5　$\alpha'=\dfrac{1}{\delta}\left(\dfrac{\beta}{1-\beta}\right)=$	−1.750	−2.250	−3.750	/	2.250	1.000	0.750	0.250
6　判断β值,最终α'取	1.000	1.000	1.000	1.000	1.000	1.000	0.750	0.250
7　$\Psi=1+\delta\alpha'$	1.667	1.667	1.667	1.667	1.667	1.667	1.500	1.167
8　$t_e=\sqrt{\dfrac{4e_2N_t}{\Psi bf}}=$	7.146	10.106	12.377	14.292	15.979	17.082	18.451	22.597
9　$\alpha=\dfrac{1}{\delta}\left[\dfrac{N_t}{N_t^b}\left(\dfrac{t_{ec}}{t}\right)^2-1\right]=$	1.000	1.000	1.000	1.000	1.000	1.000	0.750	0.250
10　$Q=N_t^b\left[\delta\alpha\rho\left(\dfrac{t_e}{t_{ec}}\right)^2\right]=$	4.000	8.000	12.000	16.000	20.000	22.857	20.000	10.000
11　N_t+Q	14.000	28.000	42.000	56.000	70.000	80.000	80.000	80.000

说明	
b——按一排螺栓覆盖的翼缘板(端板)计算宽度(mm);	e_1——螺栓中心到T形件翼缘板边缘的距离(mm);
e_2——螺栓中心到T形件腹板边缘的距离(mm);	t_{ec}——T形件翼缘板的最小厚度;
N_t——一个高强度螺栓的轴向拉力;	N_t^b——一个受拉高强度螺栓的受拉承载力;
t_e——受拉T形件翼缘板的厚度;	Ψ——撬力影响系数; δ——翼缘板截面系数;

α'——系数,$\beta\geqslant1.0$时,α'取1.0;$\beta<1.0$时,$\alpha'=[\beta/(1-\beta)]/\delta$,且满足$\alpha'\leqslant1.0$;

β——系数; ρ——系数; Q——撬力; α——系数$\geqslant0$; N_t'——Q为最大值时,对应的N_t值

226

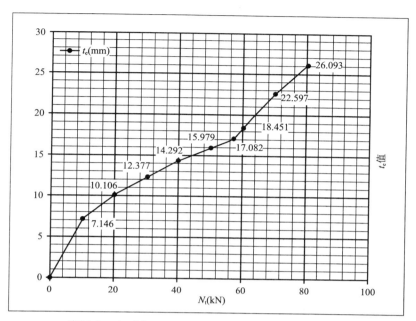

附图 1.4-1　M16 G10.9S Q235 $e_1 = 1.5d_0$ 时 t_e 值图表

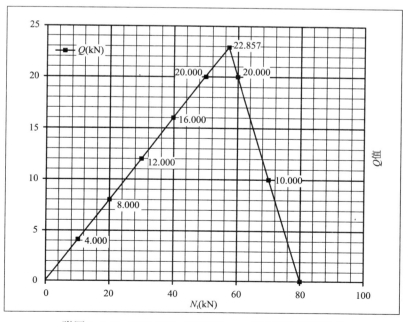

附图 1.4-2　M16 G10.9S Q235 $e_1 = 1.5d_0$ 时 Q 值图表

附 1.5　M20 G10.9S Q235 $e_1=1.25e_2$ 时　计算列表

计算条件			
	螺栓等级	10.9S	
	螺栓规格	M20	
	连接板材料	Q235	
	$d=$	20	mm
	$d_0=$	22	mm
	预拉力 $P=$	155	kN
	$f=$	235	N/mm²
	$e_2=1.5d_0=$	33	mm
	$b=3d_0=$	66	mm
	取 $e_1=1.25e_2$	41.25	mm
	$N_t^b=0.8P=$	124	kN
	$N_t'=\dfrac{5N_t^b}{2\rho+5}=$	93.939	kN
	$t_{ec}=\sqrt{\dfrac{4e_2N_t^b}{bf}}=$	32.486	mm

T形件受拉件受力简图

计算列表		N_t (kN)							
		0.1P	0.2P	0.3P	0.4P	0.5P	0.6P	N_t'	0.7P
		15.5	31	46.5	62	77.5	93	93.939	108.5
1	$\rho=\dfrac{e_2}{e_1}=$	0.800	0.800	0.800	0.800	0.800	0.800	0.800	0.800
2	$\beta=\dfrac{1}{\rho}\left(\dfrac{N_t^b}{N_t}-1\right)=$	8.750	3.750	2.083	1.250	0.750	0.417	0.400	0.179
3	$\delta=1-\dfrac{d_0}{b}=$	0.667	0.667	0.667	0.667	0.667	0.667	0.667	0.667
4	α'	1.000	1.000	1.000	1.000	1.000	1.000	1.000	1.000
5	$\alpha'=\dfrac{1}{\delta}\left(\dfrac{\beta}{1-\beta}\right)=$	−1.694	−2.045	−2.885	−7.500	4.500	1.071	1.000	0.326
6	判断 β 值，最终 α' 取	1.000	1.000	1.000	1.000	1.000	1.000	1.000	0.326
7	$\Psi=1+\delta\alpha'$	1.667	1.667	1.667	1.667	1.667	1.667	1.667	1.217
8	$t_e=\sqrt{\dfrac{4e_2N_t}{\Psi bf}}=$	8.897	12.582	15.409	17.793	19.893	21.792	21.902	27.541
9	$\alpha=\dfrac{1}{\delta}\left[\dfrac{N_t}{N_t^b}\left(\dfrac{t_{ce}}{t}\right)^2-1\right]=$	1.000	1.000	1.000	1.000	1.000	1.000	1.000	0.326
10	$Q=N_t^b\left[\delta\alpha\rho\left(\dfrac{t_e}{t_{ec}}\right)^2\right]=$	4.960	9.920	14.880	19.840	24.800	29.760	30.061	15.500
11	N_t+Q	20.460	40.920	61.380	81.840	102.300	122.760	124.000	124.000

说明	
b——按一排螺栓覆盖的翼缘板（端板）计算宽度（mm）；　　e_1——螺栓中心到 T 形件翼缘边缘的距离（mm）；	
e_2——螺栓中心到 T 形件腹板边缘的距离（mm）；　　　　t_{ec}——T 形件翼缘板的最小厚度；	
N_t——一个高强度螺栓的轴向拉力；　　　　　　　　　　　N_t^b——一个受拉高强度螺栓的受拉承载力；	
t_e——受拉 T 形件翼缘板的厚度；　　Ψ——撬力影响系数；　　　δ——翼缘板截面系数；	
α'——系数，$\beta\geqslant1.0$ 时，α' 取 1.0；$\beta<1.0$ 时，$\alpha'=[\beta/(1-\beta)]/\delta$，且满足 $\alpha'\leqslant1.0$；	
β——系数；　　ρ——系数；　　Q——撬力；　　α——系数$\geqslant0$；　　N_t'——Q 为最大值时，对应的 N_t 值。	

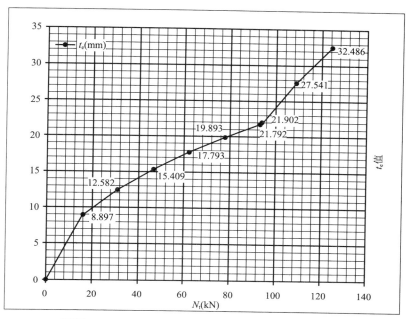

附图 1.5-1　M20 G10.9S Q235 $e_1 = 1.25e_2$ 时 t_e 值图表

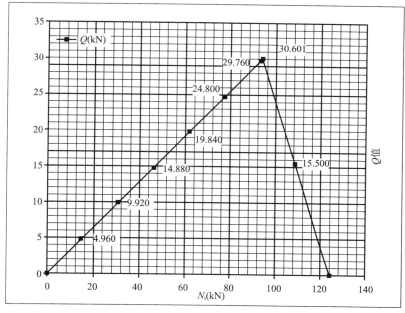

附图 1.5-2　M20 G10.9S Q235 $e_1 = 1.25e_2$ 时 Q 值图表

附1.6 M20 G10.9S Q235 $e_1 = 1.5d_0$ 时 计算列表

计算条件			
螺栓等级	10.9S		
螺栓规格	M20		
连接板材料	Q235		
$d=$	20	mm	
$d_0=$	22	mm	
预拉力 $P=$	155	kN	
$f=$	235	N/mm²	
$e_2 = 1.5d_0 =$	33	mm	
$b = 3d_0 =$	66	mm	
取 $e_1 = e_2$	33	mm	
$N_t^b = 0.8P =$	124	kN	
$N_t' = \dfrac{5N_t^b}{2\rho + 5} =$	88.571	kN	
$t_{ec} = \sqrt{\dfrac{4e_2 N_t^b}{bf}} =$	32.486	mm	

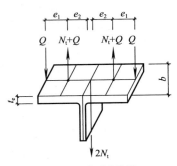

T形件受拉件受力简图

计算列表		N_t (kN)							
		0.1P	0.2P	0.3P	0.4P	0.5P	N_t'	0.6P	0.7P
		15.5	31	46.5	62	77.5	88.571	93	108.5
1	$\rho = \dfrac{e_2}{e_1} =$	1.000	1.000	1.000	1.000	1.000	1.000	1.000	1.000
2	$\beta = \dfrac{1}{\rho}\left(\dfrac{N_t^b}{N_t} - 1\right) =$	7.000	3.000	1.667	1.000	0.600	0.400	0.333	0.143
3	$\delta = 1 - \dfrac{d_0}{b} =$	0.667	0.667	0.667	0.667	0.667	0.667	0.667	0.667
4	α'	1.000	1.000	1.000	1.000	1.000	1.000	1.000	1.000
5	$\alpha' = \dfrac{1}{\delta}\left(\dfrac{\beta}{1-\beta}\right) =$	-1.750	-2.250	-3.750	/	2.250	1.000	0.750	0.250
6	判断 β 值,最终 α' 取	1.000	1.000	1.000	1.000	1.000	1.000	0.750	0.250
7	$\Psi = 1 + \delta\alpha' =$	1.667	1.667	1.667	1.667	1.667	1.667	1.500	1.167
8	$t_e = \sqrt{\dfrac{4e_2 N_t}{\Psi bf}} =$	8.897	12.582	15.409	17.793	19.893	21.267	22.971	28.133
9	$\alpha = \dfrac{1}{\delta}\left[\dfrac{N_t}{N_t^b}\left(\dfrac{t_{ce}}{t}\right)^2 - 1\right] =$	1.000	1.000	1.000	1.000	1.000	1.000	0.750	0.250
10	$Q = N_t^b\left[\delta\alpha\rho\left(\dfrac{t_e}{t_{ce}}\right)^2\right] =$	6.200	12.400	18.600	24.800	31.000	35.429	31.000	15.500
11	$N_t + Q$	21.700	43.400	65.100	86.800	108.500	124.000	124.000	124.000

说明	
b——按一排螺栓覆盖的翼缘板(端板)计算宽度(mm);	e_1——螺栓中心到T形件翼缘边缘的距离(mm);
e_2——螺栓中心到T形件腹板边缘的距离(mm);	t_{ec}——T形件翼缘板的最小厚度;
N_t——一个高强度螺栓的轴向拉力;	N_t^b——一个受拉高强度螺栓的受拉承载力;
t_e——受拉T形件翼缘板的厚度;	Ψ——撬力影响系数; δ——翼缘板截面系数;
α'——系数,$\beta \geqslant 1.0$时,α'取1.0;$\beta < 1.0$时,$\alpha' = [\beta/(1-\beta)]/\delta$,且满足$\alpha' \leqslant 1.0$;	
β——系数; ρ——系数; Q——撬力; α——系数≥0; N_t'——Q为最大值时,对应的N_t值	

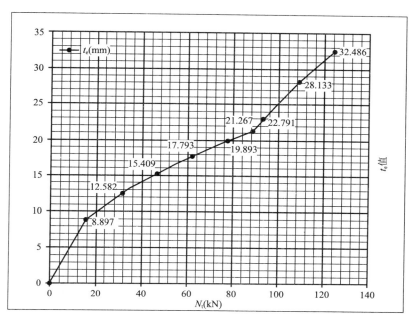

附图 1.6-1　M20 G10.9S Q235 $e_1 = 1.5d_0$ 时 t_e 值图表

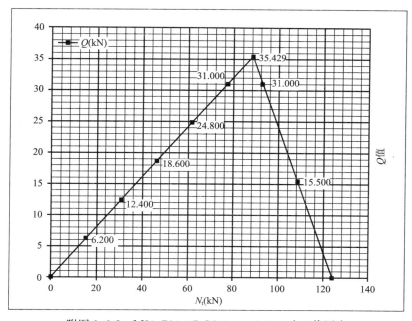

附图 1.6-2　M20 G10.9S Q235 $e_1 = 1.5d_0$ 时 Q 值图表

附1.7 M22 G10.9S Q235 $e_1=1.25e_2$ 时 计算列表

<table>
<tr><td rowspan="12">计算条件</td><td>螺栓等级</td><td colspan="2">10.9S</td><td rowspan="11">
T形件受拉件受力简图</td></tr>
<tr><td>螺栓规格</td><td colspan="2">M22</td></tr>
<tr><td>连接板材料</td><td colspan="2">Q235</td></tr>
<tr><td>$d=$</td><td>22</td><td>mm</td></tr>
<tr><td>$d_0=$</td><td>24</td><td>mm</td></tr>
<tr><td>预拉力 $P=$</td><td>190</td><td>kN</td></tr>
<tr><td>$f=$</td><td>235</td><td>N/mm²</td></tr>
<tr><td>$e_2=1.5d_0=$</td><td>36</td><td>mm</td></tr>
<tr><td>$b=3d_0=$</td><td>72</td><td>mm</td></tr>
<tr><td>取 $e_1=1.25e_2$</td><td>45</td><td>mm</td></tr>
<tr><td>$N_t^b=0.8P=$</td><td>152</td><td>kN</td></tr>
<tr><td>$N_t'=\dfrac{5N_t^b}{2\rho+5}=$</td><td>115.152</td><td>kN</td></tr>
<tr><td></td><td>$t_{ec}=\sqrt{\dfrac{4e_2 N_t^b}{bf}}=$</td><td>35.967</td><td>mm</td><td></td></tr>
</table>

计算列表		N_t （kN）							
		$0.1P$	$0.2P$	$0.3P$	$0.4P$	$0.5P$	$0.6P$	N_t'	$0.7P$
		19	38	57	76	95	114	115.15	133
1	$\rho=\dfrac{e_2}{e_1}=$	0.800	0.800	0.800	0.800	0.800	0.800	0.800	0.800
2	$\beta=\dfrac{1}{\rho}\left(\dfrac{N_t^b}{N_t}-1\right)=$	8.750	3.750	2.083	1.250	0.750	0.417	0.400	0.179
3	$\delta=1-\dfrac{d_0}{b}=$	0.667	0.667	0.667	0.667	0.667	0.667	0.667	0.667
4	α'	1.000	1.000	1.000	1.000	1.000	1.000	1.000	1.000
5	$\alpha'=\dfrac{1}{\delta}\left(\dfrac{\beta}{1-\beta}\right)=$	−1.694	−2.045	−2.885	−7.500	4.500	1.071	1.000	0.326
6	判断 β 值，最终 α' 取	1.000	1.000	1.000	1.000	1.000	1.000	1.000	0.326
7	$\Psi=1+\delta\alpha'$	1.667	1.667	1.667	1.667	1.667	1.667	1.667	1.217
8	$t_e=\sqrt{\dfrac{4e_2 N_t}{\Psi bf}}=$	9.850	13.930	17.061	19.700	22.025	24.127	24.249	30.492
9	$\alpha=\dfrac{1}{\delta}\left[\dfrac{N_t}{N_t^b}\left(\dfrac{t_{ce}}{t}\right)^2-1\right]=$	1.000	1.000	1.000	1.000	1.000	1.000	1.000	0.326
10	$Q=N_t^b\left[\delta\alpha\rho\left(\dfrac{t_e}{t_{ec}}\right)^2\right]=$	6.080	12.160	18.240	24.320	30.400	36.480	36.848	19.000
11	N_t+Q	25.080	50.160	75.240	100.320	125.400	150.480	152.000	152.000

说明	
b——按一排螺栓覆盖的翼缘板（端板）计算宽度（mm）；	e_1——螺栓中心到T形件翼缘边缘的距离（mm）；
e_2——螺栓中心到T形件腹板边缘的距离（mm）；	t_{ec}——T形件翼缘板的最小厚度；
N_t——一个高强度螺栓的轴向拉力；	N_t^b——一个受拉高强度螺栓的受拉承载力；
t_e——受拉T形件翼缘板的厚度； Ψ——撬力影响系数；	δ——翼缘板截面系数；
α'——系数，$\beta\geqslant1.0$ 时，α' 取 1.0；$\beta<1.0$ 时，$\alpha'=\left[\beta/(1-\beta)\right]/\delta$，且满足 $\alpha'\leqslant1.0$；	
β——系数； ρ——系数； Q——撬力； α——系数≥0； N_t'—— Q 为最大值时，对应的 N_t 值	

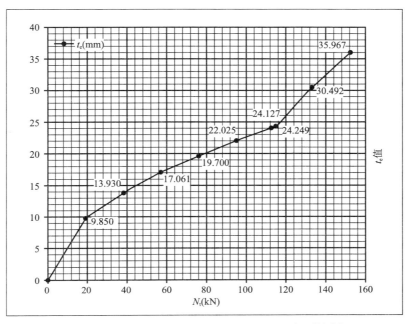

附图 1.7-1　M22 G10.9S Q235 $e_1 = 1.25 e_2$ 时 t_e 值图表

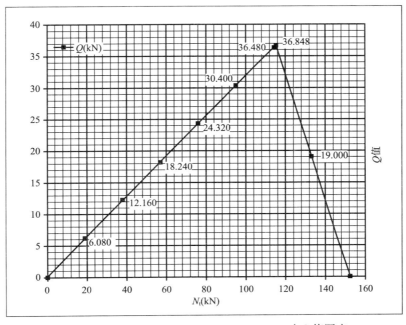

附图 1.7-2　M22 G10.9S Q235 $e_1 = 1.25 e_2$ 时 Q 值图表

附 1.8 M22 G10.9S Q235 $e_1 = 1.5d_0$ 时 计算列表

<table>
<tr><td rowspan="12">计算条件</td><td colspan="2">螺栓等级</td><td colspan="2">10.9S</td><td rowspan="8"></td></tr>
<tr><td colspan="2">螺栓规格</td><td colspan="2">M22</td></tr>
<tr><td colspan="2">连接板材料</td><td colspan="2">Q235</td></tr>
<tr><td colspan="2">$d=$</td><td>22</td><td>mm</td></tr>
<tr><td colspan="2">$d_0=$</td><td>24</td><td>mm</td></tr>
<tr><td colspan="2">预拉力 $P=$</td><td>190</td><td>kN</td></tr>
<tr><td colspan="2">$f=$</td><td>235</td><td>N/mm²</td></tr>
<tr><td colspan="2">$e_2 = 1.5d_0 =$</td><td>36</td><td>mm</td></tr>
<tr><td colspan="2">$b = 3d_0 =$</td><td>72</td><td>mm</td><td rowspan="5">T形件受拉件受力简图</td></tr>
<tr><td colspan="2">取 $e_1 = e_2$</td><td>36</td><td>mm</td></tr>
<tr><td colspan="2">$N_t^b = 0.8P =$</td><td>152</td><td>kN</td></tr>
<tr><td colspan="2">$N_t' = \dfrac{5N_t^b}{2\rho+5} =$</td><td>108.571</td><td>kN</td></tr>
<tr><td></td><td colspan="2">$t_{ec} = \sqrt{\dfrac{4e_2 N_t^b}{bf}} =$</td><td>35.967</td><td>mm</td><td></td></tr>
</table>

计算列表		N_t (kN)							
		0.1P	0.2P	0.3P	0.4P	0.5P	N_t'	0.6P	0.7P
		19	38	57	76	95	108.57	114	133
1	$\rho = \dfrac{e_2}{e_1} =$	1.000	1.000	1.000	1.000	1.000	1.000	1.000	1.000
2	$\beta = \dfrac{1}{\rho}\left(\dfrac{N_t^b}{N_t}-1\right) =$	7.000	3.000	1.667	1.000	0.600	0.400	0.333	0.143
3	$\delta = 1 - \dfrac{d_0}{b} =$	0.667	0.667	0.667	0.667	0.667	0.667	0.667	0.667
4	α'	1.000	1.000	1.000	1.000	1.000	1.000	1.000	1.000
5	$\alpha' = \dfrac{1}{\delta}\left(\dfrac{\beta}{1-\beta}\right) =$	−1.750	−2.250	−3.750	/	2.250	1.000	0.750	0.250
6	判断 β 值，最终 α' 取	1.000	1.000	1.000	1.000	1.000	1.000	0.750	0.250
7	$\Psi = 1 + \delta\alpha'$	1.667	1.667	1.667	1.667	1.667	1.667	1.500	1.167
8	$t_e = \sqrt{\dfrac{4e_2 N_t}{\Psi bf}} =$	9.850	13.930	17.061	19.700	22.025	23.546	25.432	31.148
9	$\alpha = \dfrac{1}{\delta}\left[\dfrac{N_t}{N_t^b}\left(\dfrac{t_{ce}}{t}\right)^2 -1\right] =$	1.000	1.000	1.000	1.000	1.000	1.000	0.750	0.250
10	$Q = N_t^b\left[\delta\alpha\rho\left(\dfrac{t_e}{t_{ec}}\right)^2\right] =$	7.600	15.200	22.800	30.400	38.000	43.429	38.000	19.000
11	$N_t + Q$	26.600	53.200	79.800	106.400	133.000	152.000	152.000	152.000

说明	
b——按一排螺栓覆盖的翼缘板（端板）计算宽度（mm）；	e_1——螺栓中心到 T 形件翼缘边缘的距离（mm）；
e_2——螺栓中心到 T 形件腹板边缘的距离（mm）；	t_{ec}——T 形件翼缘板的最小厚度；
N_t——一个高强度螺栓的轴向拉力；	N_t^b——一个受拉高强度螺栓的受拉承载力；
t_e——受拉 T 形件翼缘板的厚度；	Ψ——撬力影响系数； δ——翼缘板截面系数；
α'——系数，$\beta \geqslant 1.0$ 时，α' 取 1.0；$\beta < 1.0$ 时，$\alpha' = [\beta/(1-\beta)]/\delta$，且满足 $\alpha' \leqslant 1.0$；	
β——系数； ρ——系数； Q——撬力； α——系数 $\geqslant 0$； N_t'——Q 为最大值时，对应的 N_t 值	

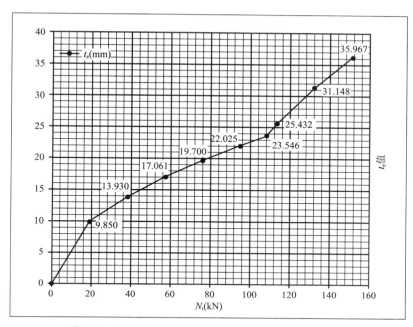

附图 1.8-1　M22 G10.9S Q235 $e_1 = 1.5d_0$ 时 t_e 值图表

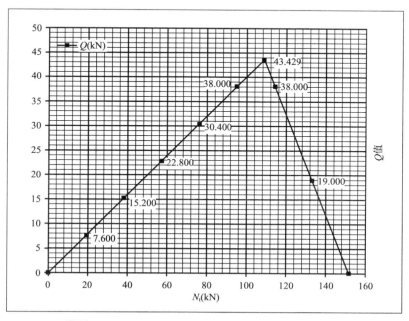

附图 1.8-2　M22 G10.9S Q235 $e_1 = 1.5d_0$ 时 Q 值图表

附 1.9 M24 G10.9S Q235 $e_1 = 1.25e_2$ 时 计算列表

<table>
<tr><td rowspan="13">计算条件</td><td colspan="2">螺栓等级</td><td colspan="2">10.9S</td><td rowspan="10"></td></tr>
<tr><td colspan="2">螺栓规格</td><td colspan="2">M24</td></tr>
<tr><td colspan="2">连接板材料</td><td colspan="2">Q235</td></tr>
<tr><td colspan="2">$d=$</td><td>24</td><td>mm</td></tr>
<tr><td colspan="2">$d_0=$</td><td>26</td><td>mm</td></tr>
<tr><td colspan="2">预拉力 $P=$</td><td>225</td><td>kN</td></tr>
<tr><td colspan="2">$f=$</td><td>235</td><td>N/mm^2</td></tr>
<tr><td colspan="2">$e_2 = 1.5d_0 =$</td><td>39</td><td>mm</td></tr>
<tr><td colspan="2">$b = 3d_0 =$</td><td>78</td><td>mm</td></tr>
<tr><td colspan="2">取 $e_1 = 1.25e_2$</td><td>48.75</td><td>mm</td></tr>
<tr><td colspan="2">$N_t^b = 0.8P =$</td><td>180</td><td>kN</td><td>T形件受拉件受力简图</td></tr>
<tr><td colspan="2">$N_t' = \dfrac{5N_t^b}{2\rho+5} =$</td><td>136.364</td><td>kN</td><td></td></tr>
<tr><td colspan="2">$t_{ec} = \sqrt{\dfrac{4e_2 N_t^b}{bf}} =$</td><td>39.140</td><td>mm</td><td></td></tr>
</table>

<table>
<tr><td rowspan="2" colspan="2">计算列表</td><td colspan="8">N_t （kN）</td></tr>
<tr><td>0.1P</td><td>0.2P</td><td>0.3P</td><td>0.4P</td><td>0.5P</td><td>0.6P</td><td>N_t'</td><td>0.7P</td></tr>
<tr><td colspan="2"></td><td>22.5</td><td>45</td><td>67.5</td><td>90</td><td>112.5</td><td>135</td><td>136.36</td><td>157.5</td></tr>
<tr><td>1</td><td>$\rho = \dfrac{e_2}{e_1} =$</td><td>0.800</td><td>0.800</td><td>0.800</td><td>0.800</td><td>0.800</td><td>0.800</td><td>0.800</td><td>0.800</td></tr>
<tr><td>2</td><td>$\beta = \dfrac{1}{\rho}\left(\dfrac{N_t^b}{N_t}-1\right) =$</td><td>8.750</td><td>3.750</td><td>2.083</td><td>1.250</td><td>0.750</td><td>0.417</td><td>0.400</td><td>0.179</td></tr>
<tr><td>3</td><td>$\delta = 1 - \dfrac{d_0}{b} =$</td><td>0.667</td><td>0.667</td><td>0.667</td><td>0.667</td><td>0.667</td><td>0.667</td><td>0.667</td><td>0.667</td></tr>
<tr><td>4</td><td>α'</td><td>1.000</td><td>1.000</td><td>1.000</td><td>1.000</td><td>1.000</td><td>1.000</td><td>1.000</td><td>1.000</td></tr>
<tr><td>5</td><td>$\alpha' = \dfrac{1}{\delta}\left(\dfrac{\beta}{1-\beta}\right) =$</td><td>-1.694</td><td>-2.045</td><td>-2.885</td><td>-7.500</td><td>4.500</td><td>1.071</td><td>1.000</td><td>0.326</td></tr>
<tr><td>6</td><td>判断 β 值，最终 α' 取</td><td>1.000</td><td>1.000</td><td>1.000</td><td>1.000</td><td>1.000</td><td>1.000</td><td>1.000</td><td>0.326</td></tr>
<tr><td>7</td><td>$\Psi = 1 + \delta\alpha'$</td><td>1.667</td><td>1.667</td><td>1.667</td><td>1.667</td><td>1.667</td><td>1.667</td><td>1.667</td><td>1.217</td></tr>
<tr><td>8</td><td>$t_e = \sqrt{\dfrac{4e_2 N_t}{\Psi bf}} =$</td><td>10.719</td><td>15.159</td><td>18.566</td><td>21.438</td><td>23.968</td><td>26.256</td><td>26.388</td><td>33.182</td></tr>
<tr><td>9</td><td>$\alpha = \dfrac{1}{\delta}\left[\dfrac{N_t}{N_t^b}\left(\dfrac{t_{ce}}{t}\right)^2 - 1\right] =$</td><td>1.000</td><td>1.000</td><td>1.000</td><td>1.000</td><td>1.000</td><td>1.000</td><td>1.000</td><td>0.326</td></tr>
<tr><td>10</td><td>$Q = N_t^b\left[\delta\alpha\rho\left(\dfrac{t_e}{t_{ec}}\right)^2\right] =$</td><td>7.200</td><td>14.400</td><td>21.600</td><td>28.800</td><td>36.000</td><td>43.200</td><td>43.636</td><td>22.500</td></tr>
<tr><td>11</td><td>$N_t + Q$</td><td>29.700</td><td>59.400</td><td>89.100</td><td>118.800</td><td>148.500</td><td>178.200</td><td>180.000</td><td>180.000</td></tr>
</table>

说明

b——按一排螺栓覆盖的翼缘板（端板）计算宽度（mm）；　　e_1——螺栓中心到 T 形件翼缘边缘的距离（mm）；

e_2——螺栓中心到 T 形件腹板边缘的距离（mm）；　　t_{ec}——T 形件翼缘板的最小厚度；

N_t——一个高强度螺栓的轴向拉力；　　N_t^b——一个受拉高强度螺栓的受拉承载力；

t_e——受拉 T 形件翼缘板的厚度；　　Ψ——撬力影响系数；　　δ——翼缘板截面系数；

α'——系数，$\beta \geq 1.0$ 时，α' 取 1.0，$\beta < 1.0$ 时，$\alpha' = [\beta/(1-\beta)]/\delta$，且满足 $\alpha' \leq 1.0$；

β——系数；　　ρ——系数；　　Q——撬力；　　α——系数 ≥ 0；　　N_t'—— Q 为最大值时，对应的 N_t 值

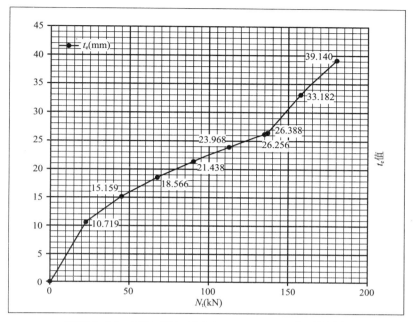

附图 1.9-1　M24 G10.9S Q235 $e_1 = 1.25e_2$ 时 t_e 值图表

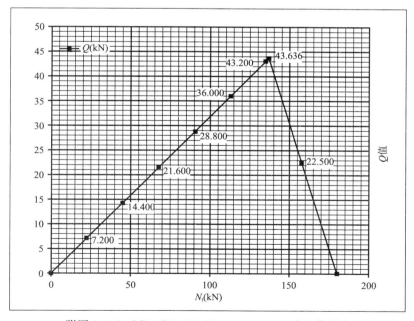

附图 1.9-2　M24 G10.9S Q235 $e_1 = 1.25e_2$ 时 Q 值图表

附 1.10 M24 G10.9S Q235 $e_1 = 1.5d_0$ 时 计算列表

<table>
<tr><td rowspan="13">计算条件</td><td>螺栓等级</td><td colspan="2">10.9S</td></tr>
<tr><td>螺栓规格</td><td colspan="2">M24</td></tr>
<tr><td>连接板材料</td><td colspan="2">Q235</td></tr>
<tr><td>$d =$</td><td>24</td><td>mm</td></tr>
<tr><td>$d_0 =$</td><td>26</td><td>mm</td></tr>
<tr><td>预拉力 $P =$</td><td>225</td><td>kN</td></tr>
<tr><td>$f =$</td><td>235</td><td>N/mm²</td></tr>
<tr><td>$e_2 = 1.5d_0 =$</td><td>39</td><td>mm</td></tr>
<tr><td>$b = 3d_0 =$</td><td>78</td><td>mm</td></tr>
<tr><td>取 $e_1 = e_2 =$</td><td>39</td><td>mm</td></tr>
<tr><td>$N_t^b = 0.8P =$</td><td>180</td><td>kN</td></tr>
<tr><td>$N_t' = \dfrac{5N_t^b}{2\rho + 5} =$</td><td>128.571</td><td>kN</td></tr>
<tr><td>$t_{ec} = \sqrt{\dfrac{4e_2 N_t^b}{bf}} =$</td><td>39.140</td><td>mm</td></tr>
</table>

T形件受拉件受力简图

计算列表		N_t（kN）							
		0.1P	0.2P	0.3P	0.4P	0.5P	N_t'	0.6P	0.7P
		22.5	45	67.5	90	112.5	128.57	135	157.5
1	$\rho = \dfrac{e_2}{e_1} =$	1.000	1.000	1.000	1.000	1.000	1.000	1.000	1.000
2	$\beta = \dfrac{1}{\rho}\left(\dfrac{N_t^b}{N_t} - 1\right) =$	7.000	3.000	1.667	1.000	0.600	0.400	0.333	0.143
3	$\delta = 1 - \dfrac{d_0}{b} =$	0.667	0.667	0.667	0.667	0.667	0.667	0.667	0.667
4	α'	1.000	1.000	1.000	1.000	1.000	1.000	1.000	
5	$\alpha' = \dfrac{1}{\delta}\left(\dfrac{\beta}{1-\beta}\right) =$	−1.750	−2.250	−3.750	/	2.250	1.000	0.750	0.250
6	判断 β 值，最终 α' 取	1.000	1.000	1.000	1.000	1.000	1.000	0.750	0.250
7	$\Psi = 1 + \delta\alpha'$	1.667	1.667	1.667	1.667	1.667	1.667	1.500	1.167
8	$t_e = \sqrt{\dfrac{4e_2 N_t}{\Psi bf}} =$	10.719	15.159	18.566	21.438	23.968	25.623	27.676	33.896
9	$\alpha = \dfrac{1}{\delta}\left[\dfrac{N_t}{N_t^b}\left(\dfrac{t_{ce}}{t}\right)^2 - 1\right] =$	1.000	1.000	1.000	1.000	1.000	1.000	0.750	0.250
10	$Q = N_t^b\left[\delta\alpha\rho\left(\dfrac{t_e}{t_{ec}}\right)^2\right] =$	9.000	18.000	27.000	36.000	45.000	51.429	45.000	22.500
11	$N_t + Q$	31.500	63.000	94.500	126.000	157.500	180.000	180.000	180.000

说明	
b——按一排螺栓覆盖的翼缘板（端板）计算宽度（mm）；	e_1——螺栓中心到T形件翼缘板边缘的距离（mm）；
e_2——螺栓中心到T形件腹板边缘的距离（mm）；	t_{ec}——T形件翼缘板的最小厚度；
N_t——一个高强度螺栓的轴向拉力；	N_t^b——一个受拉高强度螺栓的受拉承载力；
t_e——受拉T形件翼缘板的厚度；	Ψ——撬力影响系数；	δ——翼缘板截面系数；

α'——系数，$\beta \geq 1.0$ 时，α' 取 1.0；$\beta < 1.0$ 时，$\alpha' = [\beta/(1-\beta)]/\delta$，且满足 $\alpha' \leq 1.0$；

β——系数；　ρ——系数；　Q——撬力；　α——系数 ≥ 0；　N_t'—— Q 为最大值时，对应的 N_t 值

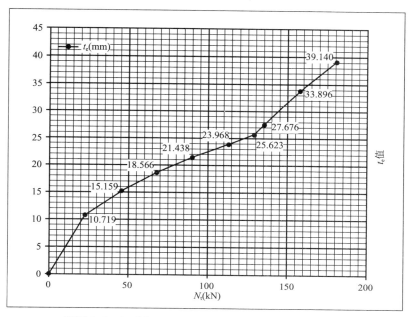

附图 1.10-1　M24 G10.9S Q235 $e_1 = 1.5d_0$ 时 t_e 值图表

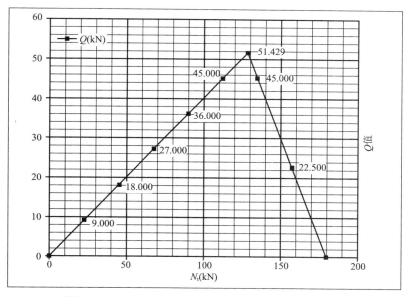

附图 1.10-2　M24 G10.9S Q235 $e_1 = 1.5d_0$ 时 Q 值图表

附1.11 M27 G10.9S Q235 $e_1=1.25e_2$ 时 计算列表

<table>
<tr><td rowspan="11">计算
条
件</td><td>螺栓等级</td><td colspan="2">10.9S</td></tr>
<tr><td>螺栓规格</td><td colspan="2">M27</td></tr>
<tr><td>连接板材料</td><td colspan="2">Q235</td></tr>
<tr><td>$d=$</td><td>27</td><td>mm</td></tr>
<tr><td>$d_0=$</td><td>30</td><td>mm</td></tr>
<tr><td>预拉力 $P=$</td><td>290</td><td>kN</td></tr>
<tr><td>$f=$</td><td>235</td><td>N/mm²</td></tr>
<tr><td>$e_2=1.5d_0=$</td><td>45</td><td>mm</td></tr>
<tr><td>$b=3d_0=$</td><td>90</td><td>mm</td></tr>
<tr><td>取 $e_1=1.25e_2$</td><td>56.25</td><td>mm</td></tr>
<tr><td>$N_t^b=0.8P=$</td><td>232</td><td>kN</td></tr>
</table>

T形件受拉件受力简图

		$N_t^b=0.8P=$	232	kN
	$N'_t=\dfrac{5N_t^b}{2\rho+5}=$	175.758	kN
	$t_{ec}=\sqrt{\dfrac{4e_2N_t^b}{bf}}=$	44.435	mm

计算列表		N_t (kN)							
		0.1P	0.2P	0.3P	0.4P	0.5P	0.6P	N'_t	0.7P
		29	58	87	116	145	174	175.75	203
1	$\rho=\dfrac{e_2}{e_1}=$	0.800	0.800	0.800	0.800	0.800	0.800	0.800	0.800
2	$\beta=\dfrac{1}{\rho}\left(\dfrac{N_t^b}{N_t}-1\right)=$	8.750	3.750	2.083	1.250	0.750	0.417	0.400	0.179
3	$\delta=1-\dfrac{d_0}{b}=$	0.667	0.667	0.667	0.667	0.667	0.667	0.667	0.667
4	α'	1.000	1.000	1.000	1.000	1.000	1.000	1.000	1.000
5	$\alpha'=\dfrac{1}{\delta}\left(\dfrac{\beta}{1-\beta}\right)=$	−1.694	−2.045	−2.885	−7.500	4.500	1.071	1.000	0.326
6	判断 β 值，最终 α' 取	1.000	1.000	1.000	1.000	1.000	1.000	1.000	0.326
7	$\Psi=1+\delta\alpha'$	1.667	1.667	1.667	1.667	1.667	1.667	1.667	1.217
8	$t_e=\sqrt{\dfrac{4e_2N_t}{\Psi bf}}=$	12.169	17.210	21.077	24.338	27.211	29.808	29.958	37.672
9	$\alpha=\dfrac{1}{\delta}\left[\dfrac{N_t}{N_t^b}\left(\dfrac{t_{ce}}{t}\right)^2-1\right]=$	1.000	1.000	1.000	1.000	1.000	1.000	1.000	0.326
10	$Q=N_t^b\left[\delta\alpha\rho\left(\dfrac{t_e}{t_{ec}}\right)^2\right]=$	9.280	18.560	27.840	37.120	46.400	55.680	56.242	29.000
11	N_t+Q	38.280	76.560	114.840	153.120	191.400	229.680	232.000	232.000

说 明	b——按一排螺栓覆盖的翼缘板（端板）计算宽度（mm）；　　e_1——螺栓中心到T形件翼缘边缘的距离（mm）；
	e_2——螺栓中心到T形件腹板边缘的距离（mm）；　　t_{ec}——T形件翼缘板的最小厚度；
	N_t——一个高强度螺栓的轴向拉力；　　　　　　N_t^b——一个受拉高强度螺栓的受拉承载力；
	t_e——受拉T形件翼缘板的厚度；　　Ψ——撬力影响系数；　　δ——翼缘板截面系数；
	α'——系数，$\beta\geq1.0$时，α'取1.0；$\beta<1.0$时，$\alpha'=[\beta/(1-\beta)]/\delta$，且满足$\alpha'\leq1.0$；
	β——系数；　　ρ——系数；　　Q——撬力；　　α——系数≥0；　　N'_t——Q为最大值时，对应的N_t值

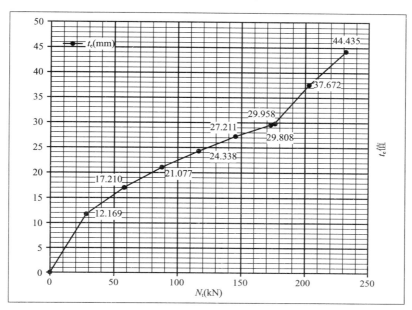

附图 1.11-1　M27 G10.9S Q235 $e_1 = 1.25e_2$ 时 t_e 值图表

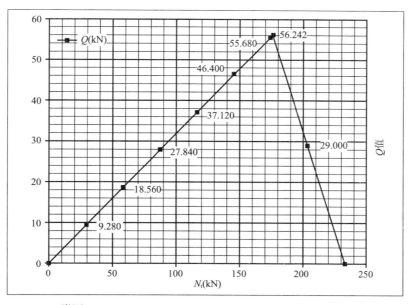

附图 1.11-2　M27 G10.9S Q235 $e_1 = 1.25e_2$ 时 Q 值图表

附 1.12 M27 G10.9S Q235 $e_1=1.5d_0$ 时 计算列表

<table>
<tr><td rowspan="13">计算条件</td><td>螺栓等级</td><td colspan="2">10.9S</td></tr>
<tr><td>螺栓规格</td><td colspan="2">M27</td></tr>
<tr><td>连接板材料</td><td colspan="2">Q235</td></tr>
<tr><td>$d=$</td><td>27</td><td>mm</td></tr>
<tr><td>$d_0=$</td><td>30</td><td>mm</td></tr>
<tr><td>预拉力 $P=$</td><td>290</td><td>kN</td></tr>
<tr><td>$f=$</td><td>235</td><td>N/mm²</td></tr>
<tr><td>$e_2=1.5d_0=$</td><td>45</td><td>mm</td></tr>
<tr><td>$b=3d_0=$</td><td>90</td><td>mm</td></tr>
<tr><td>取 $e_1=e_2$</td><td>45</td><td>mm</td></tr>
<tr><td>$N_t^b=0.8P=$</td><td>232</td><td>kN</td></tr>
<tr><td>$N_t'=\dfrac{5N_t^b}{2\rho+5}=$</td><td>165.714</td><td>kN</td></tr>
<tr><td>$t_{ec}=\sqrt{\dfrac{4e_2N_t^b}{bf}}=$</td><td>44.435</td><td>mm</td></tr>
</table>

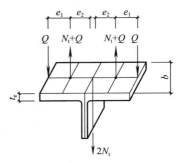

T形件受拉件受力简图

计算列表	N_t (kN)							
	0.1P	0.2P	0.3P	0.4P	0.5P	N_t'	0.6P	0.7P
	29	58	87	116	145	165.71	174	203
1 $\rho=\dfrac{e_2}{e_1}=$	1.000	1.000	1.000	1.000	1.000	1.000	1.000	1.000
2 $\beta=\dfrac{1}{\rho}\left(\dfrac{N_t^b}{N_t}-1\right)=$	7.000	3.000	1.667	1.000	0.600	0.400	0.333	0.143
3 $\delta=1-\dfrac{d_0}{b}=$	0.667	0.667	0.667	0.667	0.667	0.667	0.667	0.667
4 α'	1.000	1.000	1.000	1.000	1.000	1.000	1.000	1.000
5 $\alpha'=\dfrac{1}{\delta}\left(\dfrac{\beta}{1-\beta}\right)=$	−1.750	−2.250	−3.750	/	2.250	1.000	0.750	0.250
6 判断 β 值,最终 α' 取	1.000	1.000	1.000	1.000	1.000	1.000	0.750	0.250
7 $\Psi=1+\delta\alpha'$	1.667	1.667	1.667	1.667	1.667	1.667	1.500	1.167
8 $t_e=\sqrt{\dfrac{4e_2N_t}{\Psi bf}}=$	12.169	17.210	21.077	24.338	27.211	29.090	31.420	38.482
9 $\alpha=\dfrac{1}{\delta}\left[\dfrac{N_t}{N_t^b}\left(\dfrac{t_{ce}}{t}\right)^2-1\right]=$	1.000	1.000	1.000	1.000	1.000	1.000	0.750	0.250
10 $Q=N_t^b\left[\delta\alpha\rho\left(\dfrac{t_e}{t_{ec}}\right)^2\right]=$	11.600	23.200	34.800	46.400	58.000	66.286	58.000	29.000
11 N_t+Q	40.600	81.200	121.800	162.400	203.000	232.000	232.000	232.000

<table>
<tr><td rowspan="7">说明</td><td colspan="2">b——按一排螺栓覆盖的翼缘板(端板)计算宽度(mm); e_1——螺栓中心到T形件翼缘板边缘的距离(mm);</td></tr>
<tr><td colspan="2">e_2——螺栓中心到T形件腹板边缘的距离(mm); t_{ec}——T形件翼缘板的最小厚度;</td></tr>
<tr><td colspan="2">N_t——一个高强度螺栓的轴向拉力; N_t^b——一个受拉高强度螺栓的受拉承载力;</td></tr>
<tr><td colspan="2">t_e——受拉T形件翼缘板的厚度; Ψ——撬力影响系数; δ——翼缘板截面系数;</td></tr>
<tr><td colspan="2">α'——系数,$\beta\geqslant 1.0$时,α'取 1.0;$\beta<1.0$时,$\alpha'=[\beta/(1-\beta)]/\delta$,且满足$\alpha'\leqslant 1.0$;</td></tr>
<tr><td colspan="2">β——系数; ρ——系数; Q——撬力; α——系数$\geqslant 0$; N_t'——Q为最大值时,对应的 N_t 值</td></tr>
</table>

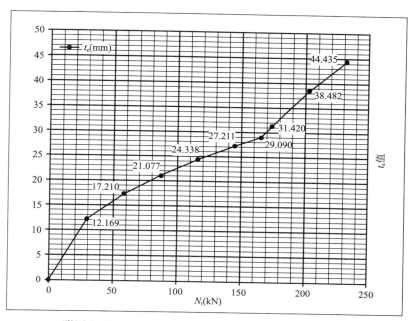

附图 1.12-1 M27 G10.9S Q235 $e_1 = 1.5d_0$ 时 t_e 值图表

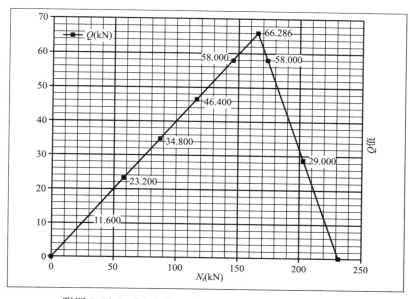

附图 1.12-2 M27 G10.9S Q235 $e_1 = 1.5d_0$ 时 Q 值图表

附 1.13 M30 G10.9S Q235 $e_1 = 1.25e_2$ 时 计算列表

<table>
<tr><td rowspan="13">计算条件</td><td colspan="2">螺栓等级</td><td colspan="2">10.9S</td><td></td></tr>
<tr><td colspan="2">螺栓规格</td><td colspan="2">M30</td><td></td></tr>
<tr><td colspan="2">连接板材料</td><td colspan="2">Q235</td><td></td></tr>
<tr><td colspan="2">$d =$</td><td>30</td><td>mm</td><td></td></tr>
<tr><td colspan="2">$d_0 =$</td><td>33</td><td>mm</td><td></td></tr>
<tr><td colspan="2">预拉力 $P =$</td><td>335</td><td>kN</td><td></td></tr>
<tr><td colspan="2">$f =$</td><td>235</td><td>N/mm²</td><td></td></tr>
<tr><td colspan="2">$e_2 = 1.5d_0 =$</td><td>49.5</td><td>mm</td><td></td></tr>
<tr><td colspan="2">$b = 3d_0 =$</td><td>99</td><td>mm</td><td></td></tr>
<tr><td colspan="2">取 $e_1 = 1.25e_2$</td><td>61.875</td><td>mm</td><td></td></tr>
<tr><td colspan="2">$N_t^b = 0.8P =$</td><td>268</td><td>kN</td><td></td></tr>
<tr><td colspan="2">$N_t' = \dfrac{5N_t^b}{2\rho + 5} =$</td><td>203.030</td><td>kN</td><td></td></tr>
<tr><td colspan="2">$t_{ec} = \sqrt{\dfrac{4e_2 N_t^b}{bf}} =$</td><td>47.758</td><td>mm</td><td></td></tr>
</table>

T形件受拉件受力简图

计算列表		N_t (kN)							
		0.1P	0.2P	0.3P	0.4P	0.5P	0.6P	N_t'	0.7P
		33.5	67	100.5	134	167.5	201	203.03	234.5
1	$\rho = \dfrac{e_2}{e_1} =$	0.800	0.800	0.800	0.800	0.800	0.800	0.800	0.800
2	$\beta = \dfrac{1}{\rho}\left(\dfrac{N_t^b}{N_t} - 1\right) =$	8.750	3.750	2.083	1.250	0.750	0.417	0.400	0.179
3	$\delta = 1 - \dfrac{d_0}{b} =$	0.667	0.667	0.667	0.667	0.667	0.667	0.667	0.667
4	α'	1.000	1.000	1.000	1.000	1.000	1.000	1.000	1.000
5	$\alpha' = \dfrac{1}{\delta}\left(\dfrac{\beta}{1-\beta}\right) =$	−1.694	−2.045	−2.885	−7.500	4.500	1.071	1.000	0.326
6	判断 β 值,最终 α' 取	1.000	1.000	1.000	1.000	1.000	1.000	1.000	0.326
7	$\Psi = 1 + \delta\alpha'$	1.667	1.667	1.667	1.667	1.667	1.667	1.667	1.217
8	$t_e = \sqrt{\dfrac{4e_2 N_t}{\Psi bf}} =$	13.079	18.497	22.654	26.158	29.246	32.037	32.199	40.489
9	$\alpha = \dfrac{1}{\delta}\left[\dfrac{N_t}{N_t^b}\left(\dfrac{t_{ce}}{t}\right)^2 - 1\right] =$	1.000	1.000	1.000	1.000	1.000	1.000	1.000	0.326
10	$Q = N_t^b\left[\delta\alpha\rho\left(\dfrac{t_e}{t_{ce}}\right)^2\right] =$	10.720	21.440	32.160	42.880	53.600	64.320	64.970	33.500
11	$N_t + Q$	44.220	88.440	132.660	176.880	221.100	265.320	268.000	268.000

说明	
b——按一排螺栓覆盖的翼缘板（端板）计算宽度（mm）;	e_1——螺栓中心到T形件翼缘边缘的距离（mm）;
e_2——螺栓中心到T形件腹板边缘的距离（mm）;	t_{ec}——T形件翼缘板的最小厚度;
N_t——一个高强度螺栓的轴向拉力;	N_t^b——一个受拉高强度螺栓的受拉承载力;
t_e——受拉T形件翼缘板的厚度;	Ψ——撬力影响系数;	δ——翼缘板截面系数;
α'——系数, $\beta \geq 1.0$ 时, α' 取 1.0; $\beta < 1.0$ 时, $\alpha' = [\beta/(1-\beta)]/\delta$, 且满足 $\alpha' \leq 1.0$;	
β——系数; ρ——系数; Q——撬力; α——系数 ≥ 0; N_t'——Q 为最大值时,对应的 N_t 值	

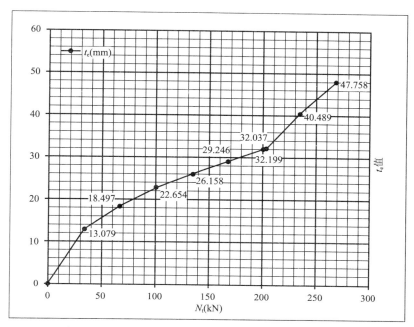

附图 1.13-1　M30 G10.9S Q235 $e_1 = 1.25e_2$ 时 t_e 值图表

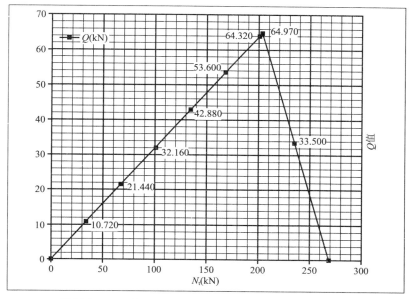

附图 1.13-2　M30 G10.9S Q235 $e_1 = 1.25e_2$ 时 Q 值图表

附 1.14 M30 G10.9S Q235 $e_1 = 1.5d_0$ 时 计算列表

计算条件				
	螺栓等级	10.9S		
	螺栓规格	M30		
	连接板材料	Q235		
	$d =$	30	mm	
	$d_0 =$	33	mm	
	预拉力 $P =$	335	kN	
	$f =$	235	N/mm²	
	$e_2 = 1.5d_0 =$	49.5	mm	
	$b = 3d_0 =$	99	mm	
	取 $e_1 = e_2$	49.5	mm	
	$N_t^b = 0.8P =$	268	kN	
	$N_t' = \dfrac{5N_t^b}{2\rho + 5} =$	191.429	kN	
	$t_{ec} = \sqrt{\dfrac{4e_2 N_t^b}{bf}} =$	47.758	mm	

T形件受拉件受力简图

计算列表		N_t（kN）							
		$0.1P$	$0.2P$	$0.3P$	$0.4P$	$0.5P$	N_t'	$0.6P$	$0.7P$
		33.5	67	100.5	134	167.5	191.42	201	234.5
1	$\rho = \dfrac{e_2}{e_1} =$	1.000	1.000	1.000	1.000	1.000	1.000	1.000	1.000
2	$\beta = \dfrac{1}{\rho}\left(\dfrac{N_t^b}{N_t} - 1\right) =$	7.000	3.000	1.667	1.000	0.600	0.400	0.333	0.143
3	$\delta = 1 - \dfrac{d_0}{b} =$	0.667	0.667	0.667	0.667	0.667	0.667	0.667	0.667
4	α'	1.000	1.000	1.000	1.000	1.000	1.000	1.000	1.000
5	$\alpha' = \dfrac{1}{\delta}\left(\dfrac{\beta}{1-\beta}\right) =$	−1.750	−2.250	−3.750	/	2.250	1.000	0.750	0.250
6	判断 β 值，最终 α' 取	1.000	1.000	1.000	1.000	1.000	1.000	0.750	0.250
7	$\Psi = 1 + \delta\alpha'$	1.667	1.667	1.667	1.667	1.667	1.667	1.500	1.167
8	$t_e = \sqrt{\dfrac{4e_2 N_t}{\Psi bf}} =$	13.079	18.497	22.654	26.158	29.246	31.265	33.770	41.360
9	$\alpha = \dfrac{1}{\delta}\left[\dfrac{N_t}{N_t^b}\left(\dfrac{t_{ce}}{t}\right)^2 - 1\right] =$	1.000	1.000	1.000	1.000	1.000	1.000	0.750	0.250
10	$Q = N_t^b\left[\delta\alpha\rho\left(\dfrac{t_e}{t_{ce}}\right)^2\right] =$	13.400	26.800	40.200	53.600	67.000	76.571	67.000	33.500
11	$N_t + Q$	46.900	93.800	140.700	187.600	234.500	268.000	268.000	268.000

说明	
b——按一排螺栓覆盖的翼缘板（端板）计算宽度（mm）;	e_1——螺栓中心到 T 形件翼缘边缘的距离（mm）;
e_2——螺栓中心到 T 形件腹板边缘的距离（mm）;	t_{ec}——T 形件翼缘板的最小厚度;
N_t——一个高强度螺栓的轴向拉力;	N_t^b——一个受拉高强度螺栓的受拉承载力;
t_e——受拉 T 形件翼缘板的厚度;	Ψ——撬力影响系数; δ——翼缘板截面系数;
α'——系数，$\beta \geq 1.0$ 时，α' 取 1.0; $\beta < 1.0$ 时，$\alpha' = [\beta/(1-\beta)]/\delta$，且满足 $\alpha' \leqslant 1.0$;	
β——系数; ρ——系数; Q——撬力; α——系数 ≥ 0; N_t'——Q 为最大值时，对应的 N_t 值	

246

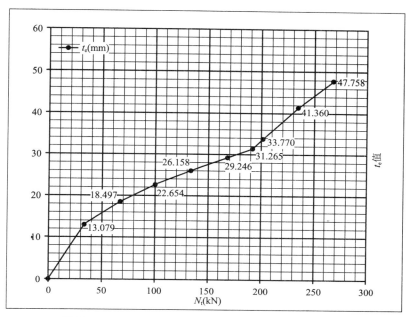

附图 1.14-1 M30 G10.9S Q235 $e_1 = 1.5d_0$ 时 t_e 值图表

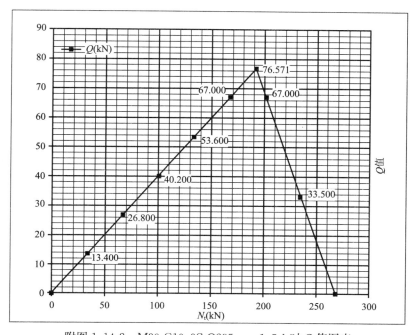

附图 1.14-2 M30 G10.9S Q235 $e_1 = 1.5d_0$ 时 Q 值图表

附2 高强度螺栓连接副（8.8S）＋Q235连接板材

附2.1 M12 G8.8S Q235 $e_1=1.25e_2$时 计算列表

计算条件		
螺栓等级	8.8S	
螺栓规格	M12	
连接板材料	Q235	
$d=$	12	mm
$d_0=$	13.5	mm
预拉力 $P=$	45	kN
$f=$	235	N/mm²
$e_2=1.5d_0=$	20.25	mm
$b=3d_0=$	40.5	mm
取 $e_1=1.25e_2$	25.3125	mm
$N_t^b=0.8P=$	36	kN
$N_t'=\dfrac{5N_t^b}{2\rho+5}=$	27.273	kN
$t_{ec}=\sqrt{\dfrac{4e_2N_t^b}{bf}}=$	17.504	mm

T形件受拉件受力简图

	计算列表	N_t (kN)							
		$0.1P$	$0.2P$	$0.3P$	$0.4P$	$0.5P$	$0.6P$	N_t'	$0.7P$
		4.5	9	13.5	18	22.5	27	27.273	31.5
1	$\rho=\dfrac{e_2}{e_1}=$	0.800	0.800	0.800	0.800	0.800	0.800	0.800	0.800
2	$\beta=\dfrac{1}{\rho}\left(\dfrac{N_t^b}{N_t}-1\right)=$	8.750	3.750	2.083	1.250	0.750	0.417	0.400	0.179
3	$\delta=1-\dfrac{d_0}{b}=$	0.667	0.667	0.667	0.667	0.667	0.667	0.667	0.667
4	α'	1.000	1.000	1.000	1.000	1.000	1.000	1.000	1.000
5	$\alpha'=\dfrac{1}{\delta}\left(\dfrac{\beta}{1-\beta}\right)=$	−1.694	−2.045	−2.885	−7.500	4.500	1.071	1.000	0.326
6	判断 β 值,最终 α' 取	1.000	1.000	1.000	1.000	1.000	1.000	1.000	0.326
7	$\Psi=1+\delta\alpha'$	1.667	1.667	1.667	1.667	1.667	1.667	1.667	1.217
8	$t_e=\sqrt{\dfrac{4e_2N_t}{\Psi bf}}=$	4.794	6.779	8.303	9.587	10.719	11.742	11.801	14.840
9	$\alpha=\dfrac{1}{\delta}\left[\dfrac{N_t}{N_t^b}\left(\dfrac{t_{ce}}{t}\right)^2-1\right]=$	1.000	1.000	1.000	1.000	1.000	1.000	1.000	0.326
10	$Q=N_t^b\left[\delta\alpha\rho\left(\dfrac{t_e}{t_{ec}}\right)^2\right]=$	1.440	2.880	4.320	5.760	7.200	8.640	8.727	4.500
11	N_t+Q	5.940	11.880	17.820	23.760	29.700	35.640	36.000	36.000

说明:

b——按一排螺栓覆盖的翼缘板（端板）计算宽度（mm）；　e_1——螺栓中心到T形件翼缘边缘的距离（mm）；

e_2——螺栓中心到T形件腹板边缘的距离（mm）；　t_{ec}——T形件翼缘板的最小厚度；

N_t——一个高强度螺栓的轴向拉力；　N_t^b——一个受拉高强度螺栓的受拉承载力；

t_e——受拉T形件翼缘板的厚度；　Ψ——撬力影响系数；　δ——翼缘板截面系数；

α'——系数，$\beta\geqslant1.0$时，α'取1.0；$\beta<1.0$时，$\alpha'=[\beta/(1-\beta)]/\delta$，且满足 $\alpha'\leqslant1.0$；

β——系数；　ρ——系数；　Q——撬力；　α——系数$\geqslant0$；　N_t'——Q为最大值时，对应的 N_t 值

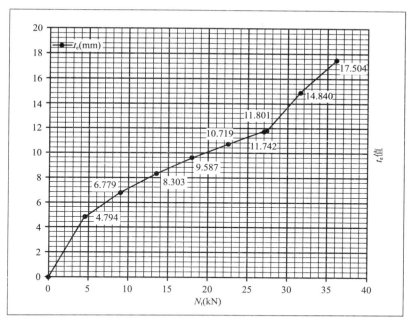

附图 2.1-1　M12 G8.8S Q235 $e_1 = 1.25e_2$ 时 t_e 值图表

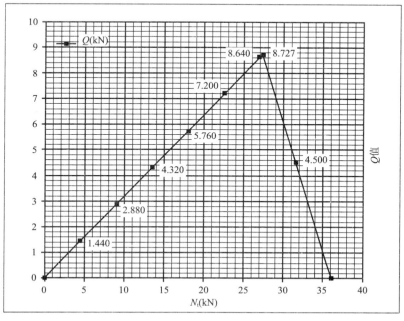

附图 2.1-2　M12 G8.8S Q235 $e_1 = 1.25e_2$ 时 Q 值图表

附 2.2　M12 G8.8S Q235 $e_1 = 1.5d_0$ 时　计算列表

<table>
<tr><td rowspan="16">计算条件</td><td colspan="2">螺栓等级</td><td colspan="2">8.8S</td></tr>
<tr><td colspan="2">螺栓规格</td><td colspan="2">M12</td></tr>
<tr><td colspan="2">连接板材料</td><td colspan="2">Q235</td></tr>
<tr><td colspan="2">$d=$</td><td>12</td><td>mm</td></tr>
<tr><td colspan="2">$d_0=$</td><td>13.5</td><td>mm</td></tr>
<tr><td colspan="2">预拉力 $P=$</td><td>45</td><td>kN</td></tr>
<tr><td colspan="2">$f=$</td><td>235</td><td>N/mm²</td></tr>
<tr><td colspan="2">$e_2=1.5d_0=$</td><td>20.25</td><td>mm</td></tr>
<tr><td colspan="2">$b=3d_0=$</td><td>40.5</td><td>mm</td></tr>
<tr><td colspan="2">取 $e_1=e_2$</td><td>20.25</td><td>mm</td></tr>
<tr><td colspan="2">$N_t^b=0.8P=$</td><td>36</td><td>kN</td></tr>
<tr><td colspan="2">$N_t'=\dfrac{5N_t^b}{2\rho+5}=$</td><td>25.714</td><td>kN</td></tr>
<tr><td colspan="2">$t_{ec}=\sqrt{\dfrac{4e_2 N_t^b}{bf}}=$</td><td>17.504</td><td>mm</td></tr>
</table>

T形件受拉件受力简图

计算列表			N_t (kN)							
			0.1P	0.2P	0.3P	0.4P	0.5P	N_t'	0.6P	0.7P
			4.5	9	13.5	18	22.5	25.714	27	31.5
1	$\rho=\dfrac{e_2}{e_1}=$		1.000	1.000	1.000	1.000	1.000	1.000	1.000	1.000
2	$\beta=\dfrac{1}{\rho}\left(\dfrac{N_t^b}{N_t}-1\right)=$		7.000	3.000	1.667	1.000	0.600	0.400	0.333	0.143
3	$\delta=1-\dfrac{d_0}{b}=$		0.667	0.667	0.667	0.667	0.667	0.667	0.667	0.667
4	α'		1.000	1.000	1.000	1.000	1.000	1.000	1.000	1.000
5	$\alpha'=\dfrac{1}{\delta}\left(\dfrac{\beta}{1-\beta}\right)=$		-1.750	-2.250	-3.750	/	2.250	1.000	0.750	0.250
6	判断 β 值，最终 α' 取		1.000	1.000	1.000	1.000	1.000	1.000	0.750	0.250
7	$\Psi=1+\delta\alpha'$		1.667	1.667	1.667	1.667	1.667	1.667	1.500	1.167
8	$t_e=\sqrt{\dfrac{4e_2 N_t}{\Psi bf}}=$		4.794	6.779	8.303	9.587	10.719	11.459	12.377	15.159
9	$\alpha=\dfrac{1}{\delta}\left[\dfrac{N_t}{N_t^b}\left(\dfrac{t_{ec}}{t}\right)^2-1\right]=$		1.000	1.000	1.000	1.000	1.000	1.000	0.750	0.250
10	$Q=N_t^b\left[\delta\alpha\rho\left(\dfrac{t_e}{t_{ec}}\right)^2\right]=$		1.800	3.600	5.400	7.200	9.000	10.286	9.000	4.500
11	N_t+Q		6.300	12.600	18.900	25.200	31.500	36.000	36.000	36.000

说明	
b——按一排螺栓覆盖的翼缘板（端板）计算宽度（mm）；	e_1——螺栓中心到T形件翼缘边缘的距离（mm）；
e_2——螺栓中心到T形件腹板边缘的距离（mm）；	t_{ec}——T形件翼缘板的最小厚度；
N_t——一个高强度螺栓的轴向拉力；	N_t^b——一个受拉高强度螺栓的受拉承载力；
t_e——受拉T形件翼缘板的厚度；	Ψ——撬力影响系数；　δ——翼缘板截面系数；
α'——系数，$\beta\geqslant1.0$时，α'取 1.0；$\beta<1.0$时，$\alpha'=[\beta/(1-\beta)]/\delta$，且满足 $\alpha'\leqslant1.0$；	
β——系数；　ρ——系数；　Q——撬力；　α——系数≥0；　N_t'——Q为最大值时，对应的 N_t 值	

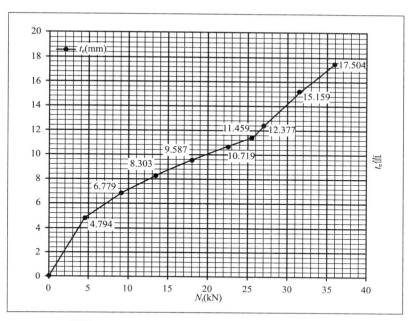

附图 2.2-1　M12 G8.8S Q235 $e_1 = 1.5d_0$ 时 t_e 值图表

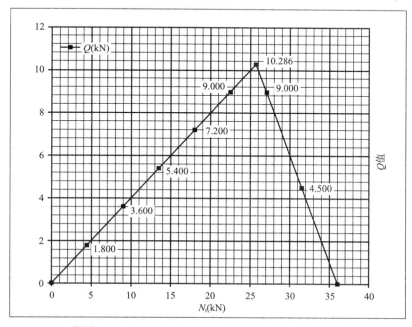

附图 2.2-2　M12 G8.8S Q235 $e_1 = 1.5d_0$ 时 Q 值图表

附2.3 M16 G8.8S Q235 $e_1 = 1.25e_2$ 时 计算列表

计算条件			
螺栓等级	8.8S		
螺栓规格	M16		
连接板材料	Q235		
$d=$	16	mm	
$d_0=$	17.5	mm	
预拉力 $P=$	80	kN	
$f=$	235	N/mm²	
$e_2 = 1.5d_0=$	26.25	mm	
$b = 3d_0=$	52.5	mm	
取 $e_1 = 1.25e_2$	32.8125	mm	
$N_t^b = 0.8P=$	64	kN	
$N_t' = \dfrac{5N_t^b}{2\rho + 5} =$	48.485	kN	
$t_{ec} = \sqrt{\dfrac{4e_2 N_t^b}{bf}} =$	23.338	mm	

T形件受拉件受力简图

	计算列表	N_t（kN）							
		$0.1P$	$0.2P$	$0.3P$	$0.4P$	$0.5P$	$0.6P$	N_t'	$0.7P$
		8	16	24	32	40	48	48.485	56
1	$\rho = \dfrac{e_2}{e_1} =$	0.800	0.800	0.800	0.800	0.800	0.800	0.800	0.800
2	$\beta = \dfrac{1}{\rho}\left(\dfrac{N_t^b}{N_t} - 1\right) =$	8.750	3.750	2.083	1.250	0.750	0.417	0.400	0.179
3	$\delta = 1 - \dfrac{d_0}{b} =$	0.667	0.667	0.667	0.667	0.667	0.667	0.667	0.667
4	α'	1.000	1.000	1.000	1.000	1.000	1.000	1.000	1.000
5	$\alpha' = \dfrac{1}{\delta}\left(\dfrac{\beta}{1-\beta}\right) =$	-1.694	-2.045	-2.885	-7.500	4.500	1.071	1.000	0.326
6	判断 β 值，最终 α' 取	1.000	1.000	1.000	1.000	1.000	1.000	1.000	0.326
7	$\Psi = 1 + \delta\alpha' =$	1.667	1.667	1.667	1.667	1.667	1.667	1.667	1.217
8	$t_e = \sqrt{\dfrac{4e_2 N_t}{\Psi bf}} =$	6.391	9.039	11.070	12.783	14.292	15.656	15.735	19.786
9	$\alpha = \dfrac{1}{\delta}\left[\dfrac{N_t}{N_t^b}\left(\dfrac{t_{ce}}{t}\right)^2 - 1\right] =$	1.000	1.000	1.000	1.000	1.000	1.000	1.000	0.326
10	$Q = N_t^b\left[\delta\alpha\rho\left(\dfrac{t_e}{t_{ec}}\right)^2\right] =$	2.560	5.120	7.680	10.240	12.800	15.360	15.515	8.000
11	$N_t + Q$	10.560	21.120	31.680	42.240	52.800	63.360	64.000	64.000

说明
b——按一排螺栓覆盖的翼缘板（端板）计算宽度（mm）；　　e_1——螺栓中心到 T 形件翼缘边缘的距离（mm）；
e_2——螺栓中心到 T 形件腹板边缘的距离（mm）；　　t_{ec}——T 形件翼缘板的最小厚度；
N_t——一个高强度螺栓的轴向拉力；　　　　　　　　N_t^b——一个受拉高强度螺栓的受拉承载力；
t_e——受拉 T 形件翼缘板的厚度；　　Ψ——撬力影响系数；　　δ——翼缘板截面系数；
α'——系数，$\beta \geq 1.0$ 时，α' 取 1.0；$\beta < 1.0$ 时，$\alpha' = [\beta/(1-\beta)]/\delta$，且满足 $\alpha' \leq 1.0$；
β——系数；　　ρ——系数；　　Q——撬力；　　α——系数 ≥ 0；　　N_t'——Q 为最大值时，对应的 N_t 值

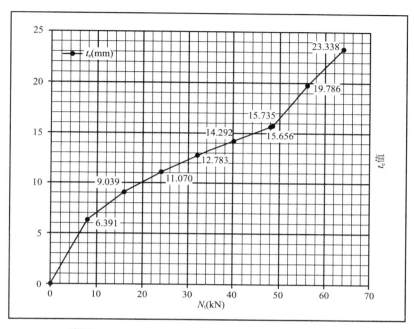

附图 2.3-1　M16 G8.8S Q235 $e_1 = 1.25e_2$ 时 t_e 值图表

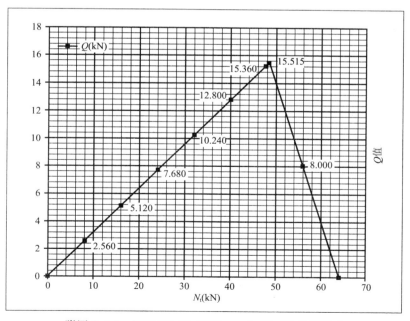

附图 2.3-2　M16 G8.8S Q235 $e_1 = 1.25e_2$ 时 Q 值图表

附2.4 M16 G8.8S Q235 $e_1 = 1.5d_0$ 时 计算列表

计算条件		
螺栓等级	8.8S	
螺栓规格	M16	
连接板材料	Q235	
$d=$	16	mm
$d_0=$	17.5	mm
预拉力 $P=$	80	kN
$f=$	235	N/mm²
$e_2 = 1.5d_0=$	26.25	mm
$b = 3d_0=$	52.5	mm
取 $e_1 = e_2$	26.25	mm
$N_t^b = 0.8P=$	64	kN
$N_t' = \dfrac{5N_t^b}{2\rho+5}=$	45.714	kN
$t_{ec} = \sqrt{\dfrac{4e_2 N_t^b}{bf}}=$	23.338	mm

T形件受拉件受力简图

计算列表		N_t (kN)							
		0.1P	0.2P	0.3P	0.4P	0.5P	N_t'	0.6P	0.7P
		8	16	24	32	40	45.714	48	56
1	$\rho = \dfrac{e_2}{e_1}=$	1.000	1.000	1.000	1.000	1.000	1.000	1.000	1.000
2	$\beta = \dfrac{1}{\rho}\left(\dfrac{N_t^b}{N_t}-1\right)=$	7.000	3.000	1.667	1.000	0.600	0.400	0.333	0.143
3	$\delta = 1 - \dfrac{d_0}{b}=$	0.667	0.667	0.667	0.667	0.667	0.667	0.667	0.667
4	α'	1.000	1.000	1.000	1.000	1.000	1.000	1.000	1.000
5	$\alpha' = \dfrac{1}{\delta}\left(\dfrac{\beta}{1-\beta}\right)=$	−1.750	−2.250	−3.750	/	2.250	1.000	0.750	0.250
6	判断 β 值,最终 α' 取	1.000	1.000	1.000	1.000	1.000	1.000	0.750	0.250
7	$\Psi = 1 + \delta\alpha'$	1.667	1.667	1.667	1.667	1.667	1.667	1.500	1.167
8	$t_e = \sqrt{\dfrac{4e_2 N_t}{\Psi bf}}=$	6.391	9.039	11.070	12.783	14.292	15.279	16.503	20.212
9	$\alpha = \dfrac{1}{\delta}\left[\dfrac{N_t}{N_t^b}\left(\dfrac{t_{ce}}{t}\right)^2-1\right]=$	1.000	1.000	1.000	1.000	1.000	1.000	0.750	0.250
10	$Q = N_t^b\left[\delta\alpha\rho\left(\dfrac{t_e}{t_{ec}}\right)^2\right]=$	3.200	6.400	9.600	12.800	16.000	18.286	16.000	8.000
11	$N_t + Q$	11.200	22.400	33.600	44.800	56.000	64.000	64.000	64.000

说明	
b——按一排螺栓覆盖的翼缘板(端板)计算宽度(mm);	e_1——螺栓中心到T形件翼缘边缘的距离(mm);
e_2——螺栓中心到T形件腹板边缘的距离(mm);	t_{ec}——T形件翼缘板的最小厚度;
N_t——一个高强度螺栓的轴向拉力;	N_t^b——一个受拉高强度螺栓的受拉承载力;
t_e——受拉T形件翼缘板的厚度;	Ψ——撬力影响系数; δ——翼缘板截面系数;
α'——系数,$\beta \geqslant 1.0$ 时,α'取 1.0;$\beta < 1.0$ 时,$\alpha' = [\beta/(1-\beta)]/\delta$,且满足 $\alpha' \leqslant 1.0$;	
β——系数; ρ——系数; Q——撬力; α——系数$\geqslant 0$; N_t'——Q为最大值时,对应的 N_t 值	

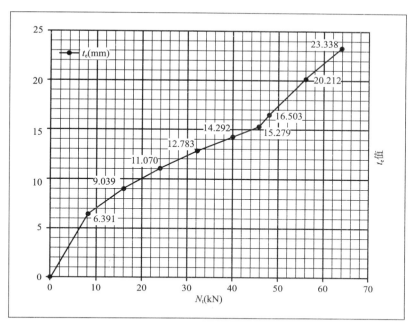

附图 2.4-1　M16 G8.8S Q235 $e_1 = 1.5d_0$ 时 t_e 值图表

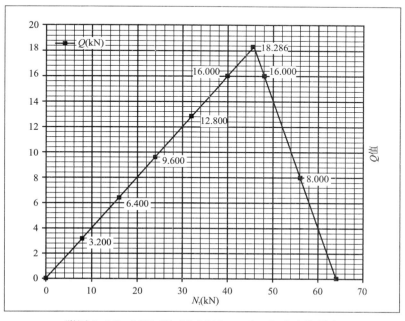

附图 2.4-2　M16 G8.8S Q235 $e_1 = 1.5d_0$ 时 Q 值图表

附2.5 M20 G8.8S Q235 $e_1=1.25e_2$时 计算列表

计算条件	螺栓等级	8.8S	
	螺栓规格	M20	
	连接板材料	Q235	
	$d=$	20	mm
	$d_0=$	22	mm
	预拉力 $P=$	125	kN
	$f=$	235	N/mm²
	$e_2=1.5d_0=$	33	mm
	$b=3d_0=$	66	mm
	取 $e_1=1.25e_2$	41.25	mm
	$N_t^b=0.8P=$	100	kN
	$N_t'=\dfrac{5N_t^b}{2\rho+5}=$	75.758	kN
	$t_{ec}=\sqrt{\dfrac{4e_2N_t^b}{bf}}=$	29.173	mm

T形件受拉件受力简图

	计算列表	N_t（kN）							
		$0.1P$	$0.2P$	$0.3P$	$0.4P$	$0.5P$	$0.6P$	N_t'	$0.7P$
		12.5	25	37.5	50	62.5	75	75.758	87.5
1	$\rho=\dfrac{e_2}{e_1}=$	0.800	0.800	0.800	0.800	0.800	0.800	0.800	0.800
2	$\beta=\dfrac{1}{\rho}\left(\dfrac{N_t^b}{N_t}-1\right)=$	8.750	3.750	2.083	1.250	0.750	0.417	0.400	0.179
3	$\delta=1-\dfrac{d_0}{b}=$	0.667	0.667	0.667	0.667	0.667	0.667	0.667	0.667
4	α'	1.000	1.000	1.000	1.000	1.000	1.000	1.000	1.000
5	$\alpha'=\dfrac{1}{\delta}\left(\dfrac{\beta}{1-\beta}\right)=$	−1.694	−2.045	−2.885	−7.500	4.500	1.071	1.000	0.326
6	判断 β 值,最终 α' 取	1.000	1.000	1.000	1.000	1.000	1.000	1.000	0.326
7	$\Psi=1+\delta\alpha'$	1.667	1.667	1.667	1.667	1.667	1.667	1.667	1.217
8	$t_e=\sqrt{\dfrac{4e_2N_t}{\Psi bf}}=$	7.989	11.299	13.838	15.979	17.865	19.570	19.668	24.733
9	$\alpha=\dfrac{1}{\delta}\left[\dfrac{N_t}{N_t^b}\left(\dfrac{t_{ce}}{t}\right)^2-1\right]=$	1.000	1.000	1.000	1.000	1.000	1.000	1.000	0.326
10	$Q=N_t^b\left[\delta\alpha\rho\left(\dfrac{t_e}{t_{ec}}\right)^2\right]=$	4.000	8.000	12.000	16.000	20.000	24.000	24.242	12.500
11	N_t+Q	16.500	33.000	49.500	66.000	82.500	99.000	100.00	100.00

说明	
b——按一排螺栓覆盖的翼缘板（端板）计算宽度（mm）；　　e_1——螺栓中心到 T 形件翼缘边缘的距离（mm）；	
e_2——螺栓中心到 T 形件腹板边缘的距离（mm）；　　t_{ec}——T 形件翼缘板的最小厚度；	
N_t——一个高强度螺栓的轴向拉力；　　N_t^b——一个受拉高强度螺栓的受拉承载力；	
t_e——受拉 T 形件翼缘板的厚度；　　Ψ——撬力影响系数；　　δ——翼缘板截面系数；	
α'——系数，$\beta\geqslant1.0$ 时，α' 取 1.0；$\beta<1.0$ 时，$\alpha'=[\beta/(1-\beta)]/\delta$，且满足 $\alpha'\leqslant1.0$；	
β——系数；　　ρ——系数；　　Q——撬力；　　α——系数 $\geqslant0$；　　N_t'——Q 为最大值时，对应的 N_t 值	

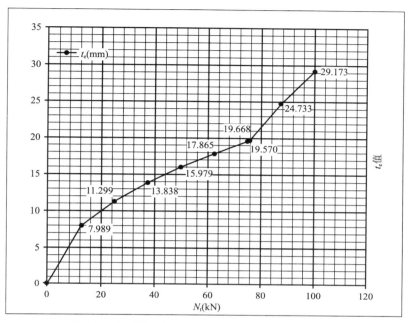

附图 2.5-1　M20 G8.8S Q235 $e_1 = 1.25e_2$ 时 t_e 值图表

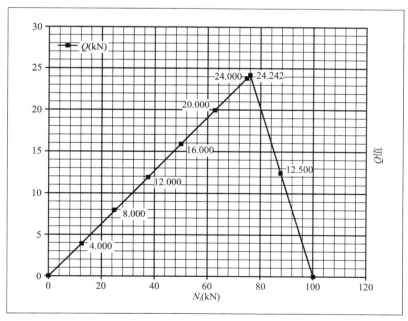

附图 2.5-2　M20 G8.8S Q235 $e_1 = 1.25e_2$ 时 Q 值图表

附2.6 M20 G8.8S Q235 $e_1 = 1.5d_0$时 计算列表

<table>
<tr><td rowspan="13">计算条件</td><td colspan="2">螺栓等级</td><td colspan="3">8.8S</td></tr>
<tr><td colspan="2">螺栓规格</td><td colspan="3">M20</td></tr>
<tr><td colspan="2">连接板材料</td><td colspan="3">Q235</td></tr>
<tr><td colspan="2">$d=$</td><td>20</td><td>mm</td></tr>
<tr><td colspan="2">$d_0=$</td><td>22</td><td>mm</td></tr>
<tr><td colspan="2">预拉力 $P=$</td><td>125</td><td>kN</td></tr>
<tr><td colspan="2">$f=$</td><td>235</td><td>N/mm²</td></tr>
<tr><td colspan="2">$e_2=1.5d_0=$</td><td>33</td><td>mm</td></tr>
<tr><td colspan="2">$b=3d_0=$</td><td>66</td><td>mm</td></tr>
<tr><td colspan="2">取 $e_1=e_2$</td><td>33</td><td>mm</td></tr>
<tr><td colspan="2">$N_t^b=0.8P=$</td><td>100</td><td>kN</td></tr>
<tr><td colspan="2">$N_t'=\dfrac{5N_t^b}{2\rho+5}=$</td><td>71.429</td><td>kN</td></tr>
<tr><td colspan="2">$t_{ec}=\sqrt{\dfrac{4e_2N_t^b}{bf}}=$</td><td>29.173</td><td>mm</td></tr>
</table>

T形件受拉件受力简图

计算列表		N_t (kN)							
		0.1P	0.2P	0.3P	0.4P	0.5P	N_t'	0.6P	0.7P
		12.5	25	37.5	50	62.5	71.429	75	87.5
1	$\rho=\dfrac{e_2}{e_1}=$	1.000	1.000	1.000	1.000	1.000	1.000	1.000	1.000
2	$\beta=\dfrac{1}{\rho}\left(\dfrac{N_t^b}{N_t}-1\right)=$	7.000	3.000	1.667	1.000	0.600	0.400	0.333	0.143
3	$\delta=1-\dfrac{d_0}{b}=$	0.667	0.667	0.667	0.667	0.667	0.667	0.667	0.667
4	α'	1.000	1.000	1.000	1.000	1.000	1.000	1.000	1.000
5	$\alpha'=\dfrac{1}{\delta}\left(\dfrac{\beta}{1-\beta}\right)=$	−1.750	−2.250	−3.750	/	2.250	1.000	0.750	0.250
6	判断 β值，最终 α' 取	1.000	1.000	1.000	1.000	1.000	1.000	0.750	0.250
7	$\Psi=1+\delta\alpha'=$	1.667	1.667	1.667	1.667	1.667	1.667	1.500	1.167
8	$t_e=\sqrt{\dfrac{4e_2N_t}{\Psi bf}}=$	7.989	11.299	13.838	15.979	17.865	19.098	20.628	25.265
9	$\alpha=\dfrac{1}{\delta}\left[\dfrac{N_t}{N_t^b}\left(\dfrac{t_{ce}}{t}\right)^2-1\right]=$	1.000	1.000	1.000	1.000	1.000	1.000	0.750	0.250
10	$Q=N_t^b\left[\delta\alpha\rho\left(\dfrac{t_e}{t_{ec}}\right)^2\right]=$	5.000	10.000	15.000	20.000	25.000	28.571	25.000	12.500
11	N_t+Q	17.500	35.000	52.500	70.000	87.500	100.000	100.000	100.000

说明	
b——按一排螺栓覆盖的翼缘板（端板）计算宽度（mm）；	e_1——螺栓中心到T形件翼缘边缘的距离（mm）；
e_2——螺栓中心到T形件腹板边缘的距离（mm）；	t_{ec}——T形件翼缘板的最小厚度；
N_t——一个高强度螺栓的轴向拉力；	N_t^b——一个受拉高强度螺栓的受拉承载力；
t_e——受拉T形件翼缘板的厚度； Ψ——撬力影响系数； δ——翼缘板截面系数；	
α'——系数，$\beta\geqslant1.0$时，α'取 1.0；$\beta<1.0$时，$\alpha'=[\beta/(1-\beta)]/\delta$，且满足 $\alpha'\leqslant1.0$；	
β——系数； ρ——系数； Q——撬力； α——系数$\geqslant0$； N_t'—— Q 为最大值时，对应的 N_t 值	

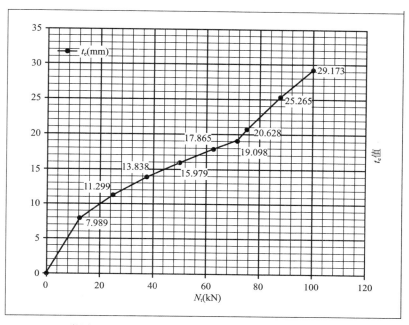

附图 2.6-1　M20 G8.8S Q235 $e_1 = 1.5d_0$ 时 t_e 值图表

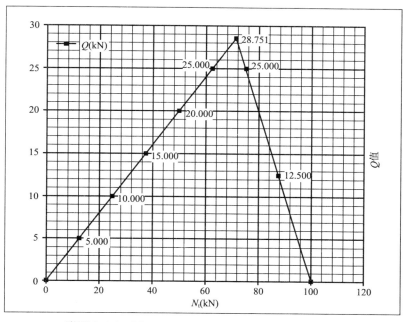

附图 2.6-2　M20 G8.8S Q235 $e_1 = 1.5d_0$ 时 Q 值图表

附 2.7 M22 G8.8S Q235 $e_1 = 1.25e_2$ 时 计算列表

<table>
<tr><td rowspan="13">计算条件</td><td>螺栓等级</td><td colspan="2">8.8S</td></tr>
<tr><td>螺栓规格</td><td colspan="2">M22</td></tr>
<tr><td>连接板材料</td><td colspan="2">Q235</td></tr>
<tr><td>$d=$</td><td>22</td><td>mm</td></tr>
<tr><td>$d_0=$</td><td>24</td><td>mm</td></tr>
<tr><td>预拉力 $P=$</td><td>150</td><td>kN</td></tr>
<tr><td>$f=$</td><td>235</td><td>N/mm²</td></tr>
<tr><td>$e_2=1.5d_0=$</td><td>36</td><td>mm</td></tr>
<tr><td>$b=3d_0=$</td><td>72</td><td>mm</td></tr>
<tr><td>取 $e_1=1.25e_2$</td><td>45</td><td>mm</td></tr>
<tr><td>$N_t^b=0.8P=$</td><td>120</td><td>kN</td></tr>
<tr><td>$N_t'=\dfrac{5N_t^b}{2\rho+5}=$</td><td>90.909</td><td>kN</td></tr>
<tr><td>$t_{ec}=\sqrt{\dfrac{4e_2N_t^b}{bf}}=$</td><td>31.957</td><td>mm</td></tr>
</table>

T 形件受拉件受力简图

计算列表

		\multicolumn{8}{c}{N_t (kN)}							
		0.1P	0.2P	0.3P	0.4P	0.5P	0.6P	N_t'	0.7P
		15	30	45	60	75	90	90.909	105
1	$\rho=\dfrac{e_2}{e_1}=$	0.800	0.800	0.800	0.800	0.800	0.800	0.800	0.800
2	$\beta=\dfrac{1}{\rho}\left(\dfrac{N_t^b}{N_t}-1\right)=$	8.750	3.750	2.083	1.250	0.750	0.417	0.400	0.179
3	$\delta=1-\dfrac{d_0}{b}=$	0.667	0.667	0.667	0.667	0.667	0.667	0.667	0.667
4	α'	1.000	1.000	1.000	1.000	1.000	1.000	1.000	1.000
5	$\alpha'=\dfrac{1}{\delta}\left(\dfrac{\beta}{1-\beta}\right)=$	−1.694	−2.045	−2.885	−7.500	4.500	1.071	1.000	0.326
6	判断 β 值，最终 α' 取	1.000	1.000	1.000	1.000	1.000	1.000	1.000	0.326
7	$\Psi=1+\delta\alpha'$	1.667	1.667	1.667	1.667	1.667	1.667	1.667	1.217
8	$t_e=\sqrt{\dfrac{4e_2N_t}{\Psi bf}}=$	8.752	12.377	15.159	17.504	19.570	21.438	21.546	27.093
9	$\alpha=\dfrac{1}{\delta}\left[\dfrac{N_t}{N_t^b}\left(\dfrac{t_{ce}}{t}\right)^2-1\right]=$	1.000	1.000	1.000	1.000	1.000	1.000	1.000	0.326
10	$Q=N_t^b\left[\delta\alpha\rho\left(\dfrac{t_e}{t_{ec}}\right)^2\right]=$	4.800	9.600	14.400	19.200	24.000	28.800	29.091	15.000
11	N_t+Q	19.800	39.600	59.400	79.200	99.000	118.800	120.000	120.000

说明	
b——按一排螺栓覆盖的翼缘板（端板）计算宽度（mm）；	e_1——螺栓中心到 T 形件翼缘板边缘的距离（mm）；
e_2——螺栓中心到 T 形件腹板边缘的距离（mm）；	t_{ec}——T 形件翼缘板的最小厚度；
N_t——一个高强度螺栓的轴向拉力；	N_t^b——一个受拉高强度螺栓的受拉承载力；
t_e——受拉 T 形件翼缘板的厚度；	Ψ——撬力影响系数； δ——翼缘板截面系数；
α'——系数，$\beta\geqslant1.0$ 时，α' 取 1.0；$\beta<1.0$ 时，$\alpha'=[\beta/(1-\beta)]/\delta$，且满足 $\alpha'\leqslant1.0$；	
β——系数； ρ——系数； Q——撬力； α——系数$\geqslant0$； N_t'——Q 为最大值时，对应的 N_t 值	

260

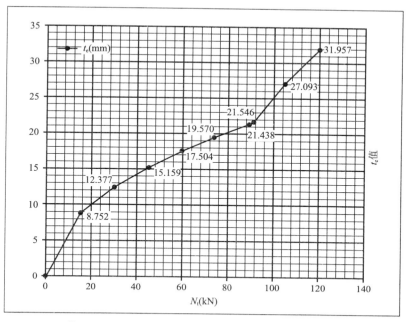

附图 2.7-1　M22 G8.8S Q235 $e_1 = 1.25 e_2$ 时 t_e 值图表

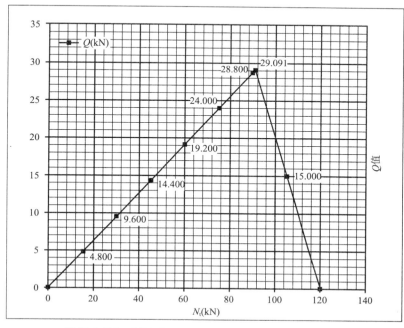

附图 2.7-2　M22 G8.8S Q235 $e_1 = 1.25 e_2$ 时 Q 值图表

附 2.8 M22 G8.8S Q235 $e_1=1.5d_0$时 计算列表

<table>
<tr><td rowspan="13">计算条件</td><td>螺栓等级</td><td colspan="2">8.8S</td></tr>
<tr><td>螺栓规格</td><td colspan="2">M22</td></tr>
<tr><td>连接板材料</td><td colspan="2">Q235</td></tr>
<tr><td>$d=$</td><td>22</td><td>mm</td></tr>
<tr><td>$d_0=$</td><td>24</td><td>mm</td></tr>
<tr><td>预拉力 $P=$</td><td>150</td><td>kN</td></tr>
<tr><td>$f=$</td><td>235</td><td>N/mm²</td></tr>
<tr><td>$e_2=1.5d_0=$</td><td>36</td><td>mm</td></tr>
<tr><td>$b=3d_0=$</td><td>72</td><td>mm</td></tr>
<tr><td>取 $e_1=e_2$</td><td>36</td><td>mm</td></tr>
<tr><td>$N_t^b=0.8P=$</td><td>120</td><td>kN</td></tr>
<tr><td>$N_t'=\dfrac{5N_t^b}{2\rho+5}=$</td><td>85.714</td><td>kN</td></tr>
<tr><td>$t_{ec}=\sqrt{\dfrac{4e_2N_t^b}{bf}}=$</td><td>31.957</td><td>mm</td></tr>
</table>

T形件受拉受力简图

计算列表		N_t (kN)							
		0.1P	0.2P	0.3P	0.4P	0.5P	N_t'	0.6P	0.7P
		15	30	45	60	75	85.714	90	105
1	$\rho=\dfrac{e_2}{e_1}=$	1.000	1.000	1.000	1.000	1.000	1.000	1.000	1.000
2	$\beta=\dfrac{1}{\rho}\left(\dfrac{N_t^b}{N_t}-1\right)=$	7.000	3.000	1.667	1.000	0.600	0.400	0.333	0.143
3	$\delta=1-\dfrac{d_0}{b}=$	0.667	0.667	0.667	0.667	0.667	0.667	0.667	0.667
4	α'	1.000	1.000	1.000	1.000	1.000	1.000	1.000	1.000
5	$\alpha'=\dfrac{1}{\delta}\left(\dfrac{\beta}{1-\beta}\right)=$	−1.750	−2.250	−3.750	/	2.250	1.000	0.750	0.250
6	判断 β 值，最终 α' 取	1.000	1.000	1.000	1.000	1.000	1.000	0.750	0.250
7	$\Psi=1+\delta\alpha'$	1.667	1.667	1.667	1.667	1.667	1.667	1.500	1.167
8	$t_e=\sqrt{\dfrac{4e_2N_t}{\Psi bf}}=$	8.752	12.377	15.159	17.504	19.570	20.921	22.597	27.676
9	$\alpha=\dfrac{1}{\delta}\left[\dfrac{N_t}{N_t^b}\left(\dfrac{t_{ce}}{t}\right)^2-1\right]=$	1.000	1.000	1.000	1.000	1.000	1.000	0.750	0.250
10	$Q=N_t^b\left[\delta\alpha\rho\left(\dfrac{t_e}{t_{ec}}\right)^2\right]=$	6.000	12.000	18.000	24.000	30.000	34.286	30.000	15.000
11	N_t+Q	21.000	42.000	63.000	84.000	105.000	120.000	120.000	120.000

<table>
<tr><td rowspan="6">说明</td><td>b——按一排螺栓覆盖的翼缘板（端板）计算宽度（mm）；　　e_1——螺栓中心到T形件翼缘边缘的距离（mm）；</td></tr>
<tr><td>e_2——螺栓中心到T形件腹板边缘的距离（mm）；　　t_{ec}——T形件翼缘板的最小厚度；</td></tr>
<tr><td>N_t——一个高强度螺栓的轴向拉力；　　　　　　　　N_t^b——一个受拉高强度螺栓的受拉承载力；</td></tr>
<tr><td>t_e——受拉T形件翼缘板的厚度；　　Ψ——撬力影响系数；　　δ——翼缘板截面系数；</td></tr>
<tr><td>α'——系数，$\beta\geqslant1.0$时，α'取 1.0；$\beta<1.0$时，$\alpha'=[\beta/(1-\beta)]/\delta$，且满足 $\alpha'\leqslant1.0$；</td></tr>
<tr><td>β——系数；　ρ——系数；　Q——撬力；　α——系数 $\geqslant0$；　N_t'——Q为最大值时，对应的 N_t 值</td></tr>
</table>

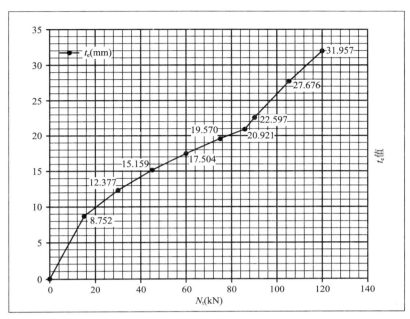

附图 2.8-1　M22 G8.8S Q235 $e_1 = 1.5d_0$ 时 t_e 值图表

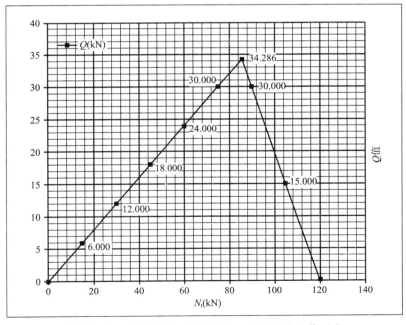

附图 2.8-2　M22 G8.8S Q235 $e_1 = 1.5d_0$ 时 Q 值图表

附2.9 M24 G8.8S Q235 $e_1=1.25e_2$ 时 计算列表

计算条件			
	螺栓等级	8.8S	
	螺栓规格	M24	
	连接板材料	Q235	
	$d=$	24	mm
	$d_0=$	26	mm
	预拉力 $P=$	175	kN
	$f=$	235	N/mm²
	$e_2=1.5d_0=$	39	mm
	$b=3d_0=$	78	mm
	取 $e_1=1.25e_2$	48.75	mm
	$N_t^b=0.8P=$	140	kN
	$N_t'=\dfrac{5N_t^b}{2\rho+5}=$	106.061	kN
	$t_{ec}=\sqrt{\dfrac{4e_2N_t^b}{bf}}=$	34.518	mm

T形件受拉件受力简图

e_1 e_2 e_2 e_1
Q N_t+Q N_t+Q Q
$2N_t$

计算列表		N_t (kN)							
		$0.1P$	$0.2P$	$0.3P$	$0.4P$	$0.5P$	$0.6P$	N_t'	$0.7P$
		17.5	35	52.5	70	87.5	105	106.06	122.5
1	$\rho=\dfrac{e_2}{e_1}=$	0.800	0.800	0.800	0.800	0.800	0.800	0.800	0.800
2	$\beta=\dfrac{1}{\rho}\left(\dfrac{N_t^b}{N_t}-1\right)=$	8.750	3.750	2.083	1.250	0.750	0.417	0.400	0.179
3	$\delta=1-\dfrac{d_0}{b}=$	0.667	0.667	0.667	0.667	0.667	0.667	0.667	0.667
4	α'	1.000	1.000	1.000	1.000	1.000	1.000	1.000	1.000
5	$\alpha'=\dfrac{1}{\delta}\left(\dfrac{\beta}{1-\beta}\right)=$	−1.694	−2.045	−2.885	−7.500	4.500	1.071	1.000	0.326
6	判断 β 值，最终 α' 取	1.000	1.000	1.000	1.000	1.000	1.000	1.000	0.326
7	$\Psi=1+\delta\alpha'$	1.667	1.667	1.667	1.667	1.667	1.667	1.667	1.217
8	$t_e=\sqrt{\dfrac{4e_2N_t}{\Psi bf}}=$	9.453	13.369	16.373	18.906	21.138	23.155	23.272	29.264
9	$\alpha=\dfrac{1}{\delta}\left[\dfrac{N_t}{N_t^b}\left(\dfrac{t_{ec}}{t}\right)^2-1\right]=$	1.000	1.000	1.000	1.000	1.000	1.000	1.000	0.326
10	$Q=N_t^b\left[\delta\alpha\rho\left(\dfrac{t_e}{t_{ec}}\right)^2\right]=$	5.600	11.200	16.800	22.400	28.000	33.600	33.939	17.500
11	N_t+Q	23.100	46.200	69.300	92.400	115.500	138.600	140.000	140.00

说明

b——按一排螺栓覆盖的翼缘板（端板）计算宽度（mm）; e_1——螺栓中心到T形件翼缘边缘的距离（mm）;

e_2——螺栓中心到T形件腹板边缘的距离（mm）; t_{ec}——T形件翼缘板的最小厚度;

N_t——一个高强度螺栓的轴向拉力; N_t^b——一个受拉高强度螺栓的受拉承载力;

t_e——受拉T形件翼缘板的厚度; Ψ——撬力影响系数; δ——翼缘板截面系数;

α'——系数，$\beta\geq1.0$时，α'取1.0; $\beta<1.0$时，$\alpha'=[\beta/(1-\beta)]/\delta$，且满足$\alpha'\leq1.0$;

β——系数; ρ——系数; Q——撬力; α——系数≥0; N_t'——Q为最大值时，对应的N_t值

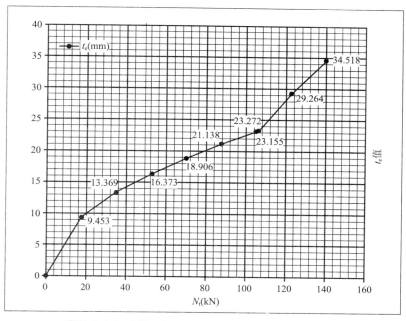

附图 2.9-1　M24 G8.8S Q235 $e_1 = 1.25e_2$ 时 t_e 值图表

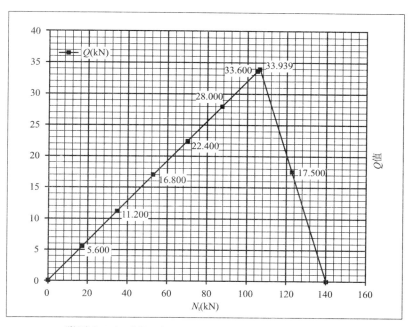

附图 2.9-2　M24 G8.8S Q235 $e_1 = 1.25e_2$ 时 Q 值图表

附2.10 M24 G8.8S Q235 $e_1=1.5d_0$ 时 计算列表

<table>
<tr><td rowspan="13">计算条件</td><td>螺栓等级</td><td colspan="2">8.8S</td></tr>
<tr><td>螺栓规格</td><td colspan="2">M24</td></tr>
<tr><td>连接板材料</td><td colspan="2">Q235</td></tr>
<tr><td>$d=$</td><td>24</td><td>mm</td></tr>
<tr><td>$d_0=$</td><td>26</td><td>mm</td></tr>
<tr><td>预拉力 $P=$</td><td>175</td><td>kN</td></tr>
<tr><td>$f=$</td><td>235</td><td>N/mm^2</td></tr>
<tr><td>$e_2=1.5d_0=$</td><td>39</td><td>mm</td></tr>
<tr><td>$b=3d_0=$</td><td>78</td><td>mm</td></tr>
<tr><td>取 $e_1=e_2$</td><td>39</td><td>mm</td></tr>
<tr><td>$N_t^b=0.8P=$</td><td>140</td><td>kN</td></tr>
<tr><td>$N_t'=\dfrac{5N_t^b}{2\rho+5}=$</td><td>100.000</td><td>kN</td></tr>
<tr><td>$t_{ec}=\sqrt{\dfrac{4e_2N_t^b}{bf}}=$</td><td>34.518</td><td>mm</td></tr>
</table>

T形件受拉件受力简图

计算列表		N_t（kN）							
		$0.1P$	$0.2P$	$0.3P$	$0.4P$	$0.5P$	N_t'	$0.6P$	$0.7P$
		17.5	35	52.5	70	87.5	100.00	105	122.5
1	$\rho=\dfrac{e_2}{e_1}=$	1.000	1.000	1.000	1.000	1.000	1.000	1.000	1.000
2	$\beta=\dfrac{1}{\rho}\left(\dfrac{N_t^b}{N_t}-1\right)=$	7.000	3.000	1.667	1.000	0.600	0.400	0.333	0.143
3	$\delta=1-\dfrac{d_0}{b}=$	0.667	0.667	0.667	0.667	0.667	0.667	0.667	0.667
4	α'	1.000	1.000	1.000	1.000	1.000	1.000	1.000	1.000
5	$\alpha'=\dfrac{1}{\delta}\left(\dfrac{\beta}{1-\beta}\right)=$	−1.750	−2.250	−3.750	/	2.250	1.000	0.750	0.250
6	判断 β 值，最终 α' 取	1.000	1.000	1.000	1.000	1.000	1.000	0.750	0.250
7	$\Psi=1+\delta\alpha'$	1.667	1.667	1.667	1.667	1.667	1.667	1.500	1.167
8	$t_e=\sqrt{\dfrac{4e_2N_t}{\Psi bf}}=$	9.453	13.369	16.373	18.906	21.138	22.597	24.408	29.893
9	$\alpha=\dfrac{1}{\delta}\left[\dfrac{N_t}{N_t^b}\left(\dfrac{t_{ce}}{t}\right)^2-1\right]=$	1.000	1.000	1.000	1.000	1.000	1.000	0.750	0.250
10	$Q=N_t^b\left[\delta\alpha\rho\left(\dfrac{t_e}{t_{ec}}\right)^2\right]=$	7.000	14.000	21.000	28.000	35.000	40.000	35.000	17.500
11	N_t+Q	24.500	49.000	73.500	98.000	122.500	140.000	140.000	140.000

说明

b——按一排螺栓覆盖的翼缘板（端板）计算宽度（mm）；　　e_1——螺栓中心到T形件翼缘边缘的距离（mm）；

e_2——螺栓中心到T形件腹板边缘的距离（mm）；　　t_{ec}——T形件翼缘板的最小厚度；

N_t——一个高强度螺栓的轴向拉力；　　　　　　N_t^b——一个受拉高强度螺栓的受拉承载力；

t_e——受拉T形件翼缘板的厚度；　　Ψ——撬力影响系数；　　δ——翼缘板截面系数；

α'——系数，$\beta\geqslant1.0$ 时，α' 取1.0；$\beta<1.0$ 时，$\alpha'=\left[\beta/\left(1-\beta\right)\right]/\delta$，且满足 $\alpha'\leqslant1.0$；

β——系数；　　ρ——系数；　　Q——撬力；　　α——系数≥0；　　N_t'——Q 为最大值时，对应的 N_t 值

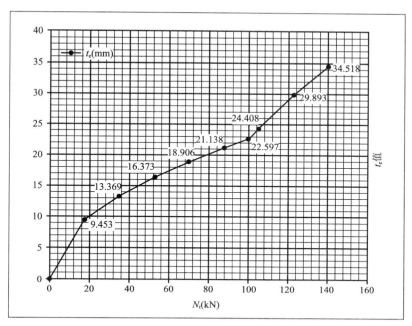

附图 2.10-1　M24 G8.8S Q235 $e_1 = 1.5d_0$ 时 t_e 值图表

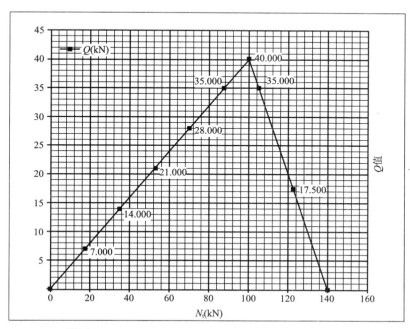

附图 2.10-2　M24 G8.8S Q235 $e_1 = 1.5d_0$ 时 Q 值图表

附 2.11　M27 G8.8S Q235 $e_1=1.25e_2$ 时　计算列表

<table>
<tr><td rowspan="12">计算条件</td><td>螺栓等级</td><td colspan="2">8.8S</td></tr>
<tr><td>螺栓规格</td><td colspan="2">M27</td></tr>
<tr><td>连接板材料</td><td colspan="2">Q235</td></tr>
<tr><td>$d=$</td><td>27</td><td>mm</td></tr>
<tr><td>$d_0=$</td><td>30</td><td>mm</td></tr>
<tr><td>预拉力 $P=$</td><td>230</td><td>kN</td></tr>
<tr><td>$f=$</td><td>235</td><td>N/mm²</td></tr>
<tr><td>$e_2=1.5d_0=$</td><td>45</td><td>mm</td></tr>
<tr><td>$b=3d_0=$</td><td>90</td><td>mm</td></tr>
<tr><td>取 $e_1=1.25e_2$</td><td>56.25</td><td>mm</td></tr>
<tr><td>$N_t^b=0.8P=$</td><td>184</td><td>kN</td></tr>
<tr><td>$N_t'=\dfrac{5N_t^b}{2\rho+5}=$</td><td>139.394</td><td>kN</td></tr>
</table>

$$t_{ec}=\sqrt{\frac{4e_2 N_t^b}{bf}}=\quad 39.572\ \text{mm}$$

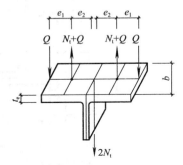

T形件受拉件受力简图

计算列表	N_t（kN）							
	$0.1P$	$0.2P$	$0.3P$	$0.4P$	$0.5P$	$0.6P$	N_t'	$0.7P$
	23	46	69	92	115	138	139.39	161
1　$\rho=\dfrac{e_2}{e_1}=$	0.800	0.800	0.800	0.800	0.800	0.800	0.800	0.800
2　$\beta=\dfrac{1}{\rho}\left(\dfrac{N_t^b}{N_t}-1\right)=$	8.750	3.750	2.083	1.250	0.750	0.417	0.400	0.179
3　$\delta=1-\dfrac{d_0}{b}=$	0.667	0.667	0.667	0.667	0.667	0.667	0.667	0.667
4　α'	1.000	1.000	1.000	1.000	1.000	1.000	1.000	1.000
5　$\alpha'=\dfrac{1}{\delta}\left(\dfrac{\beta}{1-\beta}\right)=$	−1.694	−2.045	−2.885	−7.500	4.500	1.071	1.000	0.326
6　判断 β 值，最终 α' 取	1.000	1.000	1.000	1.000	1.000	1.000	1.000	0.326
7　$\Psi=1+\delta\alpha'$	1.667	1.667	1.667	1.667	1.667	1.667	1.667	1.217
8　$t_e=\sqrt{\dfrac{4e_2 N_t}{\Psi bf}}=$	10.837	15.326	18.771	21.675	24.233	26.546	26.680	33.549
9　$\alpha=\dfrac{1}{\delta}\left[\dfrac{N_t}{N_t^b}\left(\dfrac{t_{ce}}{t}\right)^2-1\right]=$	1.000	1.000	1.000	1.000	1.000	1.000	1.000	0.326
10　$Q=N_t^b\left[\delta\alpha\rho\left(\dfrac{t_e}{t_{ec}}\right)^2\right]=$	7.360	14.720	22.080	29.440	36.800	44.160	44.606	23.000
11　N_t+Q	30.360	60.720	91.080	121.440	151.800	182.160	184.000	184.000

说明：

b——按一排螺栓覆盖的翼缘板（端板）计算宽度（mm）；　　e_1——螺栓中心到 T 形件翼缘边缘的距离（mm）；

e_2——螺栓中心到 T 形件腹板边缘的距离（mm）；　　t_{ec}——T 形件翼缘板的最小厚度（mm）；

N_t——一个高强度螺栓的轴向拉力；　　N_t^b——一个受拉高强度螺栓的受拉承载力；

t_e——受拉 T 形件翼缘板的厚度；　　Ψ——撬力影响系数；　　δ——翼缘板截面系数；

α'——系数，$\beta\geqslant1.0$ 时，α' 取 1.0；$\beta<1.0$ 时，$\alpha'=[\beta/(1-\beta)]/\delta$，且满足 $\alpha'\leqslant1.0$；

β——系数；　　ρ——系数；　　Q——撬力；　　α——系数 $\geqslant0$；　　N_t'——Q 为最大值时，对应的 N_t 值

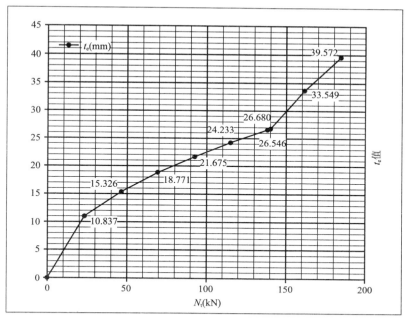

附图 2.11-1　M27 G8.8S Q235 $e_1 = 1.25e_2$ 时 t_e 值图表

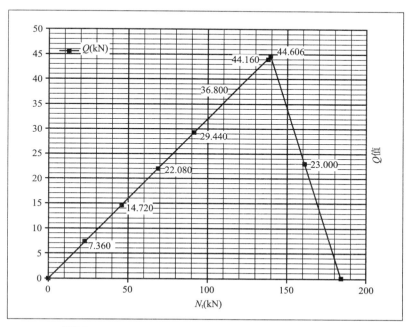

附图 2.11-2　M27 G8.8S Q235 $e_1 = 1.25e_2$ 时 Q 值图表

附2.12 M27 G8.8S Q235 $e_1=1.5d_0$时 计算列表

计算条件			
螺栓等级	8.8S		
螺栓规格	M27		
连接板材料	Q235		
$d=$	27	mm	
$d_0=$	30	mm	
预拉力 $P=$	230	kN	
$f=$	235	N/mm²	
$e_2=1.5d_0=$	45	mm	
$b=3d_0=$	90	mm	
取 $e_1=e_2$	45	mm	
$N_t^b=0.8P=$	184	kN	
$N_t'=\dfrac{5N_t^b}{2\rho+5}=$	131.429	kN	
$t_{ec}=\sqrt{\dfrac{4e_2N_t^b}{bf}}=$	39.572	mm	

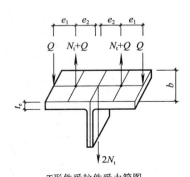

T形件受拉件受力简图

计算列表		N_t (kN)							
		0.1P	0.2P	0.3P	0.4P	0.5P	N_t'	0.6P	0.7P
		23	46	69	92	115	131.42	138	161
1	$\rho=\dfrac{e_2}{e_1}=$	1.000	1.000	1.000	1.000	1.000	1.000	1.000	1.000
2	$\beta=\dfrac{1}{\rho}\left(\dfrac{N_t^b}{N_t}-1\right)=$	7.000	3.000	1.667	1.000	0.600	0.400	0.333	0.143
3	$\delta=1-\dfrac{d_0}{b}=$	0.667	0.667	0.667	0.667	0.667	0.667	0.667	0.667
4	α'	1.000	1.000	1.000	1.000	1.000	1.000	1.000	1.000
5	$\alpha'=\dfrac{1}{\delta}\left(\dfrac{\beta}{1-\beta}\right)=$	−1.750	−2.250	−3.750	/	2.250	1.000	0.750	0.250
6	判断 β 值,最终 α' 取	1.000	1.000	1.000	1.000	1.000	1.000	0.750	0.250
7	$\Psi=1+\delta\alpha'$	1.667	1.667	1.667	1.667	1.667	1.667	1.500	1.167
8	$t_e=\sqrt{\dfrac{4e_2N_t}{\Psi bf}}=$	10.837	15.326	18.771	21.675	24.233	25.906	27.982	34.271
9	$\alpha=\dfrac{1}{\delta}\left[\dfrac{N_t}{N_t^b}\left(\dfrac{t_{ce}}{t}\right)^2-1\right]=$	1.000	1.000	1.000	1.000	1.000	1.000	0.750	0.250
10	$Q=N_t^b\left[\delta\alpha\rho\left(\dfrac{t_e}{t_{ce}}\right)^2\right]=$	9.200	18.400	27.600	36.800	46.000	52.571	46.000	23.000
11	N_t+Q	32.200	64.400	96.600	128.800	161.000	184.000	184.000	184.000

说明	
b——按一排螺栓覆盖的翼缘板(端板)计算宽度(mm);	e_1——螺栓中心到T形件翼缘边缘的距离(mm);
e_2——螺栓中心到T形件腹板边缘的距离(mm);	t_{ec}——T形件翼缘板的最小厚度;
N_t——一个高强度螺栓的轴向拉力;	N_t^b——一个受拉高强度螺栓的受拉承载力;
t_e——受拉T形件翼缘板的厚度; Ψ——撬力影响系数; δ——翼缘板截面系数;	
α'——系数,$\beta\geq1.0$时,α'取1.0;$\beta<1.0$时,$\alpha'=[\beta/(1-\beta)]/\delta$,且满足 $\alpha'\leq1.0$;	
β——系数; ρ——系数; Q——撬力; α——系数≥0; N_t'——Q为最大值时,对应的 N_t 值	

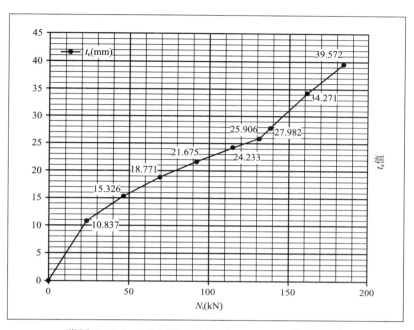

附图 2.12-1　M27 G8.8S Q235 $e_1 = 1.5d_0$ 时 t_e 值图表

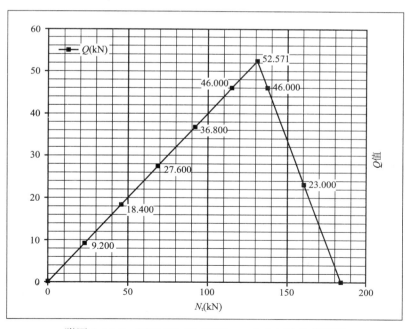

附图 2.12-2　M27 G8.8S Q235 $e_1 = 1.5d_0$ 时 Q 值图表

附2.13 M30 G8.8S Q235 $e_1=1.25e_2$ 时 计算列表

<table>
<tr><td rowspan="11">计算条件</td><td colspan="2">螺栓等级</td><td colspan="2">8.8S</td><td rowspan="12">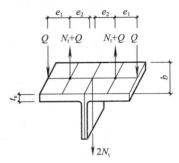
T形件受拉件受力简图</td></tr>
<tr><td colspan="2">螺栓规格</td><td colspan="2">M30</td></tr>
<tr><td colspan="2">连接板材料</td><td colspan="2">Q235</td></tr>
<tr><td colspan="2">$d=$</td><td>30</td><td>mm</td></tr>
<tr><td colspan="2">$d_0=$</td><td>33</td><td>mm</td></tr>
<tr><td colspan="2">预拉力 $P=$</td><td>280</td><td>kN</td></tr>
<tr><td colspan="2">$f=$</td><td>235</td><td>N/mm²</td></tr>
<tr><td colspan="2">$e_2=1.5d_0=$</td><td>49.5</td><td>mm</td></tr>
<tr><td colspan="2">$b=3d_0=$</td><td>99</td><td>mm</td></tr>
<tr><td colspan="2">取 $e_1=1.25e_2$</td><td>61.875</td><td>mm</td></tr>
<tr><td colspan="2">$N_t^b=0.8P=$</td><td>224</td><td>kN</td></tr>
<tr><td></td><td colspan="2">$N_t'=\dfrac{5N_t^b}{2\rho+5}=$</td><td>169.697</td><td>kN</td></tr>
<tr><td></td><td colspan="2">$t_{ec}=\sqrt{\dfrac{4e_2N_t^b}{bf}}=$</td><td>43.662</td><td>mm</td></tr>
</table>

计算列表		N_t (kN)							
		$0.1P$	$0.2P$	$0.3P$	$0.4P$	$0.5P$	$0.6P$	N_t'	$0.7P$
		28	56	84	112	140	168	169.69	196
1	$\rho=\dfrac{e_2}{e_1}=$	0.800	0.800	0.800	0.800	0.800	0.800	0.800	0.800
2	$\beta=\dfrac{1}{\rho}\left(\dfrac{N_t^b}{N_t}-1\right)=$	8.750	3.750	2.083	1.250	0.750	0.417	0.400	0.179
3	$\delta=1-\dfrac{d_0}{b}=$	0.667	0.667	0.667	0.667	0.667	0.667	0.667	0.667
4	α'	1.000	1.000	1.000	1.000	1.000	1.000	1.000	1.000
5	$\alpha'=\dfrac{1}{\delta}\left(\dfrac{\beta}{1-\beta}\right)=$	−1.694	−2.045	−2.885	−7.500	4.500	1.071	1.000	0.326
6	判断 β 值，最终 α' 取	1.000	1.000	1.000	1.000	1.000	1.000	1.000	0.326
7	$\Psi=1+\delta\alpha'$	1.667	1.667	1.667	1.667	1.667	1.667	1.667	1.217
8	$t_e=\sqrt{\dfrac{4e_2N_t}{\Psi bf}}=$	11.957	16.910	20.711	23.915	26.737	29.289	29.437	37.016
9	$\alpha=\dfrac{1}{\delta}\left[\dfrac{N_t}{N_t^b}\left(\dfrac{t_{ce}}{t}\right)^2-1\right]=$	1.000	1.000	1.000	1.000	1.000	1.000	1.000	0.326
10	$Q=N_t^b\left[\delta\alpha\rho\left(\dfrac{t_e}{t_{ec}}\right)^2\right]=$	8.960	17.920	26.880	35.840	44.800	53.760	54.303	28.000
11	N_t+Q	36.960	73.920	110.880	147.840	184.800	221.760	224.000	224.000

说明	
b——按一排螺栓覆盖的翼缘板（端板）计算宽度（mm）;	e_1——螺栓中心到T形件翼缘板边缘的距离（mm）;
e_2——螺栓中心到T形件腹板边缘的距离（mm）;	t_{ec}——T形件翼缘板的最小厚度;
N_t——一个高强度螺栓的轴向拉力;	N_t^b——一个受拉高强度螺栓的受拉承载力;
t_e——受拉T形件翼缘板的厚度;	Ψ——撬力影响系数; δ——翼缘板截面系数;
α'——系数，$\beta \geqslant 1.0$ 时，α' 取 1.0; $\beta<1.0$ 时，$\alpha'=[\beta/(1-\beta)]/\delta$，且满足 $\alpha'\leqslant1.0$;	
β——系数; ρ——系数; Q——撬力; α——系数 $\geqslant0$; N_t'——Q 为最大值时，对应的 N_t 值。	

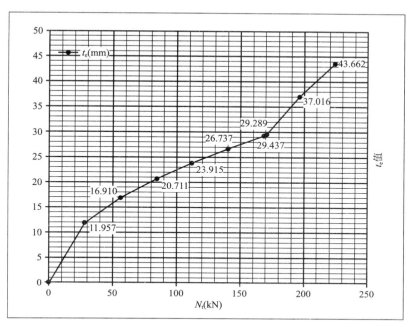

附图 2.13-1　M30 G8.8S Q235 $e_1 = 1.25e_2$ 时 t_e 值图表

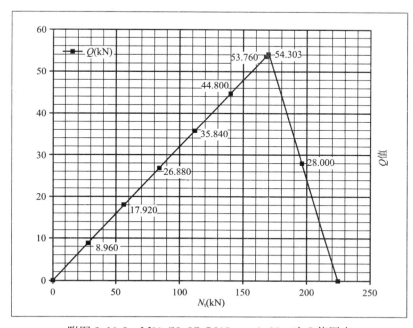

附图 2.13-2　M30 G8.8S Q235 $e_1 = 1.25e_2$ 时 Q 值图表

计算条件				
螺栓等级		8.8S		
螺栓规格		M30		
连接板材料		Q235		
$d=$	30	mm		
$d_0=$	33	mm		
预拉力 $P=$	280	kN		
$f=$	235	N/mm²		
$e_2=1.5d_0=$	49.5	mm		
$b=3d_0=$	99	mm		
取 $e_1=e_2$	49.5	mm		
$N_t^b=0.8P=$	224	kN		
$N_t'=\dfrac{5N_t^b}{2\rho+5}=$	160.000	kN		
$t_{ec}=\sqrt{\dfrac{4e_2N_t^b}{bf}}=$	43.662	mm		

T形件受拉件受力简图

	计算列表	N_t（kN）							
		0.1P	0.2P	0.3P	0.4P	0.5P	N_t'	0.6P	0.7P
		28	56	84	112	140	160.00	168	196
1	$\rho=\dfrac{e_2}{e_1}=$	1.000	1.000	1.000	1.000	1.000	1.000	1.000	1.000
2	$\beta=\dfrac{1}{\rho}\left(\dfrac{N_t^b}{N_t}-1\right)=$	7.000	3.000	1.667	1.000	0.600	0.400	0.333	0.143
3	$\delta=1-\dfrac{d_0}{b}=$	0.667	0.667	0.667	0.667	0.667	0.667	0.667	0.667
4	$\alpha'=$	1.000	1.000	1.000	1.000	1.000	1.000	1.000	1.000
5	$\alpha'=\dfrac{1}{\delta}\left(\dfrac{\beta}{1-\beta}\right)=$	−1.750	−2.250	−3.750	/	2.250	1.000	0.750	0.250
6	判断β值，最终α′取	1.000	1.000	1.000	1.000	1.000	1.000	0.750	0.250
7	$\Psi=1+\delta\alpha'$	1.667	1.667	1.667	1.667	1.667	1.667	1.500	1.167
8	$t_e=\sqrt{\dfrac{4e_2N_t}{\Psi bf}}=$	11.957	16.910	20.711	23.915	26.737	28.584	30.874	37.813
9	$\alpha=\dfrac{1}{\delta}\left[\dfrac{N_t}{N_t^b}\left(\dfrac{t_{ce}}{t}\right)^2-1\right]=$	1.000	1.000	1.000	1.000	1.000	1.000	0.750	0.250
10	$Q=N_t^b\left[\delta\alpha\rho\left(\dfrac{t_e}{t_{ec}}\right)^2\right]=$	11.200	22.400	33.600	44.800	56.000	64.000	56.000	28.000
11	N_t+Q	39.200	78.400	117.600	156.800	196.000	224.000	224.000	224.000

说明	
b——按一排螺栓覆盖的翼缘板（端板）计算宽度（mm）；	e_1——螺栓中心到T形件翼缘板边缘的距离（mm）；
e_2——螺栓中心到T形件腹板边缘的距离（mm）；	t_{ec}——T形件翼缘板的最小厚度；
N_t——一个高强度螺栓的轴向拉力；	N_t^b——一个受拉高强度螺栓的受拉承载力；
t_e——受拉T形翼缘板的厚度； Ψ——撬力影响系数； δ——翼缘板截面系数；	
α'——系数，$\beta\geqslant1.0$时，α'取1.0；$\beta<1.0$时，$\alpha'=[\beta/(1-\beta)]/\delta$，且满足$\alpha'\leqslant1.0$；	
β——系数； ρ——系数； Q——撬力； α——系数$\geqslant0$； N_t'——Q为最大值时，对应的N_t值；	

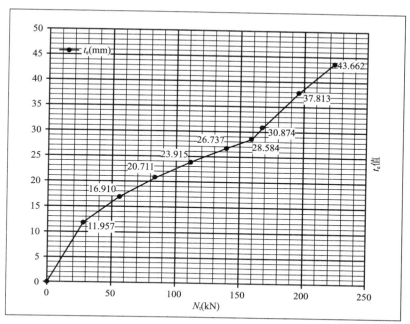

附图 2.14-1　M30 G8.8S Q235 $e_1=1.5d_0$ 时 t_e 值图表

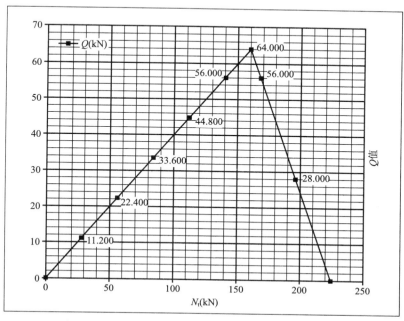

附图 2.14-2　M30 G8.8S Q235 $e_1=1.5d_0$ 时 Q 值图表

附3 高强度螺栓连接副（10.9S）＋Q345连接板材

附3.1 M12 G10.9S Q345 $e_1=1.25e_2$ 时 计算列表

计算条件			
	螺栓等级	10.9S	
	螺栓规格	M12	
	连接板材料	Q345	
	$d=$	12	mm
	$d_0=$	13.5	mm
	预拉力 $P=$	55	kN
	$f=$	345	N/mm²
	$e_2=1.5d_0=$	20.25	mm
	$b=3d_0=$	40.5	mm
	取 $e_1=1.25e_2$	25.3125	mm
	$N_t^b=0.8P=$	44	kN
	$N_t'=\dfrac{5N_t^b}{2\rho+5}=$	33.333	kN
	$t_{ec}=\sqrt{\dfrac{4e_2N_t^b}{bf}}=$	15.971	mm

T形件受拉件受力简图

计算列表		N_t (kN)							
		0.1P	0.2P	0.3P	0.4P	0.5P	0.6P	N_t'	0.7P
		5.5	11	16.5	22	27.5	33	33.333	38.5
1	$\rho=\dfrac{e_2}{e_1}=$	0.800	0.800	0.800	0.800	0.800	0.800	0.800	0.800
2	$\beta=\dfrac{1}{\rho}\left(\dfrac{N_t^b}{N_t}-1\right)=$	8.750	3.750	2.083	1.250	0.750	0.417	0.400	0.179
3	$\delta=1-\dfrac{d_0}{b}=$	0.667	0.667	0.667	0.667	0.667	0.667	0.667	0.667
4	α'	1.000	1.000	1.000	1.000	1.000	1.000	1.000	1.000
5	$\alpha'=\dfrac{1}{\delta}\left(\dfrac{\beta}{1-\beta}\right)=$	−1.694	−2.045	−2.885	−7.500	4.500	1.071	1.000	0.326
6	判断 β 值，最终 α' 取	1.000	1.000	1.000	1.000	1.000	1.000	1.000	0.326
7	$\Psi=1+\delta\alpha'$	1.667	1.667	1.667	1.667	1.667	1.667	1.667	1.217
8	$t_e=\sqrt{\dfrac{4e_2N_t}{\Psi bf}}=$	4.374	6.186	7.576	8.748	9.780	10.714	10.768	13.540
9	$\alpha=\dfrac{1}{\delta}\left[\dfrac{N_t}{N_t^b}\left(\dfrac{t_{ce}}{t}\right)^2-1\right]=$	1.000	1.000	1.000	1.000	1.000	1.000	1.000	0.326
10	$Q=N_t^b\left[\delta\alpha\rho\left(\dfrac{t_e}{t_{ec}}\right)^2\right]=$	1.760	3.520	5.280	7.040	8.800	10.560	10.667	5.500
11	N_t+Q	7.260	14.520	21.780	29.040	36.300	43.560	44.000	44.000

说明
b——按一排螺栓覆盖的翼缘板（端板）计算宽度（mm）； e_1——螺栓中心到T形件翼缘边缘的距离（mm）；
e_2——螺栓中心到T形件腹板边缘的距离（mm）； t_{ec}——T形件翼缘板的最小厚度；
N_t——一个高强度螺栓的轴向拉力； N_t^b——一个受拉高强度螺栓的受拉承载力；
t_e——受拉T形件翼缘板的厚度； Ψ——撬力影响系数； δ——翼缘板截面系数；
α'——系数，$\beta\geqslant1.0$ 时，α' 取 1.0；$\beta<1.0$ 时，$\alpha'=[\beta/(1-\beta)]/\delta$，且满足 $\alpha'\leqslant1.0$；
β——系数； ρ——系数； Q——撬力； α——系数≥0； N_t'——Q 为最大值时，对应的 N_t 值

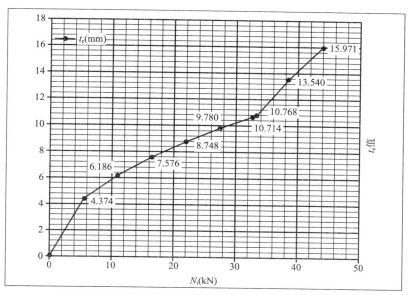

附图 3.1-1　M12 G10.9S Q345 $e_1 = 1.25e_2$ 时 Q 值图表

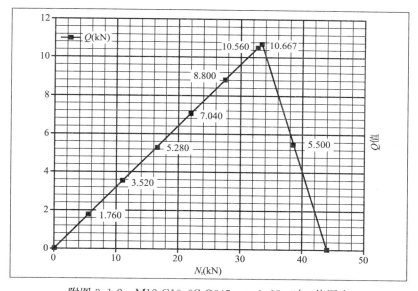

附图 3.1-2　M12 G10.9S Q345 $e_1 = 1.25e_2$ 时 t_e 值图表

附 3.2　M12 G10.9S Q345 $e_1 = 1.5d_0$ 时　计算列表

<table>
<tr><td rowspan="12">计算条件</td><td colspan="2">螺栓等级</td><td colspan="2">10.9S</td><td rowspan="11">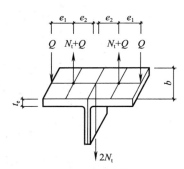</td></tr>
<tr><td colspan="2">螺栓规格</td><td colspan="2">M12</td></tr>
<tr><td colspan="2">连接板材料</td><td colspan="2">Q345</td></tr>
<tr><td colspan="2">$d=$</td><td>12</td><td>mm</td></tr>
<tr><td colspan="2">$d_0=$</td><td>13.5</td><td>mm</td></tr>
<tr><td colspan="2">预拉力 $P=$</td><td>55</td><td>kN</td></tr>
<tr><td colspan="2">$f=$</td><td>345</td><td>N/mm²</td></tr>
<tr><td colspan="2">$e_2 = 1.5d_0=$</td><td>20.25</td><td>mm</td></tr>
<tr><td colspan="2">$b = 3d_0=$</td><td>40.5</td><td>mm</td></tr>
<tr><td colspan="2">取 $e_1 = e_2$</td><td>20.25</td><td>mm</td></tr>
<tr><td colspan="2">$N_t^b = 0.8P=$</td><td>44</td><td>kN</td></tr>
<tr><td colspan="2">$N_t' = \dfrac{5N_t^b}{2\rho+5}=$</td><td>31.429</td><td>kN</td><td>T形件受拉件受力简图</td></tr>
</table>

		N_t (kN)							
	计算列表	$0.1P$	$0.2P$	$0.3P$	$0.4P$	$0.5P$	N_t'	$0.6P$	$0.7P$
		5.5	11	16.5	22	27.5	31.429	33	38.5
1	$\rho = \dfrac{e_2}{e_1}=$	1.000	1.000	1.000	1.000	1.000	1.000	1.000	1.000
2	$\beta = \dfrac{1}{\rho}\left(\dfrac{N_t^b}{N_t}-1\right)=$	7.000	3.000	1.667	1.000	0.600	0.400	0.333	0.143
3	$\delta = 1 - \dfrac{d_0}{b}=$	0.667	0.667	0.667	0.667	0.667	0.667	0.667	0.667
4	α'	1.000	1.000	1.000	1.000	1.000	1.000	1.000	1.000
5	$\alpha' = \dfrac{1}{\delta}\left(\dfrac{\beta}{1-\beta}\right)=$	−1.750	−2.250	−3.750	/	2.250	1.000	0.750	0.250
6	判断 β 值，最终 α' 取	1.000	1.000	1.000	1.000	1.000	1.000	0.750	0.250
7	$\Psi = 1 + \delta\alpha'$	1.667	1.667	1.667	1.667	1.667	1.667	1.500	1.167
8	$t_e = \sqrt{\dfrac{4e_2 N_t}{\Psi bf}}=$	4.374	6.186	7.576	8.748	9.780	10.455	11.293	13.831
9	$\alpha = \dfrac{1}{\delta}\left[\dfrac{N_t}{N_t^b}\left(\dfrac{t_{ec}}{t}\right)^2 - 1\right]=$	1.000	1.000	1.000	1.000	1.000	1.000	0.750	0.250
10	$Q = N_t^b\left[\delta\alpha\rho\left(\dfrac{t_e}{t_{ec}}\right)^2\right]=$	2.200	4.400	6.600	8.800	11.000	12.571	11.000	5.500
11	$N_t + Q$	7.700	15.400	23.100	30.800	38.500	44.000	44.000	44.000

说明：

b——按一排螺栓覆盖的翼缘板（端板）计算宽度（mm）；　e_1——螺栓中心到 T 形件翼缘边缘的距离（mm）；

e_2——螺栓中心到 T 形件腹板边缘的距离（mm）；　t_{ec}——T 形件翼缘板的最小厚度；

N_t——一个高强度螺栓的轴向拉力；　N_t^b——一个受拉高强度螺栓的受拉承载力；

t_e——受拉 T 形件翼缘板的厚度；　Ψ——撬力影响系数；　δ——翼缘板截面系数；

α'——系数，$\beta \geqslant 1.0$ 时，α' 取 1.0；$\beta < 1.0$ 时，$\alpha' = [\beta/(1-\beta)]/\delta$，且满足 $\alpha' \leqslant 1.0$；

β——系数；　ρ——系数；　Q——撬力；　α——系数 $\geqslant 0$；　N_t'——Q 为最大值时，对应的 N_t 值

278

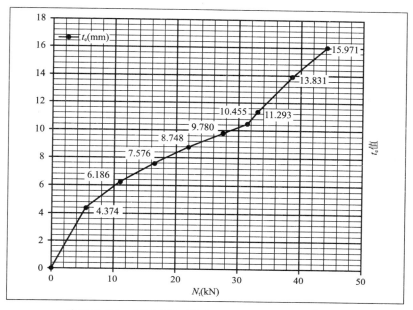

附图 3.2-1　M12 G10.9S Q345 $e_1 = 1.5d_0$ 时 t_e 值图表

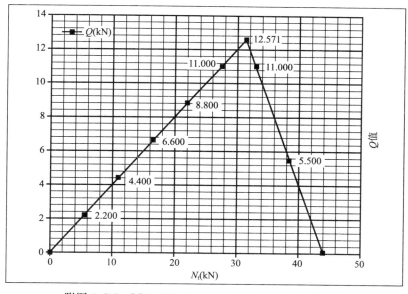

附图 3.2-2　M12 G10.9S Q345 $e_1 = 1.5d_0$ 时 Q 值图表

附 3.3 M16 G10.9S Q345 $e_1 = 1.25e_2$ 时 计算列表

<table>
<tr><td rowspan="13">计算条件</td><td>螺栓等级</td><td colspan="2">10.9S</td><td rowspan="9"></td></tr>
<tr><td>螺栓规格</td><td colspan="2">M16</td></tr>
<tr><td>连接板材料</td><td colspan="2">Q345</td></tr>
<tr><td>$d=$</td><td>16</td><td>mm</td></tr>
<tr><td>$d_0=$</td><td>17.5</td><td>mm</td></tr>
<tr><td>预拉力 $P=$</td><td>100</td><td>kN</td></tr>
<tr><td>$f=$</td><td>345</td><td>N/mm²</td></tr>
<tr><td>$e_2 = 1.5d_0 =$</td><td>26.25</td><td>mm</td></tr>
<tr><td>$b = 3d_0 =$</td><td>52.5</td><td>mm</td></tr>
<tr><td>取 $e_1 = 1.25e_2$</td><td>32.8125</td><td>mm</td></tr>
<tr><td>$N_t^b = 0.8P =$</td><td>80</td><td>kN</td><td rowspan="3">T形件受拉件受力简图</td></tr>
<tr><td>$N_t' = \dfrac{5N_t^b}{2\rho+5} =$</td><td>60.606</td><td>kN</td></tr>
<tr><td>$t_{ec} = \sqrt{\dfrac{4e_2 N_t^b}{bf}} =$</td><td>21.535</td><td>mm</td></tr>
</table>

计算列表		N_t (kN)							
		0.1P	0.2P	0.3P	0.4P	0.5P	0.6P	N_t'	0.7P
		10	20	30	40	50	60	60.606	70
1	$\rho = \dfrac{e_2}{e_1} =$	0.800	0.800	0.800	0.800	0.800	0.800	0.800	0.800
2	$\beta = \dfrac{1}{\rho}\left(\dfrac{N_t^b}{N_t}-1\right) =$	8.750	3.750	2.083	1.250	0.750	0.417	0.400	0.179
3	$\delta = 1 - \dfrac{d_0}{b} =$	0.667	0.667	0.667	0.667	0.667	0.667	0.667	0.667
4	$\alpha' =$	1.000	1.000	1.000	1.000	1.000	1.000	1.000	1.000
5	$\alpha' = \dfrac{1}{\delta}\left(\dfrac{\beta}{1-\beta}\right) =$	−1.694	−2.045	−2.885	−7.500	4.500	1.071	1.000	0.326
6	判断 β 值，最终 α' 取	1.000	1.000	1.000	1.000	1.000	1.000	1.000	0.326
7	$\Psi = 1 + \delta\alpha'$	1.667	1.667	1.667	1.667	1.667	1.667	1.667	1.217
8	$t_e = \sqrt{\dfrac{4e_2 N_t}{\Psi bf}} =$	5.898	8.341	10.215	11.795	13.188	14.446	14.519	18.257
9	$\alpha = \dfrac{1}{\delta}\left[\dfrac{N_t}{N_t^b}\left(\dfrac{t_{ce}}{t}\right)^2 - 1\right] =$	1.000	1.000	1.000	1.000	1.000	1.000	1.000	0.326
10	$Q = N_t^b\left[\delta\alpha\rho\left(\dfrac{t_e}{t_{ce}}\right)^2\right] =$	3.200	6.400	9.600	12.800	16.000	19.200	19.394	10.000
11	$N_t + Q$	13.200	26.400	39.600	52.800	66.000	79.200	80.000	80.000

说明	
b——按一排螺栓覆盖的翼缘板（端板）计算宽度（mm）；	e_1——螺栓中心到 T 形件翼缘边缘的距离（mm）；
e_2——螺栓中心到 T 形件腹板边缘的距离（mm）；	t_{ec}——T 形件翼缘板的最小厚度；
N_t——一个高强度螺栓的轴向拉力；	N_t^b——一个受拉高强度螺栓的受拉承载力；
t_e——受拉 T 形件翼缘板的厚度；　Ψ——撬力影响系数；　δ——翼缘板截面系数；	
α'——系数，$\beta \geqslant 1.0$ 时，α' 取 1.0；$\beta < 1.0$ 时，$\alpha' = [\beta/(1-\beta)]/\delta$，且满足 $\alpha' \leqslant 1.0$；	
β——系数；　ρ——系数；　Q——撬力；　α——系数 $\geqslant 0$；　N_t'—— Q 为最大值时，对应的 N_t 值。	

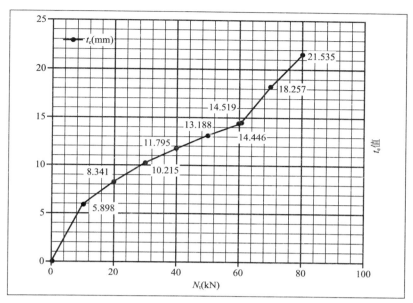

附图 3.3-1　M16 G10.9S Q345 $e_1 = 1.25e_2$ 时 t_c 值图表

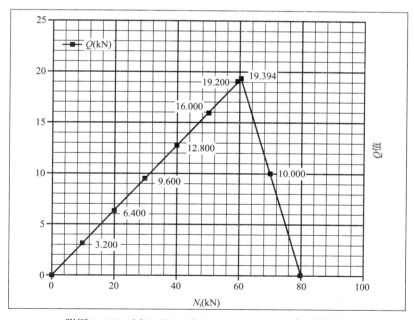

附图 3.3-2　M16 G10.9S Q345 $e_1 = 1.25e_2$ 时 Q 值图表

附 3.4 M16 G10.9S Q345 $e_1＝1.5d_0$时 计算列表

计算条件	螺栓等级	10.9S	
	螺栓规格	M16	
	连接板材料	Q345	
	$d=$	16	mm
	$d_0=$	17.5	mm
	预拉力 $P=$	100	kN
	$f=$	345	N/mm²
	$e_2=1.5d_0=$	26.25	mm
	$b=3d_0=$	52.5	mm
	取 $e_1=e_2$	26.25	mm
	$N_t^b=0.8P=$	80	kN
	$N_t'=\dfrac{5N_t^b}{2\rho+5}=$	57.143	kN
	$t_{ec}=\sqrt{\dfrac{4e_2N_t^b}{bf}}=$	21.535	mm

T形件受拉件受力简图

	计算列表	N_t（kN）							
		0.1P	0.2P	0.3P	0.4P	0.5P	N_t'	0.6P	0.7P
		10	20	30	40	50	57.143	60	70
1	$\rho=\dfrac{e_2}{e_1}=$	1.000	1.000	1.000	1.000	1.000	1.000	1.000	1.000
2	$\beta=\dfrac{1}{\rho}\left(\dfrac{N_t^b}{N_t}-1\right)=$	7.000	3.000	1.667	1.000	0.600	0.400	0.333	0.143
3	$\delta=1-\dfrac{d_0}{b}=$	0.667	0.667	0.667	0.667	0.667	0.667	0.667	0.667
4	α'	1.000	1.000	1.000	1.000	1.000	1.000	1.000	1.000
5	$\alpha'=\dfrac{1}{\delta}\left(\dfrac{\beta}{1-\beta}\right)=$	−1.750	−2.250	−3.750	/	2.250	1.000	0.750	0.250
6	判断 β值，最终 α' 取	1.000	1.000	1.000	1.000	1.000	1.000	0.750	0.250
7	$\Psi=1+\alpha\alpha'$	1.667	1.667	1.667	1.667	1.667	1.667	1.500	1.167
8	$t_e=\sqrt{\dfrac{4e_2N_t}{\Psi bf}}=$	5.898	8.341	10.215	11.795	13.188	14.098	15.228	18.650
9	$\alpha=\dfrac{1}{\delta}\left[\dfrac{N_t}{N_t^b}\left(\dfrac{t_{ec}}{t}\right)^2-1\right]=$	1.000	1.000	1.000	1.000	1.000	1.000	0.750	0.250
10	$Q=N_t^b\left[\delta\alpha\rho\left(\dfrac{t_e}{t_{ec}}\right)^2\right]=$	4.000	8.000	12.000	16.000	20.000	22.857	20.000	10.000
11	N_t+Q	14.000	28.000	42.000	56.000	70.000	80.000	80.000	80.000

说明	
b——按一排螺栓覆盖的翼缘板（端板）计算宽度（mm）；	e_1——螺栓中心到T形件翼缘边缘的距离（mm）；
e_2——螺栓中心到T形件腹板边缘的距离（mm）；	t_{ec}——T形件翼缘板的最小厚度；
N_t——一个高强度螺栓的轴向拉力；	N_t^b——一个受拉高强度螺栓的受拉承载力；
t_e——受拉T形件翼缘板的厚度；	Ψ——撬力影响系数； δ——翼缘板截面系数；
α'——系数，$\beta\geqslant1.0$时，α'取 1.0；$\beta<1.0$时，$\alpha'=[\beta/(1-\beta)]/\delta$，且满足 $\alpha'\leqslant1.0$；	
β——系数； ρ——系数； Q——撬力； α——系数$\geqslant0$； N_t'—— Q为最大值时，对应的 N_t 值	

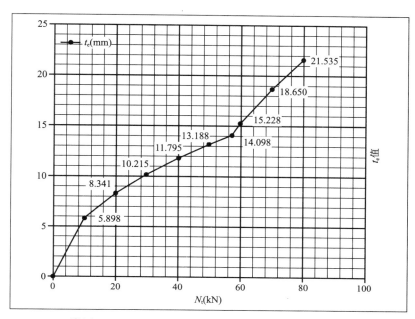

附图 3.4-1　M16 G10.9S Q345 $e_1 = 1.5d_0$ 时 t_e 值图表

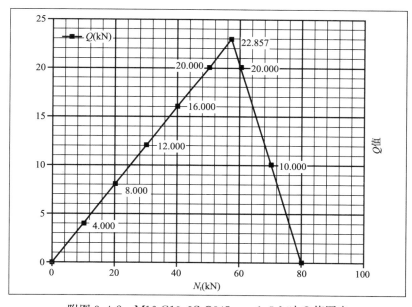

附图 3.4-2　M16 G10.9S Q345 $e_1 = 1.5d_0$ 时 Q 值图表

附 3.5 M20 G10.9S Q345 $e_1 = 1.25e_2$ 时 计算列表

计算条件	螺栓等级	10.9S	
	螺栓规格	M20	
	连接板材料	Q345	
	$d =$	20	mm
	$d_0 =$	22	mm
	预拉力 $P =$	155	kN
	$f =$	345	N/mm²
	$e_2 = 1.5d_0 =$	33	mm
	$b = 3d_0 =$	66	mm
	取 $e_1 = 1.25e_2$	41.25	mm
	$N_t^b = 0.8P =$	124	kN
	$N_t' = \dfrac{5N_t^b}{2\rho + 5} =$	93.939	kN
	$t_{ec} = \sqrt{\dfrac{4e_2 N_t^b}{bf}} =$	26.811	mm

T形件受拉件受力简图

计算列表		N_t (kN)							
		0.1P	0.2P	0.3P	0.4P	0.5P	0.6P	N_t'	0.7P
		15.5	31	46.5	62	77.5	93	93.939	108.5
1	$\rho = \dfrac{e_2}{e_1} =$	0.800	0.800	0.800	0.800	0.800	0.800	0.800	0.800
2	$\beta = \dfrac{1}{\rho}\left(\dfrac{N_t^b}{N_t} - 1\right) =$	8.750	3.750	2.083	1.250	0.750	0.417	0.400	0.179
3	$\delta = 1 - \dfrac{d_0}{b} =$	0.667	0.667	0.667	0.667	0.667	0.667	0.667	0.667
4	α'	1.000	1.000	1.000	1.000	1.000	1.000	1.000	1.000
5	$\alpha' = \dfrac{1}{\delta}\left(\dfrac{\beta}{1-\beta}\right) =$	−1.694	−2.045	−2.885	−7.500	4.500	1.071	1.000	0.326
6	判断 β 值,最终 α' 取	1.000	1.000	1.000	1.000	1.000	1.000	1.000	0.326
7	$\Psi = 1 + \delta\alpha'$	1.667	1.667	1.667	1.667	1.667	1.667	1.667	1.217
8	$t_e = \sqrt{\dfrac{4e_2 N_t}{\Psi bf}} =$	7.343	10.384	12.718	14.685	16.418	17.986	18.076	22.730
9	$\alpha = \dfrac{1}{\delta}\left[\dfrac{N_t}{N_t^b}\left(\dfrac{t_{ce}}{t}\right)^2 - 1\right] =$	1.000	1.000	1.000	1.000	1.000	1.000	1.000	0.326
10	$Q = N_t^b\left[\delta\alpha\rho\left(\dfrac{t_e}{t_{ec}}\right)^2\right] =$	4.960	9.920	14.880	19.840	24.800	29.760	30.061	15.500
11	$N_t + Q$	20.460	40.920	61.380	81.840	102.300	122.760	124.000	124.000

说明	
b——按一排螺栓覆盖的翼缘板(端板)计算宽度(mm);	e_1——螺栓中心到T形件翼缘边缘的距离(mm);
e_2——螺栓中心到T形件腹板边缘的距离(mm);	t_{ec}——T形件翼缘板的最小厚度;
N_t——一个高强度螺栓的轴向拉力;	N_t^b——一个受拉高强度螺栓的受拉承载力;
t_e——受拉T形件翼缘板的厚度;	Ψ——撬力影响系数; δ——翼缘板截面系数;
α'——系数, $\beta \geqslant 1.0$ 时, α' 取 1.0; $\beta < 1.0$ 时, $\alpha' = [\beta/(1-\beta)]/\delta$, 且满足 $\alpha' \leqslant 1.0$;	
β——系数; ρ——系数; Q——撬力; α——系数 $\geqslant 0$; N_t'——Q 为最大值时,对应的 N_t 值	

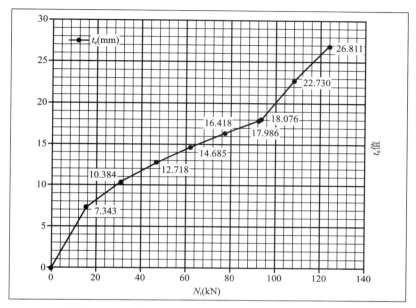

附图 3.5-1　M20 G10.9S Q345 $e_1 = 1.25e_2$ 时 t_e 值图表

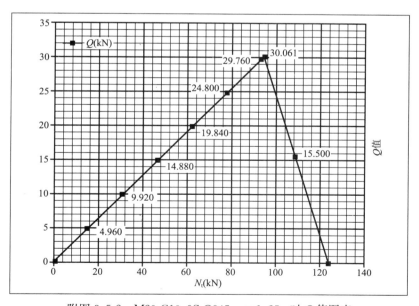

附图 3.5-2　M20 G10.9S Q345 $e_1 = 1.25e_2$ 时 Q 值图表

附3.6 M20 G10.9S Q345 $e_1=1.5d_0$ 时 计算列表

<table>
<tr><td rowspan="11">计算条件</td><td colspan="2">螺栓等级</td><td colspan="2">10.9S</td><td rowspan="6">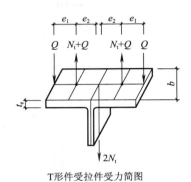</td></tr>
<tr><td colspan="2">螺栓规格</td><td colspan="2">M20</td></tr>
<tr><td colspan="2">连接板材料</td><td colspan="2">Q345</td></tr>
</table>

计算条件			
螺栓等级	10.9S	
螺栓规格	M20	
连接板材料	Q345	
$d=$	20	mm
$d_0=$	22	mm
预拉力 $P=$	155	kN
$f=$	345	N/mm²
$e_2=1.5d_0=$	33	mm
$b=3d_0=$	66	mm
取 $e_1=e_2$	33	mm
$N_t^b=0.8P=$	124	kN
$N_t'=\dfrac{5N_t^b}{2\rho+5}=$	88.571	kN
$t_{ec}=\sqrt{\dfrac{4e_2N_t^b}{bf}}=$	26.811	mm

T形件受拉件受力简图

计算列表		N_t (kN)							
		0.1P	0.2P	0.3P	0.4P	0.5P	N_t'	0.6P	0.7P
		15.5	31	46.5	62	77.5	88.571	93	108.5
1	$\rho=\dfrac{e_2}{e_1}=$	1.000	1.000	1.000	1.000	1.000	1.000	1.000	1.000
2	$\beta=\dfrac{1}{\rho}\left(\dfrac{N_t^b}{N_t}-1\right)=$	7.000	3.000	1.667	1.000	0.600	0.400	0.333	0.143
3	$\delta=1-\dfrac{d_0}{b}=$	0.667	0.667	0.667	0.667	0.667	0.667	0.667	0.667
4	α'	1.000	1.000	1.000	1.000	1.000	1.000	1.000	1.000
5	$\alpha'=\dfrac{1}{\delta}\left(\dfrac{\beta}{1-\beta}\right)=$	−1.750	−2.250	−3.750	/	2.250	1.000	0.750	0.250
6	判断 β 值,最终 α' 取	1.000	1.000	1.000	1.000	1.000	1.000	0.750	0.250
7	$\Psi=1+\delta\alpha'$	1.667	1.667	1.667	1.667	1.667	1.667	1.500	1.167
8	$t_e=\sqrt{\dfrac{4e_2N_t}{\Psi bf}}=$	7.343	10.384	12.718	14.685	16.418	17.552	18.958	23.219
9	$\alpha=\dfrac{1}{\delta}\left[\dfrac{N_t}{N_t^b}\left(\dfrac{t_{ec}}{t}\right)^2-1\right]=$	1.000	1.000	1.000	1.000	1.000	1.000	0.750	0.250
10	$Q=N_t^b\left[\delta\alpha\rho\left(\dfrac{t_e}{t_{ec}}\right)^2\right]=$	6.200	12.400	18.600	24.800	31.000	35.429	31.000	15.500
11	N_t+Q	21.700	43.400	65.100	86.800	108.500	124.000	124.000	124.000

说明	
b——按一排螺栓覆盖的翼缘板(端板)计算宽度(mm);	e_1——螺栓中心到T形件翼缘边缘的距离(mm);
e_2——螺栓中心到T形件腹板边缘的距离(mm);	t_{ec}——T形件翼缘板的最小厚度;
N_t——一个高强度螺栓的轴向拉力;	N_t^b——一个受拉高强度螺栓的受拉承载力;
t_e——受拉T形件翼缘板的厚度; Ψ——撬力影响系数; δ——翼缘板截面系数;	
α'——系数, $\beta\geqslant1.0$ 时, α' 取 1.0; $\beta<1.0$ 时, $\alpha'=[\beta/(1-\beta)]/\delta$, 且满足 $\alpha'\leqslant1.0$;	
β——系数; ρ——系数; Q——撬力; α——系数 $\geqslant0$; N_t'—— Q 为最大值时,对应的 N_t 值	

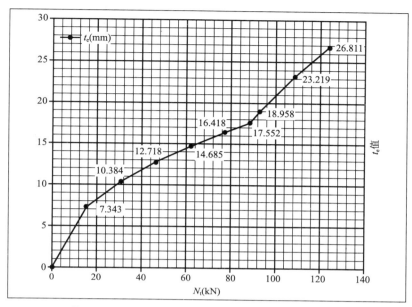

附图 3.6-1 M20 G10.9S Q345 $e_1 = 1.5d_0$ 时 t_e 值图表

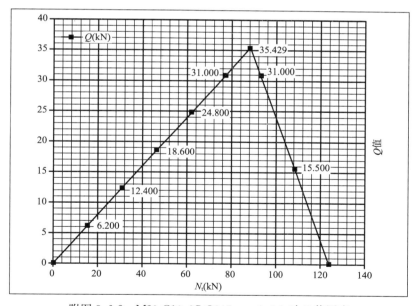

附图 3.6-2 M20 G10.9S Q345 $e_1 = 1.5d_0$ 时 Q 值图表

附3.7 M22 G10.9S Q345 $e_1 = 1.25e_2$ 时 计算列表

	螺栓等级	10.9S	
	螺栓规格	M22	
	连接板材料	Q345	
计算条件	$d=$	22	mm
	$d_0=$	24	mm
	预拉力 $P=$	190	kN
	$f=$	345	N/mm²
	$e_2 = 1.5d_0 =$	36	mm
	$b = 3d_0 =$	72	mm
	取 $e_1 = 1.25e_2$	45	mm
	$N_t^b = 0.8P =$	152	kN
	$N_t' = \dfrac{5N_t^b}{2\rho+5} =$	115.152	kN
	$t_{ec} = \sqrt{\dfrac{4e_2 N_t^b}{bf}} =$	29.684	mm

T形件受拉件受力简图

计算列表		N_t (kN)							
		0.1P	0.2P	0.3P	0.4P	0.5P	0.6P	N_t'	0.7P
		19	38	57	76	95	114	115.15	133
1	$\rho = \dfrac{e_2}{e_1} =$	0.800	0.800	0.800	0.800	0.800	0.800	0.800	0.800
2	$\beta = \dfrac{1}{\rho}\left(\dfrac{N_t^b}{N_t}-1\right) =$	8.750	3.750	2.083	1.250	0.750	0.417	0.400	0.179
3	$\delta = 1 - \dfrac{d_0}{b} =$	0.667	0.667	0.667	0.667	0.667	0.667	0.667	0.667
4	α'	1.000	1.000	1.000	1.000	1.000	1.000	1.000	1.000
5	$\alpha' = \dfrac{1}{\delta}\left(\dfrac{\beta}{1-\beta}\right) =$	−1.694	−2.045	−2.885	−7.500	4.500	1.071	1.000	0.326
6	判断 β 值,最终 α' 取	1.000	1.000	1.000	1.000	1.000	1.000	1.000	0.326
7	$\Psi = 1 + \delta\alpha'$	1.667	1.667	1.667	1.667	1.667	1.667	1.667	1.217
8	$t_e = \sqrt{\dfrac{4e_2 N_t}{\Psi bf}} =$	8.129	11.497	14.081	16.259	18.178	19.913	20.013	25.166
9	$\alpha = \dfrac{1}{\delta}\left[\dfrac{N_t}{N_t^b}\left(\dfrac{t_{ce}}{t}\right)^2 - 1\right] =$	1.000	1.000	1.000	1.000	1.000	1.000	1.000	0.326
10	$Q = N_t^b\left[\delta\alpha\rho\left(\dfrac{t_e}{t_{ec}}\right)^2\right] =$	6.080	12.160	18.240	24.320	30.400	36.480	36.848	19.000
11	$N_t + Q$	25.080	50.160	75.240	100.320	125.400	150.480	152.000	152.000

说明	b——按一排螺栓覆盖的翼缘板(端板)计算宽度(mm); e_1——螺栓中心到T形件翼缘边缘的距离(mm);
	e_2——螺栓中心到T形件腹板边缘的距离(mm); t_{ec}——T形件翼缘板的最小厚度;
	N_t——一个高强度螺栓的轴向拉力; N_t^b——一个受拉高强度螺栓的受拉承载力;
	t_e——受拉T形件翼缘板的厚度; Ψ——撬力影响系数; δ——翼缘板截面系数;
	α'——系数,$\beta \geqslant 1.0$时,α'取 1.0;$\beta < 1.0$时,$\alpha' = [\beta/(1-\beta)]/\delta$,且满足 $\alpha' \leqslant 1.0$;
	β——系数; ρ——系数; Q——撬力; α——系数≥0; N_t'—— Q 为最大值时,对应的 N_t 值

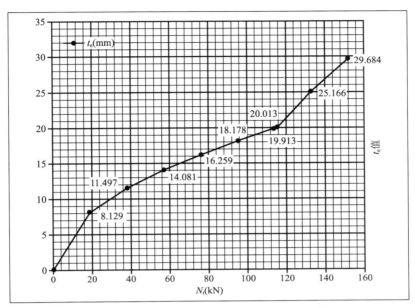

附图 3.7-1　M22 G10.9S Q345 $e_1=1.25e_2$ 时 t_e 值图表

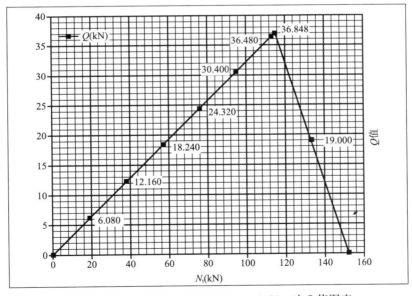

附图 3.7-2　M22 G10.9S Q345 $e_1=1.25e_2$ 时 Q 值图表

附 3.8 M22 G10.9S Q345 $e_1 = 1.5d_0$ 时 计算列表

计算条件			
螺栓等级	10.9S		
螺栓规格	M22		
连接板材料	Q345		
$d=$	22	mm	
$d_0=$	24	mm	
预拉力 $P=$	190	kN	
$f=$	345	N/mm^2	
$e_2 = 1.5d_0 =$	36	mm	
$b = 3d_0 =$	72	mm	
取 $e_1 = e_2$	36	mm	
$N_t^b = 0.8P =$	152	kN	
$N_t' = \dfrac{5N_t^b}{2\rho+5} =$	108.571	kN	
$t_{ec} = \sqrt{\dfrac{4e_2 N_t^b}{bf}} =$	29.684	mm	

T形件受拉件受力简图

	计算列表	N_t (kN)							
		0.1P	0.2P	0.3P	0.4P	0.5P	N_t'	0.6P	0.7P
		19	38	57	76	95	108.57	114	133
1	$\rho = \dfrac{e_2}{e_1} =$	1.000	1.000	1.000	1.000	1.000	1.000	1.000	1.000
2	$\beta = \dfrac{1}{\rho}\left(\dfrac{N_t^b}{N_t}-1\right) =$	7.000	3.000	1.667	1.000	0.600	0.400	0.333	0.143
3	$\delta = 1 - \dfrac{d_0}{b} =$	0.667	0.667	0.667	0.667	0.667	0.667	0.667	0.667
4	α'	1.000	1.000	1.000	1.000	1.000	1.000	1.000	1.000
5	$\alpha' = \dfrac{1}{\delta}\left(\dfrac{\beta}{1-\beta}\right) =$	−1.750	−2.250	−3.750	/	2.250	1.000	0.750	0.250
6	判断 β 值，最终 α' 取	1.000	1.000	1.000	1.000	1.000	1.000	0.750	0.250
7	$\Psi = 1 + \delta\alpha'$	1.667	1.667	1.667	1.667	1.667	1.667	1.500	1.167
8	$t_e = \sqrt{\dfrac{4e_2 N_t}{\Psi bf}} =$	8.129	11.497	14.081	16.259	18.178	19.433	20.990	25.707
9	$\alpha = \dfrac{1}{\delta}\left[\dfrac{N_t}{N_t^b}\left(\dfrac{t_{ce}}{t}\right)^2 - 1\right] =$	1.000	1.000	1.000	1.000	1.000	1.000	0.750	0.250
10	$Q = N_t^b\left[\delta\alpha\rho\left(\dfrac{t_e}{t_{ec}}\right)^2\right] =$	7.600	15.200	22.800	30.400	38.000	43.429	38.000	19.000
11	$N_t + Q$	26.600	53.200	79.800	106.400	133.000	152.000	152.000	152.000

说明	
b——按一排螺栓覆盖的翼缘板（端板）计算宽度（mm）;	e_1——螺栓中心到 T 形件翼缘板边缘的距离（mm）;
e_2——螺栓中心到 T 形件腹板边缘的距离（mm）;	t_{ec}——T 形件翼缘板的最小厚度;
N_t——一个高强度螺栓的轴向拉力;	N_t^b——一个受拉高强度螺栓的受拉承载力;
t_e——受拉 T 形件翼缘板的厚度;	Ψ——撬力影响系数; δ——翼缘板截面系数;
α'——系数，$\beta \geq 1.0$ 时，α' 取 1.0; $\beta < 1.0$ 时，$\alpha' = [\beta/(1-\beta)]/\delta$，且满足 $\alpha' \leq 1.0$;	
β——系数; ρ——系数; Q——撬力; α——系数 ≥ 0; N_t'——Q 为最大值时，对应的 N_t 值	

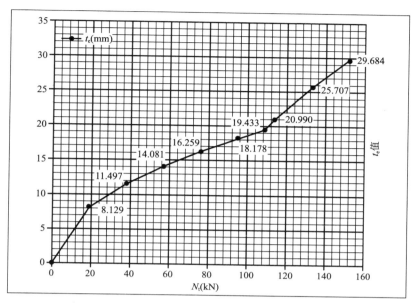

附图 3.8-1　M22 G10.9S Q345 $e_1=1.5d_0$ 时 t_e 值图表

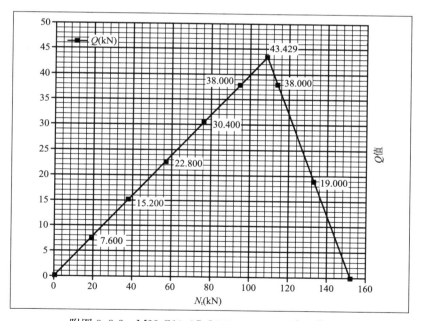

附图 3.8-2　M22 G10.9S Q345 $e_1=1.5d_0$ 时 Q 值图表

<table>
<tr><td rowspan="14">计
算
条
件</td><td colspan="2">螺栓等级</td><td colspan="2">10.9S</td></tr>
<tr><td colspan="2">螺栓规格</td><td colspan="2">M24</td></tr>
<tr><td colspan="2">连接板材料</td><td colspan="2">Q345</td></tr>
<tr><td colspan="2">$d=$</td><td>24</td><td>mm</td></tr>
<tr><td colspan="2">$d_0=$</td><td>26</td><td>mm</td></tr>
<tr><td colspan="2">预拉力 $P=$</td><td>225</td><td>kN</td></tr>
<tr><td colspan="2">$f=$</td><td>345</td><td>N/mm^2</td></tr>
<tr><td colspan="2">$e_2 = 1.5d_0 =$</td><td>39</td><td>mm</td></tr>
<tr><td colspan="2">$b = 3d_0 =$</td><td>78</td><td>mm</td></tr>
<tr><td colspan="2">取 $e_1 = 1.25e_2$</td><td>48.75</td><td>mm</td></tr>
<tr><td colspan="2">$N_t^b = 0.8P =$</td><td>180</td><td>kN</td></tr>
<tr><td colspan="2">$N_t' = \dfrac{5N_t^b}{2\rho+5} =$</td><td>136.364</td><td>kN</td></tr>
<tr><td colspan="2">$t_{ec} = \sqrt{\dfrac{4e_2 N_t^b}{bf}} =$</td><td>32.303</td><td>mm</td></tr>
</table>

T形件受拉件受力简图

计算列表		N_t (kN)							
		0.1P	0.2P	0.3P	0.4P	0.5P	0.6P	N_t'	0.7P
		22.5	45	67.5	90	112.5	135	136.36	157.5
1	$\rho = \dfrac{e_2}{e_1} =$	0.800	0.800	0.800	0.800	0.800	0.800	0.800	0.800
2	$\beta = \dfrac{1}{\rho}\left(\dfrac{N_t^b}{N_t}-1\right) =$	8.750	3.750	2.083	1.250	0.750	0.417	0.400	0.179
3	$\delta = 1 - \dfrac{d_0}{b} =$	0.667	0.667	0.667	0.667	0.667	0.667	0.667	0.667
4	α'	1.000	1.000	1.000	1.000	1.000	1.000	1.000	1.000
5	$\alpha' = \dfrac{1}{\delta}\left(\dfrac{\beta}{1-\beta}\right) =$	−1.694	−2.045	−2.885	−7.500	4.500	1.071	1.000	0.326
6	判断 β 值, 最终 α' 取	1.000	1.000	1.000	1.000	1.000	1.000	1.000	0.326
7	$\Psi = 1 + \delta\alpha'$	1.667	1.667	1.667	1.667	1.667	1.667	1.667	1.217
8	$t_e = \sqrt{\dfrac{4e_2 N_t}{\Psi bf}} =$	8.847	12.511	15.323	17.693	19.781	21.669	21.779	27.386
9	$\alpha = \dfrac{1}{\delta}\left[\dfrac{N_t}{N_t^b}\left(\dfrac{t_{ce}}{t}\right)^2 - 1\right] =$	1.000	1.000	1.000	1.000	1.000	1.000	1.000	0.326
10	$Q = N_t^b\left[\delta\alpha\rho\left(\dfrac{t_e}{t_{ec}}\right)^2\right] =$	7.200	14.400	21.600	28.800	36.000	43.200	43.636	22.500
11	$N_t + Q$	29.700	59.400	89.100	118.800	148.500	178.200	180.000	180.000

说 明	b——按一排螺栓覆盖的翼缘板（端板）计算宽度（mm）； e_1——螺栓中心到 T 形件翼缘边缘的距离（mm）；
	e_2——螺栓中心到 T 形件腹板边缘的距离（mm）； t_{ec}——T 形件翼缘板的最小厚度；
	N_t——一个高强度螺栓的轴向拉力； N_t^b——一个受拉高强度螺栓的受拉承载力；
	t_e——受拉 T 形件翼缘板的厚度； Ψ——撬力影响系数； δ——翼缘板截面系数；
	α'——系数，$\beta \geqslant 1.0$ 时，α' 取 1.0；$\beta < 1.0$ 时，$\alpha' = [\beta/(1-\beta)]/\delta$，且满足 $\alpha' \leqslant 1.0$；
	β——系数； ρ——系数； Q——撬力； α——系数 $\geqslant 0$； N_t'—— Q 为最大值时，对应的 N_t 值

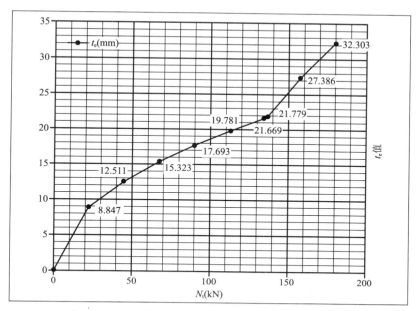

附图 3.9-1　M24 G10.9S Q345 $e_1 = 1.25e_2$ 时 t_e 值图表

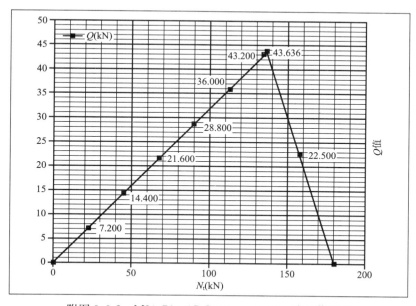

附图 3.9-2　M24 G10.9S Q345 $e_1 = 1.25e_2$ 时 Q 值图表

附 3.10　M24 G10.9S Q345 $e_1=1.5d_0$ 时　计算列表

<table>
<tr><td rowspan="12">计算条件</td><td colspan="2">螺栓等级</td><td colspan="2">10.9S</td><td rowspan="12" colspan="2">
T形件受拉件受力简图</td></tr>
<tr><td colspan="2">螺栓规格</td><td colspan="2">M24</td></tr>
<tr><td colspan="2">连接板材料</td><td colspan="2">Q345</td></tr>
<tr><td colspan="2">$d=$</td><td>24</td><td>mm</td></tr>
<tr><td colspan="2">$d_0=$</td><td>26</td><td>mm</td></tr>
<tr><td colspan="2">预拉力 $P=$</td><td>225</td><td>kN</td></tr>
<tr><td colspan="2">$f=$</td><td>345</td><td>N/mm²</td></tr>
<tr><td colspan="2">$e_2=1.5d_0=$</td><td>39</td><td>mm</td></tr>
<tr><td colspan="2">$b=3d_0=$</td><td>78</td><td>mm</td></tr>
<tr><td colspan="2">取 $e_1=e_2$</td><td>39</td><td>mm</td></tr>
<tr><td colspan="2">$N_t^b=0.8P=$</td><td>180</td><td>kN</td></tr>
<tr><td colspan="2">$N_t'=\dfrac{5N_t^b}{2\rho+5}=$</td><td>128.571</td><td>kN</td></tr>
</table>

计算条件	$t_{ec}=\sqrt{\dfrac{4e_2N_t^b}{bf}}=$	32.303	mm	

		N_t （kN）							
	计算列表	0.1P	0.2P	0.3P	0.4P	0.5P	N_t'	0.6P	0.7P
		22.5	45	67.5	90	112.5	128.57	135	157.5
1	$\rho=\dfrac{e_2}{e_1}=$	1.000	1.000	1.000	1.000	1.000	1.000	1.000	1.000
2	$\beta=\dfrac{1}{\rho}\left(\dfrac{N_t^b}{N_t}-1\right)=$	7.000	3.000	1.667	1.000	0.600	0.400	0.333	0.143
3	$\delta=1-\dfrac{d_0}{b}=$	0.667	0.667	0.667	0.667	0.667	0.667	0.667	0.667
4	α'	1.000	1.000	1.000	1.000	1.000	1.000	1.000	1.000
5	$\alpha'=\dfrac{1}{\delta}\left(\dfrac{\beta}{1-\beta}\right)=$	−1.750	−2.250	−3.750	/	2.250	1.000	0.750	0.250
6	判断 β 值，最终 α' 取	1.000	1.000	1.000	1.000	1.000	1.000	0.750	0.250
7	$\Psi=1+\delta\alpha'$	1.667	1.667	1.667	1.667	1.667	1.667	1.500	1.167
8	$t_e=\sqrt{\dfrac{4e_2N_t}{\Psi bf}}=$	8.847	12.511	15.323	17.693	19.781	21.147	22.842	27.975
9	$\alpha=\dfrac{1}{\delta}\left[\dfrac{N_t}{N_t^b}\left(\dfrac{t_{ce}}{t}\right)^2-1\right]=$	1.000	1.000	1.000	1.000	1.000	1.000	0.750	0.250
10	$Q=N_t^b\left[\delta\alpha\rho\left(\dfrac{t_e}{t_{ce}}\right)^2\right]=$	9.000	18.000	27.000	36.000	45.000	51.429	45.000	22.500
11	N_t+Q	31.500	63.000	94.500	126.000	157.500	180.000	180.000	180.000

<table>
<tr><td rowspan="6">说明</td><td>b——按一排螺栓覆盖的翼缘板（端板）计算宽度（mm）；</td><td>e_1——螺栓中心到 T 形件翼缘边缘的距离（mm）；</td></tr>
<tr><td>e_2——螺栓中心到 T 形件腹板边缘的距离（mm）；</td><td>t_{ec}——T 形件翼缘板的最小厚度；</td></tr>
<tr><td>N_t——一个高强度螺栓的轴向拉力；</td><td>N_t^b——一个受拉高强度螺栓的受拉承载力；</td></tr>
<tr><td>t_e——受拉 T 形件翼缘板的厚度；</td><td>Ψ——撬力影响系数；　δ——翼缘板截面系数；</td></tr>
<tr><td colspan="2">α'——系数，$\beta\geqslant1.0$ 时，α' 取 1.0；$\beta<1.0$ 时，$\alpha'=[\beta/(1-\beta)]/\delta$，且满足 $\alpha'\leqslant1.0$；</td></tr>
<tr><td colspan="2">β——系数；　ρ——系数；　Q——撬力；　α——系数≥0；　N_t'——Q 为最大值时，对应的 N_t 值</td></tr>
</table>

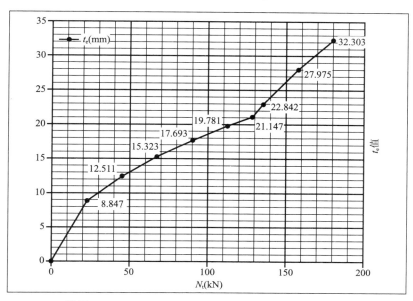

附图 3.10-1　M24 G10.9S Q345 $e_1 = 1.5d_0$ 时 t_e 值图表

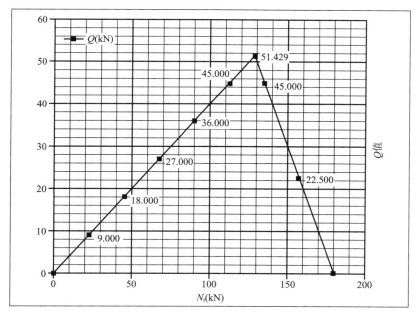

附图 3.10-2　M24 G10.9S Q345 $e_1 = 1.5d_0$ 时 Q 值图表

附3.11 M27 G10.9S Q345 $e_1=1.25e_2$时 计算列表

螺栓等级	10.9S	
螺栓规格	M27	
连接板材料	Q345	
$d=$	27	mm
$d_0=$	30	mm
预拉力 $P=$	290	kN
$f=$	345	N/mm²
$e_2=1.5d_0=$	45	mm
$b=3d_0=$	90	mm
取 $e_1=1.25e_2$	56.25	mm
$N_t^b=0.8P=$	232	kN
$N_t'=\dfrac{5N_t^b}{2\rho+5}=$	175.758	kN
$t_{ec}=\sqrt{\dfrac{4e_2N_t^b}{bf}}=$	36.673	mm

（计算条件）

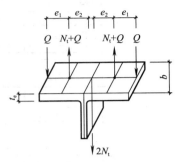

T形件受拉件受力简图

计算列表	N_t （kN）							
	0.1P	0.2P	0.3P	0.4P	0.5P	0.6P	N_t'	0.7P
	29	58	87	116	145	174	175.75	203
1　$\rho=\dfrac{e_2}{e_1}=$	0.800	0.800	0.800	0.800	0.800	0.800	0.800	0.800
2　$\beta=\dfrac{1}{\rho}\left(\dfrac{N_t^b}{N_t}-1\right)=$	8.750	3.750	2.083	1.250	0.750	0.417	0.400	0.179
3　$\delta=1-\dfrac{d_0}{b}=$	0.667	0.667	0.667	0.667	0.667	0.667	0.667	0.667
4　α'	1.000	1.000	1.000	1.000	1.000	1.000	1.000	1.000
5　$\alpha'=\dfrac{1}{\delta}\left(\dfrac{\beta}{1-\beta}\right)=$	−1.694	−2.045	−2.885	−7.500	4.500	1.071	1.000	0.326
6　判断 β 值,最终 α' 取	1.000	1.000	1.000	1.000	1.000	1.000	1.000	0.326
7　$\Psi=1+\delta\alpha'$	1.667	1.667	1.667	1.667	1.667	1.667	1.667	1.217
8　$t_e=\sqrt{\dfrac{4e_2N_t}{\Psi bf}}=$	10.043	14.203	17.396	20.087	22.458	24.601	24.725	31.091
9　$\alpha=\dfrac{1}{\delta}\left[\dfrac{N_t}{N_t^b}\left(\dfrac{t_{ce}}{t}\right)^2-1\right]=$	1.000	1.000	1.000	1.000	1.000	1.000	1.000	0.326
10　$Q=N_t^b\left[\delta\alpha\rho\left(\dfrac{t_e}{t_{ec}}\right)^2\right]=$	9.280	18.560	27.840	37.120	46.400	55.680	56.242	29.000
11　N_t+Q	38.280	76.560	114.840	153.120	191.400	229.680	232.000	232.000

说明	b——按一排螺栓覆盖的翼缘板（端板）计算宽度（mm）; e_1——螺栓中心到T形件翼缘边缘的距离（mm）;
	e_2——螺栓中心到T形件腹板边缘的距离（mm）; t_{ec}——T形件翼缘板的最小厚度;
	N_t——一个高强度螺栓的轴向拉力; N_t^b——一个受拉高强度螺栓的受拉承载力;
	t_e——受拉T形件翼缘板的厚度; Ψ——撬力影响系数; δ——翼缘板截面系数;
	α'——系数,$\beta\geq1.0$时,α'取1.0;$\beta<1.0$时,$\alpha'=[\beta/(1-\beta)]/\delta$,且满足$\alpha'\leq1.0$;
	β——系数; ρ——系数; Q——撬力; α——系数≥0; N_t'——Q为最大值时,对应的N_t值

296

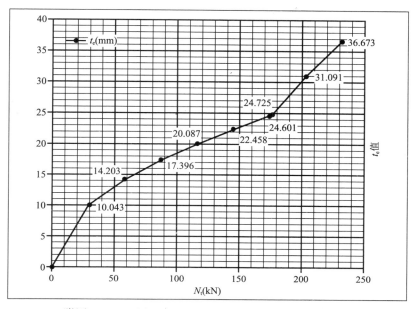

附图 3.11-1　M27 G10.9S Q345 $e_1=1.25e_2$ 时 t_e 值图表

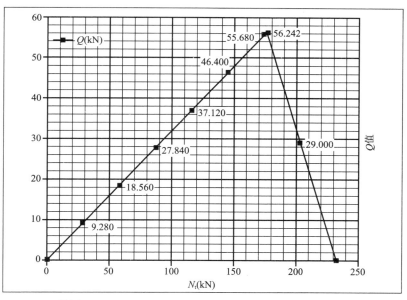

附图 3.11-2　M27 G10.9S Q345 $e_1=1.25e_2$ 时 Q 值图表

附3.12　M27 G10.9S Q345 $e_1=1.5d_0$时　计算列表

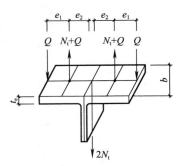

T形件受拉件受力简图

计算条件			
螺栓等级	10.9S		
螺栓规格	M27		
连接板材料	Q345		
$d=$	27	mm	
$d_0=$	30	mm	
预拉力 $P=$	290	kN	
$f=$	345	N/mm²	
$e_2=1.5d_0=$	45	mm	
$b=3d_0=$	90	mm	
取 $e_1=e_2$	45	mm	
$N_t^b=0.8P=$	232	kN	
$N_t'=\dfrac{5N_t^b}{2\rho+5}=$	165.714	kN	
$t_{ec}=\sqrt{\dfrac{4e_2N_t^b}{bf}}=$	36.673	mm	

	计算列表	N_t (kN)							
		0.1P	0.2P	0.3P	0.4P	0.5P	N_t'	0.6P	0.7P
		29	58	87	116	145	165.71	174	203
1	$\rho=\dfrac{e_2}{e_1}=$	1.000	1.000	1.000	1.000	1.000	1.000	1.000	1.000
2	$\beta=\dfrac{1}{\rho}\left(\dfrac{N_t^b}{N_t}-1\right)=$	7.000	3.000	1.667	1.000	0.600	0.400	0.333	0.143
3	$\delta=1-\dfrac{d_0}{b}=$	0.667	0.667	0.667	0.667	0.667	0.667	0.667	0.667
4	α'	1.000	1.000	1.000	1.000	1.000	1.000	1.000	1.000
5	$\alpha'=\dfrac{1}{\delta}\left(\dfrac{\beta}{1-\beta}\right)=$	−1.750	−2.250	−3.750	/	2.250	1.000	0.750	0.250
6	判断 β 值,最终 α' 取	1.000	1.000	1.000	1.000	1.000	1.000	0.750	0.250
7	$\Psi=1+\alpha\alpha'$	1.667	1.667	1.667	1.667	1.667	1.667	1.500	1.167
8	$t_e=\sqrt{\dfrac{4e_2N_t}{\Psi bf}}=$	10.043	14.203	17.396	20.087	22.458	24.008	25.932	31.760
9	$\alpha=\dfrac{1}{\delta}\left[\dfrac{N_t}{N_t^b}\left(\dfrac{t_{ce}}{t}\right)^2-1\right]=$	1.000	1.000	1.000	1.000	1.000	1.000	0.750	0.250
10	$Q=N_t^b\left[\delta\alpha\rho\left(\dfrac{t_e}{t_{ce}}\right)^2\right]=$	11.600	23.200	34.800	46.400	58.000	66.286	58.000	29.000
11	N_t+Q	40.600	81.200	121.800	162.400	203.000	232.000	232.000	232.000

说明	
b——按一排螺栓覆盖的翼缘板（端板）计算宽度（mm）;	e_1——螺栓中心到 T 形件翼缘边缘的距离（mm）;
e_2——螺栓中心到 T 形件腹板边缘的距离（mm）;	t_{ce}——T 形件翼缘板的最小厚度;
N_t——一个高强度螺栓的轴向拉力;	N_t^b——一个受拉高强度螺栓的受拉承载力;
t_e——受拉 T 形件翼缘板的厚度; Ψ——撬力影响系数; δ——翼缘板截面系数;	
α'——系数，$\beta\geqslant1.0$时，α'取 1.0; $\beta<1.0$时，$\alpha'=[\beta/(1-\beta)]/\delta$，且满足 $\alpha'\leqslant1.0$;	
β——系数; ρ——系数; Q——撬力; α——系数≥0; N_t'—— Q 为最大值时，对应的 N_t 值	

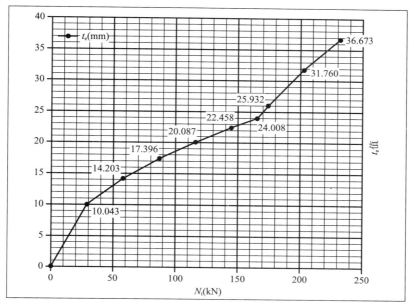

附图 3.12-1　M27 G10.9S Q345 $e_1 = 1.5d_0$ 时 t_e 值图表

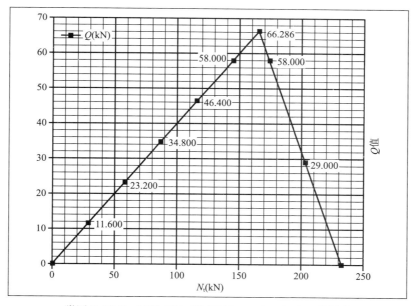

附图 3.12-2　M27 G10.9S Q345 $e_1 = 1.5d_0$ 时 Q 值图表

附 3.13 M30 G10.9S Q345 $e_1 = 1.25e_2$ 时 计算列表

<table>
<tr><td rowspan="12">计算条件</td><td>螺栓等级</td><td colspan="2">10.9S</td></tr>
<tr><td>螺栓规格</td><td colspan="2">M30</td></tr>
<tr><td>连接板材料</td><td colspan="2">Q345</td></tr>
<tr><td>$d=$</td><td>30</td><td>mm</td></tr>
<tr><td>$d_0=$</td><td>33</td><td>mm</td></tr>
<tr><td>预拉力 $P=$</td><td>335</td><td>kN</td></tr>
<tr><td>$f=$</td><td>345</td><td>N/mm²</td></tr>
<tr><td>$e_2 = 1.5d_0=$</td><td>49.5</td><td>mm</td></tr>
<tr><td>$b = 3d_0=$</td><td>99</td><td>mm</td></tr>
<tr><td>取 $e_1 = 1.25e_2$</td><td>61.875</td><td>mm</td></tr>
<tr><td>$N_t^b = 0.8P=$</td><td>268</td><td>kN</td></tr>
<tr><td>$N_t' = \dfrac{5N_t^b}{2\rho+5}=$</td><td>203.030</td><td>kN</td></tr>
</table>

T形件受拉件受力简图

$$t_{ec} = \sqrt{\frac{4e_2 N_t^b}{bf}} = \quad 39.416 \text{ mm}$$

计算列表		N_t（kN）							
		$0.1P$	$0.2P$	$0.3P$	$0.4P$	$0.5P$	$0.6P$	N_t'	$0.7P$
		33.5	67	100.5	134	167.5	201	203.03	234.5
1	$\rho = \dfrac{e_2}{e_1}=$	0.800	0.800	0.800	0.800	0.800	0.800	0.800	0.800
2	$\beta = \dfrac{1}{\rho}\left(\dfrac{N_t^b}{N_t}-1\right)=$	8.750	3.750	2.083	1.250	0.750	0.417	0.400	0.179
3	$\delta = 1 - \dfrac{d_0}{b}=$	0.667	0.667	0.667	0.667	0.667	0.667	0.667	0.667
4	α'	1.000	1.000	1.000	1.000	1.000	1.000	1.000	1.000
5	$\alpha' = \dfrac{1}{\delta}\left(\dfrac{\beta}{1-\beta}\right)=$	−1.694	−2.045	−2.885	−7.500	4.500	1.071	1.000	0.326
6	判断 β 值,最终 α' 取	1.000	1.000	1.000	1.000	1.000	1.000	1.000	0.326
7	$\Psi = 1 + \delta\alpha'$	1.667	1.667	1.667	1.667	1.667	1.667	1.667	1.217
8	$t_e = \sqrt{\dfrac{4e_2 N_t}{\Psi bf}}=$	10.795	15.266	18.697	21.589	24.137	26.441	26.574	33.417
9	$\alpha = \dfrac{1}{\delta}\left[\dfrac{N_t}{N_t^b}\left(\dfrac{t_{ce}}{t}\right)^2 - 1\right]=$	1.000	1.000	1.000	1.000	1.000	1.000	1.000	0.326
10	$Q = N_t^b\left[\delta\alpha\rho\left(\dfrac{t_e}{t_{ec}}\right)^2\right]=$	10.720	21.440	32.160	42.880	53.600	64.320	64.970	33.500
11	$N_t + Q$	44.220	88.440	132.660	176.880	221.100	265.320	268.000	268.000

说明	
b——按一排螺栓覆盖的翼缘板(端板)计算宽度(mm);	e_1——螺栓中心到 T 形件翼缘边缘的距离(mm);
e_2——螺栓中心到 T 形件腹板边缘的距离(mm);	t_{ec}——T 形件翼缘板的最小厚度;
N_t——一个高强度螺栓的轴向拉力;	N_t^b——一个受拉高强度螺栓的受拉承载力;
t_e——受拉 T 形件翼缘板的厚度; Ψ——撬力影响系数; δ——翼缘板截面系数;	
α'——系数 ,$\beta \geqslant 1.0$ 时,α' 取 1.0;$\beta < 1.0$ 时,$\alpha' = [\beta/(1-\beta)]/\delta$,且满足 $\alpha' \leqslant 1.0$;	
β——系数; ρ——系数; Q——撬力; α——系数 $\geqslant 0$; N_t'——Q 为最大值时,对应的 N_t 值	

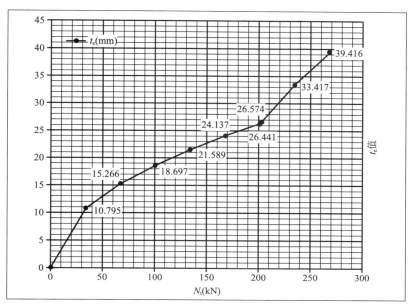

附图 3.13-1 M30 G10.9S Q345 $e_1 = 1.25e_2$ 时 t_e 值图表

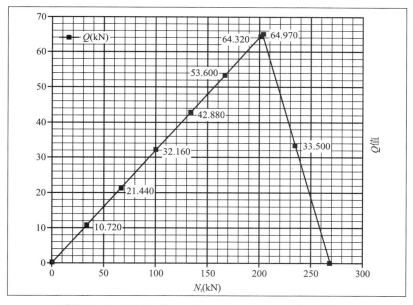

附图 3.13-2 M30 G10.9S Q345 $e_1 = 1.25e_2$ 时 Q 值图表

附 3.14 M30 G10.9S Q345 $e_1 = 1.5d_0$ 时 计算列表

计算条件	螺栓等级	10.9S	
	螺栓规格	M30	
	连接板材料	Q345	
	$d=$	30	mm
	$d_0=$	33	mm
	预拉力 $P=$	335	kN
	$f=$	345	N/mm²
	$e_2 = 1.5d_0=$	49.5	mm
	$b = 3d_0=$	99	mm
	取 $e_1 = e_2$	49.5	mm
	$N_t^b = 0.8P=$	268	kN
	$N_t' = \dfrac{5N_t^b}{2\rho+5}=$	191.429	kN
	$t_{ec} = \sqrt{\dfrac{4e_2 N_t^b}{bf}}=$	39.416	mm

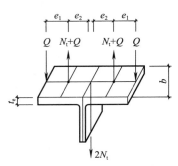

T形件受拉件受力简图

计算列表		N_t (kN)							
		0.1P	0.2P	0.3P	0.4P	0.5P	N_t'	0.6P	0.7P
		33.5	67	100.5	134	167.5	191.42	201	234.5
1	$\rho = \dfrac{e_2}{e_1}=$	1.000	1.000	1.000	1.000	1.000	1.000	1.000	1.000
2	$\beta = \dfrac{1}{\rho}\left(\dfrac{N_t^b}{N_t}-1\right)=$	7.000	3.000	1.667	1.000	0.600	0.400	0.333	0.143
3	$\delta = 1 - \dfrac{d_0}{b}=$	0.667	0.667	0.667	0.667	0.667	0.667	0.667	0.667
4	α'	1.000	1.000	1.000	1.000	1.000	1.000	1.000	1.000
5	$\alpha' = \dfrac{1}{\delta}\left(\dfrac{\beta}{1-\beta}\right)=$	−1.750	−2.250	−3.750	/	2.250	1.000	0.750	0.250
6	判断 β 值,最终 α' 取	1.000	1.000	1.000	1.000	1.000	1.000	0.750	0.250
7	$\Psi = 1 + \delta\alpha'$	1.667	1.667	1.667	1.667	1.667	1.667	1.500	1.167
8	$t_e = \sqrt{\dfrac{4e_2 N_t}{\Psi bf}}=$	10.795	15.266	18.697	21.589	24.137	25.804	27.871	34.135
9	$\alpha = \dfrac{1}{\delta}\left[\dfrac{N_t}{N_t^b}\left(\dfrac{t_{ce}}{t}\right)^2 - 1\right]=$	1.000	1.000	1.000	1.000	1.000	1.000	0.750	0.250
10	$Q = N_t^b\left[\delta\alpha\rho\left(\dfrac{t_e}{t_{ec}}\right)^2\right]=$	13.400	26.800	40.200	53.600	67.000	76.571	67.000	33.500
11	$N_t + Q$	46.900	93.800	140.700	187.600	234.500	268.000	268.000	268.000

说明	
b——按一排螺栓覆盖的翼缘板(端板)计算宽度(mm);	e_1——螺栓中心到T形件翼缘板边缘的距离(mm);
e_2——螺栓中心到T形件腹板边缘的距离(mm);	t_{ec}——T形件翼缘板的最小厚度;
N_t——一个高强度螺栓的轴向拉力;	N_t^b——一个受拉高强度螺栓的受拉承载力;
t_e——受拉T形件翼缘板的厚度;	Ψ——撬力影响系数; δ——翼缘板截面系数;
α'——系数,$\beta \geqslant 1.0$ 时,α' 取 1.0;$\beta < 1.0$ 时,$\alpha' = [\beta/(1-\beta)]/\delta$,且满足 $\alpha' \leqslant 1.0$;	
β——系数; ρ——系数; Q——撬力; α——系数 $\geqslant 0$; N_t'——Q 为最大值时,对应的 N_t 值	

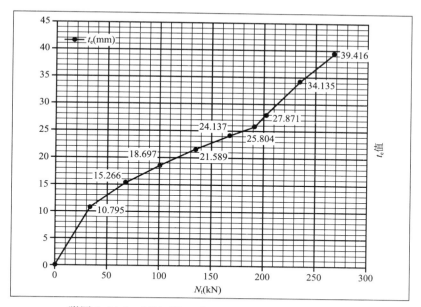

附图 3.14-1　M30 G10.9S Q345 $e_1 = 1.5d_0$ 时 t_e 值图表

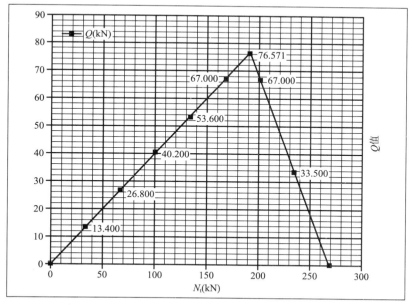

附图 3.14-2　M30 G10.9S Q345 $e_1 = 1.5d_0$ 时 Q 值图表

附4 高强度螺栓连接副（8.8S）＋Q345 连接板材

附4.1 M12 G8.8S Q345 $e_1=1.25e_2$时 计算列表

<table>
<tr><td rowspan="13">计算条件</td><td colspan="2">螺栓等级</td><td colspan="2">8.8S</td><td rowspan="10" colspan="4">
T形件受拉件受力简图</td></tr>
<tr><td colspan="2">螺栓规格</td><td colspan="2">M12</td></tr>
<tr><td colspan="2">连接板材料</td><td colspan="2">Q345</td></tr>
<tr><td colspan="2">$d=$</td><td>12</td><td>mm</td></tr>
<tr><td colspan="2">$d_0=$</td><td>13.5</td><td>mm</td></tr>
<tr><td colspan="2">预拉力 $P=$</td><td>45</td><td>kN</td></tr>
<tr><td colspan="2">$f=$</td><td>345</td><td>N/mm²</td></tr>
<tr><td colspan="2">$e_2=1.5d_0=$</td><td>20.25</td><td>mm</td></tr>
<tr><td colspan="2">$b=3d_0=$</td><td>40.5</td><td>mm</td></tr>
<tr><td colspan="2">取 $e_1=1.25e_2$</td><td>25.3125</td><td>mm</td></tr>
<tr><td colspan="2">$N_t^b=0.8P=$</td><td>36</td><td>kN</td></tr>
<tr><td colspan="2">$N_t'=\dfrac{5N_t^b}{2\rho+5}=$</td><td>27.273</td><td>kN</td></tr>
<tr><td colspan="2">$t_{ec}=\sqrt{\dfrac{4e_2N_t^b}{bf}}=$</td><td>14.446</td><td>mm</td></tr>
</table>

<table>
<tr><td rowspan="2" colspan="2">计算列表</td><td colspan="8">N_t (kN)</td></tr>
<tr><td>0.1P</td><td>0.2P</td><td>0.3P</td><td>0.4P</td><td>0.5P</td><td>0.6P</td><td>N_t'</td><td>0.7P</td></tr>
<tr><td colspan="2"></td><td>4.5</td><td>9</td><td>13.5</td><td>18</td><td>22.5</td><td>27</td><td>27.273</td><td>31.5</td></tr>
<tr><td>1</td><td>$\rho=\dfrac{e_2}{e_1}=$</td><td>0.800</td><td>0.800</td><td>0.800</td><td>0.800</td><td>0.800</td><td>0.800</td><td>0.800</td><td>0.800</td></tr>
<tr><td>2</td><td>$\beta=\dfrac{1}{\rho}\left(\dfrac{N_t^b}{N_t}-1\right)=$</td><td>8.750</td><td>3.750</td><td>2.083</td><td>1.250</td><td>0.750</td><td>0.417</td><td>0.400</td><td>0.179</td></tr>
<tr><td>3</td><td>$\delta=1-\dfrac{d_0}{b}=$</td><td>0.667</td><td>0.667</td><td>0.667</td><td>0.667</td><td>0.667</td><td>0.667</td><td>0.667</td><td>0.667</td></tr>
<tr><td>4</td><td>α'</td><td>1.000</td><td>1.000</td><td>1.000</td><td>1.000</td><td>1.000</td><td>1.000</td><td>1.000</td><td>1.000</td></tr>
<tr><td>5</td><td>$\alpha'=\dfrac{1}{\delta}\left(\dfrac{\beta}{1-\beta}\right)=$</td><td>−1.694</td><td>−2.045</td><td>−2.885</td><td>−7.500</td><td>4.500</td><td>1.071</td><td>1.000</td><td>0.326</td></tr>
<tr><td>6</td><td>判断 β 值，最终 α' 取</td><td>1.000</td><td>1.000</td><td>1.000</td><td>1.000</td><td>1.000</td><td>1.000</td><td>1.000</td><td>0.326</td></tr>
<tr><td>7</td><td>$\Psi=1+\delta\alpha'$</td><td>1.667</td><td>1.667</td><td>1.667</td><td>1.667</td><td>1.667</td><td>1.667</td><td>1.667</td><td>1.217</td></tr>
<tr><td>8</td><td>$t_e=\sqrt{\dfrac{4e_2N_t}{\Psi bf}}=$</td><td>3.956</td><td>5.595</td><td>6.852</td><td>7.913</td><td>8.847</td><td>9.691</td><td>9.740</td><td>12.247</td></tr>
<tr><td>9</td><td>$\alpha=\dfrac{1}{\delta}\left[\dfrac{N_t}{N_t^b}\left(\dfrac{t_{ce}}{t}\right)^2-1\right]=$</td><td>1.000</td><td>1.000</td><td>1.000</td><td>1.000</td><td>1.000</td><td>1.000</td><td>1.000</td><td>0.326</td></tr>
<tr><td>10</td><td>$Q=N_t^b\left[\delta\alpha\rho\left(\dfrac{t_e}{t_{ec}}\right)^2\right]=$</td><td>1.440</td><td>2.880</td><td>4.320</td><td>5.760</td><td>7.200</td><td>8.640</td><td>8.727</td><td>4.500</td></tr>
<tr><td>11</td><td>N_t+Q</td><td>5.940</td><td>11.880</td><td>17.820</td><td>23.760</td><td>29.700</td><td>35.640</td><td>36.000</td><td>36.000</td></tr>
</table>

<table>
<tr><td rowspan="6">说明</td><td colspan="2">b——按一排螺栓覆盖的翼缘板（端板）计算宽度（mm）；</td><td colspan="2">e_1——螺栓中心到T形件翼缘边缘的距离（mm）；</td></tr>
<tr><td colspan="2">e_2——螺栓中心到T形件腹板边缘的距离（mm）；</td><td colspan="2">t_{ec}——T形件翼缘板的最小厚度；</td></tr>
<tr><td colspan="2">N_t——一个高强度螺栓的轴向拉力；</td><td colspan="2">N_t^b——一个受拉高强度螺栓的受拉承载力；</td></tr>
<tr><td colspan="2">t_e——受拉T形件翼缘板的厚度；</td><td>Ψ——撬力影响系数；</td><td>δ——翼缘板截面系数；</td></tr>
<tr><td colspan="4">α'——系数，$\beta\geqslant1.0$时，α'取1.0；$\beta<1.0$时，$\alpha'=[\beta/(1-\beta)]/\delta$，且满足$\alpha'\leqslant1.0$；</td></tr>
<tr><td>β——系数；</td><td>ρ——系数；</td><td>Q——撬力；</td><td>α——系数≥0；N_t'——Q为最大值时，对应的N_t值</td></tr>
</table>

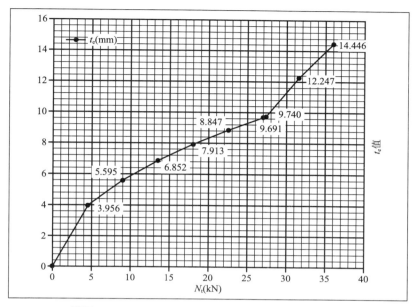

附图 4.1-1 M12 G8.8S Q345 $e_1 = 1.25e_2$ 时 t_e 值图表

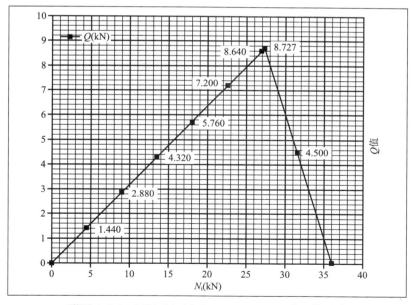

附图 4.1-2 M12 G8.8S Q345 $e_1 = 1.25e_2$ 时 Q 值图表

附4.2 M12 G8.8S Q345 $e_1=1.5d_0$ 时 计算列表

螺栓等级	8.8S		
螺栓规格	M12		
连接板材料	Q345		

<table>
<tr><td rowspan="12">计算条件</td><td>$d=$</td><td>12</td><td>mm</td></tr>
<tr><td>$d_0=$</td><td>13.5</td><td>mm</td></tr>
<tr><td>预拉力 $P=$</td><td>45</td><td>kN</td></tr>
<tr><td>$f=$</td><td>345</td><td>N/mm^2</td></tr>
<tr><td>$e_2=1.5d_0=$</td><td>20.25</td><td>mm</td></tr>
<tr><td>$b=3d_0=$</td><td>40.5</td><td>mm</td></tr>
<tr><td>取 $e_1=e_2$</td><td>20.25</td><td>mm</td></tr>
<tr><td>$N_t^b=0.8P=$</td><td>36</td><td>kN</td></tr>
<tr><td>$N_t'=\dfrac{5N_t^b}{2\rho+5}=$</td><td>25.714</td><td>kN</td></tr>
<tr><td>$t_{ec}=\sqrt{\dfrac{4e_2N_t^b}{bf}}=$</td><td>14.446</td><td>mm</td></tr>
</table>

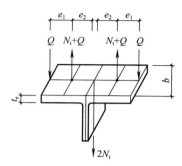

T形件受拉件受力简图

计算列表	N_t (kN)							
	$0.1P$	$0.2P$	$0.3P$	$0.4P$	$0.5P$	N_t'	$0.6P$	$0.7P$
	4.5	9	13.5	18	22.5	25.714	27	31.5
1　$\rho=\dfrac{e_2}{e_1}=$	1.000	1.000	1.000	1.000	1.000	1.000	1.000	1.000
2　$\beta=\dfrac{1}{\rho}\left(\dfrac{N_t^b}{N_t}-1\right)=$	7.000	3.000	1.667	1.000	0.600	0.400	0.333	0.143
3　$\delta=1-\dfrac{d_0}{b}=$	0.667	0.667	0.667	0.667	0.667	0.667	0.667	0.667
4　α'	1.000	1.000	1.000	1.000	1.000	1.000	1.000	1.000
5　$\alpha'=\dfrac{1}{\delta}\left(\dfrac{\beta}{1-\beta}\right)=$	-1.750	-2.250	-3.750	/	2.250	1.000	0.750	0.250
6　判断 β 值，最终 α' 取	1.000	1.000	1.000	1.000	1.000	1.000	0.750	0.250
7　$\Psi=1+\delta\alpha'$	1.667	1.667	1.667	1.667	1.667	1.667	1.500	1.167
8　$t_e=\sqrt{\dfrac{4e_2N_t}{\Psi bf}}=$	3.956	5.595	6.852	7.913	8.847	9.457	10.215	12.511
9　$\alpha=\dfrac{1}{\delta}\left[\dfrac{N_t}{N_t^b}\left(\dfrac{t_{ce}}{t}\right)^2-1\right]=$	1.000	1.000	1.000	1.000	1.000	1.000	0.750	0.250
10　$Q=N_t^b\left[\delta\alpha\rho\left(\dfrac{t_e}{t_{ec}}\right)^2\right]=$	1.800	3.600	5.400	7.200	9.000	10.286	9.000	4.500
11　N_t+Q	6.300	12.600	18.900	25.200	31.500	36.000	36.000	36.000

说明	
b——按一排螺栓覆盖的翼缘板（端板）计算宽度（mm）；　e_1——螺栓中心到 T 形件翼缘边缘的距离（mm）；	
e_2——螺栓中心到 T 形件腹板边缘的距离（mm）；　　　　t_{ec}——T 形件翼缘板的最小厚度；	
N_t——一个高强度螺栓的轴向拉力；　　　　　　　　　　N_t^b——一个受拉高强度螺栓的受拉承载力；	
t_e——受拉 T 形件翼缘板的厚度；　　Ψ——撬力影响系数；　δ——翼缘板截面系数；	
α'——系数，$\beta\geqslant1.0$ 时，α' 取 1.0；$\beta<1.0$ 时，$\alpha'=[\beta/(1-\beta)]/\delta$，且满足 $\alpha'\leqslant1.0$；	
β——系数；　　ρ——系数；　　Q——撬力；　　α——系数≥0；　　N_t'——Q 为最大值时，对应的 N_t 值	

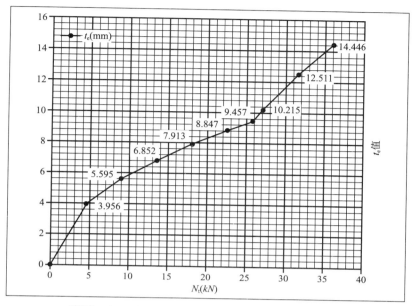

附图 4.2-1　M12 G8.8S Q345 $e_1 = 1.5d_0$ 时 t_e 值图表

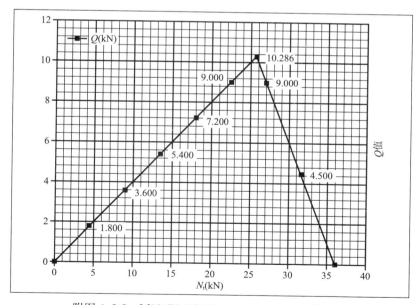

附图 4.2-2　M12 G8.8S Q345 $e_1 = 1.5d_0$ 时 Q 值图表

计算条件	螺栓等级	8.8S	
	螺栓规格	M16	
	连接板材料	Q345	
	$d =$	16	mm
	$d_0 =$	17.5	mm
	预拉力 $P =$	80	kN
	$f =$	345	N/mm^2
	$e_2 = 1.5d_0 =$	26.25	mm
	$b = 3d_0 =$	52.5	mm
	取 $e_1 = 1.25e_2$	32.8215	mm
	$N_t^b = 0.8P =$	64	kN
	$N_t' = \dfrac{5N_t^b}{2\rho + 5} =$	48.485	kN
	$t_{ec} = \sqrt{\dfrac{4e_2 N_t^b}{bf}} =$	19.262	mm

T形件受拉件受力简图

	计算列表	N_t (kN)							
		0.1P	0.2P	0.3P	0.4P	0.5P	0.6P	N_t'	0.7P
		8	16	24	32	40	48	48.485	56
1	$\rho = \dfrac{e_2}{e_1} =$	0.800	0.800	0.800	0.800	0.800	0.800	0.800	0.800
2	$\beta = \dfrac{1}{\rho}\left(\dfrac{N_t^b}{N_t} - 1\right) =$	8.750	3.750	2.083	1.250	0.750	0.417	0.400	0.179
3	$\delta = 1 - \dfrac{d_0}{b} =$	0.667	0.667	0.667	0.667	0.667	0.667	0.667	0.667
4	α'	1.000	1.000	1.000	1.000	1.000	1.000	1.000	1.000
5	$\alpha' = \dfrac{1}{\delta}\left(\dfrac{\beta}{1-\beta}\right) =$	−1.694	−2.045	−2.885	−7.500	4.500	1.071	1.000	0.326
6	判断 β 值,最终 α' 取	1.000	1.000	1.000	1.000	1.000	1.000	1.000	0.326
7	$\Psi = 1 + \delta\alpha'$	1.667	1.667	1.667	1.667	1.667	1.667	1.667	1.217
8	$t_e = \sqrt{\dfrac{4e_2 N_t}{\Psi bf}} =$	5.275	7.460	9.137	10.550	11.795	12.921	12.986	16.330
9	$\alpha = \dfrac{1}{\delta}\left[\dfrac{N_t}{N_t^b}\left(\dfrac{t_{ce}}{t}\right)^2 - 1\right] =$	1.000	1.000	1.000	1.000	1.000	1.000	1.000	0.326
10	$Q = N_t^b\left[\delta\alpha\rho\left(\dfrac{t_e}{t_{ec}}\right)^2\right] =$	2.560	5.120	7.680	10.240	12.800	15.360	15.515	8.000
11	$N_t + Q$	10.560	21.120	31.680	42.240	52.800	63.360	64.000	64.000

说明	
b——按一排螺栓覆盖的翼缘板(端板)计算宽度(mm);	e_1——螺栓中心到 T 形件翼缘板边缘的距离(mm);
e_2——螺栓中心到 T 形件腹板边缘的距离(mm);	t_{ec}——T 形件翼缘板的最小厚度;
N_t——一个高强度螺栓的轴向拉力;	N_t^b——一个受拉高强度螺栓的受拉承载力;
t_e——受拉 T 形件翼缘板的厚度; Ψ——撬力影响系数; δ——翼缘板截面系数;	
α'——系数, $\beta \geq 1.0$ 时, α' 取 1.0; $\beta < 1.0$ 时, $\alpha' = [\beta/(1-\beta)]/\delta$, 且满足 $\alpha' \leq 1.0$;	
β——系数; ρ——系数; Q——撬力; α——系数 ≥ 0; N_t'—— Q 为最大值时,对应的 N_t 值	

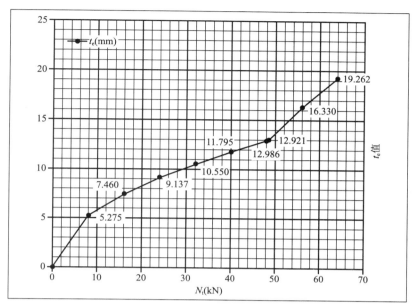

附图 4.3-1 M16 G8.8S Q345 $e_1 = 1.25e_2$ 时 t_e 值图表

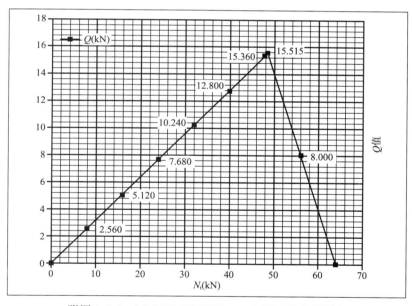

附图 4.3-2 M16 G8.8S Q345 $e_1 = 1.25e_2$ 时 Q 值图表

附 4.4 M16 G8.8S Q345 $e_1 = 1.5d_0$ 时 计算列表

计算条件			
螺栓等级	8.8S		
螺栓规格	M16		
连接板材料	Q345		
$d =$	16	mm	
$d_0 =$	17.5	mm	
预拉力 $P =$	80	kN	
$f =$	345	N/mm^2	
$e_2 = 1.5d_0 =$	26.25	mm	
$b = 3d_0 =$	52.5	mm	
取 $e_1 = e_2$	26.25	mm	
$N_t^b = 0.8P =$	64	kN	
$N_t' = \dfrac{5N_t^b}{2\rho + 5} =$	45.714	kN	
$t_{ec} = \sqrt{\dfrac{4e_2 N_t^b}{bf}} =$	19.262	mm	

T形件受拉件受力简图

（图：e_1 e_2 e_2 e_1；Q N_t+Q N_t+Q Q；b；t_e；$2N_t$）

计算列表		N_t（kN）							
		$0.1P$	$0.2P$	$0.3P$	$0.4P$	$0.5P$	N_t'	$0.6P$	$0.7P$
		8	16	24	32	40	45.714	48	56
1	$\rho = \dfrac{e_2}{e_1} =$	1.000	1.000	1.000	1.000	1.000	1.000	1.000	1.000
2	$\beta = \dfrac{1}{\rho}\left(\dfrac{N_t^b}{N_t} - 1\right) =$	7.000	3.000	1.667	1.000	0.600	0.400	0.333	0.143
3	$\delta = 1 - \dfrac{d_0}{b} =$	0.667	0.667	0.667	0.667	0.667	0.667	0.667	0.667
4	$\alpha' =$	1.000	1.000	1.000	1.000	1.000	1.000	1.000	1.000
5	$\alpha' = \dfrac{1}{\delta}\left(\dfrac{\beta}{1-\beta}\right) =$	-1.750	-2.250	-3.750	/	2.250	1.000	0.750	0.250
6	判断 β 值，最终 α' 取	1.000	1.000	1.000	1.000	1.000	1.000	0.750	0.250
7	$\Psi = 1 + \delta\alpha' =$	1.667	1.667	1.667	1.667	1.667	1.667	1.500	1.167
8	$t_e = \sqrt{\dfrac{4e_2 N_t}{\Psi bf}} =$	5.275	7.460	9.137	10.550	11.795	12.610	13.620	16.681
9	$\alpha = \dfrac{1}{\delta}\left[\dfrac{N_t}{N_t^b}\left(\dfrac{t_{ce}}{t}\right)^2 - 1\right] =$	1.000	1.000	1.000	1.000	1.000	1.000	0.750	0.250
10	$Q = N_t^b\left[\delta\alpha\rho\left(\dfrac{t_e}{t_{ce}}\right)^2\right] =$	3.200	6.400	9.600	12.800	16.000	18.286	16.000	8.000
11	$N_t + Q$	11.200	22.400	33.600	44.800	56.000	64.000	64.000	64.000

说明	
b——按一排螺栓覆盖的翼缘板（端板）计算宽度（mm）；	e_1——螺栓中心到T形件翼缘边缘的距离（mm）；
e_2——螺栓中心到T形件腹板边缘的距离（mm）；	t_{ec}——T形件翼缘板的最小厚度；
N_t——一个高强度螺栓的轴向拉力；	N_t^b——一个受拉高强度螺栓的受拉承载力；
t_e——受拉T形件翼缘板的厚度；	Ψ——撬力影响系数； δ——翼缘板截面系数；
α'——系数，$\beta \geqslant 1.0$ 时，α' 取 1.0；$\beta < 1.0$ 时，$\alpha' = [\beta/(1-\beta)]/\delta$，且满足 $\alpha' \leqslant 1.0$；	
β——系数； ρ——系数； Q——撬力； α——系数 $\geqslant 0$； N_t'——Q 为最大值时，对应的 N_t 值	

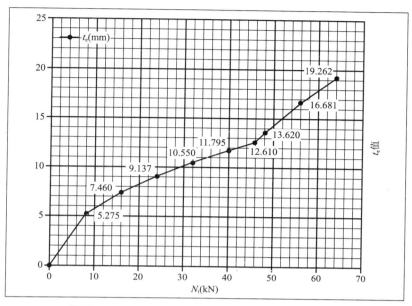

附图 4.4-1　M16 G8.8S Q345 $e_1 = 1.5d_0$ 时 t_e 值图表

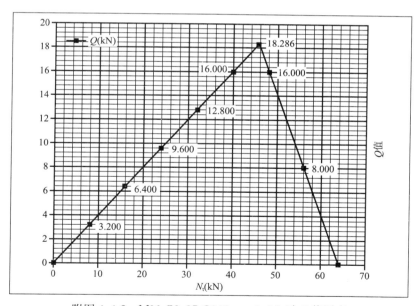

附图 4.4-2　M16 G8.8S Q345 $e_1 = 1.5d_0$ 时 Q 值图表

附4.5 M20 G8.8S Q345 $e_1 = 1.25e_2$时 计算列表

计算条件	螺栓等级	8.8S	
	螺栓规格	M20	
	连接板材料	Q345	
	$d=$	20	mm
	$d_0=$	22	mm
	预拉力 $P=$	125	kN
	$f=$	345	N/mm²
	$e_2 = 1.5d_0=$	33	mm
	$b=3d_0=$	66	mm
	取 $e_1 = 1.25e_2$	41.25	mm
	$N_t^b = 0.8P=$	100	kN
	$N_t' = \dfrac{5N_t^b}{2\rho+5}=$	75.758	kN
	$t_{ec} = \sqrt{\dfrac{4e_2 N_t^b}{bf}}=$	24.077	mm

T形件受拉件受力简图

	计算列表	N_t （kN）							
		0.1P	0.2P	0.3P	0.4P	0.5P	0.6P	N_t'	0.7P
		12.5	25	37.5	50	62.5	75	75.758	87.5
1	$\rho = \dfrac{e_2}{e_1}=$	0.800	0.800	0.800	0.800	0.800	0.800	0.800	0.800
2	$\beta = \dfrac{1}{\rho}\left(\dfrac{N_t^b}{N_t}-1\right)=$	8.750	3.750	2.083	1.250	0.750	0.417	0.400	0.179
3	$\delta = 1-\dfrac{d_0}{b}=$	0.667	0.667	0.667	0.667	0.667	0.667	0.667	0.667
4	α'	1.000	1.000	1.000	1.000	1.000	1.000	1.000	1.000
5	$\alpha' = \dfrac{1}{\delta}\left(\dfrac{\beta}{1-\beta}\right)=$	−1.694	−2.045	−2.885	−7.500	4.500	1.071	1.000	0.326
6	判断 β值，最终 α' 取	1.000	1.000	1.000	1.000	1.000	1.000	1.000	0.326
7	$\Psi = 1+\delta\alpha'$	1.667	1.667	1.667	1.667	1.667	1.667	1.667	1.217
8	$t_e = \sqrt{\dfrac{4e_2 N_t}{\Psi bf}}$	6.594	9.325	11.421	13.188	14.744	16.151	16.233	20.412
9	$\alpha = \dfrac{1}{\delta}\left[\dfrac{N_t}{N_t^b}\left(\dfrac{t_{ce}}{t}\right)^2 -1\right]=$	1.000	1.000	1.000	1.000	1.000	1.000	1.000	0.326
10	$Q = N_t^b\left[\delta\alpha\rho\left(\dfrac{t_e}{t_{ec}}\right)^2\right]=$	4.000	8.000	12.000	16.000	20.000	24.000	24.242	12.500
11	$N_t + Q$	16.500	33.000	49.500	66.000	82.500	99.000	100.000	100.000

说明	
b——按一排螺栓覆盖的翼缘板（端板）计算宽度（mm）；	e_1——螺栓中心到T形件翼缘边缘的距离（mm）；
e_2——螺栓中心到T形件腹板边缘的距离（mm）；	t_{ec}——T形件翼缘板的最小厚度；
N_t——一个高强度螺栓的轴向拉力；	N_t^b——一个受拉高强度螺栓的受拉承载力；
t_e——受拉T形件翼缘板的厚度；	Ψ——撬力影响系数； δ——翼缘板截面系数；
α'——系数，$\beta \geq 1.0$时，α'取1.0；$\beta < 1.0$时，$\alpha' = [\beta/(1-\beta)]/\delta$，且满足 $\alpha' \leq 1.0$；	
β——系数； ρ——系数； Q——撬力； α——系数 ≥ 0； N_t'—— Q为最大值时，对应的 N_t 值	

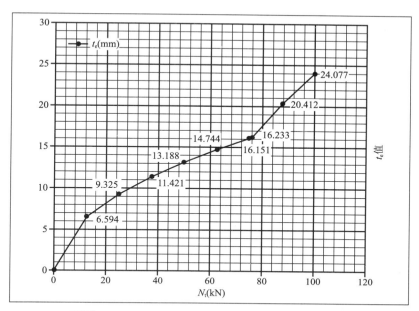

附图 4.5-1　M20 G8.8S Q345 $e_1 = 1.25e_2$ 时 t_e 值图表

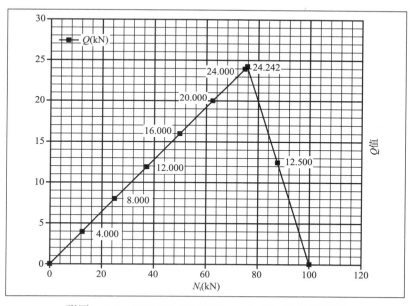

附图 4.5-2　M20 G8.8S Q345 $e_1 = 1.25e_2$ 时 Q 值图表

附4.6 M20 G8.8S Q345 $e_1=1.5d_0$时 计算列表

<table>
<tr><td rowspan="12">计算条件</td><td colspan="2">螺栓等级</td><td colspan="2">8.8S</td><td rowspan="9">
</td></tr>
<tr><td colspan="2">螺栓规格</td><td colspan="2">M20</td></tr>
<tr><td colspan="2">连接板材料</td><td colspan="2">Q345</td></tr>
<tr><td colspan="2">$d=$</td><td>20</td><td>mm</td></tr>
<tr><td colspan="2">$d_0=$</td><td>22</td><td>mm</td></tr>
<tr><td colspan="2">预拉力 $P=$</td><td>125</td><td>kN</td></tr>
<tr><td colspan="2">$f=$</td><td>345</td><td>N/mm²</td></tr>
<tr><td colspan="2">$e_2=1.5d_0=$</td><td>33</td><td>mm</td></tr>
<tr><td colspan="2">$b=3d_0=$</td><td>66</td><td>mm</td></tr>
<tr><td colspan="2">取 $e_1=e_2$</td><td>33</td><td>mm</td><td rowspan="3">T形件受拉件受力简图</td></tr>
<tr><td colspan="2">$N_t^b=0.8P=$</td><td>100</td><td>kN</td></tr>
<tr><td colspan="2">$N_t'=\dfrac{5N_t^b}{2\rho+5}=$</td><td>71.429</td><td>kN</td></tr>
<tr><td colspan="2">$t_{ec}=\sqrt{\dfrac{4e_2N_t^b}{bf}}=$</td><td>24.077</td><td>mm</td></tr>
</table>

计算列表	N_t（kN）							
	$0.1P$	$0.2P$	$0.3P$	$0.4P$	$0.5P$	N_t'	$0.6P$	$0.7P$
	12.5	25	37.5	50	62.5	71.429	75	87.5
1 $\rho=\dfrac{e_2}{e_1}=$	1.000	1.000	1.000	1.000	1.000	1.000	1.000	1.000
2 $\beta=\dfrac{1}{\rho}\left(\dfrac{N_t^b}{N_t}-1\right)=$	7.000	3.000	1.667	1.000	0.600	0.400	0.333	0.143
3 $\delta=1-\dfrac{d_0}{b}=$	0.667	0.667	0.667	0.667	0.667	0.667	0.667	0.667
4 α'	1.000	1.000	1.000	1.000	1.000	1.000	1.000	1.000
5 $\alpha'=\dfrac{1}{\delta}\left(\dfrac{\beta}{1-\beta}\right)=$	−1.750	−2.250	−3.750	/	2.250	1.000	0.750	0.250
6 判断β值,最终α'取	1.000	1.000	1.000	1.000	1.000	1.000	0.750	0.250
7 $\Psi=1+\delta\alpha'$	1.667	1.667	1.667	1.667	1.667	1.667	1.500	1.167
8 $t_e=\sqrt{\dfrac{4e_2N_t}{\Psi bf}}=$	6.594	9.325	11.421	13.188	14.744	15.762	17.025	20.851
9 $\alpha=\dfrac{1}{\delta}\left[\dfrac{N_t}{N_t^b}\left(\dfrac{t_{ce}}{t}\right)^2-1\right]=$	1.000	1.000	1.000	1.000	1.000	1.000	0.750	0.250
10 $Q=N_t^b\left[\delta\alpha\rho\left(\dfrac{t_e}{t_{ec}}\right)^2\right]=$	5.000	10.000	15.000	20.000	25.000	28.571	25.000	12.500
11 N_t+Q	17.500	35.000	52.500	70.000	87.500	100.000	100.000	100.000

说明	
b——按一排螺栓覆盖的翼缘板（端）计算宽度（mm）；	e_1——螺栓中心到T形件翼缘板边缘的距离（mm）；
e_2——螺栓中心到T形件腹板边缘的距离（mm）；	t_{ec}——T形件翼缘板的最小厚度；
N_t——一个高强度螺栓的轴向拉力；	N_t^b——一个受拉高强度螺栓的受拉承载力；
t_e——受拉T形件翼缘板的厚度；	Ψ——撬力影响系数； δ——翼缘板截面系数；
α'——系数 ，$\beta\geqslant1.0$时，α'取 1.0；$\beta<1.0$时，$\alpha'=[\beta/(1-\beta)]/\delta$，且满足 $\alpha'\leqslant1.0$；	
β——系数； ρ——系数； Q——撬力； α——系数$\geqslant0$； N_t'—— Q为最大值时，对应的 N_t 值	

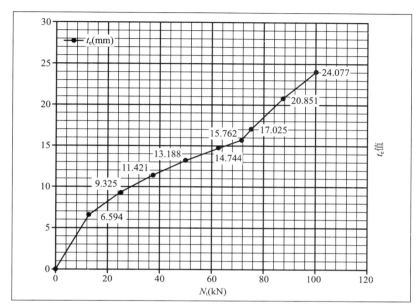

附图 4.6-1　M20 G8.8S Q345 $e_1 = 1.5d_0$ 时 t_e 值图表

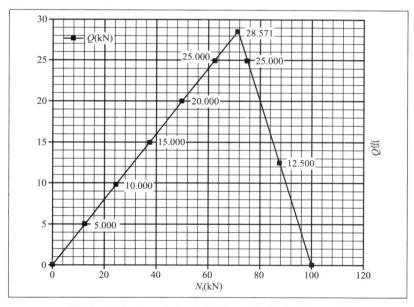

附图 4.6-2　M20 G8.8S Q345 $e_1 = 1.5d_0$ 时 Q 值图表

螺栓等级	8.8S	
螺栓规格	M22	
连接板材料	Q345	
$d =$	22	mm
$d_0 =$	24	mm
预拉力 $P =$	150	kN
$f =$	345	N/mm²
$e_2 = 1.5d_0 =$	36	mm
$b = 3d_0 =$	72	mm
取 $e_1 = 1.25e_2$	45	mm
$N_t^b = 0.8P =$	120	kN
$N_t' = \dfrac{5N_t^b}{2\rho + 5} =$	90.909	kN
$t_{ec} = \sqrt{\dfrac{4e_2 N_t^b}{bf}} =$	26.375	mm

（计算条件）

T形件受拉件受力简图

计算列表		N_t （kN）							
		0.1P	0.2P	0.3P	0.4P	0.5P	0.6P	N_t'	0.7P
		15	30	45	60	75	90	90.909	105
1	$\rho = \dfrac{e_2}{e_1} =$	0.800	0.800	0.800	0.800	0.800	0.800	0.800	0.800
2	$\beta = \dfrac{1}{\rho}\left(\dfrac{N_t^b}{N_t} - 1\right) =$	8.750	3.750	2.083	1.250	0.750	0.417	0.400	0.179
3	$\delta = 1 - \dfrac{d_0}{b} =$	0.667	0.667	0.667	0.667	0.667	0.667	0.667	0.667
4	α'	1.000	1.000	1.000	1.000	1.000	1.000	1.000	1.000
5	$\alpha' = \dfrac{1}{\delta}\left(\dfrac{\beta}{1-\beta}\right) =$	−1.694	−2.045	−2.885	−7.500	4.500	1.071	1.000	0.326
6	判断 β 值,最终 α' 取	1.000	1.000	1.000	1.000	1.000	1.000	1.000	0.326
7	$\Psi = 1 + \delta\alpha'$	1.667	1.667	1.667	1.667	1.667	1.667	1.667	1.217
8	$t_e = \sqrt{\dfrac{4e_2 N_t}{\Psi bf}} =$	7.223	10.215	12.511	14.446	16.151	17.693	17.782	22.361
9	$\alpha = \dfrac{1}{\delta}\left[\dfrac{N_t}{N_t^b}\left(\dfrac{t_{ce}}{t}\right)^2 - 1\right] =$	1.000	1.000	1.000	1.000	1.000	1.000	1.000	0.326
10	$Q = N_t^b\left[\delta\alpha\rho\left(\dfrac{t_e}{t_{ec}}\right)^2\right] =$	4.800	9.600	14.400	19.200	24.000	28.800	29.091	15.000
11	$N_t + Q$	19.800	39.600	59.400	79.200	99.000	118.800	120.000	120.000

说明	
b——按一排螺栓覆盖的翼缘板（端板）计算宽度（mm）;	e_1——螺栓中心到 T 形件翼缘边缘的距离（mm）;
e_2——螺栓中心到 T 形件腹板边缘的距离（mm）;	t_{ec}——T 形件翼缘板的最小厚度;
N_t——一个高强度螺栓的轴向拉力;	N_t^b——一个受拉高强度螺栓的受拉承载力;
t_e——受拉 T 形件翼缘板的厚度; $\quad\Psi$——撬力影响系数; $\quad\delta$——翼缘板截面系数;	
α'——系数, $\beta \geqslant 1.0$ 时, α' 取 1.0; $\beta < 1.0$ 时, $\alpha' = [\beta/(1-\beta)]/\delta$, 且满足 $\alpha' \leqslant 1.0$;	
β——系数; $\quad\rho$——系数; $\quad Q$——撬力; $\quad\alpha$——系数 $\geqslant 0$; $\quad N_t'$——Q 为最大值时,对应的 N_t 值	

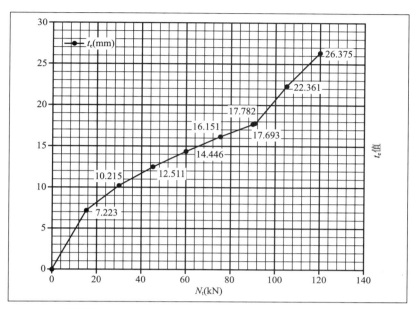

附图 4.7-1　M22 G8.8S Q345 $e_1 = 1.25e_2$ 时 t_e 值图表

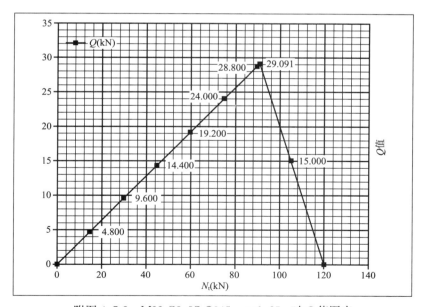

附图 4.7-2　M22 G8.8S Q345 $e_1 = 1.25e_2$ 时 Q 值图表

附4.8 M22 G8.8S Q345 $e_1=1.5d_0$时 计算列表

<table>
<tr><td rowspan="14">计算条件</td><td colspan="2">螺栓等级</td><td colspan="2">8.8S</td></tr>
</table>

计算条件			
螺栓等级	8.8S		
螺栓规格	M22		
连接板材料	Q345		
$d=$	22	mm	
$d_0=$	24	mm	
预拉力 $P=$	150	kN	
$f=$	345	N/mm²	
$e_2=1.5d_0=$	36	mm	
$b=3d_0=$	72	mm	
取 $e_1=e_2$	36	mm	
$N_t^b=0.8P=$	120	kN	
$N_t'=\dfrac{5N_t^b}{2\rho+5}=$	85.714	kN	
$t_{ec}=\sqrt{\dfrac{4e_2N_t^b}{bf}}=$	26.375	mm	

T形件受拉件受力简图

计算列表		N_t (kN)							
		0.1P	0.2P	0.3P	0.4P	0.5P	N_t'	0.6P	0.7P
		15	30	45	60	75	85.714	90	105
1	$\rho=\dfrac{e_2}{e_1}=$	1.000	1.000	1.000	1.000	1.000	1.000	1.000	1.000
2	$\beta=\dfrac{1}{\rho}\left(\dfrac{N_t^b}{N_t}-1\right)=$	7.000	3.000	1.667	1.000	0.600	0.400	0.333	0.143
3	$\delta=1-\dfrac{d_0}{b}=$	0.667	0.667	0.667	0.667	0.667	0.667	0.667	0.667
4	α'	1.000	1.000	1.000	1.000	1.000	1.000	1.000	1.000
5	$\alpha'=\dfrac{1}{\delta}\left(\dfrac{\beta}{1-\beta}\right)=$	−1.750	−2.250	−3.750	/	2.250	1.000	0.750	0.250
6	判断 β 值，最终 α' 取	1.000	1.000	1.000	1.000	1.000	1.000	0.750	0.250
7	$\Psi=1+\delta\alpha'$	1.667	1.667	1.667	1.667	1.667	1.667	1.500	1.167
8	$t_e=\sqrt{\dfrac{4e_2N_t}{\Psi bf}}=$	7.223	10.215	12.511	14.446	16.151	17.267	18.650	22.842
9	$\alpha=\dfrac{1}{\delta}\left[\dfrac{N_t}{N_t^b}\left(\dfrac{t_{ce}}{t}\right)^2-1\right]=$	1.000	1.000	1.000	1.000	1.000	1.000	0.750	0.250
10	$Q=N_t^b\left[\delta\alpha\rho\left(\dfrac{t_e}{t_{ec}}\right)^2\right]=$	6.000	12.000	18.000	24.000	30.000	34.286	30.000	15.000
11	N_t+Q	21.000	42.000	63.000	84.000	105.000	120.000	120.000	120.000

说明	
b——按一排螺栓覆盖的翼缘板（端板）计算宽度（mm）；	e_1——螺栓中心到T形件翼缘板边缘的距离（mm）；
e_2——螺栓中心到T形件腹板边缘的距离（mm）；	t_{ec}——T形件翼缘板的最小厚度；
N_t——一个高强度螺栓的轴向拉力；	N_t^b——一个受拉高强度螺栓的受拉承载力；
t_e——受拉T形件翼缘板的厚度；	Ψ——撬力影响系数； δ——翼缘板截面系数；
α'——系数，$\beta\geqslant1.0$时，α'取1.0；$\beta<1.0$时，$\alpha'=[\beta/(1-\beta)]/\delta$，且满足 $\alpha'\leqslant1.0$。	
β——系数； ρ——系数； Q——撬力； α——系数$\geqslant0$； N_t'——Q为最大值时，对应的 N_t 值	

318

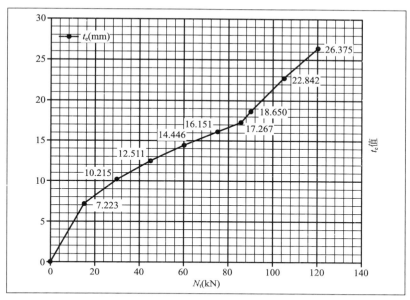

附图 4.8-1　M22 G8.8S Q345 $e_1 = 1.5d_0$ 时 t_e 值图表

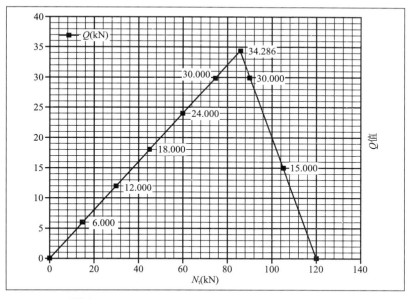

附图 4.8-2　M22 G8.8S Q345 $e_1 = 1.5d_0$ 时 Q 值图表

319

附4.9 M24 G8.8S Q345 $e_1=1.25e_2$时 计算列表

<table>
<tr><td rowspan="12">计算条件</td><td colspan="2">螺栓等级</td><td colspan="2">8.8S</td></tr>
<tr><td colspan="2">螺栓规格</td><td colspan="2">M24</td></tr>
<tr><td colspan="2">连接板材料</td><td colspan="2">Q345</td></tr>
<tr><td colspan="2">$d=$</td><td>24</td><td>mm</td></tr>
<tr><td colspan="2">$d_0=$</td><td>26</td><td>mm</td></tr>
<tr><td colspan="2">预拉力 $P=$</td><td>175</td><td>kN</td></tr>
<tr><td colspan="2">$f=$</td><td>345</td><td>N/mm²</td></tr>
<tr><td colspan="2">$e_2=1.5d_0=$</td><td>39</td><td>mm</td></tr>
<tr><td colspan="2">$b=3d_0=$</td><td>78</td><td>mm</td></tr>
<tr><td colspan="2">取 $e_1=1.25e_2$</td><td>48.75</td><td>mm</td></tr>
<tr><td colspan="2">$N_t^b=0.8P=$</td><td>140</td><td>kN</td></tr>
<tr><td colspan="2">$N_t'=\dfrac{5N_t^b}{2\rho+5}=$</td><td>106.061</td><td>kN</td></tr>
</table>

$$t_{ec}=\sqrt{\frac{4e_2 N_t^b}{bf}}=\quad 28.488 \text{ mm}$$

T形件受拉件受力简图

计算列表		N_t (kN)							
		0.1P	0.2P	0.3P	0.4P	0.5P	0.6P	N_t'	0.7P
		17.5	35	52.5	70	87.5	105	106.06	122.5
1	$\rho=\dfrac{e_2}{e_1}=$	0.800	0.800	0.800	0.800	0.800	0.800	0.800	0.800
2	$\beta=\dfrac{1}{\rho}\left(\dfrac{N_t^b}{N_t}-1\right)=$	8.750	3.750	2.083	1.250	0.750	0.417	0.400	0.179
3	$\delta=1-\dfrac{d_0}{b}=$	0.667	0.667	0.667	0.667	0.667	0.667	0.667	0.667
4	α'	1.000	1.000	1.000	1.000	1.000	1.000	1.000	1.000
5	$\alpha'=\dfrac{1}{\delta}\left(\dfrac{\beta}{1-\beta}\right)=$	-1.694	-2.045	-2.885	-7.500	4.500	1.071	1.000	0.326
6	判断 β 值，最终 α' 取	1.000	1.000	1.000	1.000	1.000	1.000	1.000	0.326
7	$\varPsi=1+\delta\alpha'$	1.667	1.667	1.667	1.667	1.667	1.667	1.667	1.217
8	$t_e=\sqrt{\dfrac{4e_2 N_t}{\varPsi bf}}=$	7.802	11.034	13.513	15.604	17.446	19.111	19.207	24.152
9	$\alpha=\dfrac{1}{\delta}\left[\dfrac{N_t}{N_t^b}\left(\dfrac{t_{ce}}{t}\right)^2-1\right]=$	1.000	1.000	1.000	1.000	1.000	1.000	1.000	0.326
10	$Q=N_t^b\left[\delta\alpha\rho\left(\dfrac{t_e}{t_{ec}}\right)^2\right]=$	5.600	11.200	16.800	22.400	28.000	33.600	33.939	17.500
11	N_t+Q	23.100	46.200	69.300	92.400	115.500	138.600	140.000	140.000

说明	
b——按一排螺栓覆盖的翼缘板（端板）计算宽度（mm）；	e_1——螺栓中心到T形件翼缘边缘的距离（mm）；
e_2——螺栓中心到T形件腹板边缘的距离（mm）；	t_{ec}——T形件翼缘板的最小厚度；
N_t——一个高强度螺栓的轴向拉力；	N_t^b——一个受拉高强度螺栓的受拉承载力；
t_e——受拉T形件翼缘板的厚度；	$\varPsi$——撬力影响系数；　　　δ——翼缘板截面系数；
α'——系数，$\beta\geqslant1.0$时，α'取1.0，$\beta<1.0$时，$\alpha'=[\beta/(1-\beta)]/\delta$，且满足 $\alpha'\leqslant1.0$；	
β——系数；　　ρ——系数；　　Q——撬力；　　α——系数$\geqslant0$；　　N_t^i——Q为最大值时，对应的 N_t 值	

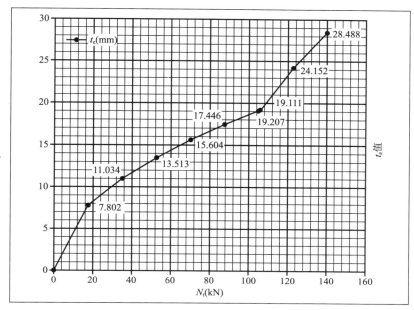

附图 4.9-1　M24 G8.8S Q345 $e_1 = 1.25e_2$ 时 t_e 值图表

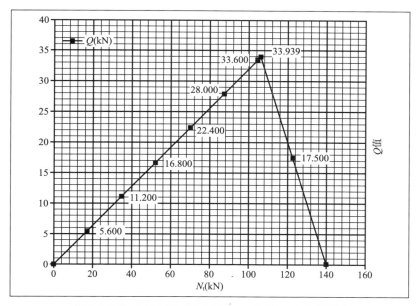

附图 4.9-2　M24 G8.8S Q345 $e_1 = 1.25e_2$ 时 Q 值图表

附 4.10 M24 G8.8S Q345 $e_1=1.5d_0$ 时 计算列表

<table>
<tr><td rowspan="13">计
算
条
件</td><td colspan="2">螺栓等级</td><td colspan="2">8.8S</td></tr>
<tr><td colspan="2">螺栓规格</td><td colspan="2">M24</td></tr>
<tr><td colspan="2">连接板材料</td><td colspan="2">Q345</td></tr>
<tr><td colspan="2">$d=$</td><td>24</td><td>mm</td></tr>
<tr><td colspan="2">$d_0=$</td><td>26</td><td>mm</td></tr>
<tr><td colspan="2">预拉力 $P=$</td><td>175</td><td>kN</td></tr>
<tr><td colspan="2">$f=$</td><td>345</td><td>N/mm²</td></tr>
<tr><td colspan="2">$e_2=1.5d_0=$</td><td>39</td><td>mm</td></tr>
<tr><td colspan="2">$b=3d_0=$</td><td>78</td><td>mm</td></tr>
<tr><td colspan="2">取 $e_1=e_2$</td><td>39</td><td>mm</td></tr>
<tr><td colspan="2">$N_t^b=0.8P=$</td><td>140</td><td>kN</td></tr>
<tr><td colspan="2">$N_t'=\dfrac{5N_t^b}{2\rho+5}=$</td><td>100.000</td><td>kN</td></tr>
<tr><td colspan="2">$t_{ec}=\sqrt{\dfrac{4e_2N_t^b}{bf}}=$</td><td>28.488</td><td>mm</td></tr>
</table>

T形件受拉件受力简图

计算列表	N_t (kN)							
	0.1P	0.2P	0.3P	0.4P	0.5P	N_t'	0.6P	0.7P
	17.5	35	52.5	70	87.5	100.00	105	122.5
1 $\rho=\dfrac{e_2}{e_1}=$	1.000	1.000	1.000	1.000	1.000	1.000	1.000	1.000
2 $\beta=\dfrac{1}{\rho}\left(\dfrac{N_t^b}{N_t}-1\right)=$	7.000	3.000	1.667	1.000	0.600	0.400	0.333	0.143
3 $\delta=1-\dfrac{d_0}{b}=$	0.667	0.667	0.667	0.667	0.667	0.667	0.667	0.667
4 α'	1.000	1.000	1.000	1.000	1.000	1.000	1.000	1.000
5 $\alpha'=\dfrac{1}{\delta}\left(\dfrac{\beta}{1-\beta}\right)=$	−1.750	−2.250	−3.750	/	2.250	1.000	0.750	0.250
6 判断 β 值,最终 α' 取	1.000	1.000	1.000	1.000	1.000	1.000	0.750	0.250
7 $\Psi=1+\delta\alpha'$	1.667	1.667	1.667	1.667	1.667	1.667	1.500	1.167
8 $t_e=\sqrt{\dfrac{4e_2N_t}{\Psi bf}}=$	7.802	11.034	13.513	15.604	17.446	18.650	20.144	24.672
9 $\alpha=\dfrac{1}{\delta}\left[\dfrac{N_t}{N_t^b}\left(\dfrac{t_{ce}}{t}\right)^2-1\right]=$	1.000	1.000	1.000	1.000	1.000	1.000	0.750	0.250
10 $Q=N_t^b\left[\delta\alpha\rho\left(\dfrac{t_e}{t_{ec}}\right)^2\right]=$	7.000	14.000	21.000	28.000	35.000	40.000	35.000	17.500
11 N_t+Q	24.500	49.000	73.500	98.000	122.500	140.000	140.000	140.000

说明：

b——按一排螺栓覆盖的翼缘板（端板）计算宽度（mm）； e_1——螺栓中心到 T 形件翼缘板边缘的距离（mm）；

e_2——螺栓中心到 T 形件腹板边缘的距离（mm）； t_{ec}——T 形件翼缘板的最小厚度；

N_t——一个高强度螺栓的轴向拉力； N_t^b——一个受拉高强度螺栓的受拉承载力；

t_e——受拉 T 形件翼缘板的厚度； Ψ——撬力影响系数； δ——翼缘板截面系数；

α'——系数，$\beta\geqslant1.0$ 时，α' 取 1.0；$\beta<1.0$ 时，$\alpha'=[\beta/(1-\beta)]/\delta$，且满足 $\alpha'\leqslant1.0$；

β——系数； ρ——系数； Q——撬力； α——系数$\geqslant0$； N_t'—— Q 为最大值时，对应的 N_t 值。

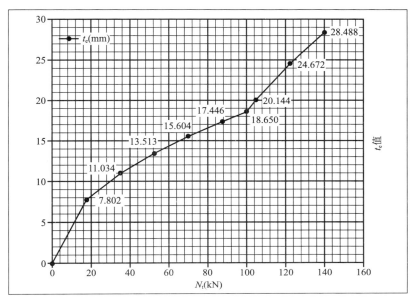

附图 4.10-1　M24 G8.8S Q345 $e_1=1.5d_0$ 时 t_e 值图表

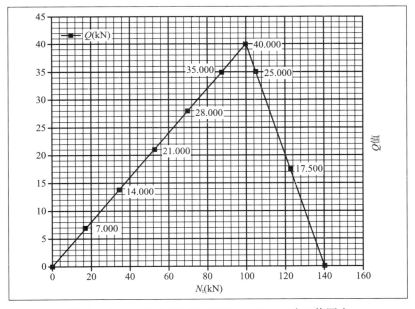

附图 4.10-2　M24 G8.8S Q345 $e_1=1.5d_0$ 时 Q 值图表

附 4.11 M27 G8.8S Q345 $e_1 = 1.25e_2$ 时 计算列表

<table>
<tr><td rowspan="12">计算条件</td><td colspan="2">螺栓等级</td><td colspan="2">8.8S</td><td rowspan="12"></td></tr>
<tr><td colspan="2">螺栓规格</td><td colspan="2">M27</td></tr>
<tr><td colspan="2">连接板材料</td><td colspan="2">Q345</td></tr>
<tr><td colspan="2">$d=$</td><td>27</td><td>mm</td></tr>
<tr><td colspan="2">$d_0=$</td><td>30</td><td>mm</td></tr>
<tr><td colspan="2">预拉力 $P=$</td><td>230</td><td>kN</td></tr>
<tr><td colspan="2">$f=$</td><td>345</td><td>N/mm²</td></tr>
<tr><td colspan="2">$e_2=1.5d_0=$</td><td>45</td><td>mm</td></tr>
<tr><td colspan="2">$b=3d_0=$</td><td>90</td><td>mm</td></tr>
<tr><td colspan="2">取 $e_1=1.25e_2$</td><td>56.25</td><td>mm</td></tr>
<tr><td colspan="2">$N_t^b=0.8P=$</td><td>184</td><td>kN</td></tr>
<tr><td colspan="2">$N_t'=\dfrac{5N_t^b}{2\rho+5}=$</td><td>139.394</td><td>kN</td></tr>
</table>

计算条件 · $t_{ec}=\sqrt{\dfrac{4e_2N_t^b}{bf}}=$ 32.660   mm

T形件受拉件受力简图

计算列表		N_t (kN)							
		$0.1P$	$0.2P$	$0.3P$	$0.4P$	$0.5P$	$0.6P$	N_t'	$0.7P$
		23	46	69	92	115	138	139.39	161
1	$\rho=\dfrac{e_2}{e_1}=$	0.800	0.800	0.800	0.800	0.800	0.800	0.800	0.800
2	$\beta=\dfrac{1}{\rho}\left(\dfrac{N_t^b}{N_t}-1\right)=$	8.750	3.750	2.083	1.250	0.750	0.417	0.400	0.179
3	$\delta=1-\dfrac{d_0}{b}=$	0.667	0.667	0.667	0.667	0.667	0.667	0.667	0.667
4	$\alpha'=$	1.000	1.000	1.000	1.000	1.000	1.000	1.000	1.000
5	$\alpha'=\dfrac{1}{\delta}\left(\dfrac{\beta}{1-\beta}\right)=$	−1.694	−2.045	−2.885	−7.500	4.500	1.071	1.000	0.326
6	判断 β 值，最终 α' 取	1.000	1.000	1.000	1.000	1.000	1.000	1.000	0.326
7	$\Psi=1+\delta\alpha'$	1.667	1.667	1.667	1.667	1.667	1.667	1.667	1.217
8	$t_e=\sqrt{\dfrac{4e_2N_t}{\Psi bf}}=$	8.944	12.649	15.492	17.889	20.000	21.909	22.019	27.689
9	$\alpha=\dfrac{1}{\delta}\left[\dfrac{N_t}{N_t^b}\left(\dfrac{t_{ec}}{t}\right)^2-1\right]=$	1.000	1.000	1.000	1.000	1.000	1.000	1.000	0.326
10	$Q=N_t^b\left[\delta\alpha\rho\left(\dfrac{t_e}{t_{ec}}\right)^2\right]=$	7.360	14.720	22.080	29.440	36.800	44.160	44.606	23.000
11	N_t+Q	30.360	60.720	91.080	121.440	151.800	182.160	184.000	184.000

说明	
b——按一排螺栓覆盖的翼缘板（端板）计算宽度（mm）；	e_1——螺栓中心到T形件翼缘板边缘的距离（mm）；
e_2——螺栓中心到T形件腹板边缘的距离（mm）；	t_{ec}——T形件翼缘板的最小厚度；
N_t——一个高强度螺栓的轴向拉力；	N_t^b——一个受拉高强度螺栓的受拉承载力；
t_e——受拉T形件翼缘板的厚度； Ψ——撬力影响系数； δ——翼缘板截面系数；	
α'——系数，$\beta\geqslant1.0$ 时，α' 取 1.0；$\beta<1.0$ 时，$\alpha'=[\beta/(1-\beta)]/\delta$，且满足 $\alpha'\leqslant1.0$；	
β——系数； ρ——系数； Q——撬力； α——系数 $\geqslant0$； N_t'——Q 为最大值时，对应的 N_t 值	

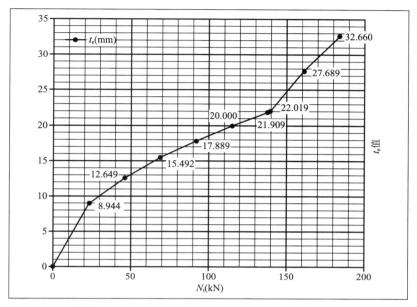

附图 4.11-1　M27 G8.8S Q345 $e_1 = 1.25e_2$ 时 t_e 值图表

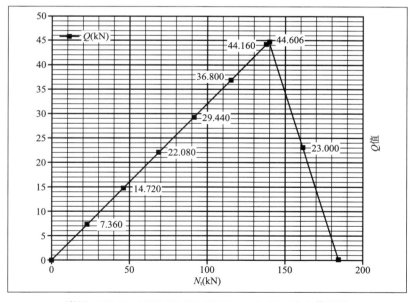

附图 4.11-2　M27 G8.8S Q345 $e_1 = 1.25e_2$ 时 Q 值图表

螺栓等级	8.8S	
螺栓规格	M27	
连接板材料	Q345	
$d=$	27	mm
$d_0=$	30	mm
预拉力 $P=$	230	kN
$f=$	345	N/mm²
$e_2 = 1.5d_0 =$	45	mm
$b = 3d_0 =$	90	mm
取 $e_1 = e_2$	45	mm
$N_t^b = 0.8P=$	184	kN
$N_t' = \dfrac{5N_t^b}{2\rho+5} =$	131.429	kN
$t_{ec} = \sqrt{\dfrac{4e_2 N_t^b}{bf}} =$	32.660	mm

计算条件。T形件受拉件受力简图

T形件受拉件受力简图

计算列表		N_t (kN)							
		$0.1P$	$0.2P$	$0.3P$	$0.4P$	$0.5P$	N_t'	$0.6P$	$0.7P$
		23	46	69	92	115	131.42	138	161
1	$\rho = \dfrac{e_2}{e_1} =$	1.000	1.000	1.000	1.000	1.000	1.000	1.000	1.000
2	$\beta = \dfrac{1}{\rho}\left(\dfrac{N_t^b}{N_t}-1\right) =$	7.000	3.000	1.667	1.000	0.600	0.400	0.333	0.143
3	$\delta = 1 - \dfrac{d_0}{b} =$	0.667	0.667	0.667	0.667	0.667	0.667	0.667	0.667
4	α'	1.000	1.000	1.000	1.000	1.000	1.000	1.000	1.000
5	$\alpha' = \dfrac{1}{\delta}\left(\dfrac{\beta}{1-\beta}\right) =$	-1.750	-2.250	-3.750	/	2.250	1.000	0.750	0.250
6	判断 β 值,最终 α' 取	1.000	1.000	1.000	1.000	1.000	1.000	0.750	0.250
7	$\Psi = 1 + \delta\alpha'$	1.667	1.667	1.667	1.667	1.667	1.667	1.500	1.167
8	$t_e = \sqrt{\dfrac{4e_2 N_t}{\Psi b f}} =$	8.944	12.649	15.492	17.889	20.000	21.381	23.094	28.284
9	$\alpha = \dfrac{1}{\delta}\left[\dfrac{N_t}{N_t^b}\left(\dfrac{t_{ce}}{t}\right)^2 - 1\right] =$	1.000	1.000	1.000	1.000	1.000	1.000	0.750	0.250
10	$Q = N_t^b\left[\delta\alpha\rho\left(\dfrac{t_e}{t_{ec}}\right)^2\right] =$	9.200	18.400	27.600	36.800	46.000	52.571	46.000	23.000
11	$N_t + Q$	32.200	64.400	96.600	128.800	161.000	184.000	184.000	184.000

说明

b——按一排螺栓覆盖的翼缘板(端板)计算宽度(mm); e_1——螺栓中心到T形件翼缘边缘的距离(mm);

e_2——螺栓中心到T形件腹板边缘的距离(mm); t_{ec}——T形件翼缘板的最小厚度;

N_t——一个高强度螺栓的轴向拉力; N_t^b——一个受拉高强度螺栓的受拉承载力;

t_e——受拉T形件翼缘板的厚度; Ψ——撬力影响系数; δ——翼缘板截面系数;

α'——系数,$\beta \geqslant 1.0$ 时,α' 取 1.0;$\beta < 1.0$ 时,$\alpha' = [\beta/(1-\beta)]/\delta$,且满足 $\alpha' \leqslant 1.0$;

β——系数; ρ——系数; Q——撬力; α——系数$\geqslant0$; N_t'—— Q 为最大值时,对应的 N_t 值

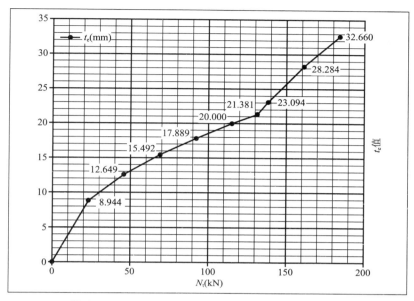

附图 4.12-1　M27 G8.8S Q345 $e_1 = 1.5d_0$ 时 t_e 值图表

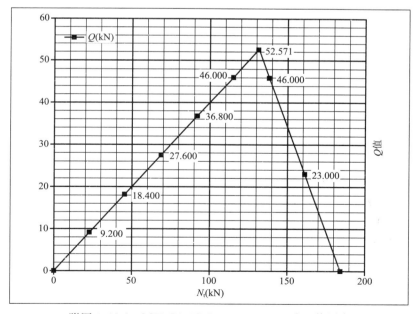

附图 4.12-2　M27 G8.8S Q345 $e_1 = 1.5d_0$ 时 Q 值图表

附 4.13 M30 G8.8S Q345 $e_1=1.25e_2$ 时 计算列表

计算条件	螺栓等级	8.8S		
	螺栓规格	M30		
	连接板材料	Q345		
	$d=$	30	mm	
	$d_0=$	33	mm	
	预拉力 $P=$	280	kN	
	$f=$	345	N/mm²	
	$e_2=1.5d_0=$	49.5	mm	
	$b=3d_0=$	99	mm	
	取 $e_1=1.25e_2$	61.875	mm	
	$N_t^b=0.8P=$	224	kN	
	$N_t'=\dfrac{5N_t^b}{2\rho+5}=$	169.697	kN	
	$t_{ec}=\sqrt{\dfrac{4e_2 N_t^b}{bf}}=$	36.035	mm	

T形件受拉件受力简图

	计算列表	N_t (kN)							
		$0.1P$	$0.2P$	$0.3P$	$0.4P$	$0.5P$	$0.6P$	N_t'	$0.7P$
		28	56	84	112	140	168	169.69	196
1	$\rho=\dfrac{e_2}{e_1}=$	0.800	0.800	0.800	0.800	0.800	0.800	0.800	0.800
2	$\beta=\dfrac{1}{\rho}\left(\dfrac{N_t^b}{N_t}-1\right)=$	8.750	3.750	2.083	1.250	0.750	0.417	0.400	0.179
3	$\delta=1-\dfrac{d_0}{b}=$	0.667	0.667	0.667	0.667	0.667	0.667	0.667	0.667
4	α'	1.000	1.000	1.000	1.000	1.000	1.000	1.000	1.000
5	$\alpha'=\dfrac{1}{\delta}\left(\dfrac{\beta}{1-\beta}\right)=$	−1.694	−2.045	−2.885	−7.500	4.500	1.071	1.000	0.326
6	判断 β 值,最终 α' 取	1.000	1.000	1.000	1.000	1.000	1.000	1.000	0.326
7	$\Psi=1+\delta\alpha'$	1.667	1.667	1.667	1.667	1.667	1.667	1.667	1.217
8	$t_e=\sqrt{\dfrac{4e_2 N_t}{\Psi bf}}=$	9.869	13.956	17.093	19.737	22.067	24.173	24.295	30.551
9	$\alpha=\dfrac{1}{\delta}\left[\dfrac{N_t}{N_t^b}\left(\dfrac{t_{ce}}{t}\right)^2-1\right]=$	1.000	1.000	1.000	1.000	1.000	1.000	1.000	0.326
10	$Q=N_t^b\left[\delta\alpha\rho\left(\dfrac{t_e}{t_{ec}}\right)^2\right]=$	8.960	17.920	26.880	35.840	44.800	53.760	54.303	28.000
11	N_t+Q	36.960	73.920	110.880	147.840	184.800	221.760	224.000	224.000

说明	
b——按一排螺栓覆盖的翼缘板(端板)计算宽度(mm);	e_1——螺栓中心到T形件翼缘边缘的距离(mm);
e_2——螺栓中心到T形件腹板边缘的距离(mm);	t_{ec}——T形件翼缘板的最小厚度;
N_t——一个高强度螺栓的轴向拉力;	N_t^b——一个受拉高强度螺栓的受拉承载力;
t_e——受拉T形件翼缘板的厚度;	Ψ——撬力影响系数; δ——翼缘板截面系数;
α'——系数 ,$\beta\geqslant1.0$时, α'取1.0;$\beta<1.0$时, $\alpha'=[\beta/(1-\beta)]/\delta$,且满足 $\alpha'\leqslant1.0$;	
β——系数 ; ρ——系数; Q——撬力; α——系数 $\geqslant0$; N_t'——Q为最大值时,对应的 N_t 值	

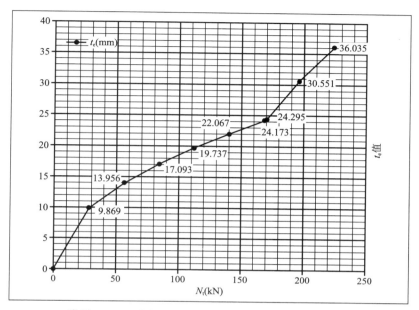

附图 4.13-1　M30 G8.8S Q345 $e_1 = 1.25e_2$ 时 t_e 值图表

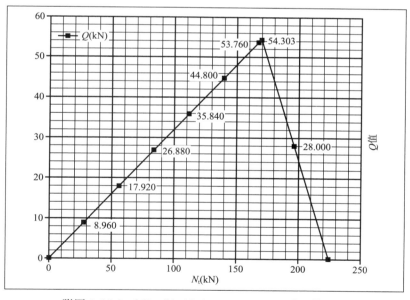

附图 4.13-2　M30 G8.8S Q345 $e_1 = 1.25e_2$ 时 Q 值图表

附 4.14 M30 G8.8S Q345 $e_1 = 1.5d_0$ 时 计算列表

计算条件			
螺栓等级	8.8S		
螺栓规格	M30		
连接板材料	Q345		
$d=$	30	mm	
$d_0=$	33	mm	
预拉力 $P=$	280	kN	
$f=$	345	N/mm²	
$e_2=1.5d_0=$	49.5	mm	
$b=3d_0=$	99	mm	
取 $e_1=e_2$	49.5	mm	
$N_t^b=0.8P=$	224	kN	
$N_t'=\dfrac{5N_t^b}{2\rho+5}=$	160.000	kN	
$t_{ec}=\sqrt{\dfrac{4e_2N_t^b}{bf}}=$	36.035	mm	

T形件受拉件受力简图

计算列表

		N_t（kN）							
		0.1P	0.2P	0.3P	0.4P	0.5P	N_t'	0.6P	0.7P
		28	56	84	112	140	160.00	168	196
1	$\rho=\dfrac{e_2}{e_1}=$	1.000	1.000	1.000	1.000	1.000	1.000	1.000	1.000
2	$\beta=\dfrac{1}{\rho}\left(\dfrac{N_t^b}{N_t}-1\right)=$	7.000	3.000	1.667	1.000	0.600	0.400	0.333	0.143
3	$\delta=1-\dfrac{d_0}{b}=$	0.667	0.667	0.667	0.667	0.667	0.667	0.667	0.667
4	α'	1.000	1.000	1.000	1.000	1.000	1.000	1.000	1.000
5	$\alpha'=\dfrac{1}{\delta}\left(\dfrac{\beta}{1-\beta}\right)=$	−1.750	−2.250	−3.750	/	2.250	1.000	0.750	0.250
6	判断 β 值,最终 α' 取	1.000	1.000	1.000	1.000	1.000	1.000	0.750	0.250
7	$\Psi=1+\delta\alpha'$	1.667	1.667	1.667	1.667	1.667	1.667	1.500	1.167
8	$t_e=\sqrt{\dfrac{4e_2N_t}{\Psi bf}}=$	9.869	13.956	17.093	19.737	22.067	23.591	25.481	31.208
9	$\alpha=\dfrac{1}{\delta}\left[\dfrac{N_t}{N_t^b}\left(\dfrac{t_{ce}}{t}\right)^2-1\right]=$	1.00	1.00	1.00	1.00	1.00	1.00	0.750	0.250
10	$Q=N_t^b\left[\delta\alpha\rho\left(\dfrac{t_e}{t_{ce}}\right)^2\right]=$	11.200	22.400	33.600	44.800	56.000	64.000	56.000	28.000
11	N_t+Q	39.200	78.400	117.600	156.800	196.000	224.000	224.000	224.000

说明	
b——按一排螺栓覆盖的翼缘板（端板）计算宽度（mm）;	e_1——螺栓中心到T形件翼缘板边缘的距离（mm）;
e_2——螺栓中心到T形件腹板边缘的距离（mm）;	t_{ec}——T形件翼缘板的最小厚度;
N_t——一个高强度螺栓的轴向拉力;	N_t^b——一个受拉高强度螺栓的受拉承载力;
t_e——受拉T形件翼缘板的厚度; Ψ——撬力影响系数; δ——翼缘板截面系数;	
α'——系数，$\beta\geqslant1.0$时，α'取1.0; $\beta<1.0$时，$\alpha'=[\beta/(1-\beta)]/\delta$，且满足 $\alpha'\leqslant1.0$;	
β——系数; ρ——系数; Q——撬力; α——系数≥0; N_t'—— Q 为最大值时，对应的 N_t 值	

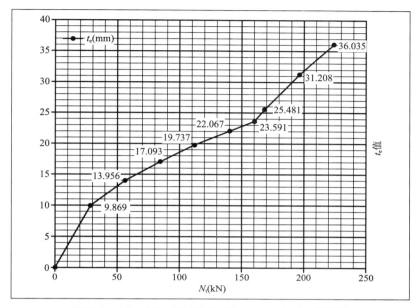

附图 4.14-1　M30 G8.8S Q345 $e_1 = 1.5d_0$ 时 t_e 值图表

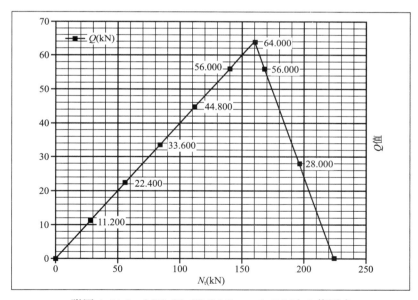

附图 4.14-2　M30 G8.8S Q345 $e_1 = 1.5d_0$ 时 Q 值图表

附5 高强度螺栓连接副（10.9S）＋Q390连接板材

附5.1 M12 G10.9S Q390 $e_1＝1.25e_2$时 计算列表

计算条件			
螺栓等级	10.9S	
螺栓规格	M12	
连接板材料	Q390	
$d=$	12	mm
$d_0=$	13.5	mm
预拉力 $P=$	55	kN
$f=$	390	N/mm²
$e_2=1.5d_0=$	20.25	mm
$b=3d_0=$	40.5	mm
取 $e_1=1.25e_2$	25.3125	mm
$N_t^b=0.8P=$	44	kN
$N_t'=\dfrac{5N_t^b}{2\rho+5}=$	33.333	kN
$t_{ec}=\sqrt{\dfrac{4e_2N_t^b}{bf}}=$	15.021	mm

T形件受拉件受力简图（e_1 e_2 e_2 e_1；Q N_t+Q N_t+Q Q；$2N_t$；b；t）

	计算列表	N_t（kN）							
		$0.1P$	$0.2P$	$0.3P$	$0.4P$	$0.5P$	$0.6P$	N_t'	$0.7P$
		5.5	11	16.5	22	27.5	33	33.333	38.5
1	$\rho=\dfrac{e_2}{e_1}=$	0.800	0.800	0.800	0.800	0.800	0.800	0.800	0.800
2	$\beta=\dfrac{1}{\rho}\left(\dfrac{N_t^b}{N_t}-1\right)=$	8.750	3.750	2.083	1.250	0.750	0.417	0.400	0.179
3	$\delta=1-\dfrac{d_0}{b}=$	0.667	0.667	0.667	0.667	0.667	0.667	0.667	0.667
4	α'	1.000	1.000	1.000	1.000	1.000	1.000	1.000	1.000
5	$\alpha'=\dfrac{1}{\delta}\left(\dfrac{\beta}{1-\beta}\right)=$	−1.694	−2.045	−2.885	−7.500	4.500	1.071	1.000	0.326
6	判断 β值，最终 α' 取	1.000	1.000	1.000	1.000	1.000	1.000	1.000	0.326
7	$\Psi=1+\delta\alpha'$	1.667	1.667	1.667	1.667	1.667	1.667	1.667	1.217
8	$t_e=\sqrt{\dfrac{4e_2N_t}{\Psi bf}}=$	4.114	5.818	7.125	8.228	9.199	10.077	10.127	12.735
9	$\alpha=\dfrac{1}{\delta}\left[\dfrac{N_t}{N_t^b}\left(\dfrac{t_{ce}}{t}\right)^2-1\right]=$	1.000	1.000	1.000	1.000	1.000	1.000	1.000	0.326
10	$Q=N_t^b\left[\delta\alpha\rho\left(\dfrac{t_e}{t_{ec}}\right)^2\right]=$	1.760	3.520	5.280	7.040	8.800	10.560	10.667	5.500
11	N_t+Q	7.260	14.520	21.780	29.040	36.300	43.560	44.000	44.000

说明	
b——按一排螺栓覆盖的翼缘板（端板）计算宽度（mm）；	e_1——螺栓中心到T形件翼缘边缘的距离（mm）；
e_2——螺栓中心到T形件腹板边缘的距离（mm）；	t_{ec}——T形件翼缘板的最小厚度；
N_t——一个高强度螺栓的轴向拉力；	N_t^b——一个受拉高强度螺栓的受拉承载力；
t_e——受拉T形件翼缘板的厚度；	Ψ——撬力影响系数； δ——翼缘板截面系数；
α'——系数，$\beta\geqslant1.0$时，α'取 1.0；$\beta<1.0$时，$\alpha'=[\beta/(1-\beta)]/\delta$，且满足 $\alpha'\leqslant1.0$；
β——系数； ρ——系数； Q——撬力； α——系数$\geqslant0$； N_t'——Q为最大值时，对应的 N_t 值

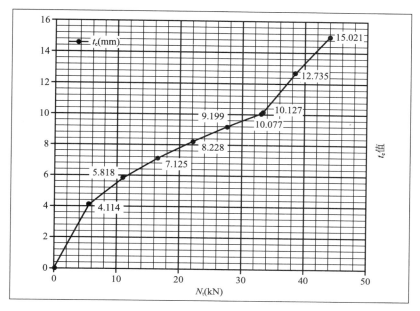

附图 5.1-1　M12 G10.9S Q390 $e_1 = 1.25e_2$ 时 t_e 值图表

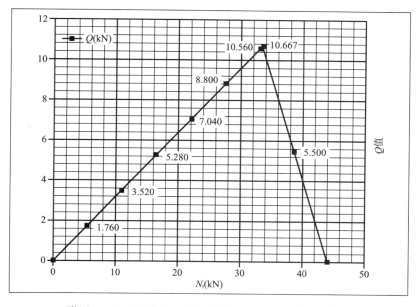

附图 5.1-2　M12 G10.9S Q390 $e_1 = 1.25e_2$ 时 Q 值图表

附 5.2　M12 G10.9S Q390 $e_1 = 1.5d_0$ 时　计算列表

计算条件			
螺栓等级	10.9S		
螺栓规格	M12		
连接板材料	Q390		
$d =$	12	mm	
$d_0 =$	13.5	mm	
预拉力 $P =$	55	kN	
$f =$	390	N/mm²	
$e_2 = 1.5d_0 =$	20.25	mm	
$b = 3d_0 =$	40.5	mm	
取 $e_1 = e_2$	20.25	mm	
$N_t^b = 0.8P =$	44	kN	
$N_t' = \dfrac{5N_t^b}{2\rho + 5} =$	31.429	kN	
$t_{ec} = \sqrt{\dfrac{4e_2 N_t^b}{bf}} =$	15.021	mm	

T形件受拉件受力简图

计算列表		N_t (kN)							
		$0.1P$	$0.2P$	$0.3P$	$0.4P$	$0.5P$	N_t'	$0.6P$	$0.7P$
		5.5	11	16.5	22	27.5	31.429	33	38.5
1	$\rho = \dfrac{e_2}{e_1} =$	1.000	1.000	1.000	1.000	1.000	1.000	1.000	1.000
2	$\beta = \dfrac{1}{\rho}\left(\dfrac{N_t^b}{N_t} - 1\right) =$	7.000	3.000	1.667	1.000	0.600	0.400	0.333	0.143
3	$\delta = 1 - \dfrac{d_0}{b} =$	0.667	0.667	0.667	0.667	0.667	0.667	0.667	0.667
4	α'	1.000	1.000	1.000	1.000	1.000	1.000	1.000	1.000
5	$\alpha' = \dfrac{1}{\delta}\left(\dfrac{\beta}{1-\beta}\right) =$	−1.750	−2.250	−3.750	/	2.250	1.000	0.750	0.250
6	判断 β 值，最终 α' 取	1.000	1.000	1.000	1.000	1.000	1.000	0.750	0.250
7	$\Psi = 1 + \delta\alpha'$	1.667	1.667	1.667	1.667	1.667	1.667	1.500	1.167
8	$t_e = \sqrt{\dfrac{4e_2 N_t}{\Psi b f}} =$	4.114	5.818	7.125	8.228	9.199	9.834	10.622	13.009
9	$\alpha = \dfrac{1}{\delta}\left[\dfrac{N_t}{N_t^b}\left(\dfrac{t_{ce}}{t}\right)^2 - 1\right] =$	1.000	1.000	1.000	1.000	1.000	1.000	0.750	0.250
10	$Q = N_t^b\left[\delta\alpha\rho\left(\dfrac{t_e}{t_{ce}}\right)^2\right] =$	2.200	4.400	6.600	8.800	11.000	12.571	11.000	5.500
11	$N_t + Q$	7.700	15.400	23.100	30.800	38.500	44.000	44.000	44.000

说明
b——按一排螺栓覆盖的翼缘板（端板）计算宽度（mm）；　　e_1——螺栓中心到T形件翼缘边缘的距离（mm）；
e_2——螺栓中心到T形件腹板边缘的距离（mm）；　　t_{ec}——T形件翼缘板的最小厚度；
N_t——一个高强度螺栓的轴向拉力；　　　　　　　　N_t^b——一个受拉高强度螺栓的受拉承载力；
t_e——受拉T形件翼缘板的厚度；　　Ψ——撬力影响系数；　　δ——翼缘板截面系数；
α'——系数，$\beta \geqslant 1.0$ 时，α' 取 1.0；$\beta < 1.0$ 时，$\alpha' = [\beta/(1-\beta)]/\delta$，且满足 $\alpha' \leqslant 1.0$；
β——系数；　　ρ——系数；　　Q——撬力；　　α——系数 ≥0；　　N_t'—— Q 为最大值时，对应的 N_t 值。

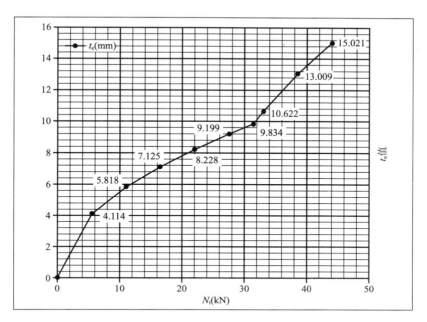

附图 5.2-1　M12 G10.9S Q390 $e_1 = 1.5d_0$ 时 t_e 值图表

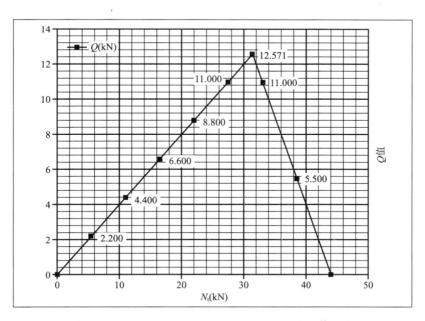

附图 5.2-2　M12 G10.9S Q390 $e_1 = 1.5d_0$ 时 Q 值图表

附5.3 M16 G10.9S Q390 $e_1 = 1.25e_2$ 时 计算列表

	螺栓等级	10.9S	
	螺栓规格	M16	
	连接板材料	Q390	
	$d=$	16	mm
	$d_0=$	17.5	mm
	预拉力 $P=$	100	kN
计算条件	$f=$	390	N/mm²
	$e_2 = 1.5d_0 =$	26.25	mm
	$b = 3d_0 =$	52.5	mm
	取 $e_1 = 1.25e_2$	32.8125	mm
	$N_t^b = 0.8P =$	80	kN
	$N_t' = \dfrac{5N_t^b}{2\rho+5} =$	60.606	kN
	$t_{ec} = \sqrt{\dfrac{4e_2 N_t^b}{bf}} =$	20.255	mm

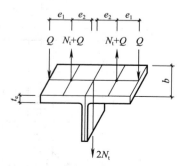

T形件受拉件受力简图

	计算列表	N_t (kN)							
		0.1P	0.2P	0.3P	0.4P	0.5P	0.6P	N_t'	0.7P
		10	20	30	40	50	60	60.606	70
1	$\rho = \dfrac{e_2}{e_1} =$	0.800	0.800	0.800	0.800	0.800	0.800	0.800	0.800
2	$\beta = \dfrac{1}{\rho}\left(\dfrac{N_t^b}{N_t}-1\right) =$	8.750	3.750	2.083	1.250	0.750	0.417	0.400	0.179
3	$\delta = 1 - \dfrac{d_0}{b} =$	0.667	0.667	0.667	0.667	0.667	0.667	0.667	0.667
4	α'	1.000	1.000	1.000	1.000	1.000	1.000	1.000	1.000
5	$\alpha' = \dfrac{1}{\delta}\left(\dfrac{\beta}{1-\beta}\right) =$	−1.694	−2.045	−2.885	−7.500	4.500	1.071	1.000	0.326
6	判断 β 值, 最终 α' 取	1.000	1.000	1.000	1.000	1.000	1.000	1.000	0.326
7	$\Psi = 1 + \delta\alpha'$	1.667	1.667	1.667	1.667	1.667	1.667	1.667	1.217
8	$t_e = \sqrt{\dfrac{4e_2 N_t}{\Psi bf}} =$	5.547	7.845	9.608	11.094	12.403	13.587	13.656	17.172
9	$\alpha = \dfrac{1}{\delta}\left[\dfrac{N_t}{N_t^b}\left(\dfrac{t_{ce}}{t}\right)^2 - 1\right] =$	1.000	1.000	1.000	1.000	1.000	1.000	1.000	0.326
10	$Q = N_t^b\left[\delta\alpha\rho\left(\dfrac{t_e}{t_{ec}}\right)^2\right] =$	3.200	6.400	9.600	12.800	16.000	19.200	19.394	10.000
11	$N_t + Q$	13.200	26.400	39.600	52.800	66.000	79.200	80.000	80.000

说明	
b——按一排螺栓覆盖的翼缘板（端板）计算宽度（mm）;	e_1——螺栓中心到 T 形件翼缘板边缘的距离（mm）;
e_2——螺栓中心到 T 形件腹板边缘的距离（mm）;	t_{ec}——T 形件翼缘板的最小厚度;
N_t——一个高强度螺栓的轴向拉力;	N_t^b——一个受拉高强度螺栓的受拉承载力;
t_e——受拉 T 形件翼缘板的厚度;	Ψ——撬力影响系数;	δ——翼缘板截面系数;
α'——系数，$\beta \geqslant 1.0$ 时，α' 取 1.0; $\beta < 1.0$ 时，$\alpha' = [\beta/(1-\beta)]/\delta$，且满足 $\alpha' \leqslant 1.0$;	
β——系数; ρ——系数; Q——撬力; α——系数 $\geqslant 0$; N_t'——Q 为最大值时，对应的 N_t 值	

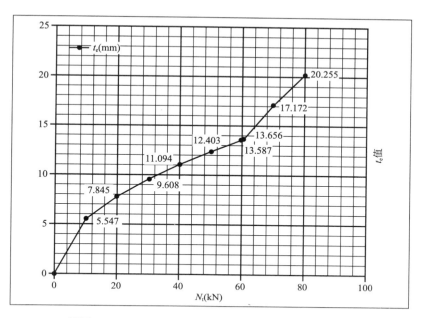

附图 5.3-1　M16 G10.9S Q390 $e_1 = 1.25e_2$ 时 t_e 值图表

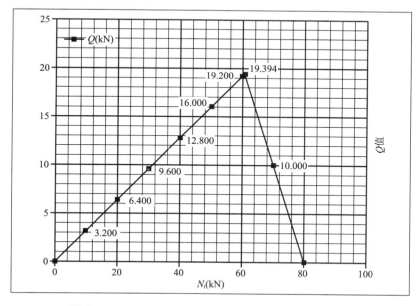

附图 5.3-2　M16 G10.9S Q390 $e_1 = 1.25e_2$ 时 Q 值图表

附 5.4 M16 G10.9S Q390 $e_1=1.5d_0$ 时 计算列表

<table>
<tr><td rowspan="12">计算条件</td><td>螺栓等级</td><td colspan="2">10.9S</td></tr>
<tr><td>螺栓规格</td><td colspan="2">M16</td></tr>
<tr><td>连接板材料</td><td colspan="2">Q390</td></tr>
<tr><td>$d=$</td><td>16</td><td>mm</td></tr>
<tr><td>$d_0=$</td><td>17.5</td><td>mm</td></tr>
<tr><td>预拉力 $P=$</td><td>100</td><td>kN</td></tr>
<tr><td>$f=$</td><td>390</td><td>N/mm²</td></tr>
<tr><td>$e_2=1.5d_0=$</td><td>26.25</td><td>mm</td></tr>
<tr><td>$b=3d_0=$</td><td>52.5</td><td>mm</td></tr>
<tr><td>取 $e_1=e_2$</td><td>26.25</td><td>mm</td></tr>
<tr><td>$N_t^b=0.8P=$</td><td>80</td><td>kN</td></tr>
<tr><td>$N_t'=\dfrac{5N_t^b}{2\rho+5}=$</td><td>57.143</td><td>kN</td></tr>
</table>

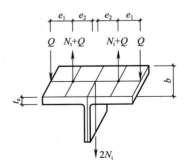

T形件受拉件受力简图

计算列表		N_t (kN)							
		0.1P	0.2P	0.3P	0.4P	0.5P	N_t'	0.6P	0.7P
		10	20	30	40	50	57.143	60	70
1	$\rho=\dfrac{e_2}{e_1}=$	1.000	1.000	1.000	1.000	1.000	1.000	1.000	1.000
2	$\beta=\dfrac{1}{\rho}\left(\dfrac{N_t^b}{N_t}-1\right)=$	7.000	3.000	1.667	1.000	0.600	0.400	0.333	0.143
3	$\delta=1-\dfrac{d_0}{b}=$	0.667	0.667	0.667	0.667	0.667	0.667	0.667	0.667
4	α'	1.000	1.000	1.000	1.000	1.000	1.000	1.000	1.000
5	$\alpha'=\dfrac{1}{\delta}\left(\dfrac{\beta}{1-\beta}\right)=$	−1.750	−2.250	−3.750	/	2.250	1.000	0.750	0.250
6	判断 β 值，最终 α' 取	1.000	1.000	1.000	1.000	1.000	1.000	0.750	0.250
7	$\Psi=1+\delta\alpha'$	1.667	1.667	1.667	1.667	1.667	1.667	1.500	1.167
8	$t_e=\sqrt{\dfrac{4e_2N_t}{\Psi bf}}=$	5.547	7.845	9.608	11.094	12.403	13.260	14.322	17.541
9	$\alpha=\dfrac{1}{\delta}\left[\dfrac{N_t}{N_t^b}\left(\dfrac{t_{ce}}{t}\right)^2-1\right]=$	1.000	1.000	1.000	1.000	1.000	1.000	0.750	0.250
10	$Q=N_t^b\left[\delta\alpha\rho\left(\dfrac{t_e}{t_{ce}}\right)^2\right]=$	4.000	8.000	12.000	16.000	20.000	22.857	20.000	10.000
11	N_t+Q	14.000	28.000	42.000	56.000	70.000	80.000	80.000	80.000

$t_{ce}=\sqrt{\dfrac{4e_2N_t^b}{bf}}=$ 20.255 mm

说明	b——按一排螺栓覆盖的翼缘板（端板）计算宽度（mm）； e_1——螺栓中心到T形件翼缘板边缘的距离（mm）； e_2——螺栓中心到T形件腹板边缘的距离（mm）； t_{ce}——T形件翼缘板的最小厚度； N_t——一个高强度螺栓的轴向拉力； N_t^b——一个受拉高强度螺栓的受拉承载力； t_e——受拉T形翼缘板的厚度； Ψ——撬力影响系数； δ——翼缘板截面系数； α'——系数，$\beta\geqslant1.0$时，α'取 1.0；$\beta<1.0$时，$\alpha'=[\beta/(1-\beta)]/\delta$，且满足 $\alpha'\leqslant1.0$； β——系数； ρ——系数； Q——撬力； α——系数$\geqslant0$； N_t'——Q为最大值时，对应的 N_t 值

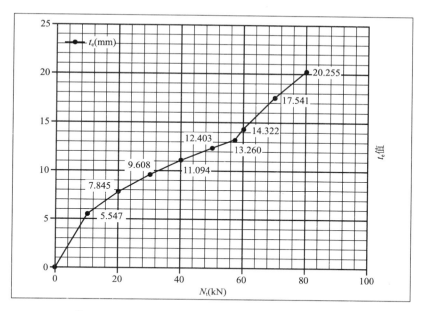

附图 5.4-1　M16 G10.9S Q390 $e_1 = 1.5d_0$ 时 t_e 值图表

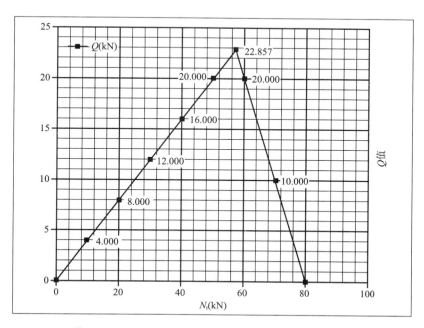

附图 5.4-2　M16 G10.9S Q390 $e_1 = 1.5d_0$ 时 Q 值图表

附 5.5 M20 G10.9S Q390 $e_1 = 1.25e_2$ 时 计算列表

<table>
<tr><td rowspan="18">计算条件</td><td colspan="2">螺栓等级</td><td colspan="2">10.9S</td></tr>
<tr><td colspan="2">螺栓规格</td><td colspan="2">M20</td></tr>
<tr><td colspan="2">连接板材料</td><td colspan="2">Q390</td></tr>
<tr><td colspan="2">$d=$</td><td>20</td><td>mm</td></tr>
<tr><td colspan="2">$d_0=$</td><td>22</td><td>mm</td></tr>
<tr><td colspan="2">预拉力 $P=$</td><td>155</td><td>kN</td></tr>
<tr><td colspan="2">$f=$</td><td>390</td><td>N/mm²</td></tr>
<tr><td colspan="2">$e_2=1.5d_0=$</td><td>33</td><td>mm</td></tr>
<tr><td colspan="2">$b=3d_0=$</td><td>66</td><td>mm</td></tr>
<tr><td colspan="2">取 $e_1=1.25e_2$</td><td>41.25</td><td>mm</td></tr>
<tr><td colspan="2">$N_t^b=0.8P=$</td><td>124</td><td>kN</td></tr>
<tr><td colspan="2">$N_t'=\dfrac{5N_t^b}{2\rho+5}=$</td><td>93.939</td><td>kN</td></tr>
<tr><td colspan="2">$t_{ec}=\sqrt{\dfrac{4e_2N_t^b}{bf}}=$</td><td>25.217</td><td>mm</td></tr>
</table>

T形件受拉受力简图

计算列表		N_t (kN)							
		$0.1P$	$0.2P$	$0.3P$	$0.4P$	$0.5P$	$0.6P$	N_t'	$0.7P$
		15.5	31	46.5	62	77.5	93	93.939	108.5
1	$\rho=\dfrac{e_2}{e_1}=$	0.800	0.800	0.800	0.800	0.800	0.800	0.800	0.800
2	$\beta=\dfrac{1}{\rho}\left(\dfrac{N_t^b}{N_t}-1\right)=$	8.750	3.750	2.083	1.250	0.750	0.417	0.400	0.179
3	$\delta=1-\dfrac{d_0}{b}=$	0.667	0.667	0.667	0.667	0.667	0.667	0.667	0.667
4	α'	1.000	1.000	1.000	1.000	1.000	1.000	1.000	1.000
5	$\alpha'=\dfrac{1}{\delta}\left(\dfrac{\beta}{1-\beta}\right)=$	−1.694	−2.045	−2.885	−7.500	4.500	1.071	1.000	0.326
6	判断 β 值,最终 α' 取	1.000	1.000	1.000	1.000	1.000	1.000	1.000	0.326
7	$\Psi=1+\delta\alpha'$	1.667	1.667	1.667	1.667	1.667	1.667	1.667	1.217
8	$t_e=\sqrt{\dfrac{4e_2N_t}{\Psi bf}}=$	6.906	9.767	11.961	13.812	15.442	16.916	17.001	21.379
9	$\alpha=\dfrac{1}{\delta}\left[\dfrac{N_t}{N_t^b}\left(\dfrac{t_{ce}}{t}\right)^2-1\right]=$	1.000	1.000	1.000	1.000	1.000	1.000	1.000	0.326
10	$Q=N_t^b\left[\delta\alpha\rho\left(\dfrac{t_e}{t_{ec}}\right)^2\right]=$	4.960	9.920	14.880	19.840	24.800	29.760	30.061	15.500
11	N_t+Q	20.460	40.920	61.380	81.840	102.300	122.760	124.000	124.000

说明	
b——按一排螺栓覆盖的翼缘板(端板)计算宽度(mm);	e_1——螺栓中心到T形件翼缘板边缘的距离(mm);
e_2——螺栓中心到T形件腹板边缘的距离(mm);	t_{ec}——T形件翼缘板的最小厚度;
N_t——一个高强度螺栓的轴向拉力;	N_t^b——一个受拉高强度螺栓的受拉承载力;
t_e——受拉T形件翼缘板的厚度; Ψ——撬力影响系数; δ——翼缘板截面系数;	
α'——系数,$\beta\geqslant1.0$ 时,α' 取 1.0;$\beta<1.0$ 时,$\alpha'=[\beta/(1-\beta)]/\delta$,且满足 $\alpha'\leqslant1.0$;	
β——系数; ρ——系数; Q——撬力; α——系数 $\geqslant0$; N_t'—— Q 为最大值时,对应的 N_t 值	

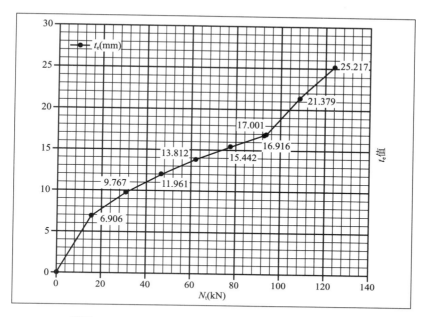

附图 5.5-1　M20 G10.9S Q390 $e_1 = 1.25e_2$ 时 t_e 值图表

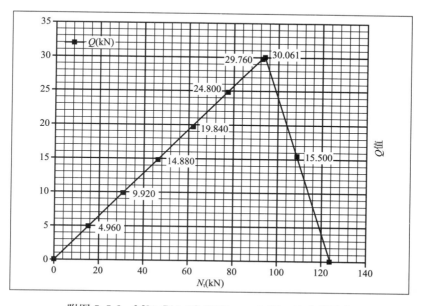

附图 5.5-2　M20 G10.9S Q390 $e_1 = 1.25e_2$ 时 Q 值图表

附 5.6　M20 G10.9S Q390 $e_1 = 1.5d_0$ 时　计算列表

<table>
<tr><td rowspan="14">计算条件</td><td colspan="2">螺栓等级</td><td colspan="2">10.9S</td><td></td></tr>
<tr><td colspan="2">螺栓规格</td><td colspan="2">M20</td><td></td></tr>
<tr><td colspan="2">连接板材料</td><td colspan="2">Q390</td><td></td></tr>
<tr><td colspan="2">$d=$</td><td>20</td><td>mm</td><td rowspan="11">
T形件受拉件受力简图</td></tr>
<tr><td colspan="2">$d_0=$</td><td>22</td><td>mm</td></tr>
<tr><td colspan="2">预拉力 $P=$</td><td>155</td><td>kN</td></tr>
<tr><td colspan="2">$f=$</td><td>390</td><td>N/mm²</td></tr>
<tr><td colspan="2">$e_2 = 1.5d_0 =$</td><td>33</td><td>mm</td></tr>
<tr><td colspan="2">$b = 3d_0 =$</td><td>66</td><td>mm</td></tr>
<tr><td colspan="2">取 $e_1 = e_2$</td><td>33</td><td>mm</td></tr>
<tr><td colspan="2">$N_t^b = 0.8P =$</td><td>124</td><td>kN</td></tr>
<tr><td colspan="2">$N_t' = \dfrac{5N_t^b}{2\rho+5}$</td><td>88.571</td><td>kN</td></tr>
<tr><td colspan="2">$t_{ec} = \sqrt{\dfrac{4e_2 N_t^b}{bf}} =$</td><td>25.217</td><td>mm</td></tr>
</table>

计算列表		N_t (kN)							
		0.1P	0.2P	0.3P	0.4P	0.5P	N_t'	0.6P	0.7P
		15.5	31	46.5	62	77.5	88.571	93	108.5
1	$\rho = \dfrac{e_2}{e_1} =$	1.000	1.000	1.000	1.000	1.000	1.000	1.000	1.000
2	$\beta = \dfrac{1}{\rho}\left(\dfrac{N_t^b}{N_t} - 1\right) =$	7.000	3.000	1.667	1.000	0.600	0.400	0.333	0.143
3	$\delta = 1 - \dfrac{d_0}{b} =$	0.667	0.667	0.667	0.667	0.667	0.667	0.667	0.667
4	α'	1.000	1.000	1.000	1.000	1.000	1.000	1.000	1.000
5	$\alpha' = \dfrac{1}{\delta}\left(\dfrac{\beta}{1-\beta}\right) =$	−1.750	−2.250	−3.750	/	2.250	1.000	0.750	0.250
6	判断 β 值,最终 α' 取	1.000	1.000	1.000	1.000	1.000	1.000	0.750	0.250
7	$\Psi = 1 + \alpha\alpha'$	1.667	1.667	1.667	1.667	1.667	1.667	1.500	1.167
8	$t_e = \sqrt{\dfrac{4e_2 N_t}{\Psi bf}} =$	6.906	9.767	11.961	13.812	15.442	16.508	17.831	21.839
9	$\alpha = \dfrac{1}{\delta}\left[\dfrac{N_t}{N_t^b}\left(\dfrac{t_{ce}}{t}\right)^2 - 1\right] =$	1.000	1.000	1.000	1.000	1.000	1.000	0.750	0.250
10	$Q = N_t^b\left[\delta\alpha\rho\left(\dfrac{t_e}{t_{ec}}\right)^2\right] =$	6.200	12.400	18.600	24.800	31.000	35.429	31.000	15.500
11	$N_t + Q$	21.700	43.400	65.100	86.800	108.500	124.000	124.000	124.000

说明	
b——按一排螺栓覆盖的翼缘板(端板)计算宽度(mm);	e_1——螺栓中心到 T 形件翼缘边缘的距离(mm);
e_2——螺栓中心到 T 形件腹板边缘的距离(mm);	t_{ec}——T 形件翼缘板的最小厚度;
N_t——一个高强度螺栓的轴向拉力;	N_t^b——一个受拉高强度螺栓的受拉承载力;
t_e——受拉 T 形件翼缘板的厚度;	Ψ——撬力影响系数; δ——翼缘板截面系数;
α'——系数, $\beta \geqslant 1.0$ 时, α' 取 1.0; $\beta < 1.0$ 时, $\alpha' = [\beta/(1-\beta)]/\delta$,且满足 $\alpha' \leqslant 1.0$;	
β——系数; ρ——系数; Q——撬力; α——系数 $\geqslant 0$; N_t'—— Q 为最大值时,对应的 N_t 值	

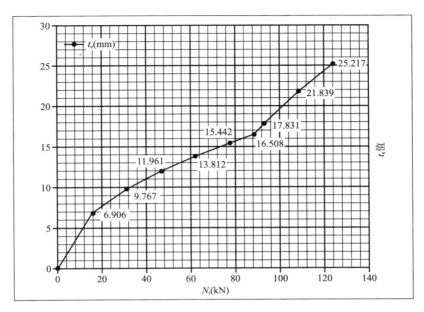

附图 5.6-1　M20 G10.9S Q390 $e_1 = 1.5d_0$ 时 t_e 值图表

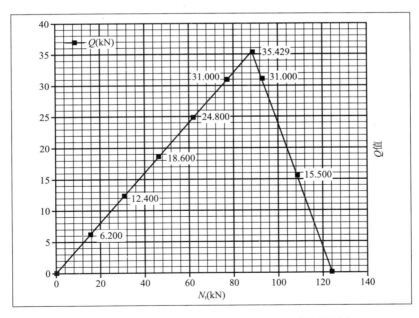

附图 5.6-2　M20 G10.9S Q390 $e_1 = 1.5d_0$ 时 Q 值图表

附 5.7 M22 G10.9S Q390 $e_1 = 1.25e_2$ 时 计算列表

计算条件	螺栓等级	10.9S	
	螺栓规格	M22	
	连接板材料	Q390	
	$d=$	22	mm
	$d_0=$	24	mm
	预拉力 $P=$	190	kN
	$f=$	390	N/mm²
	$e_2 = 1.5d_0 =$	36	mm
	$b = 3d_0 =$	72	mm
	取 $e_1 = 1.25e_2$	45	mm
	$N_t^b = 0.8P =$	152	kN
	$N_t' = \dfrac{5N_t^b}{2\rho+5} =$	115.152	kN
	$t_{ec} = \sqrt{\dfrac{4e_2 N_t^b}{bf}} =$	27.919	mm

T形件受拉受力简图

	计算列表	N_t (kN)							
		$0.1P$	$0.2P$	$0.3P$	$0.4P$	$0.5P$	$0.6P$	N_t'	$0.7P$
		19	38	57	76	95	114	115.15	133
1	$\rho = \dfrac{e_2}{e_1} =$	0.800	0.800	0.800	0.800	0.800	0.800	0.800	0.800
2	$\beta = \dfrac{1}{\rho}\left(\dfrac{N_t^b}{N_t}-1\right) =$	8.750	3.750	2.083	1.250	0.750	0.417	0.400	0.179
3	$\delta = 1 - \dfrac{d_0}{b} =$	0.667	0.667	0.667	0.667	0.667	0.667	0.667	0.667
4	α'	1.000	1.000	1.000	1.000	1.000	1.000	1.000	1.000
5	$\alpha' = \dfrac{1}{\delta}\left(\dfrac{\beta}{1-\beta}\right) =$	−1.694	−2.045	−2.885	−7.500	4.500	1.071	1.000	0.326
6	判断 β 值, 最终 α' 取	1.000	1.000	1.000	1.000	1.000	1.000	1.000	0.326
7	$\Psi = 1 + \delta\alpha'$	1.667	1.667	1.667	1.667	1.667	1.667	1.667	1.217
8	$t_e = \sqrt{\dfrac{4e_2 N_t}{\Psi bf}} =$	7.646	10.813	13.243	15.292	17.097	18.729	18.823	23.670
9	$\alpha = \dfrac{1}{\delta}\left[\dfrac{N_t}{N_t^b}\left(\dfrac{t_{ce}}{t}\right)^2 - 1\right] =$	1.000	1.000	1.000	1.000	1.000	1.000	1.000	0.326
10	$Q = N_t^b\left[\delta\alpha\rho\left(\dfrac{t_e}{t_{ec}}\right)^2\right] =$	6.080	12.160	18.240	24.320	30.400	36.480	36.848	19.000
11	$N_t + Q$	25.080	50.160	75.240	100.320	125.400	150.480	152.000	152.000

说明	
b —— 按一排螺栓覆盖的翼缘板(端板)计算宽度(mm);	e_1 —— 螺栓中心到 T 形件翼缘边缘的距离(mm);
e_2 —— 螺栓中心到 T 形件腹板边缘的距离(mm);	t_{ec} —— T 形件翼缘板的最小厚度;
N_t —— 一个高强度螺栓的轴向拉力;	N_t^b —— 一个受拉高强度螺栓的受拉承载力;
t_e —— 受拉 T 形件翼缘板的厚度; Ψ —— 撬力影响系数; δ —— 翼缘板截面系数;	
α' —— 系数,$\beta \geqslant 1.0$ 时,α' 取 1.0;$\beta < 1.0$ 时,$\alpha' = [\beta/(1-\beta)]/\delta$,且满足 $\alpha' \leqslant 1.0$;	
β —— 系数; ρ —— 系数; Q —— 撬力; α —— 系数 $\geqslant 0$; N_t' —— Q 为最大值时,对应的 N_t 值	

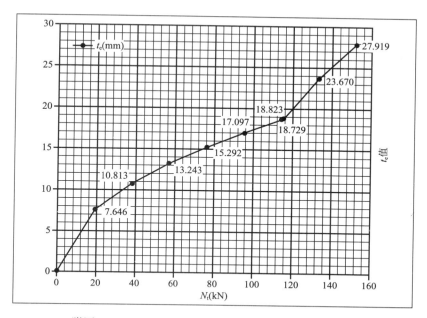

附图 5.7-1 M22 G10.9S Q390 $e_1 = 1.25e_2$ 时 t_e 值图表

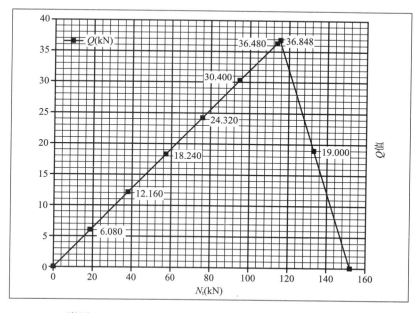

附图 5.7-2 M22 G10.9S Q390 $e_1 = 1.25e_2$ 时 Q 值图表

附5.8 M22 G10.9S Q390 $e_1 = 1.5d_0$ 时 计算列表

计算条件	螺栓等级	10.9S							
	螺栓规格	M22							
	连接板材料	Q390							
	$d=$	22	mm						
	$d_0=$	24	mm						
	预拉力 $P=$	190	kN						
	$f=$	390	N/mm^2						
	$e_2 = 1.5d_0 =$	36	mm						
	$b = 3d_0 =$	72	mm						
	取 $e_1 = e_2$	36	mm						
	$N_t^b = 0.8P =$	152	kN						
	$N_t' = \dfrac{5N_t^b}{2\rho + 5}$	108.571	kN						
	$t_{ec} = \sqrt{\dfrac{4e_2 N_t^b}{bf}} =$	27.919	mm						

T形件受拉件受力简图

	计算列表	N_t (kN)							
		0.1P	0.2P	0.3P	0.4P	0.5P	N_t'	0.6P	0.7P
		19	38	57	76	95	108.57	114	133
1	$\rho = \dfrac{e_2}{e_1} =$	1.000	1.000	1.000	1.000	1.000	1.000	1.000	1.000
2	$\beta = \dfrac{1}{\rho}\left(\dfrac{N_t^b}{N_t} - 1\right) =$	7.000	3.000	1.667	1.000	0.600	0.400	0.333	0.143
3	$\delta = 1 - \dfrac{d_0}{b} =$	0.667	0.667	0.667	0.667	0.667	0.667	0.667	0.667
4	α'	1.000	1.000	1.000	1.000	1.000	1.000	1.000	1.000
5	$\alpha' = \dfrac{1}{\delta}\left(\dfrac{\beta}{1-\beta}\right) =$	−1.750	−2.250	−3.750	/	2.250	1.000	0.750	0.250
6	判断 β 值，最终 α' 取	1.000	1.000	1.000	1.000	1.000	1.000	0.750	0.250
7	$\Psi = 1 + \delta\alpha'$	1.667	1.667	1.667	1.667	1.667	1.667	1.500	1.167
8	$t_e = \sqrt{\dfrac{4e_2 N_t}{\Psi bf}} =$	7.646	10.813	13.243	15.292	17.097	18.277	19.742	24.179
9	$\alpha = \dfrac{1}{\delta}\left[\dfrac{N_t}{N_t^b}\left(\dfrac{t_{ce}}{t}\right)^2 - 1\right] =$	1.000	1.000	1.000	1.000	1.000	1.000	0.750	0.250
10	$Q = N_t^b\left[\delta\alpha\rho\left(\dfrac{t_e}{t_{ec}}\right)^2\right] =$	7.600	15.200	22.800	30.400	38.000	43.429	38.000	19.000
11	$N_t + Q$	26.600	53.200	79.800	106.400	133.000	152.000	152.000	152.000

说明	
b——按一排螺栓覆盖的翼缘板（端板）计算宽度（mm）；	e_1——螺栓中心到T形件翼缘板边缘的距离（mm）；
e_2——螺栓中心到T形件腹板边缘的距离（mm）；	t_{ec}——T形件翼缘板的最小厚度；
N_t——一个高强度螺栓的轴向拉力；	N_t^b——一个受拉高强度螺栓的受拉承载力；
t_e——受拉T形件翼缘板的厚度；	Ψ——撬力影响系数； δ——翼缘板截面系数；
α'——系数，$\beta \geqslant 1.0$ 时，α' 取 1.0；$\beta < 1.0$ 时，$\alpha' = [\beta/(1-\beta)]/\delta$，且满足 $\alpha' \leqslant 1.0$；	
β——系数； ρ——系数； Q——撬力； α——系数$\geqslant 0$； N_t'——Q 为最大值时，对应的 N_t 值	

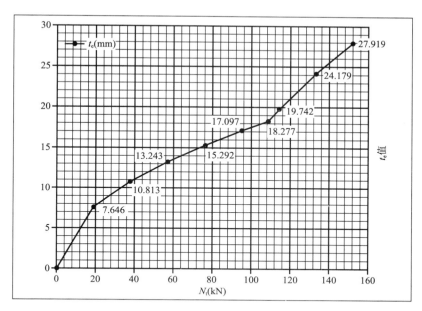

附图 5.8-1　M22 G10.9S Q390 $e_1 = 1.5d_0$ 时 t_e 值图表

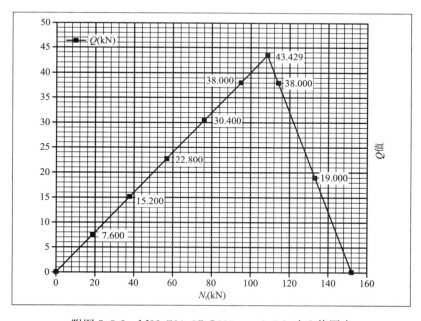

附图 5.8-2　M22 G10.9S Q390 $e_1 = 1.5d_0$ 时 Q 值图表

附 5.9 M24 G10.9S Q390 $e_1 = 1.25e_2$ 时 计算列表

<table>
<tr><td rowspan="12">计算条件</td><td>螺栓等级</td><td colspan="2">10.9S</td></tr>
<tr><td>螺栓规格</td><td colspan="2">M24</td></tr>
<tr><td>连接板材料</td><td colspan="2">Q390</td></tr>
<tr><td>$d=$</td><td>24</td><td>mm</td></tr>
<tr><td>$d_0=$</td><td>26</td><td>mm</td></tr>
<tr><td>预拉力 $P=$</td><td>225</td><td>kN</td></tr>
<tr><td>$f=$</td><td>390</td><td>N/mm²</td></tr>
<tr><td>$e_2=1.5d_0=$</td><td>39</td><td>mm</td></tr>
<tr><td>$b=3d_0=$</td><td>78</td><td>mm</td></tr>
<tr><td>取 $e_1=1.25e_2$</td><td>48.75</td><td>mm</td></tr>
<tr><td>$N_t^b=0.8P=$</td><td>180</td><td>kN</td></tr>
<tr><td>$N_t'=\dfrac{5N_t^b}{2\rho+5}=$</td><td>136.364</td><td>kN</td></tr>
</table>

$t_{ec}=\sqrt{\dfrac{4e_2N_t^b}{bf}}=$ 30.382   mm

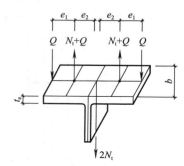

T形件受拉件受力简图

计算列表		N_t (kN)							
		$0.1P$	$0.2P$	$0.3P$	$0.4P$	$0.5P$	$0.6P$	N_t'	$0.7P$
		22.5	45	67.5	90	112.5	135	136.36	157.5
1	$\rho=\dfrac{e_2}{e_1}=$	0.800	0.800	0.800	0.800	0.800	0.800	0.800	0.800
2	$\beta=\dfrac{1}{\rho}\left(\dfrac{N_t^b}{N_t}-1\right)=$	8.750	3.750	2.083	1.250	0.750	0.417	0.400	0.179
3	$\delta=1-\dfrac{d_0}{b}=$	0.667	0.667	0.667	0.667	0.667	0.667	0.667	0.667
4	α'	1.000	1.000	1.000	1.000	1.000	1.000	1.000	1.000
5	$\alpha'=\dfrac{1}{\delta}\left(\dfrac{\beta}{1-\beta}\right)=$	−1.694	−2.045	−2.885	−7.500	4.500	1.071	1.000	0.326
6	判断 β 值，最终 α' 取	1.000	1.000	1.000	1.000	1.000	1.000	1.000	0.326
7	$\Psi=1+\delta\alpha'$	1.667	1.667	1.667	1.667	1.667	1.667	1.667	1.217
8	$t_e=\sqrt{\dfrac{4e_2N_t}{\Psi bf}}=$	8.321	11.767	14.412	16.641	18.605	20.381	20.484	25.758
9	$\alpha=\dfrac{1}{\delta}\left[\dfrac{N_t}{N_t^b}\left(\dfrac{t_{ce}}{t}\right)^2-1\right]=$	1.000	1.000	1.000	1.000	1.000	1.000	1.000	0.326
10	$Q=N_t^b\left[\delta\alpha\rho\left(\dfrac{t_e}{t_{ec}}\right)^2\right]=$	7.200	14.400	21.600	28.800	36.000	43.200	43.636	22.500
11	N_t+Q	29.700	59.400	89.100	118.800	148.500	178.200	180.000	180.000

说明	
b——按一排螺栓覆盖的翼缘板（端板）计算宽度（mm）；	e_1——螺栓中心到 T 形件翼缘边缘的距离（mm）；
e_2——螺栓中心到 T 形件腹板边缘的距离（mm）；	t_{ec}——T 形件翼缘板的最小厚度；
N_t——一个高强度螺栓的轴向拉力；	N_t^b——一个受拉高强度螺栓的受拉承载力；
t_e——受拉 T 形件翼缘板的厚度； Ψ——撬力影响系数； δ——翼缘板截面系数；	
α'——系数，$\beta\geqslant1.0$ 时，α' 取 1.0；$\beta<1.0$ 时，$\alpha'=[\beta/(1-\beta)]/\delta$，且满足 $\alpha'\leqslant1.0$；	
β——系数； ρ——系数； Q——撬力； α——系数 $\geqslant0$； $N_t'-Q$ 为最大值时，对应的 N_t 值	

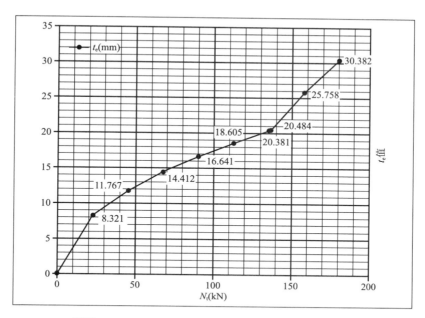

附图 5.9-1 M24 G10.9S Q390 $e_1 = 1.25e_2$ 时 t_e 值图表

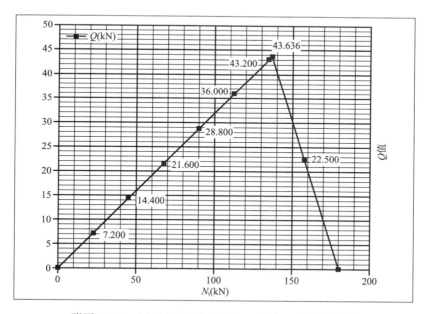

附图 5.9-2 M24 G10.9S Q390 $e_1 = 1.25e_2$ 时 Q 值图表

附5.10 M24 G10.9S Q390 $e_1 = 1.5d_0$ 时 计算列表

计算条件			
	螺栓等级	10.9S	
	螺栓规格	M24	
	连接板材料	Q390	
	$d=$	24	mm
	$d_0=$	26	mm
	预拉力 $P=$	225	kN
	$f=$	390	N/mm²
	$e_2=1.5d_0=$	39	mm
	$b=3d_0=$	78	mm
	取 $e_1=e_2$	39	mm
	$N_t^b=0.8P=$	180	kN
	$N_t'=\dfrac{5N_t^b}{2\rho+5}=$	128.571	kN
	$t_{ec}=\sqrt{\dfrac{4e_2 N_t^b}{bf}}=$	30.382	mm

T形件受拉件受力简图

计算列表		N_t (kN)							
		0.1P	0.2P	0.3P	0.4P	0.5P	N_t'	0.6P	0.7P
		22.5	45	67.5	90	112.5	128.57	135	157.5
1	$\rho=\dfrac{e_2}{e_1}=$	1.000	1.000	1.000	1.000	1.000	1.000	1.000	1.000
2	$\beta=\dfrac{1}{\rho}\left(\dfrac{N_t^b}{N_t}-1\right)=$	7.000	3.000	1.667	1.000	0.600	0.400	0.333	0.143
3	$\delta=1-\dfrac{d_0}{b}=$	0.667	0.667	0.667	0.667	0.667	0.667	0.667	0.667
4	α'	1.000	1.000	1.000	1.000	1.000	1.000	1.000	1.000
5	$\alpha'=\dfrac{1}{\delta}\left(\dfrac{\beta}{1-\beta}\right)=$	−1.750	−2.250	−3.750	/	2.250	1.000	0.750	0.250
6	判断 β 值,最终 α' 取	1.000	1.000	1.000	1.000	1.000	1.000	0.750	0.250
7	$\Psi=1+\delta\alpha'$	1.667	1.667	1.667	1.667	1.667	1.667	1.500	1.167
8	$t_e=\sqrt{\dfrac{4e_2 N_t}{\Psi f}}=$	8.321	11.767	14.412	16.641	18.605	19.890	21.483	26.312
9	$\alpha=\dfrac{1}{\delta}\left[\dfrac{N_t}{N_t^b}\left(\dfrac{t_{ce}}{t}\right)^2-1\right]=$	1.000	1.000	1.000	1.000	1.000	1.000	0.750	0.250
10	$Q=N_t^b\left[\delta\alpha\rho\left(\dfrac{t_e}{t_{ce}}\right)^2\right]=$	9.000	18.000	27.000	36.000	45.000	51.429	45.000	22.500
11	N_t+Q	31.500	63.000	94.500	126.000	157.500	180.000	180.000	180.000

说明	
b——按一排螺栓覆盖的翼缘板(端板)计算宽度(mm);	e_1——螺栓中心到T形件翼缘边缘的距离(mm);
e_2——螺栓中心到T形件腹板边缘的距离(mm);	t_{ec}——T形件翼缘板的最小厚度;
N_t——一个高强度螺栓的轴向拉力;	N_t^b——一个受拉高强度螺栓的受拉承载力;
t_e——受拉T形件翼缘板的厚度;	Ψ——撬力影响系数; δ——翼缘板截面系数;
α'——系数,$\beta\geqslant 1.0$时,α'取1.0;$\beta<1.0$时,$\alpha'=[\beta/(1-\beta)]/\delta$,且满足$\alpha'\leqslant 1.0$;	
β——系数; ρ——系数; Q——撬力; α——系数≥0; N_t'——Q为最大值时,对应的 N_t 值	

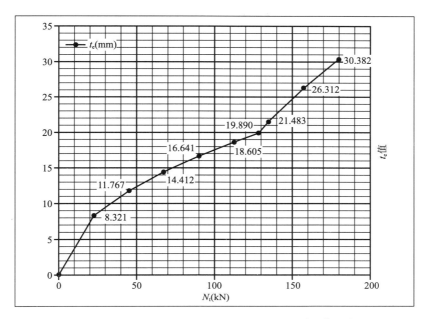

附图 5.10-1　M24 G10.9S Q390 $e_1 = 1.5d_0$ 时 t_e 值图表

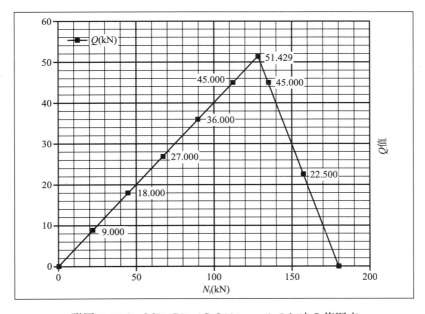

附图 5.10-2　M24 G10.9S Q390 $e_1 = 1.5d_0$ 时 Q 值图表

附 5.11 M27 G10.9S Q390 $e_1 = 1.25e_2$ 时 计算列表

计算条件			
螺栓等级	10.9S		
螺栓规格	M27		
连接板材料	Q390		
$d=$	27	mm	
$d_0=$	30	mm	
预拉力 $P=$	290	kN	
$f=$	390	N/mm^2	
$e_2 = 1.5d_0 =$	45	mm	
$b = 3d_0 =$	90	mm	
取 $e_1 = 1.25e_2$	56.25	mm	
$N_t^b = 0.8P =$	232	kN	
$N_t' = \dfrac{5N_t^b}{2\rho+5} =$	175.758	kN	
$t_{ec} = \sqrt{\dfrac{4e_2 N_t^b}{bf}} =$	34.493	mm	

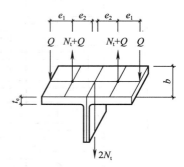

T形件受拉件受力简图

计算列表		N_t（kN）							
		0.1P	0.2P	0.3P	0.4P	0.5P	0.6P	N_t'	0.7P
		29	58	87	116	145	174	175.75	203
1	$\rho = \dfrac{e_2}{e_1} =$	0.800	0.800	0.800	0.800	0.800	0.800	0.800	0.800
2	$\beta = \dfrac{1}{\rho}\left(\dfrac{N_t^b}{N_t}-1\right) =$	8.750	3.750	2.083	1.250	0.750	0.417	0.400	0.179
3	$\delta = 1 - \dfrac{d_0}{b} =$	0.667	0.667	0.667	0.667	0.667	0.667	0.667	0.667
4	α'	1.000	1.000	1.000	1.000	1.000	1.000	1.000	1.000
5	$\alpha' = \dfrac{1}{\delta}\left(\dfrac{\beta}{1-\beta}\right) =$	−1.694	−2.045	−2.885	−7.500	4.500	1.071	1.000	0.326
6	判断 β 值, 最终 α' 取	1.000	1.000	1.000	1.000	1.000	1.000	1.000	0.326
7	$\Psi = 1 + \delta\alpha'$	1.667	1.667	1.667	1.667	1.667	1.667	1.667	1.217
8	$t_e = \sqrt{\dfrac{4e_2 N_t}{\Psi b f}} =$	9.446	13.359	16.361	18.892	21.122	23.138	23.255	29.243
9	$\alpha = \dfrac{1}{\delta}\left[\dfrac{N_t}{N_t^b}\left(\dfrac{t_{ce}}{t}\right)^2 - 1\right] =$	1.000	1.000	1.000	1.000	1.000	1.000	1.000	0.326
10	$Q = N_t^b\left[\delta\alpha\rho\left(\dfrac{t_e}{t_{ec}}\right)^2\right] =$	9.280	18.560	27.840	37.120	46.400	55.680	56.242	29.000
11	$N_t + Q$	38.280	76.560	114.840	153.120	191.400	229.680	232.000	232.000

说明	
b——按一排螺栓覆盖的翼缘板（端板）计算宽度（mm）；	e_1——螺栓中心到T形件翼缘边缘的距离（mm）；
e_2——螺栓中心到T形件腹板边缘的距离（mm）；	t_{ec}——T形件翼缘板的最小厚度；
N_t——一个高强度螺栓的轴向拉力；	N_t^b——一个受拉高强度螺栓的受拉承载力；
t_e——受拉T形件翼缘板的厚度；	Ψ——撬力影响系数； δ——翼缘板截面系数；
α'——系数, $\beta \geq 1.0$ 时, α' 取 1.0; $\beta < 1.0$ 时, $\alpha' = [\beta/(1-\beta)]/\delta$, 且满足 $\alpha' \leq 1.0$;	
β——系数； ρ——系数； Q——撬力； α——系数 ≥ 0； N_t'——Q 为最大值时, 对应的 N_t 值	

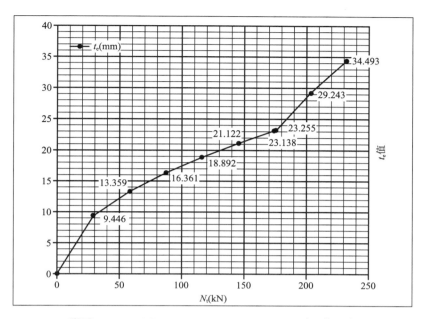

附图 5.11-1　M27 G10.9S Q390 $e_1 = 1.25e_2$ 时 t_e 值图表

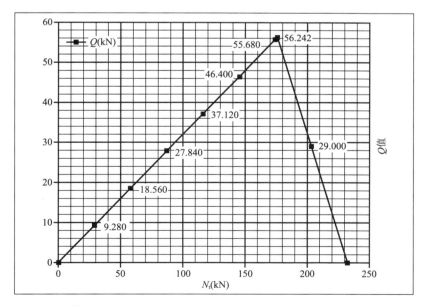

附图 5.11-2　M27 G10.9S Q390 $e_1 = 1.25e_2$ 时 Q 值图表

附5.12　M27 G10.9S Q390 $e_1=1.5d_0$时　计算列表

<table>

计算条件	螺栓等级	10.9S	
	螺栓规格	M27	
	连接板材料	Q390	
	$d=$	27	mm
	$d_0=$	30	mm
	预拉力 $P=$	290	kN
	$f=$	390	N/mm²
	$e_2=1.5d_0=$	45	mm
	$b=3d_0=$	90	mm
	取 $e_1=e_2$	45	mm
	$N_t^b=0.8P=$	232	kN
	$N_t'=\dfrac{5N_t^b}{2\rho+5}=$	165.714	kN
	$t_{ec}=\sqrt{\dfrac{4e_2N_t^b}{bf}}=$	34.493	mm

</table>

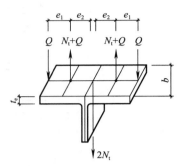

T形件受拉件受力简图

计算列表		N_t（kN）							
		$0.1P$	$0.2P$	$0.3P$	$0.4P$	$0.5P$	N_t'	$0.6P$	$0.7P$
		29	58	87	116	145	165.71	174	203
1	$\rho=\dfrac{e_2}{e_1}=$	1.000	1.000	1.000	1.000	1.000	1.000	1.000	1.000
2	$\beta=\dfrac{1}{\rho}\left(\dfrac{N_t^b}{N_t}-1\right)=$	7.000	3.000	1.667	1.000	0.600	0.400	0.333	0.143
3	$\delta=1-\dfrac{d_0}{b}=$	0.667	0.667	0.667	0.667	0.667	0.667	0.667	0.667
4	α'	1.000	1.000	1.000	1.000	1.000	1.000	1.000	1.000
5	$\alpha'=\dfrac{1}{\delta}\left(\dfrac{\beta}{1-\beta}\right)=$	−1.750	−2.250	−3.750	/	2.250	1.000	0.750	0.250
6	判断 β 值,最终 α' 取	1.000	1.000	1.000	1.000	1.000	1.000	0.750	0.250
7	$\Psi=1+\delta\alpha'$	1.667	1.667	1.667	1.667	1.667	1.667	1.500	1.167
8	$t_e=\sqrt{\dfrac{4e_2N_t}{\Psi bf}}=$	9.446	13.359	16.361	18.892	21.122	22.581	24.390	29.872
9	$\alpha=\dfrac{1}{\delta}\left[\dfrac{N_t}{N_t^b}\left(\dfrac{t_{ce}}{t}\right)^2-1\right]=$	1.000	1.000	1.000	1.000	1.000	1.000	0.750	0.250
10	$Q=N_t^b\left[\delta\alpha\rho\left(\dfrac{t_e}{t_{ec}}\right)^2\right]=$	11.600	23.200	34.800	46.400	58.000	66.286	58.000	29.000
11	N_t+Q	40.600	81.200	121.800	162.400	203.000	232.000	232.000	232.000

说明	
b——按一排螺栓覆盖的翼缘板（端板）计算宽度（mm）；　e_1——螺栓中心到T形件翼缘边缘的距离（mm）；	
e_2——螺栓中心到T形件腹板边缘的距离（mm）；　t_{ec}——T形件翼缘板的最小厚度；	
N_t——一个高强度螺栓的轴向拉力；　N_t^b——一个受拉高强度螺栓的受拉承载力；	
t_e——受拉T形件翼缘板的厚度；　Ψ——撬力影响系数；　δ——翼缘板截面系数；	
α'——系数，$\beta\geq1.0$时，α'取1.0；$\beta<1.0$时，$\alpha'=[\beta/(1-\beta)]/\delta$，且满足 $\alpha'\leq1.0$；	
β——系数；　ρ——系数；　Q——撬力；　α——系数≥0；　N_t'——Q为最大值时，对应的 N_t 值。	

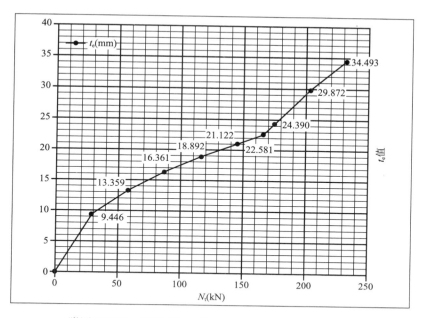

附图 5.12-1　M27 G10.9S Q390 $e_1 = 1.5d_0$ 时 t_e 值图表

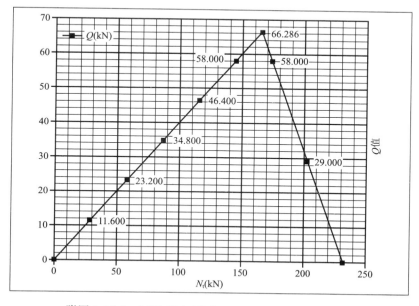

附图 5.12-2　M27 G10.9S Q390 $e_1 = 1.5d_0$ 时 Q 值图表

附5.13 M30 G10.9S Q390 $e_1=1.25e_2$时 计算列表

<table>
<tr><td rowspan="11">计算条件</td><td colspan="2">螺栓等级</td><td colspan="2">10.9S</td><td rowspan="11"></td></tr>
</table>

计算条件	螺栓等级		10.9S	
	螺栓规格		M30	
	连接板材料		Q390	
	$d=$	30	mm	
	$d_0=$	33	mm	
	预拉力 $P=$	335	kN	
	$f=$	390	N/mm²	
	$e_2=1.5d_0=$	49.5	mm	
	$b=3d_0=$	99	mm	
	取 $e_1=1.25e_2$	61.875	mm	
	$N_t^b=0.8P=$	268	kN	
	$N_t'=\dfrac{5N_t^b}{2\rho+5}=$	203.030	kN	
	$t_{ec}=\sqrt{\dfrac{4e_2N_t^b}{bf}}=$	37.072	mm	

T形件受拉件受力简图

计算列表

		N_t（kN）							
		$0.1P$	$0.2P$	$0.3P$	$0.4P$	$0.5P$	$0.6P$	N_t'	$0.7P$
		33.5	67	100.5	134	167.5	201	203.03	234.5
1	$\rho=\dfrac{e_2}{e_1}=$	0.800	0.800	0.800	0.800	0.800	0.800	0.800	0.800
2	$\beta=\dfrac{1}{\rho}\left(\dfrac{N_t^b}{N_t}-1\right)=$	8.750	3.750	2.083	1.250	0.750	0.417	0.400	0.179
3	$\delta=1-\dfrac{d_0}{b}=$	0.667	0.667	0.667	0.667	0.667	0.667	0.667	0.667
4	α'	1.000	1.000	1.000	1.000	1.000	1.000	1.000	1.000
5	$\alpha'=\dfrac{1}{\delta}\left(\dfrac{\beta}{1-\beta}\right)=$	-1.694	-2.045	-2.885	-7.500	4.500	1.071	1.000	0.326
6	判断 β 值, 最终 α' 取	1.000	1.000	1.000	1.000	1.000	1.000	1.000	0.326
7	$\Psi=1+\delta\alpha'$	1.667	1.667	1.667	1.667	1.667	1.667	1.667	1.217
8	$t_e=\sqrt{\dfrac{4e_2N_t}{\Psi bf}}=$	10.153	14.358	17.585	20.305	22.702	24.869	24.994	31.430
9	$\alpha=\dfrac{1}{\delta}\left[\dfrac{N_t}{N_t^b}\left(\dfrac{t_{ce}}{t}\right)^2-1\right]=$	1.000	1.000	1.000	1.000	1.000	1.000	1.000	0.326
10	$Q=N_t^b\left[\delta\alpha\rho\left(\dfrac{t_e}{t_{ec}}\right)^2\right]=$	10.720	21.440	32.160	42.880	53.600	64.320	64.970	33.500
11	N_t+Q	44.220	88.440	132.660	176.880	221.100	265.320	268.000	268.000

说明	
b——按一排螺栓覆盖的翼缘板（端板）计算宽度（mm）;	e_1——螺栓中心到T形件翼缘边缘的距离（mm）;
e_2——螺栓中心到T形件腹板边缘的距离（mm）;	t_{ec}——T形件翼缘板的最小厚度;
N_t——一个高强度螺栓的轴向拉力;	N_t^b——一个受拉高强度螺栓的受拉承载力;
t_e——受拉T形件翼缘板的厚度;	Ψ——撬力影响系数; δ——翼缘板截面系数;

α'——系数, $\beta\geqslant1.0$时, α'取1.0; $\beta<1.0$时, $\alpha'=[\beta/(1-\beta)]/\delta$, 且满足 $\alpha'\leqslant1.0$;

β——系数; ρ——系数; Q——撬力; α——系数$\geqslant0$; N_t'—— Q 为最大值时, 对应的 N_t 值

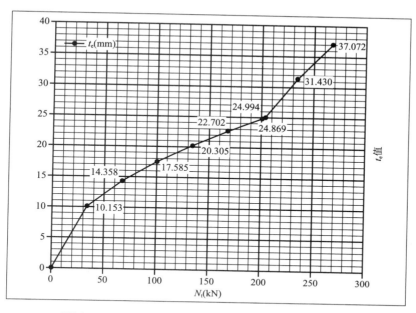

附图 5.13-1　M30 G10.9S Q390 $e_1 = 1.25e_2$ 时 t_e 值图表

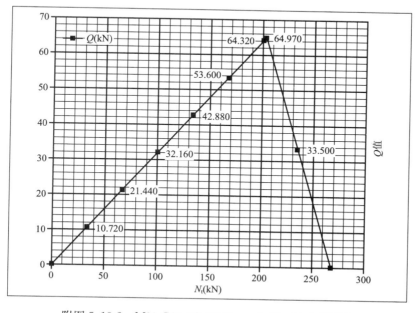

附图 5.13-2　M30 G10.9S Q390 $e_1 = 1.25e_2$ 时 Q 值图表

357

附5.14 M30 G10.9S Q390 $e_1=1.5d_0$ 时 计算列表

<table>
<tr><td rowspan="11">计算条件</td><td colspan="2">螺栓等级</td><td colspan="2">10.9S</td></tr>
<tr><td colspan="2">螺栓规格</td><td colspan="2">M30</td></tr>
<tr><td colspan="2">连接板材料</td><td colspan="2">Q390</td></tr>
<tr><td colspan="2">$d=$</td><td>30</td><td>mm</td></tr>
<tr><td colspan="2">$d_0=$</td><td>33</td><td>mm</td></tr>
<tr><td colspan="2">预拉力 $P=$</td><td>335</td><td>kN</td></tr>
<tr><td colspan="2">$f=$</td><td>390</td><td>N/mm²</td></tr>
<tr><td colspan="2">$e_2=1.5d_0=$</td><td>49.5</td><td>mm</td></tr>
<tr><td colspan="2">$b=3d_0=$</td><td>99</td><td>mm</td></tr>
<tr><td colspan="2">取 $e_1=e_2$</td><td>49.5</td><td>mm</td></tr>
<tr><td colspan="2">$N_t^b=0.8P=$</td><td>268</td><td>kN</td></tr>
</table>

T形件受拉件受力简图

螺栓等级等项				
$N_t'=\dfrac{5N_t^b}{2\rho+5}$	191.429	kN
$t_{ec}=\sqrt{\dfrac{4e_2N_t^b}{bf}}=$	37.072	mm

计算列表		N_t（kN）							
		$0.1P$	$0.2P$	$0.3P$	$0.4P$	$0.5P$	N_t'	$0.6P$	$0.7P$
		33.5	67	100.5	134	167.5	191.42	201	234.5
1	$\rho=\dfrac{e_2}{e_1}=$	1.000	1.000	1.000	1.000	1.000	1.000	1.000	1.000
2	$\beta=\dfrac{1}{\rho}\left(\dfrac{N_t^b}{N_t}-1\right)=$	7.000	3.000	1.667	1.000	0.600	0.400	0.333	0.143
3	$\delta=1-\dfrac{d_0}{b}=$	0.667	0.667	0.667	0.667	0.667	0.667	0.667	0.667
4	α'	1.000	1.000	1.000	1.000	1.000	1.000	1.000	1.000
5	$\alpha'=\dfrac{1}{\delta}\left(\dfrac{\beta}{1-\beta}\right)=$	−1.750	−2.250	−3.750	/	2.250	1.000	0.750	0.250
6	判断 β 值，最终 α' 取	1.000	1.000	1.000	1.000	1.000	1.000	0.750	0.250
7	$\Psi=1+\delta\alpha'$	1.667	1.667	1.667	1.667	1.667	1.667	1.500	1.167
8	$t_e=\sqrt{\dfrac{4e_2N_t}{\Psi bf}}=$	10.153	14.358	17.585	20.305	22.702	24.270	26.214	32.106
9	$\alpha=\dfrac{1}{\delta}\left[\dfrac{N_t}{N_t^b}\left(\dfrac{t_{ec}}{t}\right)^2-1\right]=$	1.000	1.000	1.000	1.000	1.000	1.000	0.750	0.250
10	$Q=N_t^b\left[\delta\alpha\rho\left(\dfrac{t_e}{t_{ec}}\right)^2\right]=$	13.400	26.800	40.200	53.600	67.000	76.571	67.000	33.500
11	N_t+Q	46.900	93.800	140.700	187.600	234.500	268.000	268.000	268.000

说明	
b——按一排螺栓覆盖的翼缘板（端板）计算宽度（mm）；	e_1——螺栓中心到 T 形件翼缘板边缘的距离（mm）；
e_2——螺栓中心到 T 形件腹板边缘的距离（mm）；	t_{ec}——T 形件翼缘板的最小厚度；
N_t——一个高强度螺栓的轴向拉力；	N_t^b——一个受拉高强度螺栓的受拉承载力；
t_e——受拉 T 形件翼缘板的厚度；	Ψ——撬力影响系数； δ——翼缘板截面系数；
α'——系数，$\beta\geqslant1.0$ 时，α' 取 1.0；$\beta<1.0$ 时，$\alpha'=[\beta/(1-\beta)]/\delta$，且满足 $\alpha'\leqslant1.0$；	
β——系数；　ρ——系数；　Q——撬力；　α——系数≥0；　N_t'—— Q 为最大值时，对应的 N_t 值	

358

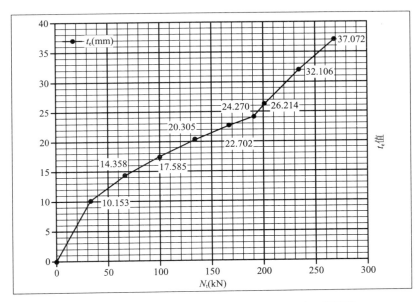

附图 5.14-1　M30 G10.9S Q390 $e_1 = 1.5d_0$ 时 t_e 值图表

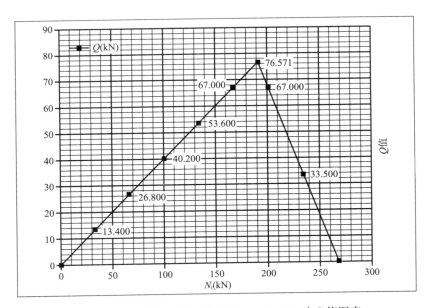

附图 5.14-2　M30 G10.9S Q390 $e_1 = 1.5d_0$ 时 Q 值图表

附6 高强度螺栓连接副（8.8S）＋Q390连接板材

附6.1 M12 G8.8S Q390 $e_1=1.25e_2$ 时 计算列表

<table>
<tr><td rowspan="15">计算条件</td><td colspan="2">螺栓等级</td><td colspan="2">8.8S</td><td rowspan="14">
T形件受拉件受力简图</td></tr>
<tr><td colspan="2">螺栓规格</td><td colspan="2">M12</td></tr>
<tr><td colspan="2">连接板材料</td><td colspan="2">Q390</td></tr>
<tr><td colspan="2">$d=$</td><td>12</td><td>mm</td></tr>
<tr><td colspan="2">$d_0=$</td><td>13.5</td><td>mm</td></tr>
<tr><td colspan="2">预拉力 $P=$</td><td>45</td><td>kN</td></tr>
<tr><td colspan="2">$f=$</td><td>390</td><td>N/mm²</td></tr>
<tr><td colspan="2">$e_2=1.5d_0=$</td><td>20.25</td><td>mm</td></tr>
<tr><td colspan="2">$b=3d_0=$</td><td>40.5</td><td>mm</td></tr>
<tr><td colspan="2">取 $e_1=1.25e_2$</td><td>25.3125</td><td>mm</td></tr>
<tr><td colspan="2">$N_t^b=0.8P=$</td><td>36</td><td>kN</td></tr>
<tr><td colspan="2">$N_t'=\dfrac{5N_t^b}{2\rho+5}=$</td><td>27.273</td><td>kN</td></tr>
<tr><td colspan="2">$t_{ec}=\sqrt{\dfrac{4e_2N_t^b}{bf}}=$</td><td>13.587</td><td>mm</td></tr>
</table>

计算列表		N_t (kN)							
		$0.1P$	$0.2P$	$0.3P$	$0.4P$	$0.5P$	$0.6P$	N_t'	$0.7P$
		4.5	9	13.5	18	22.5	27	27.273	31.5
1	$\rho=\dfrac{e_2}{e_1}=$	0.800	0.800	0.800	0.800	0.800	0.800	0.800	0.800
2	$\beta=\dfrac{1}{\rho}\left(\dfrac{N_t^b}{N_t}-1\right)=$	8.750	3.750	2.083	1.250	0.750	0.417	0.400	0.179
3	$\delta=1-\dfrac{d_0}{b}=$	0.667	0.667	0.667	0.667	0.667	0.667	0.667	0.667
4	α'	1.000	1.000	1.000	1.000	1.000	1.000	1.000	1.000
5	$\alpha'=\dfrac{1}{\delta}\left(\dfrac{\beta}{1-\beta}\right)=$	−1.694	−2.045	−2.885	−7.500	4.500	1.071	1.000	0.326
6	判断 β 值，最终 α' 取	1.000	1.000	1.000	1.000	1.000	1.000	1.000	0.326
7	$\Psi=1+\delta\alpha'$	1.667	1.667	1.667	1.667	1.667	1.667	1.667	1.217
8	$t_e=\sqrt{\dfrac{4e_2N_t}{\Psi bf}}=$	3.721	5.262	6.445	7.442	8.321	9.115	9.161	11.519
9	$\alpha=\dfrac{1}{\delta}\left[\dfrac{N_t}{N_t^b}\left(\dfrac{t_{ce}}{t}\right)^2-1\right]=$	1.000	1.000	1.000	1.000	1.000	1.000	1.000	0.326
10	$Q=N_t^b\left[\delta\alpha\rho\left(\dfrac{t_e}{t_{ce}}\right)^2\right]=$	1.440	2.880	4.320	5.760	7.200	8.640	8.727	4.500
11	N_t+Q	5.940	11.880	17.820	23.760	29.700	35.640	36.000	36.000

说明	
b——按一排螺栓覆盖的翼缘板（端板）计算宽度（mm）；	e_1——螺栓中心到T形件翼缘边缘的距离（mm）；
e_2——螺栓中心到T形件腹板边缘的距离（mm）；	t_{ec}——T形件翼缘板的最小厚度；
N_t——一个高强度螺栓的轴向拉力；	N_t^b——一个受拉高强度螺栓的受拉承载力；
t_e——受拉T形件翼缘板的厚度； Ψ——撬力影响系数； δ——翼缘板截面系数；	
α'——系数，$\beta\geqslant1.0$ 时，α' 取1.0；$\beta<1.0$ 时，$\alpha'=[\beta/(1-\beta)]/\delta$，且满足 $\alpha'\leqslant1.0$；	
β——系数； ρ——系数； Q——撬力； α——系数≥0； N_t'——Q 为最大值时，对应的 N_t 值	

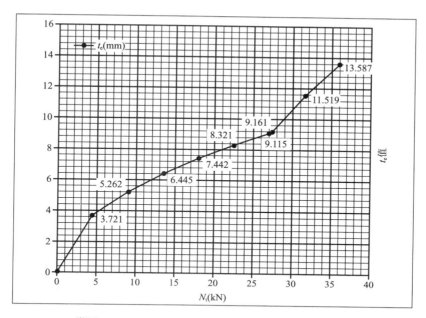

附图 6.1-1 M12 G8.8S Q390 $e_1 = 1.25e_2$ 时 t_e 值图表

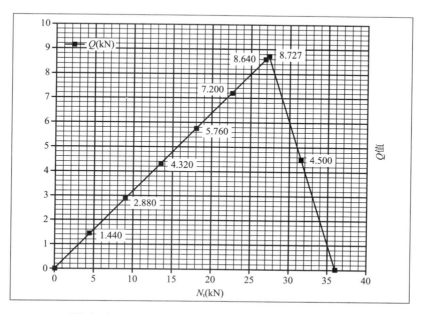

附图 6.1-2 M12 G8.8S Q390 $e_1 = 1.25e_2$ 时 Q 值图表

附 6.2 M12 G8.8S Q390 $e_1 = 1.5d_0$ 时 计算列表

<table>
<tr><td rowspan="14">计算条件</td><td>螺栓等级</td><td colspan="2">8.8S</td></tr>
<tr><td>螺栓规格</td><td colspan="2">M12</td></tr>
<tr><td>连接板材料</td><td colspan="2">Q390</td></tr>
<tr><td>$d=$</td><td>12</td><td>mm</td></tr>
<tr><td>$d_0=$</td><td>13.5</td><td>mm</td></tr>
<tr><td>预拉力 $P=$</td><td>45</td><td>kN</td></tr>
<tr><td>$f=$</td><td>390</td><td>N/mm²</td></tr>
<tr><td>$e_2=1.5d_0=$</td><td>20.25</td><td>mm</td></tr>
<tr><td>$b=3d_0=$</td><td>40.5</td><td>mm</td></tr>
<tr><td>取 $e_1=e_2$</td><td>20.25</td><td>mm</td></tr>
<tr><td>$N_t^b=0.8P=$</td><td>36</td><td>kN</td></tr>
<tr><td>$N_t'=\dfrac{5N_t^b}{2\rho+5}=$</td><td>25.714</td><td>kN</td></tr>
<tr><td>$t_{ec}=\sqrt{\dfrac{4e_2 N_t^b}{bf}}=$</td><td>13.587</td><td>mm</td></tr>
</table>

T形件受拉件受力简图

计算列表	N_t (kN)							
	0.1P	0.2P	0.3P	0.4P	0.5P	N_t'	0.6P	0.7P
	4.5	9	13.5	18	22.5	25.714	27	31.5
1　$\rho=\dfrac{e_2}{e_1}=$	1.000	1.000	1.000	1.000	1.000	1.000	1.000	1.000
2　$\beta=\dfrac{1}{\rho}\left(\dfrac{N_t^b}{N_t}-1\right)=$	7.000	3.000	1.667	1.000	0.600	0.400	0.333	0.143
3　$\delta=1-\dfrac{d_0}{b}=$	0.667	0.667	0.667	0.667	0.667	0.667	0.667	0.667
4　α'	1.000	1.000	1.000	1.000	1.000	1.000	1.000	1.000
5　$\alpha'=\dfrac{1}{\delta}\left(\dfrac{\beta}{1-\beta}\right)=$	−1.750	−2.250	−3.750	/	2.250	1.000	0.750	0.250
6　判断 β 值,最终 α' 取	1.000	1.000	1.000	1.000	1.000	1.000	0.750	0.250
7　$\Psi=1+\delta\alpha'$	1.667	1.667	1.667	1.667	1.667	1.667	1.500	1.167
8　$t_e=\sqrt{\dfrac{4e_2 N_t}{\Psi bf}}$	3.721	5.262	6.445	7.442	8.321	8.895	9.608	11.767
9　$\alpha=\dfrac{1}{\delta}\left[\dfrac{N_t}{N_t^b}\left(\dfrac{t_{ce}}{t}\right)^2-1\right]=$	1.000	1.000	1.000	1.000	1.000	1.000	0.750	0.250
10　$Q=N_t^b\left[\delta\alpha\rho\left(\dfrac{t_e}{t_{ec}}\right)^2\right]=$	1.800	3.600	5.400	7.200	9.000	10.286	9.000	4.500
11　N_t+Q	6.300	12.600	18.900	25.200	31.500	36.000	36.000	36.000

说明
b——按一排螺栓覆盖的翼缘板（端板）计算宽度（mm）；　　e_1——螺栓中心到 T 形件翼缘边缘的距离（mm）；
e_2——螺栓中心到 T 形件腹板边缘的距离（mm）；　　t_{ec}——T 形件翼缘板的最小厚度；
N_t——一个高强度螺栓的轴向拉力；　　　　　　N_t^b——一个受拉高强度螺栓的受拉承载力；
t_e——受拉 T 形件翼缘板的厚度；　Ψ——撬力影响系数；　　δ——翼缘板截面系数；
α'——系数，$\beta\geqslant1.0$ 时，α' 取 1.0；$\beta<1.0$ 时，$\alpha'=[\beta/(1-\beta)]/\delta$，且满足 $\alpha'\leqslant1.0$；
β——系数；　　ρ——系数；　　Q——撬力；　　α——系数≥0；　　N_t'——Q 为最大值时，对应的 N_t 值

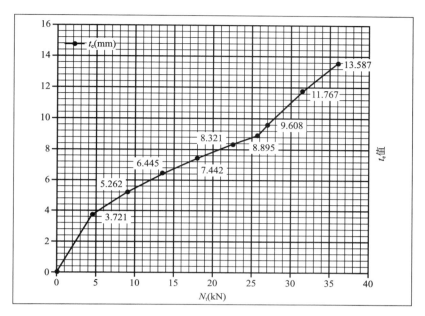

附图 6.2-1 M12 G8.8S Q390 $e_1 = 1.5d_0$ 时 t_e 值图表

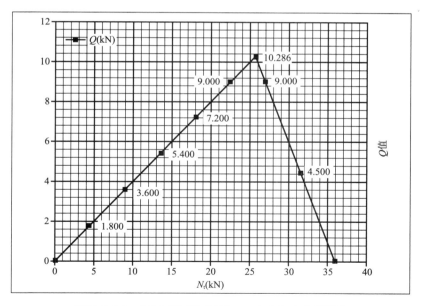

附图 6.2-2 M12 G8.8S Q390 $e_1 = 1.5d_0$ 时 Q 值图表

附6.3 M16 G8.8S Q390 $e_1=1.25e_2$ 时 计算列表

计算条件			
螺栓等级	8.8S		
螺栓规格	M16		
连接板材料	Q390		
$d=$	16	mm	
$d_0=$	17.5	mm	
预拉力 $P=$	80	kN	
$f=$	390	N/mm²	
$e_2=1.5d_0=$	26.25	mm	
$b=3d_0=$	52.5	mm	
取 $e_1=1.25e_2$	32.8125	mm	
$N_t^b=0.8P=$	64	kN	
$N_t'=\dfrac{5N_t^b}{2\rho+5}=$	48.485	kN	
$t_{ec}=\sqrt{\dfrac{4e_2N_t^b}{bf}}=$	18.116	mm	

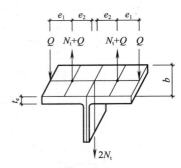

T形件受拉件受力简图

计算列表		N_t（kN）							
		0.1P	0.2P	0.3P	0.4P	0.5P	0.6P	N_t'	0.7P
		8	16	24	32	40	48	48.485	56
1	$\rho=\dfrac{e_2}{e_1}=$	0.800	0.800	0.800	0.800	0.800	0.800	0.800	0.800
2	$\beta=\dfrac{1}{\rho}\left(\dfrac{N_t^b}{N_t}-1\right)=$	8.750	3.750	2.083	1.250	0.750	0.417	0.400	0.179
3	$\delta=1-\dfrac{d_0}{b}=$	0.667	0.667	0.667	0.667	0.667	0.667	0.667	0.667
4	α'	1.000	1.000	1.000	1.000	1.000	1.000	1.000	1.000
5	$\alpha'=\dfrac{1}{\delta}\left(\dfrac{\beta}{1-\beta}\right)=$	−1.694	−2.045	−2.885	−7.500	4.500	1.071	1.000	0.326
6	判断 β 值，最终 α' 取	1.000	1.000	1.000	1.000	1.000	1.000	1.000	0.326
7	$\Psi=1+\delta\alpha'$	1.667	1.667	1.667	1.667	1.667	1.667	1.667	1.217
8	$t_e=\sqrt{\dfrac{4e_2N_t}{\Psi bf}}=$	4.961	7.016	8.593	9.923	11.094	12.153	12.214	15.359
9	$\alpha=\dfrac{1}{\delta}\left[\dfrac{N_t}{N_t^b}\left(\dfrac{t_{ce}}{t}\right)^2-1\right]=$	1.000	1.000	1.000	1.000	1.000	1.000	1.000	0.326
10	$Q=N_t^b\left[\delta\alpha\rho\left(\dfrac{t_e}{t_{ec}}\right)^2\right]=$	2.560	5.120	7.680	10.240	12.800	15.360	15.515	8.000
11	N_t+Q	10.560	21.120	31.680	42.240	52.800	63.360	64.000	64.000

说明	
b——按一排螺栓覆盖的翼缘板（端板）计算宽度（mm）；	e_1——螺栓中心到T形件翼缘边缘的距离（mm）；
e_2——螺栓中心到T形件腹板边缘的距离（mm）；	t_{ec}——T形件翼缘板的最小厚度；
N_t——一个高强度螺栓的轴向拉力；	N_t^b——一个受拉高强度螺栓的受拉承载力；
t_e——受拉T形件翼缘板的厚度； Ψ——撬力影响系数； δ——翼缘板截面系数；	
α'——系数，$\beta\geqslant1.0$时，α'取1.0；$\beta<1.0$时，$\alpha'=[\beta/(1-\beta)]/\delta$，且满足$\alpha'\leqslant1.0$；	
β——系数； ρ——系数； Q——撬力； α——系数$\geqslant0$； N_t'—— Q为最大值时，对应的 N_t 值。	

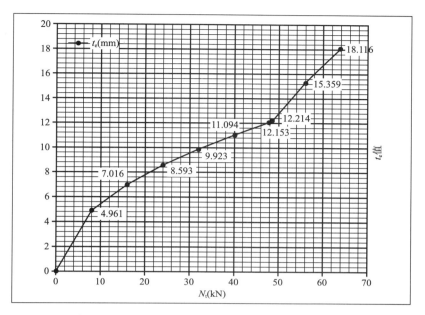

附图 6.3-1 M16 G8.8S Q390 $e_1 = 1.25e_2$ 时 t_e 值图表

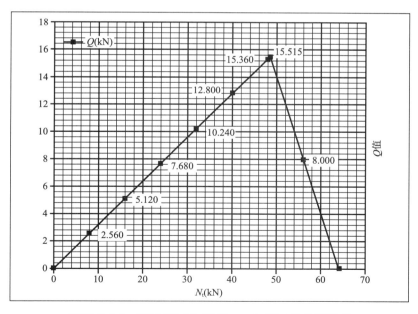

附图 6.3-2 M16 G8.8S Q390 $e_1 = 1.25e_2$ 时 Q 值图表

附 6.4 M16 G8.8S Q390 $e_1 = 1.5d_0$ 时 计算列表

<table>
<tr><td rowspan="12">计算条件</td><td>螺栓等级</td><td colspan="2">8.8S</td></tr>
<tr><td>螺栓规格</td><td colspan="2">M16</td></tr>
<tr><td>连接板材料</td><td colspan="2">Q390</td></tr>
<tr><td>$d =$</td><td>16</td><td>mm</td></tr>
<tr><td>$d_0 =$</td><td>17.5</td><td>mm</td></tr>
<tr><td>预拉力 $P =$</td><td>80</td><td>kN</td></tr>
<tr><td>$f =$</td><td>390</td><td>N/mm²</td></tr>
<tr><td>$e_2 = 1.5d_0 =$</td><td>26.25</td><td>mm</td></tr>
<tr><td>$b = 3d_0 =$</td><td>52.5</td><td>mm</td></tr>
<tr><td>取 $e_1 = e_2$</td><td>26.25</td><td>mm</td></tr>
<tr><td>$N_t^b = 0.8P =$</td><td>64</td><td>kN</td></tr>
<tr><td>$N_t' = \dfrac{5N_t^b}{2\rho + 5} =$</td><td>45.714</td><td>kN</td></tr>
</table>

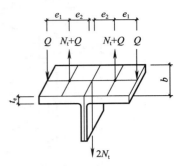

T形件受拉件受力简图

计算列表		N_t (kN)							
		0.1P	0.2P	0.3P	0.4P	0.5P	N_t'	0.6P	0.7P
		8	16	24	32	40	45.714	48	56
1	$\rho = \dfrac{e_2}{e_1} =$	1.000	1.000	1.000	1.000	1.000	1.000	1.000	1.000
2	$\beta = \dfrac{1}{\rho}\left(\dfrac{N_t^b}{N_t} - 1\right) =$	7.000	3.000	1.667	1.000	0.600	0.400	0.333	0.143
3	$\delta = 1 - \dfrac{d_0}{b} =$	0.667	0.667	0.667	0.667	0.667	0.667	0.667	0.667
4	α'	1.000	1.000	1.000	1.000	1.000	1.000	1.000	1.000
5	$\alpha' = \dfrac{1}{\delta}\left(\dfrac{\beta}{1-\beta}\right) =$	−1.750	−2.250	−3.750	/	2.250	1.000	0.750	0.250
6	判断 β 值,最终 α' 取	1.000	1.000	1.000	1.000	1.000	1.000	0.750	0.250
7	$\Psi = 1 + \delta\alpha'$	1.667	1.667	1.667	1.667	1.667	1.667	1.500	1.167
8	$t_e = \sqrt{\dfrac{4e_2 N_t}{\Psi b f}} =$	4.961	7.016	8.593	9.923	11.094	11.860	12.810	15.689
9	$\alpha = \dfrac{1}{\delta}\left[\dfrac{N_t}{N_t^b}\left(\dfrac{t_{cc}}{t}\right)^2 - 1\right] =$	1.000	1.000	1.000	1.000	1.000	1.000	0.750	0.250
10	$Q = N_t^b\left[\delta\alpha\rho\left(\dfrac{t_e}{t_{cc}}\right)^2\right] =$	3.200	6.400	9.600	12.800	16.000	18.286	16.000	8.000
11	$N_t + Q$	11.200	22.400	33.600	44.800	56.000	64.000	64.000	64.000

<table>
<tr><td rowspan="6">说明</td><td>b——按一排螺栓覆盖的翼缘板(端板)计算宽度(mm);</td><td>e_1——螺栓中心到T形件翼缘边缘的距离(mm);</td></tr>
<tr><td>e_2——螺栓中心到T形件腹板边缘的距离(mm);</td><td>t_{cc}——T形件翼缘板的最小厚度;</td></tr>
<tr><td>N_t——一个高强度螺栓的轴向拉力;</td><td>N_t^b——一个受拉高强度螺栓的受拉承载力;</td></tr>
<tr><td>t_e——受拉T形件翼缘板的厚度;</td><td>Ψ——撬力影响系数; δ——翼缘板截面系数;</td></tr>
<tr><td colspan="2">α'——系数 ,$\beta \geqslant 1.0$ 时, α'取 1.0;$\beta < 1.0$ 时, $\alpha' = [\beta/(1-\beta)]/\delta$,且满足 $\alpha' \leqslant 1.0$;</td></tr>
<tr><td colspan="2">β——系数; ρ——系数; Q——撬力; α——系数≥0; N_t'——Q为最大值时,对应的 N_t 值</td></tr>
</table>

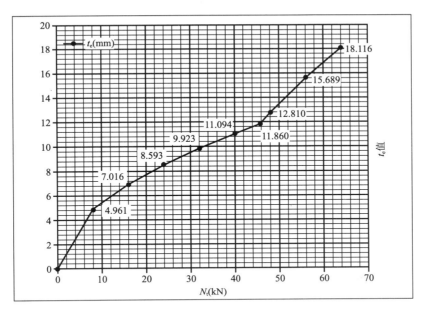

附图 6.4-1　M16 G8.8S Q390 $e_1 = 1.5d_0$ 时 t_e 值图表

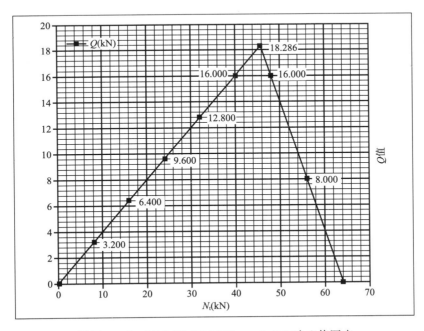

附图 6.4-2　M16 G8.8S Q390 $e_1 = 1.5d_0$ 时 Q 值图表

计算条件	螺栓等级	8.8S	
	螺栓规格	M20	
	连接板材料	Q390	
	$d=$	20	mm
	$d_0=$	22	mm
	预拉力 $P=$	125	kN
	$f=$	390	N/mm²
	$e_2=1.5d_0=$	33	mm
	$b=3d_0=$	66	mm
	取 $e_1=1.25e_2$	41.25	mm
	$N_t^b=0.8P=$	100	kN
	$N_t'=\dfrac{5N_t^b}{2\rho+5}=$	75.758	kN
	$t_{ec}=\sqrt{\dfrac{4e_2N_t^b}{bf}}=$	22.646	mm

T形件受拉件受力简图

计算列表		N_t（kN）							
		0.1P	0.2P	0.3P	0.4P	0.5P	0.6P	N_t'	0.7P
		12.5	25	37.5	50	62.5	75	75.758	87.5
1	$\rho=\dfrac{e_2}{e_1}=$	0.800	0.800	0.800	0.800	0.800	0.800	0.800	0.800
2	$\beta=\dfrac{1}{\rho}\left(\dfrac{N_t^b}{N_t}-1\right)=$	8.750	3.750	2.083	1.250	0.750	0.417	0.400	0.179
3	$\delta=1-\dfrac{d_0}{b}=$	0.667	0.667	0.667	0.667	0.667	0.667	0.667	0.667
4	α'	1.000	1.000	1.000	1.000	1.000	1.000	1.000	1.000
5	$\alpha'=\dfrac{1}{\delta}\left(\dfrac{\beta}{1-\beta}\right)=$	−1.694	−2.045	−2.885	−7.500	4.500	1.071	1.000	0.326
6	判断 β 值，最终 α' 取	1.000	1.000	1.000	1.000	1.000	1.000	1.000	0.326
7	$\varPsi=1+\delta\alpha'$	1.667	1.667	1.667	1.667	1.667	1.667	1.667	1.217
8	$t_e=\sqrt{\dfrac{4e_2N_t}{\varPsi bf}}=$	6.202	8.771	10.742	12.403	13.868	15.191	15.268	19.199
9	$\alpha=\dfrac{1}{\delta}\left[\dfrac{N_t}{N_t^b}\left(\dfrac{t_{ce}}{t}\right)^2-1\right]=$	1.000	1.000	1.000	1.000	1.000	1.000	1.000	0.326
10	$Q=N_t^b\left[\delta\alpha\rho\left(\dfrac{t_e}{t_{ec}}\right)^2\right]=$	4.000	8.000	12.000	16.000	20.000	24.000	24.242	12.500
11	N_t+Q	16.500	33.000	49.500	66.000	82.500	99.000	100.000	100.000

说明	
b——按一排螺栓覆盖的翼缘板（端板）计算宽度（mm）；	e_1——螺栓中心到T形件翼缘边缘的距离（mm）；
e_2——螺栓中心到T形件腹板边缘的距离（mm）；	t_{ec}——T形件翼缘板的最小厚度；
N_t——一个高强度螺栓的轴向拉力；	N_t^b——一个受拉高强度螺栓的受拉承载力；
t_e——受拉T形件翼缘板的厚度；	$\varPsi$——撬力影响系数； δ——翼缘板截面系数；

α'——系数，$\beta\geqslant1.0$ 时，α' 取 1.0；$\beta<1.0$ 时，$\alpha'=[\beta/(1-\beta)]/\delta$，且满足 $\alpha'\leqslant1.0$；

β——系数； ρ——系数； Q——撬力； α——系数≥0； N_t'——Q 为最大值时，对应的 N_t 值

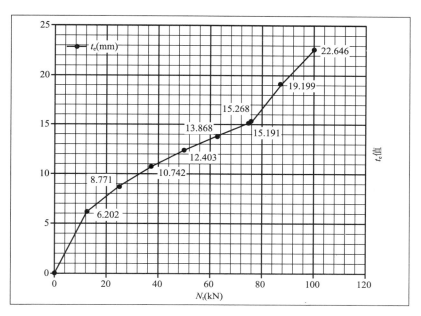

附图 6.5-1　M20 G8. 8S Q390 $e_1 = 1.25e_2$ 时 t_e 值图表

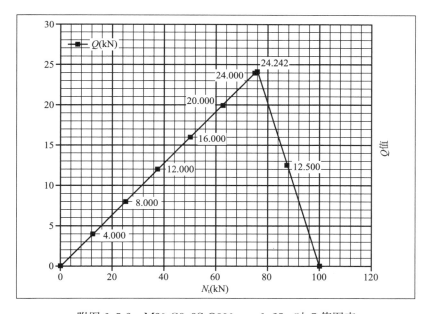

附图 6.5-2　M20 G8. 8S Q390 $e_1 = 1.25e_2$ 时 Q 值图表

附 6.6 M20 G8.8S Q390 $e_1 = 1.5d_0$ 时 计算列表

<table>
<tr><td rowspan="16">计算条件</td><td>螺栓等级</td><td colspan="2">8.8S</td><td rowspan="11">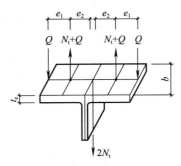</td></tr>
<tr><td>螺栓规格</td><td colspan="2">M20</td></tr>
<tr><td>连接板材料</td><td colspan="2">Q390</td></tr>
<tr><td>$d=$</td><td>20</td><td>mm</td></tr>
<tr><td>$d_0=$</td><td>22</td><td>mm</td></tr>
<tr><td>预拉力 $P=$</td><td>125</td><td>kN</td></tr>
<tr><td>$f=$</td><td>390</td><td>N/mm²</td></tr>
<tr><td>$e_2=1.5d_0=$</td><td>33</td><td>mm</td></tr>
<tr><td>$b=3d_0=$</td><td>66</td><td>mm</td></tr>
<tr><td>取 $e_1=e_2$</td><td>33</td><td>mm</td></tr>
<tr><td>$N_t^b=0.8P=$</td><td>100</td><td>kN</td></tr>
<tr><td>$N_t'=\dfrac{5N_t^b}{2\rho+5}=$</td><td>71.429</td><td>kN</td><td rowspan="2">T形件受拉受力简图</td></tr>
<tr><td>$t_{ec}=\sqrt{\dfrac{4e_2N_t^b}{bf}}=$</td><td>22.646</td><td>mm</td></tr>
</table>

计算列表		N_t (kN)							
		$0.1P$	$0.2P$	$0.3P$	$0.4P$	$0.5P$	N_t'	$0.6P$	$0.7P$
		12.5	25	37.5	50	62.5	71.429	75	87.5
1	$\rho=\dfrac{e_2}{e_1}=$	1.000	1.000	1.000	1.000	1.000	1.000	1.000	1.000
2	$\beta=\dfrac{1}{\rho}\left(\dfrac{N_t^b}{N_t}-1\right)=$	7.000	3.000	1.667	1.000	0.600	0.400	0.333	0.143
3	$\delta=1-\dfrac{d_0}{b}=$	0.667	0.667	0.667	0.667	0.667	0.667	0.667	0.667
4	α'	1.000	1.000	1.000	1.000	1.000	1.000	1.000	1.000
5	$\alpha'=\dfrac{1}{\delta}\left(\dfrac{\beta}{1-\beta}\right)=$	-1.750	-2.250	-3.750	/	2.250	1.000	0.750	0.250
6	判断 β 值，最终 α' 取	1.000	1.000	1.000	1.000	1.000	1.000	0.750	0.250
7	$\Psi=1+\delta\alpha'$	1.667	1.667	1.667	1.667	1.667	1.667	1.500	1.167
8	$t_e=\sqrt{\dfrac{4e_2N_t}{\Psi bf}}=$	6.202	8.771	10.742	12.403	13.868	14.825	16.013	19.612
9	$\alpha=\dfrac{1}{\delta}\left[\dfrac{N_t}{N_t^b}\left(\dfrac{t_{ec}}{t}\right)^2-1\right]=$	1.000	1.000	1.000	1.000	1.000	1.000	0.750	0.250
10	$Q=N_t^b\left[\delta\alpha\rho\left(\dfrac{t_e}{t_{ec}}\right)^2\right]=$	5.000	10.000	15.000	20.000	25.000	28.571	25.000	12.500
11	N_t+Q	17.500	35.000	52.500	70.000	87.500	100.00	100.00	100.000

说明	
b——按一排螺栓覆盖的翼缘板（端板）计算宽度（mm）；	e_1——螺栓中心到 T 形件翼缘边缘的距离（mm）；
e_2——螺栓中心到 T 形件腹板边缘的距离（mm）；	t_{ec}——T 形件翼缘板的最小厚度；
N_t——一个高强度螺栓的轴向拉力；	N_t^b——一个受拉高强度螺栓的受拉承载力；
t_e——受拉 T 形翼缘板的厚度； Ψ——撬力影响系数； δ——翼缘板截面系数；	
α'——系数，$\beta\geqslant1.0$ 时，α' 取 1.0；$\beta<1.0$ 时，$\alpha'=[\beta/(1-\beta)]/\delta$，且满足 $\alpha'\leqslant1.0$；	
β——系数； ρ——系数； Q——撬力； α——系数$\geqslant0$； N_t'——Q 为最大值时，对应的 N_t 值	

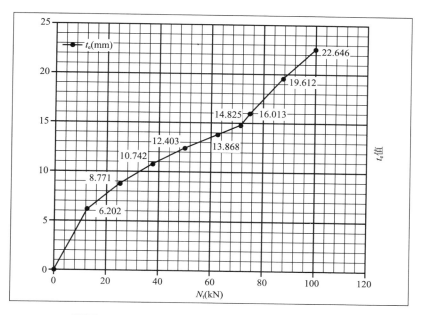

附图 6.6-1　M20 G8.8S Q390 $e_1 = 1.5d_0$ 时 t_e 值图表

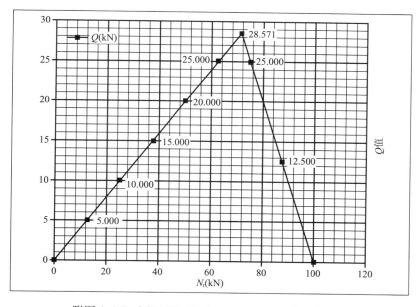

附图 6.6-2　M20 G8.8S Q390 $e_1 = 1.5d_0$ 时 Q 值图表

附 6.7 M22 G8.8S Q390 $e_1 = 1.25e_2$ 时 计算列表

计算条件	螺栓等级	8.8S	
	螺栓规格	M22	
	连接板材料	Q390	
	$d =$	22	mm
	$d_0 =$	24	mm
	预拉力 $P =$	150	kN
	$f =$	390	N/mm²
	$e_2 = 1.5d_0 =$	36	mm
	$b = 3d_0 =$	72	mm
	取 $e_1 = 1.25e_2$	45	mm
	$N_t^b = 0.8P =$	120	kN
	$N_t' = \dfrac{5N_t^b}{2\rho+5} =$	90.909	kN
	$t_{ec} = \sqrt{\dfrac{4e_2 N_t^b}{bf}} =$	24.807	mm

T形件受拉件受力简图

	计算列表	N_t (kN)							
		0.1P	0.2P	0.3P	0.4P	0.5P	0.6P	N_t'	0.7P
		15	30	45	60	75	90	90.909	105
1	$\rho = \dfrac{e_2}{e_1} =$	0.800	0.800	0.800	0.800	0.800	0.800	0.800	0.800
2	$\beta = \dfrac{1}{\rho}\left(\dfrac{N_t^b}{N_t}-1\right) =$	8.750	3.750	2.083	1.250	0.750	0.417	0.400	0.179
3	$\delta = 1-\dfrac{d_0}{b} =$	0.667	0.667	0.667	0.667	0.667	0.667	0.667	0.667
4	α'	1.000	1.000	1.000	1.000	1.000	1.000	1.000	1.000
5	$\alpha' = \dfrac{1}{\delta}\left(\dfrac{\beta}{1-\beta}\right) =$	-1.694	-2.045	-2.885	-7.500	4.500	1.071	1.000	0.326
6	判断 β 值, 最终 α' 取	1.000	1.000	1.000	1.000	1.000	1.000	1.000	0.326
7	$\Psi = 1+\delta\alpha'$	1.667	1.667	1.667	1.667	1.667	1.667	1.667	1.217
8	$t_e = \sqrt{\dfrac{4e_2 N_t}{\Psi bf}}$	6.794	9.608	11.767	13.587	15.191	16.641	16.725	21.031
9	$\alpha = \dfrac{1}{\delta}\left[\dfrac{N_t}{N_t^b}\left(\dfrac{t_{ce}}{t}\right)^2 -1\right] =$	1.000	1.000	1.000	1.000	1.000	1.000	1.000	0.326
10	$Q = N_t^b\left[\delta\alpha\rho\left(\dfrac{t_e}{t_{ec}}\right)^2\right] =$	4.800	9.600	14.400	19.200	24.000	28.800	29.091	15.000
11	$N_t + Q$	19.800	39.600	59.400	79.200	99.000	118.800	120.000	120.000

说明	
b——按一排螺栓覆盖的翼缘板（端板）计算宽度（mm）;	e_1——螺栓中心到 T 形件翼缘边缘的距离（mm）;
e_2——螺栓中心到 T 形件腹板边缘的距离（mm）;	t_{ec}——T 形件翼缘板的最小厚度;
N_t——一个高强度螺栓的轴向拉力;	N_t^b——一个受拉高强度螺栓的受拉承载力;
t_e——受拉 T 形件翼缘板的厚度; Ψ——撬力影响系数; δ——翼缘板截面系数;
α'——系数, $\beta \geqslant 1.0$ 时, α' 取 1.0; $\beta < 1.0$ 时, $\alpha' = [\beta/(1-\beta)]/\delta$, 且满足 $\alpha' \leqslant 1.0$;
β——系数; ρ——系数; Q——撬力; α——系数 $\geqslant 0$; N_t'——Q 为最大值时, 对应的 N_t 值

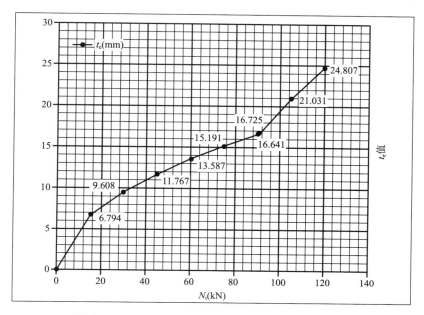

附图 6.7-1　M22 G8.8S Q390 $e_1 = 1.25e_2$ 时 t_e 值图表

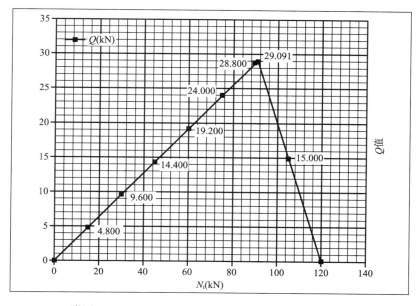

附图 6.7-2　M22 G8.8S Q390 $e_1 = 1.25e_2$ 时 Q 值图表

附6.8 M22 G8.8S Q390 $e_1 = 1.5d_0$ 时 计算列表

<table>
<tr><td rowspan="11">计算条件</td><td colspan="2">螺栓等级</td><td colspan="2">8.8S</td></tr>
<tr><td colspan="2">螺栓规格</td><td colspan="2">M22</td></tr>
<tr><td colspan="2">连接板材料</td><td colspan="2">Q390</td></tr>
<tr><td colspan="2">$d=$</td><td>22</td><td>mm</td></tr>
<tr><td colspan="2">$d_0=$</td><td>24</td><td>mm</td></tr>
<tr><td colspan="2">预拉力 $P=$</td><td>150</td><td>kN</td></tr>
<tr><td colspan="2">$f=$</td><td>390</td><td>N/mm²</td></tr>
<tr><td colspan="2">$e_2 = 1.5d_0 =$</td><td>36</td><td>mm</td></tr>
<tr><td colspan="2">$b = 3d_0 =$</td><td>72</td><td>mm</td></tr>
<tr><td colspan="2">取 $e_1 = e_2$</td><td>36</td><td>mm</td></tr>
<tr><td colspan="2">$N_t^b = 0.8P =$</td><td>120</td><td>kN</td></tr>
</table>

$$N_t' = \frac{5N_t^b}{2\rho + 5} = \quad 85.714 \quad \text{kN}$$

$$t_{ec} = \sqrt{\frac{4e_2 N_t^b}{bf}} = \quad 24.807 \quad \text{mm}$$

T形件受拉件受力简图

计算列表		N_t（kN）							
		$0.1P$	$0.2P$	$0.3P$	$0.4P$	$0.5P$	N_t'	$0.6P$	$0.7P$
		15	30	45	60	75	85.714	90	105
1	$\rho = \dfrac{e_2}{e_1} =$	1.000	1.000	1.000	1.000	1.000	1.000	1.000	1.000
2	$\beta = \dfrac{1}{\rho}\left(\dfrac{N_t^b}{N_t} - 1\right) =$	7.000	3.000	1.667	1.000	0.600	0.400	0.333	0.143
3	$\delta = 1 - \dfrac{d_0}{b} =$	0.667	0.667	0.667	0.667	0.667	0.667	0.667	0.667
4	α'	1.000	1.000	1.000	1.000	1.000	1.000	1.000	1.000
5	$\alpha' = \dfrac{1}{\delta}\left(\dfrac{\beta}{1-\beta}\right) =$	−1.750	−2.250	−3.750	/	2.250	1.000	0.750	0.250
6	判断 β 值,最终 α' 取	1.000	1.000	1.000	1.000	1.000	1.000	0.750	0.250
7	$\Psi = 1 + \delta\alpha'$	1.667	1.667	1.667	1.667	1.667	1.667	1.500	1.167
8	$t_e = \sqrt{\dfrac{4e_2 N_t}{\Psi bf}} =$	6.794	9.608	11.767	13.587	15.191	16.240	17.541	21.483
9	$\alpha = \dfrac{1}{\delta}\left[\dfrac{N_t}{N_t^b}\left(\dfrac{t_{ce}}{t}\right)^2 - 1\right] =$	1.000	1.000	1.000	1.000	1.000	1.000	0.750	0.250
10	$Q = N_t^b\left[\delta\alpha\rho\left(\dfrac{t_e}{t_{ec}}\right)^2\right] =$	6.000	12.000	18.000	24.000	30.000	34.286	30.000	15.000
11	$N_t + Q$	21.000	42.000	63.000	84.000	105.000	120.000	120.000	120.000

说明	
b——按一排螺栓覆盖的翼缘板（端板）计算宽度（mm）;	e_1——螺栓中心到T形件翼缘边缘的距离（mm）;
e_2——螺栓中心到T形件腹板边缘的距离（mm）;	t_{ec}——T形件翼缘板的最小厚度;
N_t——一个高强度螺栓的轴向拉力;	N_t^b——一个受拉高强度螺栓的受拉承载力;
t_e——受拉T形件翼缘板的厚度; $\quad \Psi$——撬力影响系数; $\quad \delta$——翼缘板截面系数;	
α'——系数 ,$\beta \geq 1.0$ 时, α' 取 1.0; $\beta < 1.0$ 时, $\alpha' = [\beta/(1-\beta)]/\delta$, 且满足 $\alpha' \leq 1.0$;	
β——系数; $\quad \rho$——系数; $\quad Q$——撬力; $\quad \alpha$——系数 ≥ 0; $\quad N_t'$——Q 为最大值时, 对应的 N_t 值	

374

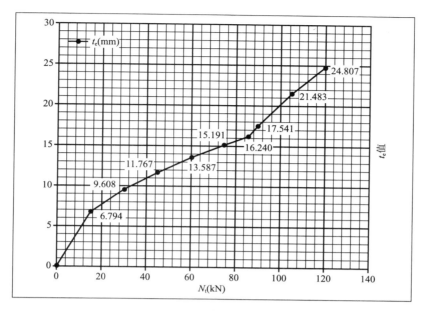

附图 6.8-1 M22 G8.8S Q390 $e_1 = 1.5d_0$ 时 t_e 值图表

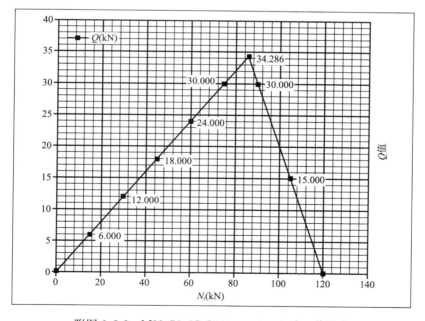

附图 6.8-2 M22 G8.8S Q390 $e_1 = 1.5d_0$ 时 Q 值图表

附6.9 M24 G8.8S Q390 $e_1 = 1.25e_2$ 时 计算列表

<table>
<tr><td rowspan="12">计算条件</td><td colspan="2">螺栓等级</td><td colspan="2">8.8S</td></tr>
<tr><td colspan="2">螺栓规格</td><td colspan="2">M24</td></tr>
<tr><td colspan="2">连接板材料</td><td colspan="2">Q390</td></tr>
<tr><td colspan="2">$d =$</td><td>24</td><td>mm</td></tr>
<tr><td colspan="2">$d_0 =$</td><td>26</td><td>mm</td></tr>
<tr><td colspan="2">预拉力 $P =$</td><td>175</td><td>kN</td></tr>
<tr><td colspan="2">$f =$</td><td>390</td><td>N/mm²</td></tr>
<tr><td colspan="2">$e_2 = 1.5d_0 =$</td><td>39</td><td>mm</td></tr>
<tr><td colspan="2">$b = 3d_0 =$</td><td>78</td><td>mm</td></tr>
<tr><td colspan="2">取 $e_1 = 1.25e_2$</td><td>48.75</td><td>mm</td></tr>
<tr><td colspan="2">$N_t^b = 0.8P =$</td><td>140</td><td>kN</td></tr>
<tr><td colspan="2">$N_t' = \dfrac{5N_t^b}{2\rho + 5} =$</td><td>106.061</td><td>kN</td></tr>
</table>

$$t_{ec} = \sqrt{\frac{4e_2 N_t^b}{bf}} = 26.795 \text{ mm}$$

T形件受拉件受力简图

计算列表		N_t (kN)							
		0.1P	0.2P	0.3P	0.4P	0.5P	0.6P	N_t'	0.7P
		17.5	35	52.5	70	87.5	105	106.06	122.5
1	$\rho = \dfrac{e_2}{e_1} =$	0.800	0.800	0.800	0.800	0.800	0.800	0.800	0.800
2	$\beta = \dfrac{1}{\rho}\left(\dfrac{N_t^b}{N_t} - 1\right) =$	8.750	3.750	2.083	1.250	0.750	0.417	0.400	0.179
3	$\delta = 1 - \dfrac{d_0}{b} =$	0.667	0.667	0.667	0.667	0.667	0.667	0.667	0.667
4	$\alpha' =$	1.000	1.000	1.000	1.000	1.000	1.000	1.000	1.000
5	$\alpha' = \dfrac{1}{\delta}\left(\dfrac{\beta}{1-\beta}\right) =$	−1.694	−2.045	−2.885	−7.500	4.500	1.071	1.000	0.326
6	判断 β 值，最终 α' 取	1.000	1.000	1.000	1.000	1.000	1.000	1.000	0.326
7	$\Psi = 1 + \delta\alpha'$	1.667	1.667	1.667	1.667	1.667	1.667	1.667	1.217
8	$t_e = \sqrt{\dfrac{4e_2 N_t}{\Psi b f}} =$	7.338	10.377	12.710	14.676	16.408	17.974	18.065	22.716
9	$\alpha = \dfrac{1}{\delta}\left[\dfrac{N_t}{N_t^b}\left(\dfrac{t_{ce}}{t}\right)^2 - 1\right] =$	1.000	1.000	1.000	1.000	1.000	1.000	1.000	0.326
10	$Q = N_t^b\left[\delta\alpha\rho\left(\dfrac{t_e}{t_{ec}}\right)^2\right] =$	5.600	11.200	16.800	22.400	28.000	33.600	33.939	17.500
11	$N_t + Q$	23.100	46.200	69.300	92.400	115.500	138.600	140.000	140.000

<table>
<tr><td rowspan="6">说明</td><td>b——按一排螺栓覆盖的翼缘板（端板）计算宽度（mm）；</td><td>e_1——螺栓中心到T形件翼缘边缘的距离（mm）；</td></tr>
<tr><td>e_2——螺栓中心到T形件腹板边缘的距离（mm）；</td><td>t_{ec}——T形件翼缘板的最小厚度；</td></tr>
<tr><td>N_t——一个高强度螺栓的轴向拉力；</td><td>N_t^b——一个受拉高强度螺栓的受拉承载力；</td></tr>
<tr><td>t_e——受拉T形件翼缘板的厚度；</td><td>Ψ——撬力影响系数；　δ——翼缘板截面系数；</td></tr>
<tr><td colspan="2">α'——系数，$\beta \geq 1.0$ 时，α' 取1.0；$\beta < 1.0$ 时，$\alpha' = [\beta/(1-\beta)]/\delta$，且满足 $\alpha' \leq 1.0$；</td></tr>
<tr><td colspan="2">β——系数；　ρ——系数；　Q——撬力；　α——系数 ≥ 0；　N_t'——Q 为最大值时，对应的 N_t 值</td></tr>
</table>

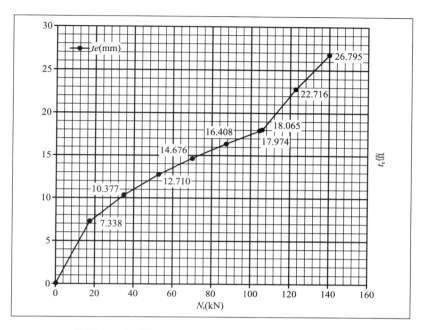

附图 6.9-1 M24 G8.8S Q390 $e_1 = 1.25e_2$ 时 t_e 值图表

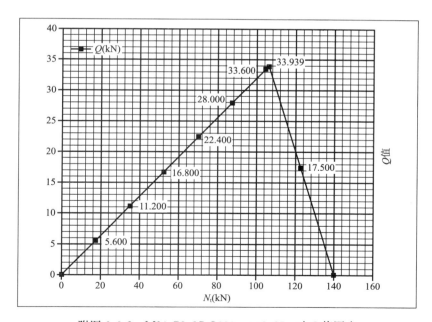

附图 6.9-2 M24 G8.8S Q390 $e_1 = 1.25e_2$ 时 Q 值图表

附6.10 M24 G8.8S Q390 $e_1=1.5d_0$时 计算列表

计算条件			
螺栓等级	8.8S		
螺栓规格	M24		
连接板材料	Q390		
$d=$	24	mm	
$d_0=$	26	mm	
预拉力 $P=$	175	kN	
$f=$	390	N/mm²	
$e_2=1.5d_0=$	39	mm	
$b=3d_0=$	78	mm	
取 $e_1=e_2$	39	mm	
$N_t^b=0.8P=$	140	kN	
$N_t'=\dfrac{5N_t^b}{2\rho+5}$	100.000	kN	
$t_{ec}=\sqrt{\dfrac{4e_2N_t^b}{bf}}=$	26.795	mm	

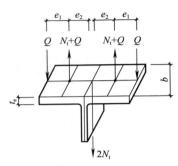

T形件受拉件受力简图

	计算列表	N_t (kN)							
		0.1P	0.2P	0.3P	0.4P	0.5P	N_t'	0.6P	0.7P
		17.5	35	52.5	70	87.5	100.00	105	122.5
1	$\rho=\dfrac{e_2}{e_1}=$	1.000	1.000	1.000	1.000	1.000	1.000	1.000	1.000
2	$\beta=\dfrac{1}{\rho}\left(\dfrac{N_t^b}{N_t}-1\right)=$	7.000	3.000	1.667	1.000	0.600	0.400	0.333	0.143
3	$\delta=1-\dfrac{d_0}{b}=$	0.667	0.667	0.667	0.667	0.667	0.667	0.667	0.667
4	α'	1.000	1.000	1.000	1.000	1.000	1.000	1.000	1.000
5	$\alpha'=\dfrac{1}{\delta}\left(\dfrac{\beta}{1-\beta}\right)=$	−1.750	−2.250	−3.750	/	2.250	1.000	0.750	0.250
6	判断β值，最终α'取	1.000	1.000	1.000	1.000	1.000	1.000	0.750	0.250
7	$\Psi=1+\delta\alpha'$	1.667	1.667	1.667	1.667	1.667	1.667	1.500	1.167
8	$t_e=\sqrt{\dfrac{4e_2N_t}{\Psi bf}}=$	7.338	10.377	12.710	14.676	16.408	17.541	18.947	23.205
9	$\alpha=\dfrac{1}{\delta}\left[\dfrac{N_t}{N_t^b}\left(\dfrac{t_{ce}}{t}\right)^2-1\right]=$	1.000	1.000	1.000	1.000	1.000	1.000	0.750	0.250
10	$Q=N_t^b\left[\delta\alpha\rho\left(\dfrac{t_e}{t_{ec}}\right)^2\right]=$	7.000	14.000	21.000	28.000	35.000	40.000	35.000	17.500
11	N_t+Q	24.500	49.000	73.500	98.000	122.500	140.000	140.000	140.000

说明：

b——按一排螺栓覆盖的翼缘板（端板）计算宽度（mm）；　　e_1——螺栓中心到T形件翼缘板边缘的距离（mm）；

e_2——螺栓中心到T形件腹板边缘的距离（mm）；　　t_{ec}——T形件翼缘板的最小厚度；

N_t——一个高强度螺栓的轴向拉力；　　N_t^b——一个受拉高强度螺栓的受拉承载力；

t_e——受拉T形件翼缘板的厚度；　　Ψ——撬力影响系数；　　δ——翼缘板截面系数；

α'——系数，$\beta\geqslant1.0$时，α'取1.0；$\beta<1.0$时，$\alpha'=[\beta/(1-\beta)]/\delta$，且满足$\alpha'\leqslant1.0$；

β——系数；　　ρ——系数；　　Q——撬力；　　α——系数$\geqslant0$；　　N_t'——Q为最大值时，对应的N_t值

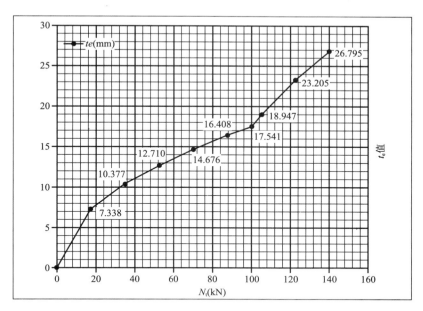

附图 6.10-1　M24 G8.8S Q390 $e_1 = 1.5d_0$ 时 t_e 值图表

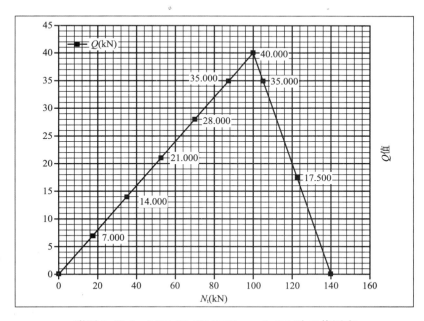

附图 6.10-2　M24 G8.8S Q390 $e_1 = 1.5d_0$ 时 Q 值图表

附6.11 M27 G8.8S Q390 $e_1 = 1.25e_2$ 时 计算列表

计算条件	螺栓等级	8.8S	
	螺栓规格	M27	
	连接板材料	Q390	
	$d=$	27	mm
	$d_0=$	30	mm
	预拉力 $P=$	230	kN
	$f=$	390	N/mm²
	$e_2 = 1.5d_0=$	45	mm
	$b = 3d_0=$	90	mm
	取 $e_1 = 1.25e_2$	56.25	mm
	$N_t^b = 0.8P=$	184	kN
	$N_t' = \dfrac{5N_t^b}{2\rho+5}=$	139.394	kN
	$t_{ec} = \sqrt{\dfrac{4e_2 N_t^b}{bf}}=$	30.718	mm

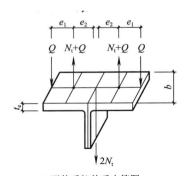

T形件受拉件受力简图

计算列表		N_t (kN)							
		0.1P	0.2P	0.3P	0.4P	0.5P	0.6P	N_t'	0.7P
		23	46	69	92	115	138	139.39	161
1	$\rho = \dfrac{e_2}{e_1}=$	0.800	0.800	0.800	0.800	0.800	0.800	0.800	0.800
2	$\beta = \dfrac{1}{\rho}\left(\dfrac{N_t^b}{N_t}-1\right)=$	8.750	3.750	2.083	1.250	0.750	0.417	0.400	0.179
3	$\delta = 1 - \dfrac{d_0}{b}=$	0.667	0.667	0.667	0.667	0.667	0.667	0.667	0.667
4	α'	1.000	1.000	1.000	1.000	1.000	1.000	1.000	1.000
5	$\alpha' = \dfrac{1}{\delta}\left(\dfrac{\beta}{1-\beta}\right)=$	−1.694	−2.045	−2.885	−7.500	4.500	1.071	1.000	0.326
6	判断 β 值,最终 α' 取	1.000	1.000	1.000	1.000	1.000	1.000	1.000	0.326
7	$\Psi = 1 + \delta\alpha'$	1.667	1.667	1.667	1.667	1.667	1.667	1.667	1.217
8	$t_e = \sqrt{\dfrac{4e_2 N_t}{\Psi bf}}=$	8.412	11.897	14.571	16.825	18.811	20.606	20.710	26.042
9	$\alpha = \dfrac{1}{\delta}\left[\dfrac{N_t}{N_t^b}\left(\dfrac{t_{ce}}{t}\right)^2 - 1\right]=$	1.000	1.000	1.000	1.000	1.000	1.000	1.000	0.326
10	$Q = N_t^b\left[\delta\alpha\rho\left(\dfrac{t_e}{t_{ec}}\right)^2\right]=$	7.360	14.720	22.080	29.440	36.800	44.160	44.606	23.000
11	$N_t + Q$	30.360	60.720	91.080	121.440	151.800	182.160	184.000	184.000

说明	
b ——按一排螺栓覆盖的翼缘板(端板)计算宽度(mm);	e_1 ——螺栓中心到T形件翼缘板边缘的距离(mm);
e_2 ——螺栓中心到T形件腹板边缘的距离(mm);	t_{ec} ——T形件翼缘板的最小厚度;
N_t ——一个高强度螺栓的轴向拉力;	N_t^b ——一个受拉高强度螺栓的受拉承载力;
t_e ——受拉T形件翼缘板的厚度;	Ψ ——撬力影响系数; δ ——翼缘板截面系数;
α' ——系数,$\beta \geqslant 1.0$ 时,α' 取 1.0;$\beta < 1.0$ 时,$\alpha' = [\beta/(1-\beta)]/\delta$,且满足 $\alpha' \leqslant 1.0$;	
β ——系数; ρ ——系数; Q ——撬力; α ——系数≥0; N_t' —— Q 为最大值时,对应的 N_t 值	

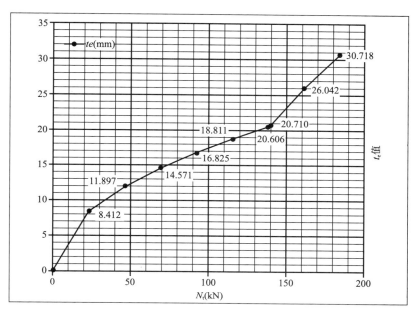

附图 6.11-1　M27 G8.8S Q390 $e_1 = 1.25e_2$ 时 t_e 值图表

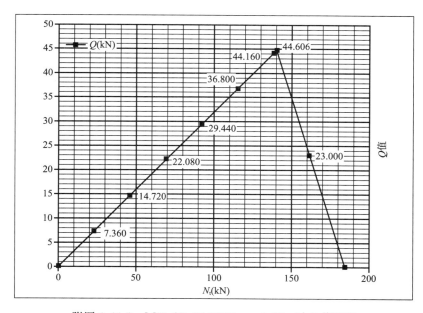

附图 6.11-2　M27 G8.8S Q390 $e_1 = 1.25e_2$ 时 Q 值图表

附6.12 M27 G8.8S Q390 $e_1 = 1.5d_0$ 时 计算列表

<table>
<tr><td rowspan="12">计算条件</td><td>螺栓等级</td><td colspan="2">8.8S</td></tr>
<tr><td>螺栓规格</td><td colspan="2">M27</td></tr>
<tr><td>连接板材料</td><td colspan="2">Q390</td></tr>
<tr><td>$d=$</td><td>27</td><td>mm</td></tr>
<tr><td>$d_0=$</td><td>30</td><td>mm</td></tr>
<tr><td>预拉力 $P=$</td><td>230</td><td>kN</td></tr>
<tr><td>$f=$</td><td>390</td><td>N/mm²</td></tr>
<tr><td>$e_2 = 1.5d_0 =$</td><td>45</td><td>mm</td></tr>
<tr><td>$b = 3d_0 =$</td><td>90</td><td>mm</td></tr>
<tr><td>取 $e_1 = e_2$</td><td>45</td><td>mm</td></tr>
<tr><td>$N_t^b = 0.8P =$</td><td>184</td><td>kN</td></tr>
<tr><td>$N_t' = \dfrac{5N_t^b}{2\rho+5} =$</td><td>131.429</td><td>kN</td></tr>
</table>

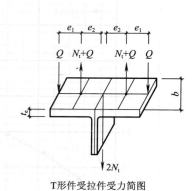

T形件受拉件受力简图

计算列表	N_t (kN)							
	0.1P	0.2P	0.3P	0.4P	0.5P	N_t'	0.6P	0.7P
	23	46	69	92	115	131.42	138	161
1　$\rho = \dfrac{e_2}{e_1} =$	1.000	1.000	1.000	1.000	1.000	1.000	1.000	1.000
2　$\beta = \dfrac{1}{\rho}\left(\dfrac{N_t^b}{N_t}-1\right) =$	7.000	3.000	1.667	1.000	0.600	0.400	0.333	0.143
3　$\delta = 1 - \dfrac{d_0}{b} =$	0.667	0.667	0.667	0.667	0.667	0.667	0.667	0.667
4　α'	1.000	1.000	1.000	1.000	1.000	1.000	1.000	1.000
5　$\alpha' = \dfrac{1}{\delta}\left(\dfrac{\beta}{1-\beta}\right) =$	−1.750	−2.250	−3.750	/	2.250	1.000	0.750	0.250
6　判断 β 值，最终 α' 取	1.000	1.000	1.000	1.000	1.000	1.000	0.750	0.250
7　$\Psi = 1 + \delta\alpha'$	1.667	1.667	1.667	1.667	1.667	1.667	1.500	1.167
8　$t_e = \sqrt{\dfrac{4e_2 N_t}{\Psi b f}} =$	8.412	11.897	14.571	16.825	18.811	20.110	21.721	26.602
9　$\alpha = \dfrac{1}{\delta}\left[\dfrac{N_t}{N_t^b}\left(\dfrac{t_{ce}}{t}\right)^2 - 1\right] =$	1.000	1.000	1.000	1.000	1.000	1.000	0.750	0.250
10　$Q = N_t^b\left[\delta\alpha\rho\left(\dfrac{t_e}{t_{ce}}\right)^2\right] =$	9.200	18.400	27.600	36.800	46.000	52.571	46.000	23.000
11　$N_t + Q$	32.200	64.400	96.600	128.800	161.000	184.000	184.000	184.000

<table>
<tr><td rowspan="6">说明</td><td colspan="2">b——按一排螺栓覆盖的翼缘板（端板）计算宽度（mm）;　e_1——螺栓中心到T形件翼缘边缘的距离（mm）;</td></tr>
<tr><td colspan="2">e_2——螺栓中心到T形件腹板边缘的距离（mm）;　　t_{ce}——T形件翼缘板的最小厚度;</td></tr>
<tr><td colspan="2">N_t——一个高强度螺栓的轴向拉力;　　　　　　　N_t^b——一个受拉高强度螺栓的受拉承载力;</td></tr>
<tr><td colspan="2">t_e——受拉T形件翼缘板的厚度;　　Ψ——撬力影响系数;　　δ——翼缘板截面系数;</td></tr>
<tr><td colspan="2">α'——系数，$\beta \geqslant 1.0$ 时，α' 取 1.0; $\beta < 1.0$ 时，$\alpha' = [\beta/(1-\beta)]/\delta$，且满足 $\alpha' \leqslant 1.0$;</td></tr>
<tr><td colspan="2">β——系数;　　ρ——系数;　　Q——撬力;　　α——系数 $\geqslant 0$;　　N_t'——Q 为最大值时，对应的 N_t 值</td></tr>
</table>

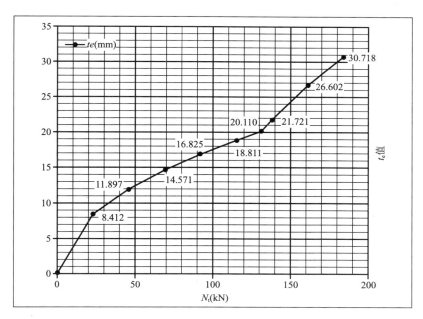

附图 6.12-1　M27 G8.8S Q390 $e_1=1.5d_0$ 时 t_e 值图表

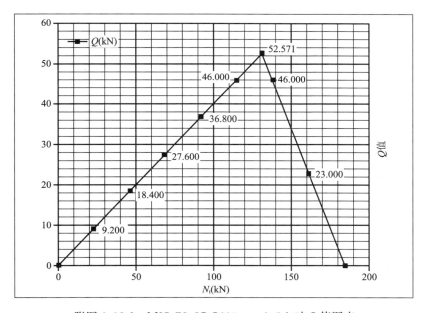

附图 6.12-2　M27 G8.8S Q390 $e_1=1.5d_0$ 时 Q 值图表

附6.13 M30 G8.8S Q390 $e_1 = 1.25e_2$ 时 计算列表

计算条件			
螺栓等级	8.8S		
螺栓规格	M30		
连接板材料	Q390		
$d=$	30	mm	
$d_0=$	33	mm	
预拉力 $P=$	280	kN	
$f=$	390	N/mm²	
$e_2=1.5d_0=$	49.5	mm	
$b=3d_0=$	99	mm	
取 $e_1=1.25e_2$	61.875	mm	
$N_t^b=0.8P=$	224	kN	
$N_t'=\dfrac{5N_t^b}{2\rho+5}=$	169.697	kN	
$t_{ec}=\sqrt{\dfrac{4e_2N_t^b}{bf}}=$	33.893	mm	

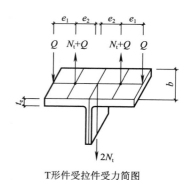

T形件受拉件受力简图

	计算列表	\multicolumn{8}{c}{N_t（kN）}
		0.1P	0.2P	0.3P	0.4P	0.5P	0.6P	N_t'	0.7P
		28	56	84	112	140	168	169.69	196
1	$\rho=\dfrac{e_2}{e_1}=$	0.800	0.800	0.800	0.800	0.800	0.800	0.800	0.800
2	$\beta=\dfrac{1}{\rho}\left(\dfrac{N_t^b}{N_t}-1\right)=$	8.750	3.750	2.083	1.250	0.750	0.417	0.400	0.179
3	$\delta=1-\dfrac{d_0}{b}=$	0.667	0.667	0.667	0.667	0.667	0.667	0.667	0.667
4	α'	1.000	1.000	1.000	1.000	1.000	1.000	1.000	1.000
5	$\alpha'=\dfrac{1}{\delta}\left(\dfrac{\beta}{1-\beta}\right)=$	−1.694	−2.045	−2.885	−7.500	4.500	1.071	1.000	0.326
6	判断 β 值,最终 α' 取	1.000	1.000	1.000	1.000	1.000	1.000	1.000	0.326
7	$\Psi=1+\delta\alpha'$	1.667	1.667	1.667	1.667	1.667	1.667	1.667	1.217
8	$t_e=\sqrt{\dfrac{4e_2N_t}{\Psi bf}}=$	9.282	13.127	16.077	18.564	20.755	22.736	22.850	28.734
9	$\alpha=\dfrac{1}{\delta}\left[\dfrac{N_t}{N_t^b}\left(\dfrac{t_{ce}}{t}\right)^2-1\right]=$	1.000	1.000	1.000	1.000	1.000	1.000	1.000	0.326
10	$Q=N_t^b\left[\delta\alpha\rho\left(\dfrac{t_e}{t_{ec}}\right)^2\right]=$	8.960	17.920	26.880	35.840	44.800	53.760	54.303	28.000
11	N_t+Q	36.960	73.920	110.880	147.840	184.800	221.760	224.000	224.000

说明	
b——按一排螺栓覆盖的翼缘板（端板）计算宽度（mm）;	e_1——螺栓中心到T形件翼缘边缘的距离（mm）;
e_2——螺栓中心到T形件腹板边缘的距离（mm）;	t_{ec}——T形件翼缘板的最小厚度;
N_t——一个高强度螺栓的轴向拉力;	N_t^b——一个受拉高强度螺栓的受拉承载力;
t_e——受拉T形件翼缘板的厚度; Ψ——撬力影响系数;	δ——翼缘板截面系数;
α'——系数，$\beta\geqslant1.0$时，α'取1.0; $\beta<1.0$时，$\alpha'=[\beta/(1-\beta)]/\delta$，且满足$\alpha'\leqslant1.0$;	
β——系数; ρ——系数; Q——撬力; α——系数$\geqslant0$; N_t'——Q为最大值时，对应的N_t值	

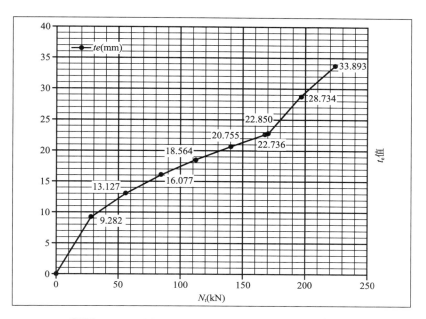

附图 6.13-1　M30 G8.8S Q390 $e_1 = 1.25e_2$ 时 t_e 值图表

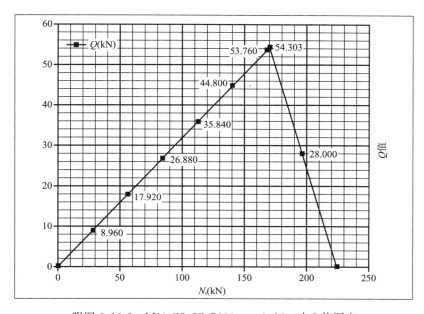

附图 6.13-2　M30 G8.8S Q390 $e_1 = 1.25e_2$ 时 Q 值图表

附6.14　M30 G8.8S Q390 $e_1=1.5d_0$时　计算列表

<table>
<tr><td rowspan="13">计算条件</td><td>螺栓等级</td><td colspan="2">8.8S</td></tr>
<tr><td>螺栓规格</td><td colspan="2">M30</td></tr>
<tr><td>连接板材料</td><td colspan="2">Q390</td></tr>
<tr><td>$d=$</td><td>30</td><td>mm</td></tr>
<tr><td>$d_0=$</td><td>33</td><td>mm</td></tr>
<tr><td>预拉力 $P=$</td><td>280</td><td>kN</td></tr>
<tr><td>$f=$</td><td>390</td><td>N/mm²</td></tr>
<tr><td>$e_2=1.5d_0=$</td><td>49.5</td><td>mm</td></tr>
<tr><td>$b=3d_0=$</td><td>99</td><td>mm</td></tr>
<tr><td>取 $e_1=e_2$</td><td>49.5</td><td>mm</td></tr>
<tr><td>$N_t^b=0.8P=$</td><td>224</td><td>kN</td></tr>
<tr><td>$N_t'=\dfrac{5N_t^b}{2\rho+5}=$</td><td>160.000</td><td>kN</td></tr>
<tr><td>$t_{ec}=\sqrt{\dfrac{4e_2N_t'}{bf}}=$</td><td>33.893</td><td>mm</td></tr>
</table>

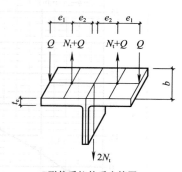

T形件受拉件受力简图

计算列表		N_t (kN)							
		0.1P	0.2P	0.3P	0.4P	0.5P	N_t'	0.6P	0.7P
		28	56	84	112	140	160.00	168	196
1	$\rho=\dfrac{e_2}{e_1}=$	1.000	1.000	1.000	1.000	1.000	1.000	1.000	1.000
2	$\beta=\dfrac{1}{\rho}\left(\dfrac{N_t^b}{N_t}-1\right)=$	7.000	3.000	1.667	1.000	0.600	0.400	0.333	0.143
3	$\delta=1-\dfrac{d_0}{b}=$	0.667	0.667	0.667	0.667	0.667	0.667	0.667	0.667
4	α'	1.000	1.000	1.000	1.000	1.000	1.000	1.000	1.000
5	$\alpha'=\dfrac{1}{\delta}\left(\dfrac{\beta}{1-\beta}\right)=$	−1.750	−2.250	−3.750	/	2.250	1.000	0.750	0.250
6	判断β值,最终α'取	1.000	1.000	1.000	1.000	1.000	1.000	0.750	0.250
7	$\Psi=1+\delta\alpha'$	1.667	1.667	1.667	1.667	1.667	1.667	1.500	1.167
8	$t_e=\sqrt{\dfrac{4e_2N_t}{\Psi bf}}=$	9.282	13.127	16.077	18.564	20.755	22.188	23.966	29.352
9	$\alpha=\dfrac{1}{\delta}\left[\dfrac{N_t}{N_t^b}\left(\dfrac{t_{ce}}{t}\right)^2-1\right]=$	1.000	1.000	1.000	1.000	1.000	1.000	0.750	0.250
10	$Q=N_t^b\left[\delta\alpha\rho\left(\dfrac{t_e}{t_{ec}}\right)^2\right]=$	11.200	22.400	33.600	44.800	56.000	64.000	56.000	28.000
11	N_t+Q	39.200	78.400	117.600	156.800	196.000	224.000	224.000	224.000

说明	b——按一排螺栓覆盖的翼缘板(端板)计算宽度(mm); e_1——螺栓中心到T形件翼缘板边缘的距离(mm); e_2——螺栓中心到T形件腹板边缘的距离(mm); t_{ec}——T形件翼缘板的最小厚度; N_t——一个高强度螺栓的轴向拉力; N_t^b——一个受拉高强度螺栓的受拉承载力; t_e——受拉T形件翼缘板的厚度; Ψ——撬力影响系数; δ——翼缘板截面系数; α'——系数,$\beta\geqslant1.0$时,α'取1.0;$\beta<1.0$时,$\alpha'=[\beta/(1-\beta)]/\delta$,且满足$\alpha'\leqslant1.0$; β——系数; ρ——系数; Q——撬力; α——系数$\geqslant0$; N_t'——Q为最大值时,对应的N_t值

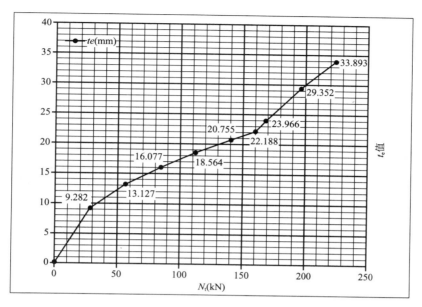

附图 6.14-1　M30 G8.8S Q390 $e_1 = 1.5d_0$ 时 t_e 值图表

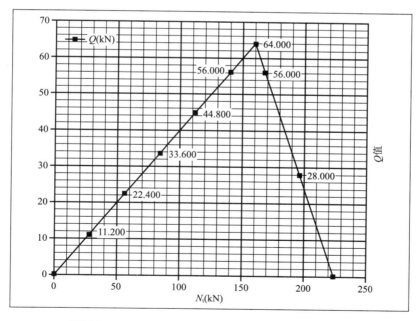

附图 6.14-2　M30 G8.8S Q390 $e_1 = 1.5d_0$ 时 Q 值图表

附7 高强度螺栓连接副（10.9S）＋Q420连接板材

附7.1 M12 G10.9S Q420 $e_1＝1.25e_2$ 时 计算列表

计算条件			
	螺栓等级	10.9S	
	螺栓规格	M12	
	连接板材料	Q420	
	$d=$	12	mm
	$d_0=$	13.5	mm
	预拉力 $P=$	55	kN
	$f=$	420	N/mm²
	$e_2=1.5d_0=$	20.25	mm
	$b=3d_0=$	40.5	mm
	取 $e_1=1.25e_2$	25.3125	mm
	$N_t^b=0.8P=$	44	kN
	$N_t'=\dfrac{5N_t^b}{2\rho+5}=$	33.333	kN
	$t_{ec}=\sqrt{\dfrac{4e_2N_t^b}{bf}}=$	14.475	mm

T形件受拉件受力简图

	计算列表	N_t（kN）							
		0.1P	0.2P	0.3P	0.4P	0.5P	0.6P	N_t'	0.7P
		5.5	11	16.5	22	27.5	33	33.333	38.5
1	$\rho=\dfrac{e_2}{e_1}=$	0.800	0.800	0.800	0.800	0.800	0.800	0.800	0.800
2	$\beta=\dfrac{1}{\rho}\left(\dfrac{N_t^b}{N_t}-1\right)=$	8.750	3.750	2.083	1.250	0.750	0.417	0.400	0.179
3	$\delta=1-\dfrac{d_0}{b}=$	0.667	0.667	0.667	0.667	0.667	0.667	0.667	0.667
4	α'	1.000	1.000	1.000	1.000	1.000	1.000	1.000	1.000
5	$\alpha'=\dfrac{1}{\delta}\left(\dfrac{\beta}{1-\beta}\right)=$	−1.694	−2.045	−2.885	−7.500	4.500	1.071	1.000	0.326
6	判断 β 值，最终 α' 取	1.000	1.000	1.000	1.000	1.000	1.000	1.000	0.326
7	$\Psi=1+\delta\alpha'$	1.667	1.667	1.667	1.667	1.667	1.667	1.667	1.217
8	$t_e=\sqrt{\dfrac{4e_2N_t}{\Psi bf}}=$	3.964	5.606	6.866	7.928	8.864	9.710	9.759	12.272
9	$\alpha=\dfrac{1}{\delta}\left[\dfrac{N_t}{N_t^b}\left(\dfrac{t_{ce}}{t}\right)^2-1\right]=$	1.000	1.000	1.000	1.000	1.000	1.000	1.000	0.326
10	$Q=N_t^b\left[\delta\alpha\rho\left(\dfrac{t_e}{t_{ec}}\right)^2\right]=$	1.760	3.520	5.280	7.040	8.800	10.560	10.667	5.500
11	N_t+Q	7.260	14.520	21.780	29.040	36.300	43.560	44.000	44.000

说明
b——按一排螺栓覆盖的翼缘板（端板）计算宽度（mm）； e_1——螺栓中心到T形件翼缘边缘的距离（mm）；
e_2——螺栓中心到T形件腹板边缘的距离（mm）； t_{ec}——T形件翼缘板的最小厚度；
N_t——一个高强度螺栓的轴向拉力； N_t^b——一个受拉高强度螺栓的受拉承载力；
t_e——受拉T形件翼缘板的厚度； Ψ——撬力影响系数； δ——翼缘板截面系数；
α'——系数，$\beta\geqslant1.0$时，α'取1.0；$\beta<1.0$时，$\alpha'=[\beta/（1-\beta）]/\delta$，且满足$\alpha'\leqslant1.0$；
β——系数； ρ——系数； Q——撬力； α——系数$\geqslant0$； N_t'——Q为最大值时，对应的N_t值

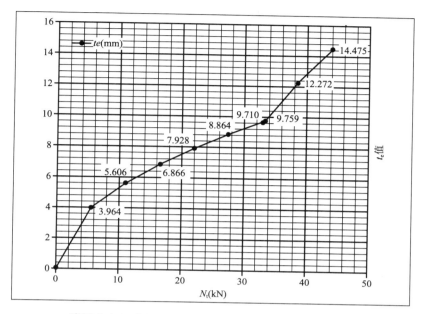

附图 7.1-1　M12 G10.9S Q420 $e_1=1.25e_2$ 时 t_e 值图表

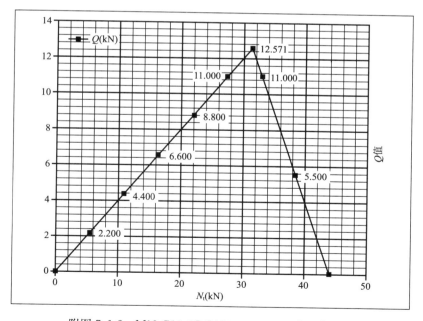

附图 7.1-2　M12 G10.9S Q420 $e_1=1.25e_2$ 时 Q 值图表

附7.2 M12 G10.9S Q420 $e_1 = 1.5d_0$时 计算列表

计算条件			
	螺栓等级	10.9S	
	螺栓规格	M12	
	连接板材料	Q420	
	$d=$	12	mm
	$d_0=$	13.5	mm
	预拉力 $P=$	55	kN
	$f=$	420	N/mm²
	$e_2 = 1.5d_0 =$	20.25	mm
	$b = 3d_0 =$	40.5	mm
	取 $e_1 = e_2$	20.25	mm
	$N_t^b = 0.8P =$	44	kN
	$N_t' = \dfrac{5N_t^b}{2\rho+5} =$	31.429	kN
	$t_{ec} = \sqrt{\dfrac{4e_2 N_t^b}{bf}} =$	14.475	mm

T形件受拉件受力简图

	计算列表	N_t (kN)							
		0.1P	0.2P	0.3P	0.4P	0.5P	N_t'	0.6P	0.7P
		5.5	11	16.5	22	27.5	31.429	33	38.5
1	$\rho = \dfrac{e_2}{e_1} =$	1.000	1.000	1.000	1.000	1.000	1.000	1.000	1.000
2	$\beta = \dfrac{1}{\rho}\left(\dfrac{N_t^b}{N_t}-1\right) =$	7.000	3.000	1.667	1.000	0.600	0.400	0.333	0.143
3	$\delta = 1 - \dfrac{d_0}{b} =$	0.667	0.667	0.667	0.667	0.667	0.667	0.667	0.667
4	$\alpha' $	1.000	1.000	1.000	1.000	1.000	1.000	1.000	1.000
5	$\alpha' = \dfrac{1}{\delta}\left(\dfrac{\beta}{1-\beta}\right) =$	−1.750	−2.250	−3.750	/	2.250	1.000	0.750	0.250
6	判断 β 值，最终 α' 取	1.000	1.000	1.000	1.000	1.000	1.000	0.750	0.250
7	$\Psi = 1 + \delta\alpha' $	1.667	1.667	1.667	1.667	1.667	1.667	1.500	1.167
8	$t_e = \sqrt{\dfrac{4e_2 N_t}{\Psi bf}} =$	3.964	5.606	6.866	7.928	8.864	9.476	10.235	12.536
9	$\alpha = \dfrac{1}{\delta}\left[\dfrac{N_t}{N_t^b}\left(\dfrac{t_{ce}}{t}\right)^2 - 1\right] =$	1.000	1.000	1.000	1.000	1.000	1.000	0.750	0.250
10	$Q = N_t^b\left[\delta\alpha\rho\left(\dfrac{t_e}{t_{ec}}\right)^2\right] =$	2.200	4.400	6.600	8.800	11.000	12.571	11.000	5.500
11	$N_t + Q$	7.700	15.400	23.100	30.800	38.500	44.000	44.000	44.000

说明	
b——按一排螺栓覆盖的翼缘板（端板）计算宽度（mm）；	e_1——螺栓中心到T形件翼缘板边缘的距离（mm）；
e_2——螺栓中心到T形件腹板边缘的距离（mm）；	t_{ec}——T形件翼缘板的最小厚度；
N_t——一个高强度螺栓的轴向拉力；	N_t^b——一个受拉高强度螺栓的受拉承载力；
t_e——受拉T形件翼缘板的厚度；	Ψ——撬力影响系数； δ——翼缘板截面系数；
α'——系数，$\beta \geqslant 1.0$时，α'取1.0；$\beta < 1.0$时，$\alpha' = [\beta/(1-\beta)]/\delta$，且满足$\alpha' \leqslant 1.0$；	
β——系数； ρ——系数； Q——撬力； α——系数$\geqslant 0$； N_t'—— Q为最大值时，对应的 N_t 值	

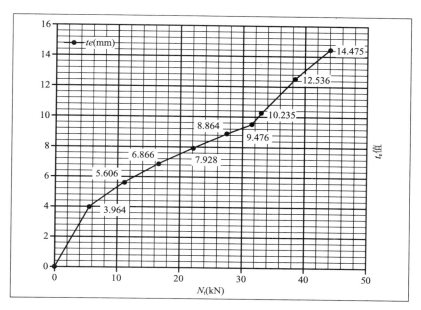

附图 7.2-1　M12 G10.9S Q420 $e_1=1.5d_0$ 时 t_e 值图表

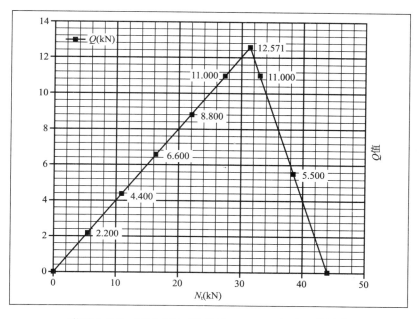

附图 7.2-2　M12 G10.9S Q420 $e_1=1.5d_0$ 时 Q 值图表

附7.3 M16 G10.9S Q420 $e_1 = 1.25e_2$ 时 计算列表

计算条件	螺栓等级	10.9S	
	螺栓规格	M16	
	连接板材料	Q420	
	$d=$	16	mm
	$d_0=$	17.5	mm
	预拉力 $P=$	100	kN
	$f=$	420	N/mm²
	$e_2 = 1.5d_0=$	26.25	mm
	$b = 3d_0=$	52.5	mm
	取 $e_1 = 1.25e_2$	32.8125	mm
	$N_t^b = 0.8P=$	80	kN
	$N_t' = \dfrac{5N_t^b}{2\rho + 5} =$	60.606	kN
	$t_{ec} = \sqrt{\dfrac{4e_2 N_t^b}{bf}} =$	19.518	mm

T形件受拉件受力简图

	计算列表	N_t (kN)							
		0.1P	0.2P	0.3P	0.4P	0.5P	0.6P	N_t'	0.7P
		10	20	30	40	50	60	60.606	70
1	$\rho = \dfrac{e_2}{e_1} =$	0.800	0.800	0.800	0.800	0.800	0.800	0.800	0.800
2	$\beta = \dfrac{1}{\rho}\left(\dfrac{N_t^b}{N_t} - 1\right) =$	8.750	3.750	2.083	1.250	0.750	0.417	0.400	0.179
3	$\delta = 1 - \dfrac{d_0}{b} =$	0.667	0.667	0.667	0.667	0.667	0.667	0.667	0.667
4	α'	1.000	1.000	1.000	1.000	1.000	1.000	1.000	1.000
5	$\alpha' = \dfrac{1}{\delta}\left(\dfrac{\beta}{1-\beta}\right) =$	−1.694	−2.045	−2.885	−7.500	4.500	1.071	1.000	0.326
6	判断 β 值，最终 α' 取	1.000	1.000	1.000	1.000	1.000	1.000	1.000	0.326
7	$\Psi = 1 + \delta\alpha'$	1.667	1.667	1.667	1.667	1.667	1.667	1.667	1.217
8	$t_e = \sqrt{\dfrac{4e_2 N_t}{\Psi bf}} =$	5.345	7.559	9.258	10.690	11.952	13.093	13.159	16.547
9	$\alpha = \dfrac{1}{\delta}\left[\dfrac{N_t}{N_t^b}\left(\dfrac{t_{ce}}{t}\right)^2 - 1\right] =$	1.000	1.000	1.000	1.000	1.000	1.000	1.000	0.326
10	$Q = N_t^b\left[\delta\alpha\rho\left(\dfrac{t_e}{t_{ec}}\right)^2\right] =$	3.200	6.400	9.600	12.800	16.000	19.200	19.394	10.000
11	$N_t + Q$	13.200	26.400	39.600	52.800	66.000	79.200	80.000	80.000

说明	
b——按一排螺栓覆盖的翼缘板（端板）计算宽度（mm）；	e_1——螺栓中心到 T 形件翼缘边缘的距离（mm）；
e_2——螺栓中心到 T 形件腹板边缘的距离（mm）；	t_{ec}——T 形件翼缘板的最小厚度；
N_t——一个高强度螺栓的轴向拉力；	N_t^b——一个受拉高强度螺栓的受拉承载力；
t_e——受拉 T 形件翼缘板的厚度；	Ψ——撬力影响系数； δ——翼缘板截面系数；
α'——系数，$\beta \geq 1.0$ 时，α' 取 1.0；$\beta < 1.0$ 时，$\alpha' = [\beta/(1-\beta)]/\delta$，且满足 $\alpha' \leq 1.0$；	
β——系数； ρ——系数； Q——撬力； α——系数 ≥ 0； N_t'——Q 为最大值时，对应的 N_t 值	

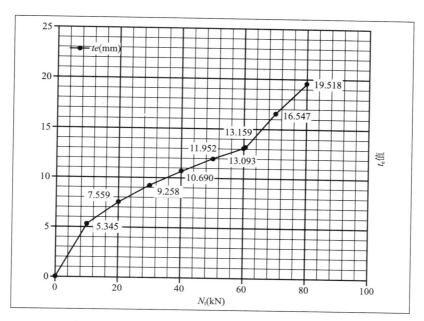

附图 7.3-1 M16 G10.9S Q420 $e_1 = 1.25e_2$ 时 t_e 值图表

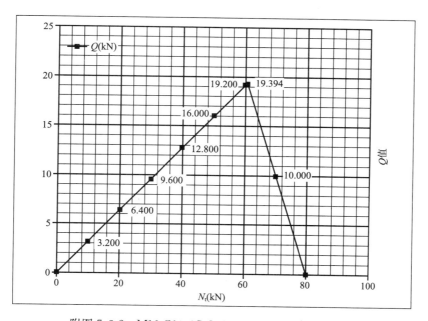

附图 7.3-2 M16 G10.9S Q420 $e_1 = 1.25e_2$ 时 Q 值图表

附 7.4　M16 G10.9S Q420 $e_1=1.5d_0$ 时　计算列表

<table>
<tr><td rowspan="13">计算条件</td><td colspan="2">螺栓等级</td><td colspan="2">10.9S</td></tr>
<tr><td colspan="2">螺栓规格</td><td colspan="2">M16</td></tr>
<tr><td colspan="2">连接板材料</td><td colspan="2">Q420</td></tr>
<tr><td colspan="2">$d=$</td><td>16</td><td>mm</td></tr>
<tr><td colspan="2">$d_0=$</td><td>17.5</td><td>mm</td></tr>
<tr><td colspan="2">预拉力 $P=$</td><td>100</td><td>kN</td></tr>
<tr><td colspan="2">$f=$</td><td>420</td><td>N/mm^2</td></tr>
<tr><td colspan="2">$e_2=1.5d_0=$</td><td>26.25</td><td>mm</td></tr>
<tr><td colspan="2">$b=3d_0=$</td><td>52.5</td><td>mm</td></tr>
<tr><td colspan="2">取 $e_1=e_2$</td><td>26.25</td><td>mm</td></tr>
<tr><td colspan="2">$N_t^b=0.8P=$</td><td>80</td><td>kN</td></tr>
<tr><td colspan="2">$N_t'=\dfrac{5N_t^b}{2\rho+5}=$</td><td>57.143</td><td>kN</td></tr>
<tr><td colspan="2">$t_{ec}=\sqrt{\dfrac{4e_2N_t^b}{bf}}=$</td><td>19.518</td><td>mm</td></tr>
</table>

T形件受拉件受力简图

计算列表		N_t (kN)							
		$0.1P$	$0.2P$	$0.3P$	$0.4P$	$0.5P$	N_t'	$0.6P$	$0.7P$
		10	20	30	40	50	57.143	60	70
1	$\rho=\dfrac{e_2}{e_1}=$	1.000	1.000	1.000	1.000	1.000	1.000	1.000	1.000
2	$\beta=\dfrac{1}{\rho}\left(\dfrac{N_t^b}{N_t}-1\right)=$	7.000	3.000	1.667	1.000	0.600	0.400	0.333	0.143
3	$\delta=1-\dfrac{d_0}{b}=$	0.667	0.667	0.667	0.667	0.667	0.667	0.667	0.667
4	α'	1.000	1.000	1.000	1.000	1.000	1.000	1.000	1.000
5	$\alpha'=\dfrac{1}{\delta}\left(\dfrac{\beta}{1-\beta}\right)=$	−1.750	−2.250	−3.750	/	2.250	1.000	0.750	0.250
6	判断 β 值，最终 α' 取	1.000	1.000	1.000	1.000	1.000	1.000	0.750	0.250
7	$\Psi=1+\delta\alpha'$	1.667	1.667	1.667	1.667	1.667	1.667	1.500	1.167
8	$t_e=\sqrt{\dfrac{4e_2N_t}{\Psi bf}}=$	5.345	7.559	9.258	10.690	11.952	12.778	13.801	16.903
9	$\alpha=\dfrac{1}{\delta}\left[\dfrac{N_t}{N_t^b}\left(\dfrac{t_{ce}}{t}\right)^2-1\right]=$	1.000	1.000	1.000	1.000	1.000	1.000	0.750	0.250
10	$Q=N_t^b\left[\delta\alpha\rho\left(\dfrac{t_e}{t_{ec}}\right)^2\right]=$	4.000	8.000	12.000	16.000	20.000	22.857	20.000	10.000
11	N_t+Q	14.000	28.000	42.000	56.000	70.000	80.000	80.000	80.000

说明	
b——按一排螺栓覆盖的翼缘板（端板）计算宽度（mm）；	e_1——螺栓中心到 T 形件翼缘边缘的距离（mm）；
e_2——螺栓中心到 T 形件腹板边缘的距离（mm）；	t_{ec}——T 形件翼缘板的最小厚度；
N_t——一个高强度螺栓的轴向拉力；	N_t^b——一个受拉高强度螺栓的受拉承载力；
t_e——受拉 T 形件翼缘板的厚度；	Ψ——撬力影响系数； δ——翼缘板截面系数；
α'——系数，$\geqslant 1.0$ 时，α' 取 1.0；$\beta<1.0$ 时，$\alpha'=[\beta/(1-\beta)]/\delta$，且满足 $\alpha'\leqslant 1.0$；	
β——系数；　ρ——系数；　Q——撬力；　α——系数 $\geqslant 0$；　N_t'——Q 为最大值时，对应的 N_t 值	

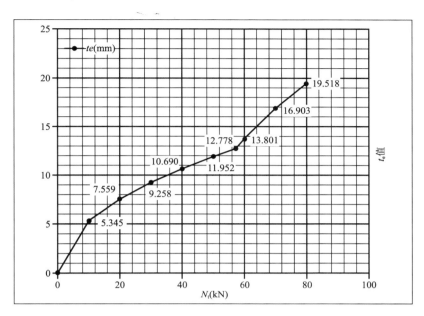

附图 7.4-1　M16 G10.9S Q420 $e_1 = 1.5d_0$ 时 t_e 值图表

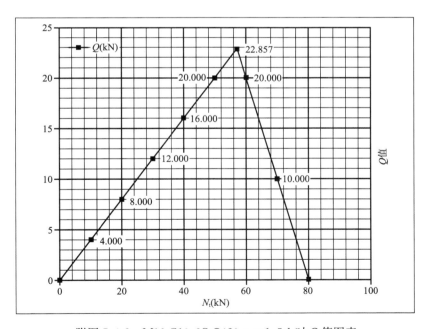

附图 7.4-2　M16 G10.9S Q420 $e_1 = 1.5d_0$ 时 Q 值图表

附 7.5 M20 G10.9S Q420 $e_1 = 1.25e_2$ 时 计算列表

计算条件			
螺栓等级	10.9S		
螺栓规格	M20		
连接板材料	Q420		
$d=$	20	mm	
$d_0=$	22	mm	
预拉力 $P=$	155	kN	
$f=$	420	N/mm²	
$e_2=1.5d_0=$	33	mm	
$b=3d_0=$	66	mm	
取 $e_1=1.25e_2$	41.25	mm	
$N_t^b=0.8P=$	124	kN	
$N_t'=\dfrac{5N_t^b}{2\rho+5}=$	93.939	kN	
$t_{ec}=\sqrt{\dfrac{4e_2N_t^b}{bf}}=$	24.300	mm	

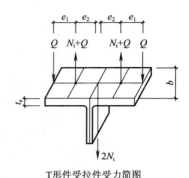

T形件受拉件受力简图

	计算列表	N_t（kN）							
		0.1P	0.2P	0.3P	0.4P	0.5P	0.6P	N_t'	0.7P
		15.5	31	46.5	62	77.5	93	93.939	108.5
1	$\rho=\dfrac{e_2}{e_1}=$	0.800	0.800	0.800	0.800	0.800	0.800	0.800	0.800
2	$\beta=\dfrac{1}{\rho}\left(\dfrac{N_t^b}{N_t}-1\right)=$	8.750	3.750	2.083	1.250	0.750	0.417	0.400	0.179
3	$\delta=1-\dfrac{d_0}{b}=$	0.667	0.667	0.667	0.667	0.667	0.667	0.667	0.667
4	α'	1.000	1.000	1.000	1.000	1.000	1.000	1.000	1.000
5	$\alpha'=\dfrac{1}{\delta}\left(\dfrac{\beta}{1-\beta}\right)=$	−1.694	−2.045	−2.885	−7.500	4.500	1.071	1.000	0.326
6	判断 β 值，最终 α' 取	1.000	1.000	1.000	1.000	1.000	1.000	1.000	0.326
7	$\Psi=1+\delta\alpha'$	1.667	1.667	1.667	1.667	1.667	1.667	1.667	1.217
8	$t_e=\sqrt{\dfrac{4e_2N_t}{\Psi bf}}=$	6.655	9.411	11.526	13.310	14.880	16.301	16.383	20.601
9	$\alpha=\dfrac{1}{\delta}\left[\dfrac{N_t}{N_t^b}\left(\dfrac{t_{ce}}{t}\right)^2-1\right]=$	1.000	1.000	1.000	1.000	1.000	1.000	1.000	0.326
10	$Q=N_t^b\left[\delta\alpha\rho\left(\dfrac{t_e}{t_{ec}}\right)^2\right]=$	4.960	9.920	14.880	19.840	24.800	29.760	30.061	15.500
11	N_t+Q	20.460	40.920	61.380	81.840	102.300	122.760	124.000	124.000

说明	
b——按一排螺栓覆盖的翼缘板（端板）计算宽度（mm）；	e_1——螺栓中心到T形件翼缘板边缘的距离（mm）；
e_2——螺栓中心到T形件腹板边缘的距离（mm）；	t_{ec}——T形件翼缘板的最小厚度；
N_t——一个高强度螺栓的轴向拉力；	N_t^b——一个受拉高强度螺栓的受拉承载力；
t_e——受拉T形件翼缘板的厚度； Ψ——撬力影响系数； δ——翼缘板截面系数；	
α'——系数，$\beta\geqslant 1.0$ 时，α' 取 1.0；$\beta<1.0$ 时，$\alpha'=[\beta/(1-\beta)]/\delta$，且满足 $\alpha'\leqslant 1.0$；	
β——系数； ρ——系数； Q——撬力； α——系数 $\geqslant 0$； N_t'——Q 为最大值时，对应的 N_t 值。	

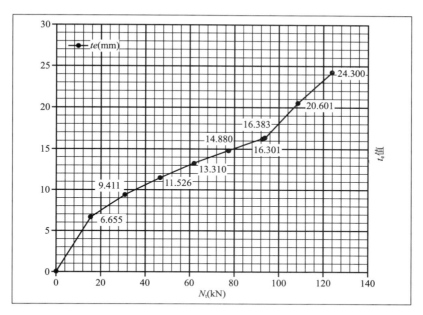

附图 7.5-1　M20 G10.9S Q420 $e_1 = 1.25e_2$ 时 t_e 值图表

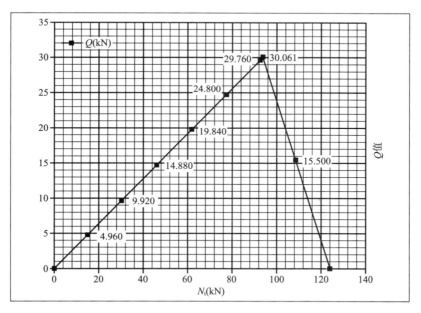

附图 7.5-2　M20 G10.9S Q420 $e_1 = 1.25e_2$ 时 Q 值图表

计算条件	螺栓等级	10.9S	
	螺栓规格	M20	
	连接板材料	Q420	
	$d=$	20	mm
	$d_0=$	22	mm
	预拉力 $P=$	155	kN
	$f=$	420	N/mm²
	$e_2=1.5d_0=$	33	mm
	$b=3d_0=$	66	mm
	取 $e_1=e_2$	33	mm
	$N_t^b=0.8P=$	124	kN
	$N_t'=\dfrac{5N_t^b}{2\rho+5}=$	88.571	kN
	$t_{ec}=\sqrt{\dfrac{4e_2N_t^b}{bf}}=$	24.300	mm

T形件受拉件受力简图

计算列表		N_t (kN)							
		$0.1P$	$0.2P$	$0.3P$	$0.4P$	$0.5P$	N_t'	$0.6P$	$0.7P$
		15.5	31	46.5	62	77.5	88.571	93	108.5
1	$\rho=\dfrac{e_2}{e_1}=$	1.000	1.000	1.000	1.000	1.000	1.000	1.000	1.000
2	$\beta=\dfrac{1}{\rho}\left(\dfrac{N_t^b}{N_t}-1\right)=$	7.000	3.000	1.667	1.000	0.600	0.400	0.333	0.143
3	$\delta=1-\dfrac{d_0}{b}=$	0.667	0.667	0.667	0.667	0.667	0.667	0.667	0.667
4	α'	1.000	1.000	1.000	1.000	1.000	1.000	1.000	1.000
5	$\alpha'=\dfrac{1}{\delta}\left(\dfrac{\beta}{1-\beta}\right)=$	-1.750	-2.250	-3.750	/	2.250	1.000	0.750	0.250
6	判断 β 值,最终 α' 取	1.000	1.000	1.000	1.000	1.000	1.000	0.750	0.250
7	$\Psi=1+\delta\alpha'$	1.667	1.667	1.667	1.667	1.667	1.667	1.500	1.167
8	$t_e=\sqrt{\dfrac{4e_2N_t}{\Psi bf}}=$	6.655	9.411	11.526	13.310	14.880	15.908	17.182	21.044
9	$\alpha=\dfrac{1}{\delta}\left[\dfrac{N_t}{N_t^b}\left(\dfrac{t_{ce}}{t}\right)^2-1\right]=$	1.000	1.000	1.000	1.000	1.000	1.000	0.750	0.250
10	$Q=N_t^b\left[\delta\alpha\rho\left(\dfrac{t_e}{t_{ec}}\right)^2\right]=$	6.200	12.400	18.600	24.800	31.000	35.429	31.000	15.500
11	N_t+Q	21.700	43.400	65.100	86.800	108.500	124.000	124.000	124.000

说明	
b——按一排螺栓覆盖的翼缘板(端板)计算宽度(mm);	e_1——螺栓中心到 T 形件翼缘边缘的距离(mm);
e_2——螺栓中心到 T 形件腹板边缘的距离(mm);	t_{ec}——T 形件翼缘板的最小厚度;
N_t——一个高强度螺栓的轴向拉力;	N_t^b——一个受拉高强度螺栓的受拉承载力;
t_e——受拉 T 形件翼缘板的厚度;	Ψ——撬力影响系数; δ——翼缘板截面系数;

α'——系数,$\beta \geqslant 1.0$ 时,α' 取 1.0;$\beta<1.0$ 时,$\alpha'=[\beta/(1-\beta)]/\delta$,且满足 $\alpha'\leqslant1.0$;

β——系数; ρ——系数; Q——撬力; α——系数 $\geqslant0$; N_t'——Q 为最大值时,对应的 N_t 值

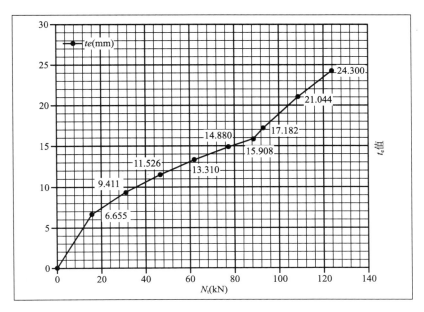

附图 7.6-1　M20 G10.9S Q420 $e_1 = 1.5d_0$ 时 t_e 值图表

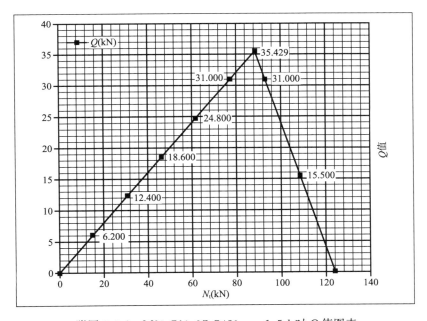

附图 7.6-2　M20 G10.9S Q420 $e_1 = 1.5d_0$ 时 Q 值图表

附 7.7 M22 G10.9S Q420 $e_1=1.25e_2$ 时 计算列表

<table>
<tr><td rowspan="14">计 算 条 件</td><td>螺栓等级</td><td colspan="2">10.9S</td></tr>
<tr><td>螺栓规格</td><td colspan="2">M22</td></tr>
<tr><td>连接板材料</td><td colspan="2">Q420</td></tr>
<tr><td>$d=$</td><td>22</td><td>mm</td></tr>
<tr><td>$d_0=$</td><td>24</td><td>mm</td></tr>
<tr><td>预拉力 $P=$</td><td>190</td><td>kN</td></tr>
<tr><td>$f=$</td><td>420</td><td>N/mm^2</td></tr>
<tr><td>$e_2=1.5d_0=$</td><td>36</td><td>mm</td></tr>
<tr><td>$b=3d_0=$</td><td>72</td><td>mm</td></tr>
<tr><td>取 $e_1=1.25e_2$</td><td>45</td><td>mm</td></tr>
<tr><td>$N_t^b=0.8P=$</td><td>152</td><td>kN</td></tr>
<tr><td>$N_t'=\dfrac{5N_t^b}{2\rho+5}=$</td><td>115.152</td><td>kN</td></tr>
<tr><td>$t_{ec}=\sqrt{\dfrac{4e_2N_t^b}{bf}}=$</td><td>26.904</td><td>mm</td></tr>
</table>

T形件受拉件受力图

计算列表	N_t（kN）							
	0.1P	0.2P	0.3P	0.4P	0.5P	0.6P	N_t'	0.7P
	19	38	57	76	95	114	115.152	133
1　$\rho=\dfrac{e_2}{e_1}=$	0.800	0.800	0.800	0.800	0.800	0.800	0.800	0.800
2　$\beta=\dfrac{1}{\rho}\left(\dfrac{N_t^b}{N_t}-1\right)=$	8.750	3.750	2.083	1.250	0.750	0.417	0.400	0.179
3　$\delta=1-\dfrac{d_0}{b}=$	0.667	0.667	0.667	0.667	0.667	0.667	0.667	0.667
4　α'	1.000	1.000	1.000	1.000	1.000	1.000	1.000	1.000
5　$\alpha'=\dfrac{1}{\delta}\left(\dfrac{\beta}{1-\beta}\right)=$	-1.694	-2.045	-2.885	-7.500	4.500	1.071	1.000	0.326
6　判断 β 值，最终 α' 取	1.000	1.000	1.000	1.000	1.000	1.000	1.000	0.326
7　$\Psi=1+\delta\alpha'$	1.667	1.667	1.667	1.667	1.667	1.667	1.667	1.217
8　$t_e=\sqrt{\dfrac{4e_2N_t}{\Psi bf}}$	7.368	10.420	12.762	14.736	16.475	18.048	18.138	22.809
9　$\alpha=\dfrac{1}{\delta}\left[\dfrac{N_t}{N_t^b}\left(\dfrac{t_{ce}}{t}\right)^2-1\right]=$	1.000	1.000	1.000	1.000	1.000	1.000	1.000	0.326
10　$Q=N_t^b\left[\delta\alpha\rho\left(\dfrac{t_e}{t_{ec}}\right)^2\right]=$	6.080	12.160	18.240	24.320	30.400	36.480	36.848	19.000
11　N_t+Q	25.080	50.160	75.240	100.320	125.400	150.480	152.000	152.000

说明

b——按一排螺栓覆盖的翼缘板（端板）计算宽度（mm）；　　e_1——螺栓中心到 T 形件翼缘边缘的距离（mm）；

e_2——螺栓中心到 T 形件腹板边缘的距离（mm）；　　t_{ec}——T 形件翼缘板的最小厚度；

N_t——一个高强度螺栓的轴向拉力；　　N_t^b——一个受拉高强度螺栓的受拉承载力；

t_e——受拉 T 形件翼缘板的厚度；　　Ψ——撬力影响系数；　　δ——翼缘板截面系数；

α'——系数，$\beta\geqslant1.0$ 时，α' 取 1.0；$\beta<1.0$ 时，$\alpha'=[\beta/(1-\beta)]/\delta$，且满足 $\alpha'\leqslant1.0$；

β——系数；　　ρ——系数；　　Q——撬力；　　α——系数$\geqslant0$；　　N_t'——Q 为最大值时，对应的 N_t 值

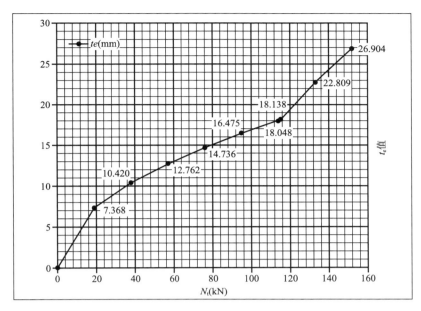

附图 7.7-1　M22 G10.9S Q420 $e_1 = 1.25e_2$ 时 t_e 值图表

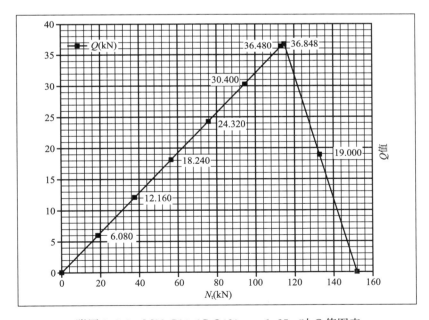

附图 7.7-2　M22 G10.9S Q420 $e_1 = 1.25e_2$ 时 Q 值图表

附 7.8 M22 G10.9S Q420 $e_1=1.5d_0$ 时 计算列表

<table>
<tr><td rowspan="14">计算条件</td><td>螺栓等级</td><td colspan="2">10.9S</td></tr>
<tr><td>螺栓规格</td><td colspan="2">M22</td></tr>
<tr><td>连接板材料</td><td colspan="2">Q420</td></tr>
<tr><td>$d=$</td><td>22</td><td>mm</td></tr>
<tr><td>$d_0=$</td><td>24</td><td>mm</td></tr>
<tr><td>预拉力 $P=$</td><td>190</td><td>kN</td></tr>
<tr><td>$f=$</td><td>420</td><td>N/mm²</td></tr>
<tr><td>$e_2=1.5d_0=$</td><td>36</td><td>mm</td></tr>
<tr><td>$b=3d_0=$</td><td>72</td><td>mm</td></tr>
<tr><td>取 $e_1=e_2$</td><td>36</td><td>mm</td></tr>
<tr><td>$N_t^b=0.8P=$</td><td>152</td><td>kN</td></tr>
<tr><td>$N_t'=\dfrac{5N_t^b}{2\rho+5}=$</td><td>108.571</td><td>kN</td></tr>
<tr><td>$t_{ec}=\sqrt{\dfrac{4e_2 N_t^b}{bf}}=$</td><td>26.904</td><td>mm</td></tr>
</table>

T形件受拉件受力简图

					N_t (kN)				
计算列表		0.1P	0.2P	0.3P	0.4P	0.5P	N_t'	0.6P	0.7P
		19	38	57	76	95	108.57	114	133
1	$\rho=\dfrac{e_2}{e_1}=$	1.000	1.000	1.000	1.000	1.000	1.000	1.000	1.000
2	$\beta=\dfrac{1}{\rho}\left(\dfrac{N_t^b}{N_t}-1\right)=$	7.000	3.000	1.667	1.000	0.600	0.400	0.333	0.143
3	$\delta=1-\dfrac{d_0}{b}=$	0.667	0.667	0.667	0.667	0.667	0.667	0.667	0.667
4	α'	1.000	1.000	1.000	1.000	1.000	1.000	1.000	1.000
5	$\alpha'=\dfrac{1}{\delta}\left(\dfrac{\beta}{1-\beta}\right)=$	-1.750	-2.250	-3.750	/	2.250	1.000	0.750	0.250
6	判断 β 值,最终 α' 取	1.000	1.000	1.000	1.000	1.000	1.000	0.750	0.250
7	$\Psi=1+\delta\alpha'$	1.667	1.667	1.667	1.667	1.667	1.667	1.500	1.167
8	$t_e=\sqrt{\dfrac{4e_2 N_t}{\Psi b f}}=$	7.368	10.420	12.762	14.736	16.475	17.613	19.024	23.299
9	$\alpha=\dfrac{1}{\delta}\left[\dfrac{N_t}{N_t^b}\left(\dfrac{t_{ce}}{t}\right)^2-1\right]=$	1.000	1.000	1.000	1.000	1.000	1.000	0.750	0.250
10	$Q=N_t^b\left[\delta\alpha\rho\left(\dfrac{t_e}{t_{ec}}\right)^2\right]=$	7.600	15.200	22.800	30.400	38.000	43.429	38.000	19.000
11	N_t+Q	26.600	53.200	79.800	106.400	133.000	152.000	152.000	152.000

说明：

b——按一排螺栓覆盖的翼缘板（端板）计算宽度（mm）； e_1——螺栓中心到 T 形件翼缘边缘的距离（mm）；

e_2——螺栓中心到 T 形件腹板边缘的距离（mm）； t_{ec}——T 形件翼缘板的最小厚度；

N_t——一个高强度螺栓的轴向拉力； N_t^b——一个受拉高强度螺栓的受拉承载力；

t_e——受拉 T 形件翼缘板的厚度； Ψ——撬力影响系数； δ——翼缘板截面系数；

α'——系数，$\beta\geq 1.0$ 时，α' 取 1.0；$\beta<1.0$ 时，$\alpha'=[\beta/(1-\beta)]/\delta$，且满足 $\alpha'\leq 1.0$；

β——系数； ρ——系数； Q——撬力； α——系数≥ 0； N_t'——Q 为最大值时，对应的 N_t 值

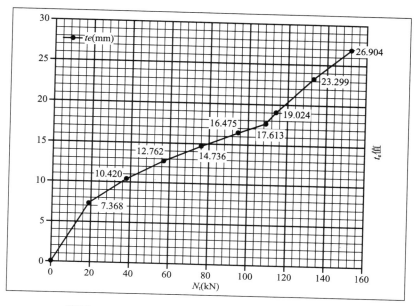

附图 7.8-1　M22 G10.9S Q420 $e_1 = 1.5d_0$ 时 t_e 值图表

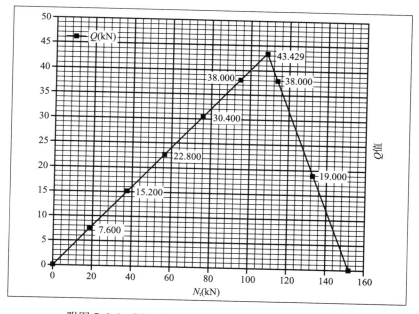

附图 7.8-2　M22 G10.9S Q420 $e_1 = 1.5d_0$ 时 Q 值图表

附7.9 M24 G10.9S Q420 $e_1 = 1.25e_2$ 时 计算列表

<table>
<tr><td rowspan="12">计算条件</td><td colspan="2">螺栓等级</td><td colspan="2">10.9S</td><td rowspan="12" colspan="3">
T形件受拉件受力简图</td></tr>
<tr><td colspan="2">螺栓规格</td><td colspan="2">M24</td></tr>
<tr><td colspan="2">连接板材料</td><td colspan="2">Q420</td></tr>
<tr><td colspan="2">$d=$</td><td>24</td><td>mm</td></tr>
<tr><td colspan="2">$d_0=$</td><td>26</td><td>mm</td></tr>
<tr><td colspan="2">预拉力 $P=$</td><td>225</td><td>kN</td></tr>
<tr><td colspan="2">$f=$</td><td>420</td><td>N/mm^2</td></tr>
<tr><td colspan="2">$e_2 = 1.5d_0 =$</td><td>39</td><td>mm</td></tr>
<tr><td colspan="2">$b = 3d_0 =$</td><td>78</td><td>mm</td></tr>
<tr><td colspan="2">取 $e_1 = 1.25e_2$</td><td>48.75</td><td>mm</td></tr>
<tr><td colspan="2">$N_t^b = 0.8P =$</td><td>180</td><td>kN</td></tr>
<tr><td colspan="2">$N_t' = \dfrac{5N_t^b}{2\rho + 5} =$</td><td>136.364</td><td>kN</td></tr>
</table>

计算条件		$t_{ec} = \sqrt{\dfrac{4e_2 N_t^b}{bf}} =$		29.277	mm				

计算列表		N_t (kN)							
		0.1P	0.2P	0.3P	0.4P	0.5P	0.6P	N_t'	0.7P
		22.5	45	67.5	90	112.5	135	136.36	157.5
1	$\rho = \dfrac{e_2}{e_1} =$	0.800	0.800	0.800	0.800	0.800	0.800	0.800	0.800
2	$\beta = \dfrac{1}{\rho}\left(\dfrac{N_t^b}{N_t} - 1\right) =$	8.750	3.750	2.083	1.250	0.750	0.417	0.400	0.179
3	$\delta = 1 - \dfrac{d_0}{b} =$	0.667	0.667	0.667	0.667	0.667	0.667	0.667	0.667
4	α'	1.000	1.000	1.000	1.000	1.000	1.000	1.000	1.000
5	$\alpha' = \dfrac{1}{\delta}\left(\dfrac{\beta}{1-\beta}\right) =$	-1.694	-2.045	-2.885	-7.500	4.500	1.071	1.000	0.326
6	判断 β 值, 最终 α' 取	1.000	1.000	1.000	1.000	1.000	1.000	1.000	0.326
7	$\Psi = 1 + \delta\alpha'$	1.667	1.667	1.667	1.667	1.667	1.667	1.667	1.217
8	$t_e = \sqrt{\dfrac{4e_2 N_t}{\Psi bf}} =$	8.018	11.339	13.887	16.036	17.928	19.640	19.739	24.821
9	$\alpha = \dfrac{1}{\delta}\left[\dfrac{N_t}{N_t^b}\left(\dfrac{t_{ce}}{t}\right)^2 - 1\right] =$	1.000	1.000	1.000	1.000	1.000	1.000	1.000	0.326
10	$Q = N_t^b\left[\delta\alpha\rho\left(\dfrac{t_e}{t_{ec}}\right)^2\right] =$	7.200	14.400	21.600	28.800	36.000	43.200	43.636	22.500
11	$N_t + Q$	29.700	59.400	89.100	118.800	148.500	178.200	180.000	180.000

<table>
<tr><td rowspan="6">说明</td><td>b——按一排螺栓覆盖的翼缘板（端板）计算宽度（mm）；</td><td>e_1——螺栓中心到T形件翼缘边缘的距离（mm）；</td></tr>
<tr><td>e_2——螺栓中心到T形件腹板边缘的距离（mm）；</td><td>t_{ec}——T形件翼缘板的最小厚度；</td></tr>
<tr><td>N_t——一个高强度螺栓的轴向拉力；</td><td>N_t^b——一个受拉高强度螺栓的受拉承载力；</td></tr>
<tr><td>t_e——受拉T形件翼缘板的厚度；</td><td>Ψ——撬力影响系数；　δ——翼缘板截面系数；</td></tr>
<tr><td colspan="2">α'——系数，$\beta \geq 1.0$时，α'取1.0，$\beta < 1.0$时，$\alpha' = [\beta/(1-\beta)]/\delta$，且满足 $\alpha' \leq 1.0$；</td></tr>
<tr><td colspan="2">β——系数；　　ρ——系数；　　Q——撬力；　　α——系数≥ 0；　　N_t'——Q为最大值时，对应的 N_t 值</td></tr>
</table>

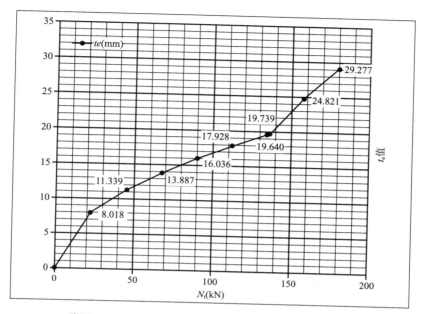

附图 7.9-1 M24 G10.9S Q420 $e_1 = 1.25e_2$ 时 t_e 值图表

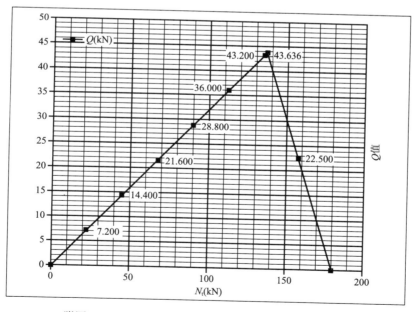

附图 7.9-2 M24 G10.9S Q420 $e_1 = 1.25e_2$ 时 Q 值图表

附7.10 M24 G10.9S Q420 $e_1=1.5d_0$时 计算列表

计算条件			
螺栓等级	10.9S	
螺栓规格	M24	
连接板材料	Q420	
$d=$	24	mm
$d_0=$	26	mm
预拉力 $P=$	225	kN
$f=$	420	N/mm²
$e_2=1.5d_0=$	39	mm
$b=3d_0=$	78	mm
取 $e_1=e_2$	39	mm
$N_t^b=0.8P=$	180	kN
$N_t'=\dfrac{5N_t^b}{2\rho+5}=$	128.571	kN
$t_{ec}=\sqrt{\dfrac{4e_2N_t^b}{bf}}=$	29.277	mm

T形件受拉件受力简图

计算列表	N_t（kN）							
	0.1P	0.2P	0.3P	0.4P	0.5P	N_t'	0.6P	0.7P
	22.5	45	67.5	90	112.5	128.57	135	157.5
1　$\rho=\dfrac{e_2}{e_1}=$	1.000	1.000	1.000	1.000	1.000	1.000	1.000	1.000
2　$\beta=\dfrac{1}{\rho}\left(\dfrac{N_t^b}{N_t}-1\right)=$	7.000	3.000	1.667	1.000	0.600	0.400	0.333	0.143
3　$\delta=1-\dfrac{d_0}{b}=$	0.667	0.667	0.667	0.667	0.667	0.667	0.667	0.667
4　α'	1.000	1.000	1.000	1.000	1.000	1.000	1.000	1.000
5　$\alpha'=\dfrac{1}{\delta}\left(\dfrac{\beta}{1-\beta}\right)=$	−1.750	−2.250	−3.750	/	2.250	1.000	0.750	0.250
6　判断 β 值，最终 α' 取	1.000	1.000	1.000	1.000	1.000	1.000	0.750	0.250
7　$\Psi=1+\delta\alpha'$	1.667	1.667	1.667	1.667	1.667	1.667	1.500	1.167
8　$t_e=\sqrt{\dfrac{4e_2N_t}{\Psi bf}}=$	8.018	11.339	13.887	16.036	17.928	19.166	20.702	25.355
9　$\alpha=\dfrac{1}{\delta}\left[\dfrac{N_t}{N_t^b}\left(\dfrac{t_{ce}}{t}\right)^2-1\right]=$	1.000	1.000	1.000	1.000	1.000	1.000	0.750	0.250
10　$Q=N_t^b\left[\delta\alpha\rho\left(\dfrac{t_e}{t_{ec}}\right)^2\right]=$	9.000	18.000	27.000	36.000	45.000	51.429	45.000	22.500
11　N_t+Q	31.500	63.000	94.500	126.000	157.500	180.000	180.000	180.000

说明	
b——按一排螺栓覆盖的翼缘板（端板）计算宽度（mm）；	e_1——螺栓中心到T形件翼缘边缘的距离（mm）；
e_2——螺栓中心到T形件腹板边缘的距离（mm）；	t_{ec}——T形件翼缘板的最小厚度；
N_t——一个高强度螺栓的轴向拉力；	N_t^b——一个受拉高强度螺栓的受拉承载力；
t_e——受拉T形件翼缘板的厚度；	Ψ——撬力影响系数；	δ——翼缘板截面系数；
α'——系数，$\beta\geqslant1.0$时，α'取1.0；$\beta<1.0$时，$\alpha'=[\beta/(1-\beta)]/\delta$，且满足$\alpha'\leqslant1.0$。	
β——系数；　ρ——系数；　Q——撬力；　α——系数$\geqslant0$；　N_t'——Q为最大值时，对应的N_t值	

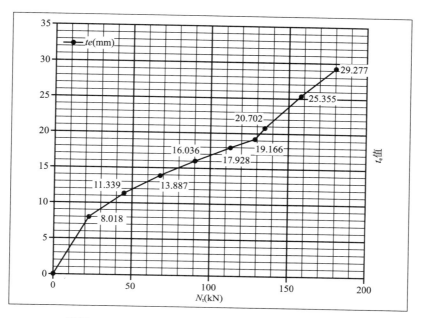

附图 7.10-1　M24 G10.9S Q420 $e_1 = 1.5d_0$ 时 t_e 值图表

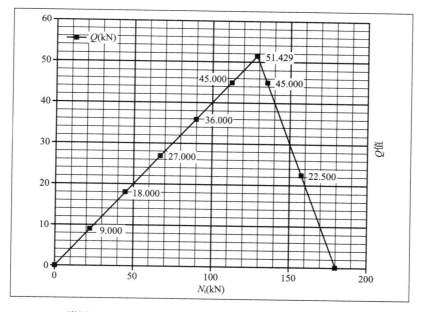

附图 7.10-2　M24 G10.9S Q420 $e_1 = 1.5d_0$ 时 Q 值图表

附7.11 M27 G10.9S Q420 $e_1 = 1.25e_2$ 时 计算列表

<table>
<tr><td rowspan="12">计算条件</td><td>螺栓等级</td><td colspan="2">10.9S</td></tr>
<tr><td>螺栓规格</td><td colspan="2">M27</td></tr>
<tr><td>连接板材料</td><td colspan="2">Q420</td></tr>
<tr><td>$d =$</td><td>27</td><td>mm</td></tr>
<tr><td>$d_0 =$</td><td>30</td><td>mm</td></tr>
<tr><td>预拉力 $P =$</td><td>290</td><td>kN</td></tr>
<tr><td>$f =$</td><td>420</td><td>N/mm²</td></tr>
<tr><td>$e_2 = 1.5d_0 =$</td><td>45</td><td>mm</td></tr>
<tr><td>$b = 3d_0 =$</td><td>90</td><td>mm</td></tr>
<tr><td>取 $e_1 = 1.25e_2$</td><td>56.25</td><td>mm</td></tr>
<tr><td>$N_t^b = 0.8P =$</td><td>232</td><td>kN</td></tr>
<tr><td>$N_t' = \dfrac{5N_t^b}{2\rho+5} =$</td><td>175.758</td><td>kN</td></tr>
</table>

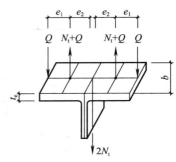

T形件受拉件受力简图

$N_t'=\sqrt{\dfrac{4e_2 N_t^b}{bf}}$ ... 实际上：$t_{ec}=\sqrt{\dfrac{4e_2 N_t^b}{bf}} =$ 33.238 mm

计算列表		N_t (kN)							
		$0.1P$	$0.2P$	$0.3P$	$0.4P$	$0.5P$	$0.6P$	N_t'	$0.7P$
		29	58	87	116	145	174	175.75	203
1	$\rho = \dfrac{e_2}{e_1} =$	0.800	0.800	0.800	0.800	0.800	0.800	0.800	0.800
2	$\beta = \dfrac{1}{\rho}\left(\dfrac{N_t^b}{N_t}-1\right) =$	8.750	3.750	2.083	1.250	0.750	0.417	0.400	0.179
3	$\delta = 1 - \dfrac{d_0}{b} =$	0.667	0.667	0.667	0.667	0.667	0.667	0.667	0.667
4	α'	1.000	1.000	1.000	1.000	1.000	1.000	1.000	1.000
5	$\alpha' = \dfrac{1}{\delta}\left(\dfrac{\beta}{1-\beta}\right) =$	−1.694	−2.045	−2.885	−7.500	4.500	1.071	1.000	0.326
6	判断 β 值，最终 α' 取	1.000	1.000	1.000	1.000	1.000	1.000	1.000	0.326
7	$\Psi = 1 + \delta\alpha'$	1.667	1.667	1.667	1.667	1.667	1.667	1.667	1.217
8	$t_e = \sqrt{\dfrac{4e_2 N_t}{\Psi bf}} =$	9.103	12.873	15.766	18.205	20.354	22.297	22.409	28.179
9	$\alpha = \dfrac{1}{\delta}\left[\dfrac{N_t}{N_t^b}\left(\dfrac{t_{ce}}{t}\right)^2 - 1\right] =$	1.000	1.000	1.000	1.000	1.000	1.000	1.000	0.326
10	$Q = N_t^b\left[\delta\alpha\rho\left(\dfrac{t_e}{t_{ec}}\right)^2\right] =$	9.280	18.560	27.840	37.120	46.400	55.680	56.242	29.000
11	$N_t + Q$	38.280	76.560	114.840	153.120	191.400	229.680	232.000	232.000

说明	b——按一排螺栓覆盖的翼缘板（端板）计算宽度（mm）； e_1——螺栓中心到T形件翼缘边缘的距离（mm）； e_2——螺栓中心到T形件腹板边缘的距离（mm）； t_{ec}——T形件翼缘板的最小厚度； N_t——一个高强度螺栓的轴向拉力； N_t^b——一个受拉高强度螺栓的受拉承载力； t_e——受拉 T 形件翼缘板的厚度； Ψ——撬力影响系数； δ——翼缘板截面系数； α'——系数，$\beta \geqslant 1.0$ 时，α' 取 1.0；$\beta < 1.0$ 时，$\alpha' = [\beta/(1-\beta)]/\delta$，且满足 $\alpha' \leqslant 1.0$； β——系数； ρ——系数； Q——撬力； α——系数 $\geqslant 0$； N_t'——Q 为最大值时，对应的 N_t 值

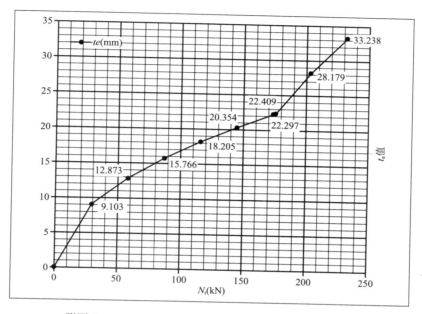

附图 7.11-1 M27 G10.9S Q420 $e_1 = 1.25e_2$ 时 t_e 值图表

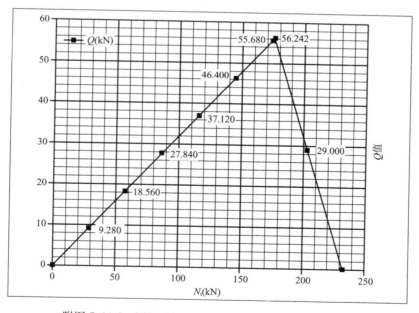

附图 7.11-2 M27 G10.9S Q420 $e_1 = 1.25e_2$ 时 Q 值图表

附 7.12 M27 G10.9S Q420 $e_1=1.5d_0$ 时 计算列表

<table>
<tr><td rowspan="12">计算条件</td><td colspan="2">螺栓等级</td><td colspan="2">10.9S</td></tr>
<tr><td colspan="2">螺栓规格</td><td colspan="2">M27</td></tr>
<tr><td colspan="2">连接板材料</td><td colspan="2">Q420</td></tr>
<tr><td colspan="2">$d=$</td><td>27</td><td>mm</td></tr>
<tr><td colspan="2">$d_0=$</td><td>30</td><td>mm</td></tr>
<tr><td colspan="2">预拉力 $P=$</td><td>290</td><td>kN</td></tr>
<tr><td colspan="2">$f=$</td><td>420</td><td>N/mm²</td></tr>
<tr><td colspan="2">$e_2=1.5d_0=$</td><td>45</td><td>mm</td></tr>
<tr><td colspan="2">$b=3d_0=$</td><td>90</td><td>mm</td></tr>
<tr><td colspan="2">取 $e_1=e_2$</td><td>45</td><td>mm</td></tr>
<tr><td colspan="2">$N_t^b=0.8P=$</td><td>232</td><td>kN</td></tr>
<tr><td colspan="2">$N_t'=\dfrac{5N_t^b}{2\rho+5}=$</td><td>165.714</td><td>kN</td></tr>
</table>

$$t_{ec}=\sqrt{\frac{4e_2N_t^b}{bf}}=33.238\ \text{mm}$$

T形件受拉件受力简图

计算列表		N_t (kN)							
		0.1P	0.2P	0.3P	0.4P	0.5P	N_t'	0.6P	0.7P
		29	58	87	116	145	165.71	174	203
1	$\rho=\dfrac{e_2}{e_1}=$	1.000	1.000	1.000	1.000	1.000	1.000	1.000	1.000
2	$\beta=\dfrac{1}{\rho}\left(\dfrac{N_t^b}{N_t}-1\right)=$	7.000	3.000	1.667	1.000	0.600	0.400	0.333	0.143
3	$\delta=1-\dfrac{d_0}{b}=$	0.667	0.667	0.667	0.667	0.667	0.667	0.667	0.667
4	α'	1.000	1.000	1.000	1.000	1.000	1.000	1.000	1.000
5	$\alpha'=\dfrac{1}{\delta}\left(\dfrac{\beta}{1-\beta}\right)=$	−1.750	−2.250	−3.750	/	2.250	1.000	0.750	0.250
6	判断 β 值,最终 α' 取	1.000	1.000	1.000	1.000	1.000	1.000	0.750	0.250
7	$\Psi=1+\delta\alpha'$	1.667	1.667	1.667	1.667	1.667	1.667	1.500	1.167
8	$t_e=\sqrt{\dfrac{4e_2N_t}{\Psi bf}}=$	9.103	12.873	15.766	18.205	20.354	21.759	23.503	28.785
9	$\alpha=\dfrac{1}{\delta}\left[\dfrac{N_t}{N_t^b}\left(\dfrac{t_{ce}}{t}\right)^2-1\right]=$	1.000	1.000	1.000	1.000	1.000	1.000	0.750	0.250
10	$Q=N_t^b\left[\delta\alpha\rho\left(\dfrac{t_e}{t_{ec}}\right)^2\right]=$	11.600	23.200	34.800	46.400	58.000	66.286	58.000	29.000
11	N_t+Q	40.600	81.200	121.800	162.400	203.000	232.000	232.000	232.000

说明	
b——按一排螺栓覆盖的翼缘板(端板)计算宽度(mm);	e_1——螺栓中心到T形件翼缘边缘的距离(mm);
e_2——螺栓中心到T形件腹板边缘的距离(mm);	t_{ec}——T形件翼缘板的最小厚度;
N_t——一个高强度螺栓的轴向拉力;	N_t^b——一个受拉高强度螺栓的受拉承载力;
t_e——受拉T形件翼缘板的厚度; Ψ——撬力影响系数; δ——翼缘板截面系数;	
α'——系数,$\beta\geq1.0$时,α'取1.0,$\beta<1.0$时,$\alpha'=[\beta/(1-\beta)]/\delta$,且满足 $\alpha'\leq1.0$;	
β——系数; ρ——系数; Q——撬力; α——系数≥0; N_t'——Q为最大值时,对应的 N_t 值	

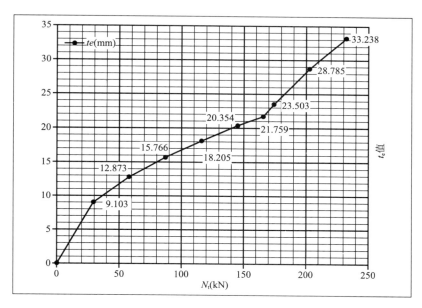

附图 7.12-1　M27 G10.9S Q420 $e_1 = 1.5d_0$ 时 t_e 值图表

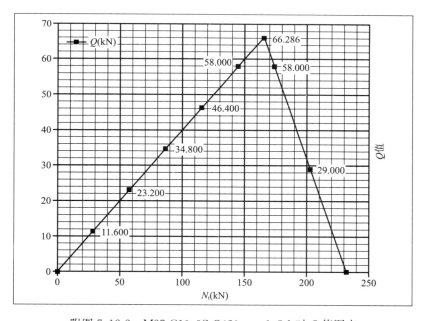

附图 7.12-2　M27 G10.9S Q420 $e_1 = 1.5d_0$ 时 Q 值图表

附7.13 M30 G10.9S Q420 $e_1 = 1.25e_2$ 时 计算列表

<table>
<tr><td rowspan="13">计算
条件</td><td>螺栓等级</td><td colspan="2">10.9S</td></tr>
<tr><td>螺栓规格</td><td colspan="2">M30</td></tr>
<tr><td>连接板材料</td><td colspan="2">Q420</td></tr>
<tr><td>$d=$</td><td>30</td><td>mm</td></tr>
<tr><td>$d_0=$</td><td>33</td><td>mm</td></tr>
<tr><td>预拉力 $P=$</td><td>335</td><td>kN</td></tr>
<tr><td>$f=$</td><td>420</td><td>N/mm²</td></tr>
<tr><td>$e_2=1.5d_0=$</td><td>49.5</td><td>mm</td></tr>
<tr><td>$b=3d_0=$</td><td>99</td><td>mm</td></tr>
<tr><td>取 $e_1=1.25e_2$</td><td>61.875</td><td>mm</td></tr>
<tr><td>$N_t^b=0.8P=$</td><td>268</td><td>kN</td></tr>
<tr><td>$N_t'=\dfrac{5N_t^b}{2\rho+5}=$</td><td>203.030</td><td>kN</td></tr>
<tr><td>$t_{ec}=\sqrt{\dfrac{4e_2N_t^b}{bf}}=$</td><td>35.724</td><td>mm</td></tr>
</table>

T形件受拉件受力简图

计算列表	N_t (kN)							
	0.1P	0.2P	0.3P	0.4P	0.5P	0.6P	N_t'	0.7P
	33.5	67	100.5	134	167.5	201	203.03	234.5
1 $\rho=\dfrac{e_2}{e_1}=$	0.800	0.800	0.800	0.800	0.800	0.800	0.800	0.800
2 $\beta=\dfrac{1}{\rho}\left(\dfrac{N_t^b}{N_t}-1\right)=$	8.750	3.750	2.083	1.250	0.750	0.417	0.400	0.179
3 $\delta=1-\dfrac{d_0}{b}=$	0.667	0.667	0.667	0.667	0.667	0.667	0.667	0.667
4 α'	1.000	1.000	1.000	1.000	1.000	1.000	1.000	1.000
5 $\alpha'=\dfrac{1}{\delta}\left(\dfrac{\beta}{1-\beta}\right)=$	−1.694	−2.045	−2.885	−7.500	4.500	1.071	1.000	0.326
6 判断 β 值,最终 α' 取	1.000	1.000	1.000	1.000	1.000	1.000	1.000	0.326
7 $\Psi=1+\delta\alpha'$	1.667	1.667	1.667	1.667	1.667	1.667	1.667	1.217
8 $t_e=\sqrt{\dfrac{4e_2N_t}{\Psi bf}}=$	9.783	13.836	16.945	19.567	21.876	23.964	24.085	30.286
9 $\alpha=\dfrac{1}{\delta}\left[\dfrac{N_t}{N_t^b}\left(\dfrac{t_{ce}}{t}\right)^2-1\right]=$	1.000	1.000	1.000	1.000	1.000	1.000	1.000	0.326
10 $Q=N_t^b\left[\delta\alpha\rho\left(\dfrac{t_e}{t_{ec}}\right)^2\right]=$	10.720	21.440	32.160	42.880	53.600	64.320	64.970	33.500
11 N_t+Q	44.220	88.440	132.660	176.880	221.100	265.320	268.000	268.000

说明

b——按一排螺栓覆盖的翼缘板(端板)计算宽度(mm); e_1——螺栓中心到T形件翼缘板边缘的距离(mm);

e_2——螺栓中心到T形件腹板边缘的距离(mm); t_{ec}——T形件翼缘板的最小厚度;

N_t——一个高强度螺栓的轴向拉力; N_t^b——一个受拉高强度螺栓的受拉承载力;

t_e——受拉T形件翼缘板的厚度; Ψ——撬力影响系数; δ——翼缘板截面系数;

α'——系数,$\beta\geqslant1.0$ 时,α' 取 1.0;$\beta<1.0$ 时,$\alpha'=[\beta/(1-\beta)]/\delta$,且满足 $\alpha'\leqslant1.0$;

β——系数; ρ——系数; Q——撬力; α——系数 $\geqslant0$; N_t'——Q 为最大值时,对应的 N_t 值

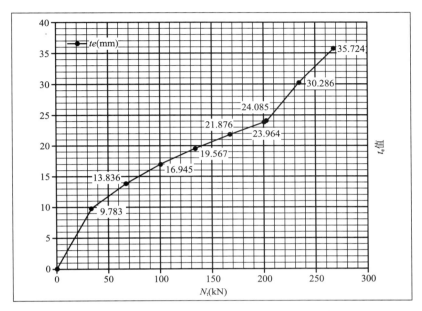

附图 7.13-1 M30 G10.9S Q420 $e_1 = 1.25e_2$ 时 t_e 值图表

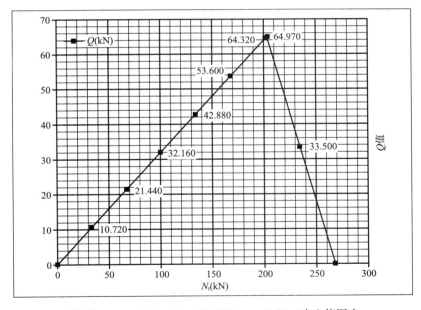

附图 7.13-2 M30 G10.9S Q420 $e_1 = 1.25e_2$ 时 Q 值图表

附7.14　M30 G10.9S Q420 $e_1=1.5d_0$ 时　计算列表

	螺栓等级	10.9S	
	螺栓规格	M30	
	连接板材料	Q420	
计算条件	$d=$	30	mm
	$d_0=$	33	mm
	预拉力 $P=$	335	kN
	$f=$	420	N/mm²
	$e_2=1.5d_0=$	49.5	mm
	$b=3d_0=$	99	mm
	取 $e_1=e_2$	49.5	mm
	$N_t^b=0.8P=$	268	kN
	$N_t'=\dfrac{5N_t^b}{2\rho+5}=$	191.429	kN
	$t_{ec}=\sqrt{\dfrac{4e_2N_t^b}{bf}}=$	35.742	mm

T形件受拉件受力简图

	计算列表	N_t（kN）							
		$0.1P$	$0.2P$	$0.3P$	$0.4P$	$0.5P$	N_t'	$0.6P$	$0.7P$
		33.5	67	100.5	134	167.5	191.42	201	234.5
1	$\rho=\dfrac{e_2}{e_1}=$	1.000	1.000	1.000	1.000	1.000	1.000	1.000	1.000
2	$\beta=\dfrac{1}{\rho}\left(\dfrac{N_t^b}{N_t}-1\right)=$	7.000	3.000	1.667	1.000	0.600	0.400	0.333	0.143
3	$\delta=1-\dfrac{d_0}{b}=$	0.667	0.667	0.667	0.667	0.667	0.667	0.667	0.667
4	α'	1.000	1.000	1.000	1.000	1.000	1.000	1.000	1.000
5	$\alpha'=\dfrac{1}{\delta}\left(\dfrac{\beta}{1-\beta}\right)=$	−1.750	−2.250	−3.750	/	2.250	1.000	0.750	0.250
6	判断 β 值,最终 α' 取	1.000	1.000	1.000	1.000	1.000	1.000	0.750	0.250
7	$\Psi=1+\delta\alpha'$	1.667	1.667	1.667	1.667	1.667	1.667	1.500	1.167
8	$t_e=\sqrt{\dfrac{4e_2N_t}{\Psi bf}}=$	9.783	13.836	16.945	19.567	21.876	23.387	25.261	30.938
9	$\alpha=\dfrac{1}{\delta}\left[\dfrac{N_t}{N_t^b}\left(\dfrac{t_{ce}}{t}\right)^2-1\right]=$	1.000	1.000	1.000	1.000	1.000	1.000	0.750	0.250
10	$Q=N_t^b\left[\delta\alpha\rho\left(\dfrac{t_e}{t_{ec}}\right)^2\right]=$	13.400	26.800	40.200	53.600	67.000	76.571	67.000	33.500
11	N_t+Q	46.900	93.800	140.700	187.600	234.500	268.000	268.000	268.000

说明	
b——按一排螺栓覆盖的翼缘板（端板）计算宽度（mm）；	e_1——螺栓中心到 T 形件翼缘边缘的距离（mm）；
e_2——螺栓中心到 T 形件腹板边缘的距离（mm）；	t_{ec}——T 形件翼缘板的最小厚度；
N_t——一个高强度螺栓的轴向拉力；	N_t^b——一个受拉高强度螺栓的受拉承载力；
t_e——受拉 T 形件翼缘板的厚度；	Ψ——撬力影响系数；　δ——翼缘板截面系数；
α'——系数，$\beta\geqslant1.0$ 时，α' 取 1.0；$\beta<1.0$ 时，$\alpha'=[\beta/(1-\beta)]/\delta$，且满足 $\alpha'\leqslant1.0$；	
β——系数；　ρ——系数；　Q——撬力；　α——系数≥0；　N_t'——Q 为最大值时，对应的 N_t 值	

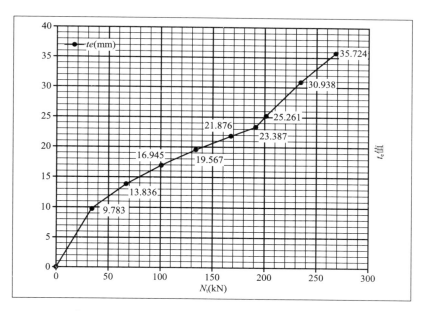

附图 7.14-1 M30 G10.9S Q420 $e_1 = 1.5d_0$ 时 t_e 值图表

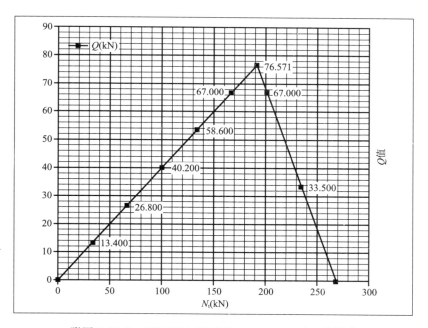

附图 7.14-2 M30 G10.9S Q420 $e_1 = 1.5d_0$ 时 Q 值图表

附8 高强度螺栓连接副（8.8S）＋Q420连接板材

附8.1 M12 G8.8S Q420 $e_1=1.25e_2$时 计算列表

<table>
<tr><td rowspan="14">计算条件</td><td colspan="2">螺栓等级</td><td colspan="2">8.8S</td><td rowspan="12">
T形件受拉件受力简图</td></tr>
<tr><td colspan="2">螺栓规格</td><td colspan="2">M12</td></tr>
<tr><td colspan="2">连接板材料</td><td colspan="2">Q420</td></tr>
<tr><td colspan="2">$d=$</td><td>12</td><td>mm</td></tr>
<tr><td colspan="2">$d_0=$</td><td>13.5</td><td>mm</td></tr>
<tr><td colspan="2">预拉力 $P=$</td><td>45</td><td>kN</td></tr>
<tr><td colspan="2">$f=$</td><td>420</td><td>N/mm²</td></tr>
<tr><td colspan="2">$e_2=1.5d_0=$</td><td>20.25</td><td>mm</td></tr>
<tr><td colspan="2">$b=3d_0=$</td><td>40.5</td><td>mm</td></tr>
<tr><td colspan="2">取 $e_1=1.25e_2$</td><td>25.3125</td><td>mm</td></tr>
<tr><td colspan="2">$N_t^b=0.8P=$</td><td>36</td><td>kN</td></tr>
<tr><td colspan="2">$N_t'=\dfrac{5N_t^b}{2\rho+5}=$</td><td>27.273</td><td>kN</td></tr>
<tr><td colspan="2">$t_{ec}=\sqrt{\dfrac{4e_2N_t^b}{bf}}=$</td><td>13.093</td><td>mm</td><td></td></tr>
</table>

	计算列表	N_t (kN)							
		0.1P	0.2P	0.3P	0.4P	0.5P	0.6P	N_t'	0.7P
		4.5	9	13.5	18	22.5	27	27.273	31.5
1	$\rho=\dfrac{e_2}{e_1}=$	0.800	0.800	0.800	0.800	0.800	0.800	0.800	0.800
2	$\beta=\dfrac{1}{\rho}\left(\dfrac{N_t^b}{N_t}-1\right)=$	8.750	3.750	2.083	1.250	0.750	0.417	0.400	0.179
3	$\delta=1-\dfrac{d_0}{b}=$	0.667	0.667	0.667	0.667	0.667	0.667	0.667	0.667
4	α'	1.000	1.000	1.000	1.000	1.000	1.000	1.000	1.000
5	$\alpha'=\dfrac{1}{\delta}\left(\dfrac{\beta}{1-\beta}\right)=$	−1.694	−2.045	−2.885	−7.500	4.500	1.071	1.000	0.326
6	判断 β值,最终 α'取	1.000	1.000	1.000	1.000	1.000	1.000	1.000	0.326
7	$\Psi=1+\delta\alpha'$	1.667	1.667	1.667	1.667	1.667	1.667	1.667	1.217
8	$t_e=\sqrt{\dfrac{4e_2N_t}{\Psi bf}}=$	3.586	5.071	6.211	7.171	8.018	8.783	8.827	11.100
9	$\alpha=\dfrac{1}{\delta}\left[\dfrac{N_t}{N_t^b}\left(\dfrac{t_{ce}}{t}\right)^2-1\right]=$	1.000	1.000	1.000	1.000	1.000	1.000	1.000	0.326
10	$Q=N_t^b\left[\delta\alpha\rho\left(\dfrac{t_e}{t_{ec}}\right)^2\right]=$	1.440	2.880	4.320	5.760	7.200	8.640	8.727	4.500
11	N_t+Q	5.940	11.880	17.820	23.760	29.700	35.640	36.000	36.000

说明	
b——按一排螺栓覆盖的翼缘板（端板）计算宽度（mm）;	e_1——螺栓中心到T形件翼缘边缘的距离（mm）;
e_2——螺栓中心到T形件腹板边缘的距离（mm）;	t_{ec}——T形件翼缘板的最小厚度;
N_t——一个高强度螺栓的轴向拉力;	N_t^b——一个受拉高强度螺栓的受拉承载力;
t_e——受拉T形件翼缘板的厚度;	Ψ——撬力影响系数; δ——翼缘板截面系数;
α'——系数，$\beta\geqslant1.0$时，α'取1.0; $\beta<1.0$时，$\alpha'=[\beta/(1-\beta)]/\delta$，且满足 $\alpha'\leqslant1.0$;	
β——系数; ρ——系数; Q——撬力; α——系数≥0; N_t'——Q为最大值时，对应的 N_t 值	

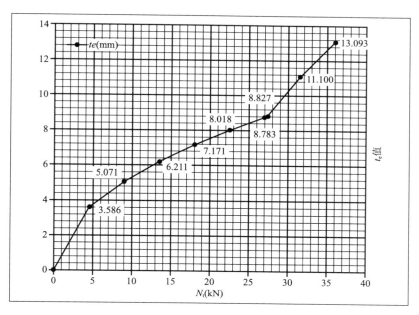

附图 8.1-1　M12 G8.8S Q420 $e_1 = 1.25e_2$ 时 t_e 值图表

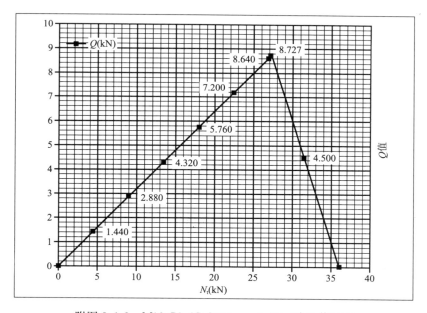

附图 8.1-2　M12 G8.8S Q420 $e_1 = 1.25e_2$ 时 Q 值图表

附 8.2 M12 G8.8S Q420 $e_1=1.5d_0$ 时 计算列表

计算条件				
	螺栓等级		8.8S	
	螺栓规格		M12	
	连接板材料		Q420	
	$d=$	12	mm	
	$d_0=$	13.5	mm	
	预拉力 $P=$	45	kN	
	$f=$	420	N/mm^2	
	$e_2=1.5d_0=$	20.25	mm	
	$b=3d_0=$	40.5	mm	
	取 $e_1=e_2=$	20.25	mm	
	$N_t^b=0.8P=$	36	kN	
	$N_t'=\dfrac{5N_t^b}{2\rho+5}=$	25.714	kN	
	$t_{ec}=\sqrt{\dfrac{4e_2N_t^b}{bf}}=$	13.093	mm	

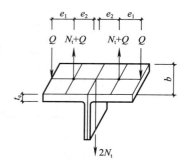

T形件受拉件受力简图

	计算列表	N_t（kN）							
		$0.1P$	$0.2P$	$0.3P$	$0.4P$	$0.5P$	N_t'	$0.6P$	$0.7P$
		4.5	9	13.5	18	22.5	25.714	27	31.5
1	$\rho=\dfrac{e_2}{e_1}=$	1.000	1.000	1.000	1.000	1.000	1.000	1.000	1.000
2	$\beta=\dfrac{1}{\rho}\left(\dfrac{N_t^b}{N_t}-1\right)=$	7.000	3.000	1.667	1.000	0.600	0.400	0.333	0.143
3	$\delta=1-\dfrac{d_0}{b}=$	0.667	0.667	0.667	0.667	0.667	0.667	0.667	0.667
4	α'	1.000	1.000	1.000	1.000	1.000	1.000	1.000	1.000
5	$\alpha'=\dfrac{1}{\delta}\left(\dfrac{\beta}{1-\beta}\right)=$	-1.750	-2.250	-3.750	/	2.250	1.000	0.750	0.250
6	判断 β 值, 最终 α' 取	1.000	1.000	1.000	1.000	1.000	1.000	0.750	0.250
7	$\Psi=1+\delta\alpha'$	1.667	1.667	1.667	1.667	1.667	1.667	1.500	1.167
8	$t_e=\sqrt{\dfrac{4e_2N_t}{\Psi bf}}=$	3.586	5.071	6.211	7.171	8.018	8.571	9.258	11.339
9	$\alpha=\dfrac{1}{\delta}\left[\dfrac{N_t}{N_t^b}\left(\dfrac{t_{ce}}{t}\right)^2-1\right]=$	1.000	1.000	1.000	1.000	1.000	1.000	0.750	0.250
10	$Q=N_t^b\left[\delta\alpha\rho\left(\dfrac{t_e}{t_{ec}}\right)^2\right]=$	1.800	3.600	5.400	7.200	9.000	10.286	9.000	4.500
11	N_t+Q	6.300	12.600	18.900	25.200	31.500	36.000	36.000	36.000

说明	
b——按一排螺栓覆盖的翼缘板（端板）计算宽度（mm）;	e_1——螺栓中心到 T 形件翼缘边缘的距离（mm）;
e_2——螺栓中心到 T 形件腹板边缘的距离（mm）;	t_{ec}——T 形件翼缘板的最小厚度;
N_t——一个高强度螺栓的轴向拉力;	N_t^b——一个受拉高强度螺栓的受拉承载力;
t_e——受拉 T 形翼缘板的厚度; $\quad$ Ψ——撬力影响系数; $\quad$ δ——翼缘板截面系数;	
α'——系数, $\beta\geqslant1.0$ 时, α' 取 1.0; $\beta<1.0$ 时, $\alpha'=\left[\beta/(1-\beta)\right]/\delta$, 且满足 $\alpha'\leqslant1.0$;	
β——系数; $\quad$ ρ——系数; $\quad$ Q——撬力; $\quad$ α——系数 $\geqslant0$; $\quad$ N_t'——Q 为最大值时, 对应的 N_t 值	

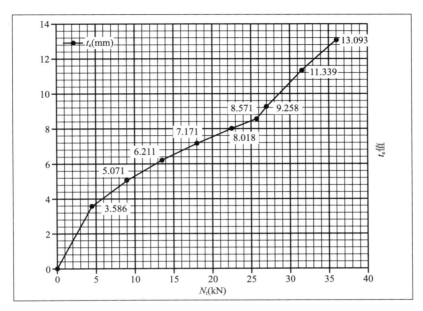

附图 8.2-1　M12 G8.8S Q420 $e_1 = 1.5d_0$ 时 t_e 值图表

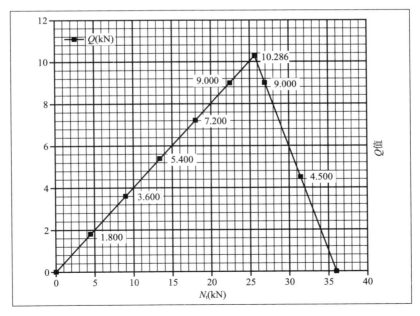

附图 8.2-2　M12 G8.8S Q420 $e_1 = 1.5d_0$ 时 Q 值图表

附8.3　M16 G8.8S Q420 $e_1 = 1.25e_2$ 时　计算列表

<table>
<tr><td rowspan="12">计算条件</td><td colspan="2">螺栓等级</td><td colspan="2">8.8S</td></tr>
<tr><td colspan="2">螺栓规格</td><td colspan="2">M16</td></tr>
<tr><td colspan="2">连接板材料</td><td colspan="2">Q420</td></tr>
<tr><td colspan="2">$d=$</td><td>16</td><td>mm</td></tr>
<tr><td colspan="2">$d_0=$</td><td>17.5</td><td>mm</td></tr>
<tr><td colspan="2">预拉力 $P=$</td><td>80</td><td>kN</td></tr>
<tr><td colspan="2">$f=$</td><td>420</td><td>N/mm²</td></tr>
<tr><td colspan="2">$e_2 = 1.5d_0 =$</td><td>26.25</td><td>mm</td></tr>
<tr><td colspan="2">$b = 3d_0 =$</td><td>52.5</td><td>mm</td></tr>
<tr><td colspan="2">取 $e_1 = 1.25e_2$</td><td>32.8125</td><td>mm</td></tr>
<tr><td colspan="2">$N_t^b = 0.8P =$</td><td>64</td><td>kN</td></tr>
<tr><td colspan="2">$N_t' = \dfrac{5N_t^b}{2\rho+5} =$</td><td>48.485</td><td>kN</td></tr>
</table>

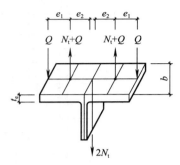

$$N_t' = \sqrt{\dfrac{4e_2 N_t^b}{bf}} = \quad 17.457 \text{ mm}$$ (表左下单元格)

T形件受拉件受力简图

计算列表		N_t（kN）							
		$0.1P$	$0.2P$	$0.3P$	$0.4P$	$0.5P$	$0.6P$	N_t'	$0.7P$
		8	16	24	32	40	48	48.485	56
1	$\rho = \dfrac{e_2}{e_1} =$	0.800	0.800	0.800	0.800	0.800	0.800	0.800	0.800
2	$\beta = \dfrac{1}{\rho}\left(\dfrac{N_t^b}{N_t}-1\right) =$	8.750	3.750	2.083	1.250	0.750	0.417	0.400	0.179
3	$\delta = 1 - \dfrac{d_0}{b} =$	0.667	0.667	0.667	0.667	0.667	0.667	0.667	0.667
4	α'	1.000	1.000	1.000	1.000	1.000	1.000	1.000	1.000
5	$\alpha' = \dfrac{1}{\delta}\left(\dfrac{\beta}{1-\beta}\right) =$	−1.694	−2.045	−2.885	−7.500	4.500	1.071	1.000	0.326
6	判断 β 值，最终 α' 取	1.000	1.000	1.000	1.000	1.000	1.000	1.000	0.326
7	$\Psi = 1 + \delta\alpha'$	1.667	1.667	1.667	1.667	1.667	1.667	1.667	1.217
8	$t_e = \sqrt{\dfrac{4e_2 N_t}{\Psi bf}} =$	4.781	6.761	8.281	9.562	10.690	11.711	11.770	14.800
9	$\alpha = \dfrac{1}{\delta}\left[\dfrac{N_t}{N_t^b}\left(\dfrac{t_{ce}}{t}\right)^2 - 1\right] =$	1.000	1.000	1.000	1.000	1.000	1.000	1.000	0.326
10	$Q = N_t^b\left[\delta\alpha\rho\left(\dfrac{t_e}{t_{ec}}\right)^2\right] =$	2.560	5.120	7.680	10.240	12.800	15.360	15.515	8.000
11	$N_t + Q$	10.560	21.120	31.680	42.240	52.800	63.360	64.000	64.000

说明	b——按一排螺栓覆盖的翼缘板（端板）计算宽度（mm）；　e_1——螺栓中心到T形件翼缘板边缘的距离（mm）； e_2——螺栓中心到T形件腹板边缘的距离（mm）；　t_{ec}——T形件翼缘板的最小厚度； N_t——一个高强度螺栓的轴向拉力；　　　　　N_t^b——一个受拉高强度螺栓的受拉承载力； t_e——受拉T形件翼缘板的厚度；　　Ψ——撬力影响系数；　　δ——翼缘板截面系数； α'——系数，$\beta \geqslant 1.0$时，α'取1.0；$\beta < 1.0$时，$\alpha' = [\beta/(1-\beta)]/\delta$，且满足 $\alpha' \leqslant 1.0$； β——系数；　ρ——系数；　Q——撬力；　α——系数≥0；　N_t'——Q为最大值时，对应的 N_t 值

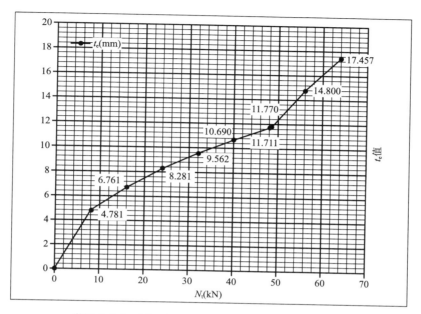

附图 8.3-1 M16 G8.8S Q420 $e_1 = 1.25e_2$ 时 t_e 值图表

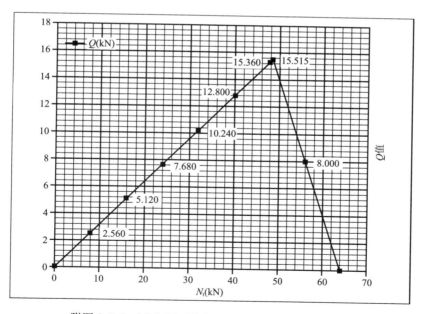

附图 8.3-2 M16 G8.8S Q420 $e_1 = 1.25e_2$ 时 Q 值图表

附8.4 M16 G8.8S Q420 $e_1=1.5d_0$时 计算列表

<table>
<tr><td rowspan="14">计 算 条 件</td><td>螺栓等级</td><td colspan="2">8.8S</td></tr>
<tr><td>螺栓规格</td><td colspan="2">M16</td></tr>
<tr><td>连接板材料</td><td colspan="2">Q420</td></tr>
<tr><td>$d=$</td><td>16</td><td>mm</td></tr>
<tr><td>$d_0=$</td><td>17.5</td><td>mm</td></tr>
<tr><td>预拉力 $P=$</td><td>80</td><td>kN</td></tr>
<tr><td>$f=$</td><td>420</td><td>N/mm²</td></tr>
<tr><td>$e_2=1.5d_0=$</td><td>26.25</td><td>mm</td></tr>
<tr><td>$b=3d_0=$</td><td>52.5</td><td>mm</td></tr>
<tr><td>取 $e_1=e_2$</td><td>26.25</td><td>mm</td></tr>
<tr><td>$N_t^b=0.8P=$</td><td>64</td><td>kN</td></tr>
<tr><td>$N_t'=\dfrac{5N_t^b}{2\rho+5}=$</td><td>45.714</td><td>kN</td></tr>
<tr><td>$t_{ec}=\sqrt{\dfrac{4e_2N_t^b}{bf}}=$</td><td>17.457</td><td>mm</td></tr>
</table>

T形件受拉件受力简图

	计算列表	N_t (kN)							
		$0.1P$	$0.2P$	$0.3P$	$0.4P$	$0.5P$	N_t'	$0.6P$	$0.7P$
		8	16	24	32	40	45.714	48	56
1	$\rho=\dfrac{e_2}{e_1}=$	1.000	1.000	1.000	1.000	1.000	1.000	1.000	1.000
2	$\beta=\dfrac{1}{\rho}\left(\dfrac{N_t^b}{N_t}-1\right)=$	7.000	3.000	1.667	1.000	0.600	0.400	0.333	0.143
3	$\delta=1-\dfrac{d_0}{b}=$	0.667	0.667	0.667	0.667	0.667	0.667	0.667	0.667
4	α'	1.000	1.000	1.000	1.000	1.000	1.000	1.000	1.000
5	$\alpha'=\dfrac{1}{\delta}\left(\dfrac{\beta}{1-\beta}\right)=$	−1.750	−2.250	−3.750	/	2.250	1.000	0.750	0.250
6	判断β值,最终α'取	1.000	1.000	1.000	1.000	1.000	1.000	0.750	0.250
7	$\Psi=1+\delta\alpha'$	1.667	1.667	1.667	1.667	1.667	1.667	1.500	1.167
8	$t_e=\sqrt{\dfrac{4e_2N_t}{\Psi bf}}=$	4.781	6.761	8.281	9.562	10.690	11.429	12.344	15.119
9	$\alpha=\dfrac{1}{\delta}\left[\dfrac{N_t}{N_t^b}\left(\dfrac{t_{ce}}{t}\right)^2-1\right]=$	1.000	1.000	1.000	1.000	1.000	1.000	0.750	0.250
10	$Q=N_t^b\left[\delta\alpha\rho\left(\dfrac{t_e}{t_{ec}}\right)^2\right]=$	3.200	6.400	9.600	12.800	16.000	18.286	16.000	8.000
11	N_t+Q	11.200	22.400	33.600	44.800	56.000	64.000	64.000	64.000

说明	
b——按一排螺栓覆盖的翼缘板(端板)计算宽度(mm);	e_1——螺栓中心到T形件翼缘边缘的距离(mm);
e_2——螺栓中心到T形件腹板边缘的距离(mm);	t_{ec}——T形件翼缘板的最小厚度;
N_t——一个高强度螺栓的轴向拉力;	N_t^b——一个受拉高强度螺栓的受拉承载力;
t_e——受拉T形件翼缘板的厚度; Ψ——撬力影响系数; δ——翼缘板截面系数;	
α'——系数,$\beta\geqslant1.0$时,α'取1.0;$\beta<1.0$时,$\alpha'=[\beta/(1-\beta)]/\delta$,且满足$\alpha'\leqslant1.0$;	
β——系数; ρ——系数; Q——撬力; α——系数$\geqslant0$; N_t'——Q为最大值时,对应的N_t值	

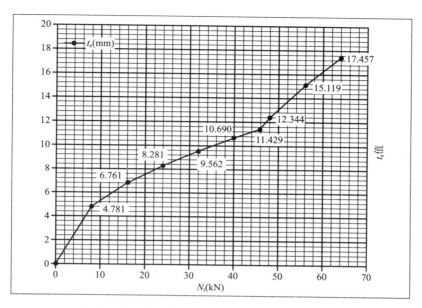

附图 8.4-1　M16 G8.8S Q420 $e_1 = 1.5d_0$ 时 t_e 值图表

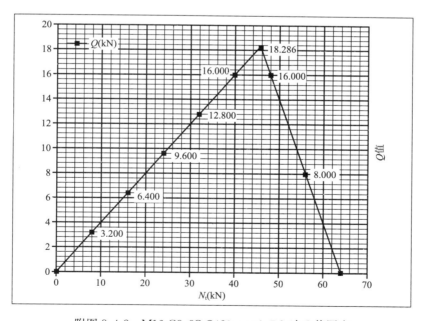

附图 8.4-2　M16 G8.8S Q420 $e_1 = 1.5d_0$ 时 Q 值图表

附 8.5 M20 G8.8S Q420 $e_1 = 1.25e_2$ 时 计算列表

<table>
<tr><td rowspan="11">计算条件</td><td>螺栓等级</td><td colspan="2">8.8S</td></tr>
<tr><td>螺栓规格</td><td colspan="2">M20</td></tr>
<tr><td>连接板材料</td><td colspan="2">Q420</td></tr>
<tr><td>$d =$</td><td>20</td><td>mm</td></tr>
<tr><td>$d_0 =$</td><td>22</td><td>mm</td></tr>
<tr><td>预拉力 $P =$</td><td>125</td><td>kN</td></tr>
<tr><td>$f =$</td><td>420</td><td>N/mm²</td></tr>
<tr><td>$e_2 = 1.5d_0 =$</td><td>33</td><td>mm</td></tr>
<tr><td>$b = 3d_0 =$</td><td>66</td><td>mm</td></tr>
<tr><td>取 $e_1 = 1.25e_2$</td><td>41.25</td><td>mm</td></tr>
<tr><td>$N_t^b = 0.8P =$</td><td>100</td><td>kN</td></tr>
</table>

<table>
<tr><td rowspan="2">计算条件</td><td>$N_t' = \dfrac{5N_t^b}{2\rho + 5} =$</td><td>75.758</td><td>kN</td></tr>
<tr><td>$t_{ec} = \sqrt{\dfrac{4e_2 N_t^b}{bf}} =$</td><td>21.822</td><td>mm</td></tr>
</table>

T形件受拉件受力简图

	计算列表	N_t （kN）							
		$0.1P$	$0.2P$	$0.3P$	$0.4P$	$0.5P$	N_t'	$0.6P$	$0.7P$
		12.5	25	37.5	50	62.5	75	75.758	87.5
1	$\rho = \dfrac{e_2}{e_1} =$	0.800	0.800	0.800	0.800	0.800	0.800	0.800	0.800
2	$\beta = \dfrac{1}{\rho}\left(\dfrac{N_t^b}{N_t} - 1\right) =$	8.750	3.750	2.083	1.250	0.750	0.417	0.400	0.179
3	$\delta = 1 - \dfrac{d_0}{b} =$	0.667	0.667	0.667	0.667	0.667	0.667	0.667	0.667
4	α'	1.000	1.000	1.000	1.000	1.000	1.000	1.000	1.000
5	$\alpha' = \dfrac{1}{\delta}\left(\dfrac{\beta}{1-\beta}\right) =$	−1.694	−2.045	−2.885	−7.500	4.500	1.071	1.000	0.326
6	判断 β 值，最终 α' 取	1.000	1.000	1.000	1.000	1.000	1.000	1.000	0.326
7	$\Psi = 1 + \delta\alpha'$	1.667	1.667	1.667	1.667	1.667	1.667	1.667	1.217
8	$t_e = \sqrt{\dfrac{4e_2 N_t}{\Psi bf}} =$	5.976	8.452	10.351	11.952	13.363	14.639	14.712	18.500
9	$\alpha = \dfrac{1}{\delta}\left[\dfrac{N_t}{N_t^b}\left(\dfrac{t_{ce}}{t}\right)^2 - 1\right] =$	1.000	1.000	1.000	1.000	1.000	1.000	1.000	0.326
10	$Q = N_t^b\left[\delta\alpha\rho\left(\dfrac{t_e}{t_{ec}}\right)^2\right] =$	4.000	8.000	12.000	16.000	20.000	24.000	24.242	12.500
11	$N_t + Q$	16.500	33.000	49.500	66.000	82.500	99.000	100.000	100.000

说明	
b——按一排螺栓覆盖的翼缘板（端板）计算宽度（mm）；	e_1——螺栓中心到 T 形件翼缘边缘的距离（mm）；
e_2——螺栓中心到 T 形件腹板边缘的距离（mm）；	t_{ec}——T 形件翼缘板的最小厚度；
N_t——一个高强度螺栓的轴向拉力；	N_t^b——一个受拉高强度螺栓的受拉承载力；
t_e——受拉 T 形件翼缘板的厚度；　Ψ——撬力影响系数；　δ——翼缘板截面系数；	
α'——系数，$\beta \geq 1.0$ 时，α' 取 1.0；$\beta < 1.0$ 时，$\alpha' = [\beta/(1-\beta)]/\delta$，且满足 $\alpha' \leq 1.0$；	
β——系数；　ρ——系数；　Q——撬力；　α——系数 ≥ 0；　N_t'——Q 为最大值时，对应的 N_t 值	

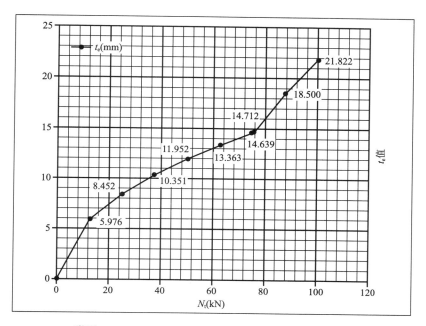

附图 8.5-1　M20 G8.8S Q420 $e_1 = 1.25e_2$ 时 t_e 值图表

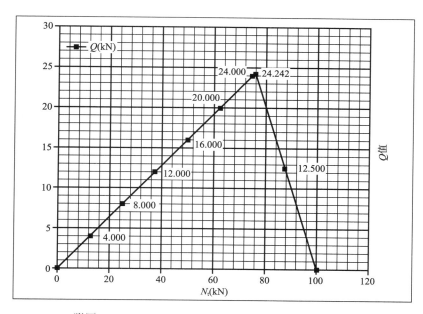

附图 8.5-2　M20 G8.8S Q420 $e_1 = 1.25e_2$ 时 Q 值图表

附8.6 M20 G8.8S Q420 $e_1=1.5d_0$ 时 计算列表

计算条件	螺栓等级		8.8S	
	螺栓规格		M20	
	连接板材料		Q420	
	$d=$		20	mm
	$d_0=$		22	mm
	预拉力 $P=$		125	kN
	$f=$		420	N/mm²
	$e_2=1.5d_0=$		33	mm
	$b=3d_0=$		66	mm
	取 $e_1=e_2$		33	mm
	$N_t^b=0.8P=$		100	kN
	$N_t'=\dfrac{5N_t^b}{2\rho+5}=$		71.429	kN
	$t_{ec}=\sqrt{\dfrac{4e_2N_t^b}{bf}}=$		21.822	mm

T形件受拉件受力简图

	计算列表	N_t（kN）							
		0.1P	0.2P	0.3P	0.4P	0.5P	N_t'	0.6P	0.7P
		12.5	25	37.5	50	62.5	71.429	75	87.5
1	$\rho=\dfrac{e_2}{e_1}=$	1.000	1.000	1.000	1.000	1.000	1.000	1.000	1.000
2	$\beta=\dfrac{1}{\rho}\left(\dfrac{N_t^b}{N_t}-1\right)=$	7.000	3.000	1.667	1.000	0.600	0.400	0.333	0.143
3	$\delta=1-\dfrac{d_0}{b}=$	0.667	0.667	0.667	0.667	0.667	0.667	0.667	0.667
4	α'	1.000	1.000	1.000	1.000	1.000	1.000	1.000	1.000
5	$\alpha'=\dfrac{1}{\delta}\left(\dfrac{\beta}{1-\beta}\right)=$	−1.750	−2.250	−3.750	/	2.250	1.000	0.750	0.250
6	判断 β 值,最终 α' 取	1.000	1.000	1.000	1.000	1.000	1.000	0.750	0.250
7	$\Psi=1+\delta\alpha'$	1.667	1.667	1.667	1.667	1.667	1.667	1.500	1.167
8	$t_e=\sqrt{\dfrac{4e_2N_t}{\Psi bf}}=$	5.976	8.452	10.351	11.952	13.363	14.286	15.430	18.898
9	$\alpha=\dfrac{1}{\delta}\left[\dfrac{N_t}{N_t^b}\left(\dfrac{t_{ce}}{t}\right)^2-1\right]=$	1.000	1.000	1.000	1.000	1.000	1.000	0.750	0.250
10	$Q=N_t^b\left[\delta\alpha\rho\left(\dfrac{t_e}{t_{ec}}\right)^2\right]=$	5.000	10.000	15.000	20.000	25.000	28.571	25.000	12.500
11	N_t+Q	17.500	35.000	52.500	70.000	87.500	100.000	100.000	100.000

说明	
b——按一排螺栓覆盖的翼缘板（端板）计算宽度（mm）;	e_1——螺栓中心到T形件翼缘边缘的距离（mm）;
e_2——螺栓中心到T形件腹板边缘的距离（mm）;	t_{ec}——T形件翼缘板的最小厚度;
N_t——一个高强度螺栓的轴向拉力;	N_t^b——一个受拉高强度螺栓的受拉承载力;
t_e——受拉T形件翼缘板的厚度;	Ψ——撬力影响系数; δ——翼缘板截面系数;
α'——系数，$\beta\geq1.0$时，α'取1.0; $\beta<1.0$时，$\alpha'=[\beta/(1-\beta)]/\delta$，且满足$\alpha'\leq1.0$;	
β——系数; ρ——系数; Q——撬力; α——系数≥0; $N_t'-Q$为最大值时，对应的N_t值	

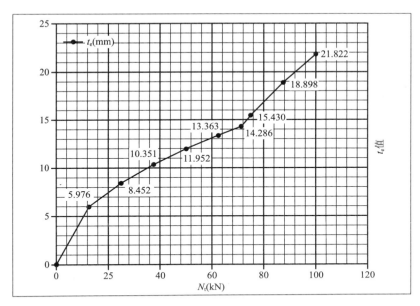

附图 8.6-1　M20 G8.8S Q420 $e_1 = 1.5d_0$ 时 t_e 值图表

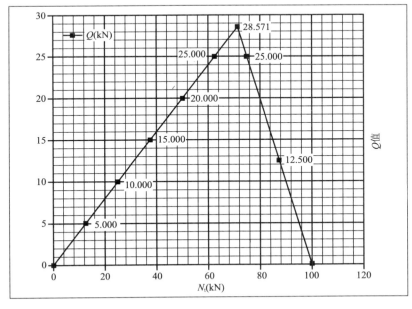

附图 8.6-2　M20 G8.8S Q420 $e_1 = 1.5d_0$ 时 Q 值图表

附 8.7 M22 G8.8S Q420 $e_1 = 1.25e_2$ 时 计算列表

计算条件	螺栓等级	8.8S	
	螺栓规格	M22	
	连接板材料	Q420	
	$d =$	22	mm
	$d_0 =$	24	mm
	预拉力 $P =$	150	kN
	$f =$	420	N/mm²
	$e_2 = 1.5d_0 =$	36	mm
	$b = 3d_0 =$	72	mm
	取 $e_1 = e_2$	45	mm
	$N_t^b = 0.8P =$	120	kN
	$N_t' = \dfrac{5N_t^b}{2\rho + 5} =$	90.909	kN
	$t_{ec} = \sqrt{\dfrac{4e_2 N_t^b}{bf}} =$	23.905	mm

T形件受拉件受力简图

	计算列表	N_t (kN)							
		$0.1P$	$0.2P$	$0.3P$	$0.4P$	$0.5P$	N_t'	$0.6P$	$0.7P$
		15	30	45	60	75	90	90.909	105
1	$\rho = \dfrac{e_2}{e_1} =$	0.800	0.800	0.800	0.800	0.800	0.800	0.800	0.800
2	$\beta = \dfrac{1}{\rho}\left(\dfrac{N_t^b}{N_t} - 1\right) =$	8.750	3.750	2.083	1.250	0.750	0.417	0.400	0.179
3	$\delta = 1 - \dfrac{d_0}{b} =$	0.667	0.667	0.667	0.667	0.667	0.667	0.667	0.667
4	α'	1.000	1.000	1.000	1.000	1.000	1.000	1.000	1.000
5	$\alpha' = \dfrac{1}{\delta}\left(\dfrac{\beta}{1-\beta}\right) =$	−1.694	−2.045	−2.885	−7.500	4.500	1.071	1.000	0.326
6	判断 β 值，最终 α' 取	1.000	1.000	1.000	1.000	1.000	1.000	1.000	0.326
7	$\Psi = 1 + \delta\alpha'$	1.667	1.667	1.667	1.667	1.667	1.667	1.667	1.217
8	$t_e = \sqrt{\dfrac{4e_2 N_t}{\Psi bf}} =$	6.547	9.258	11.339	13.093	14.639	16.036	16.116	20.266
9	$\alpha = \dfrac{1}{\delta}\left[\dfrac{N_t}{N_t^b}\left(\dfrac{t_{ce}}{t}\right)^2 - 1\right] =$	1.000	1.000	1.000	1.000	1.000	1.000	1.000	0.326
10	$Q = N_t^b\left[\delta\alpha\rho\left(\dfrac{t_e}{t_{ec}}\right)^2\right] =$	4.800	9.600	14.400	19.200	24.000	28.800	29.091	15.000
11	$N_t + Q$	19.800	39.600	59.400	79.200	99.000	118.800	120.000	120.000

说明		
b——按一排螺栓覆盖的翼缘板（端板）计算宽度（mm）；		e_1——螺栓中心到 T 形件翼缘板边缘的距离（mm）；
e_2——螺栓中心到 T 形件腹板边缘的距离（mm）；		t_{ec}——T 形件翼缘板的最小厚度；
N_t——一个高强度螺栓的轴向拉力；		N_t^b——一个受拉高强度螺栓的受拉承载力；
t_e——受拉 T 形件翼缘板的厚度；	Ψ——撬力影响系数；	δ——翼缘板截面系数；
α'——系数，$\beta \geqslant 1.0$ 时，α' 取 1.0，$\beta < 1.0$ 时，$\alpha' = [\beta/(1-\beta)]/\delta$，且满足 $\alpha' \leqslant 1.0$；		
β——系数； ρ——系数； Q——撬力； α——系数 $\geqslant 0$； N_t'——Q 为最大值时，对应的 N_t 值		

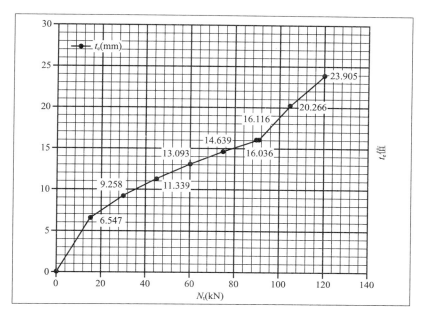

附图 8.7-1 M22 G8.8S Q420 $e_1 = 1.25e_2$ 时 t_e 值图表

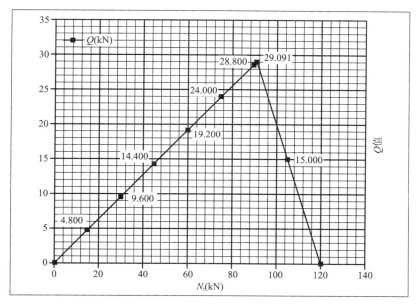

附图 8.7-2 M22 G8.8S Q420 $e_1 = 1.25e_2$ 时 Q 值图表

计算条件	螺栓等级	8.8S	
	螺栓规格	M22	
	连接板材料	Q420	
	$d=$	22	mm
	$d_0=$	24	mm
	预拉力 $P=$	150	kN
	$f=$	420	N/mm²
	$e_2=1.5d_0=$	36	mm
	$b=3d_0=$	72	mm
	取 $e_1=e_2$	36	mm
	$N_t^b=0.8P=$	120	kN
	$N_t'=\dfrac{5N_t^b}{2\rho+5}=$	85.714	kN
	$t_{ec}=\sqrt{\dfrac{4e_2 N_t^b}{bf}}=$	23.905	mm

T形件受拉件受力简图

计算列表		N_t (kN)							
		$0.1P$	$0.2P$	$0.3P$	$0.4P$	$0.5P$	N_t'	$0.6P$	$0.7P$
		15	30	45	60	75	85.714	90	105
1	$\rho=\dfrac{e_2}{e_1}=$	1.000	1.000	1.000	1.000	1.000	1.000	1.000	1.000
2	$\beta=\dfrac{1}{\rho}\left(\dfrac{N_t^b}{N_t}-1\right)=$	7.000	3.000	1.667	1.000	0.600	0.400	0.333	0.143
3	$\delta=1-\dfrac{d_0}{b}=$	0.667	0.667	0.667	0.667	0.667	0.667	0.667	0.667
4	α'	1.000	1.000	1.000	1.000	1.000	1.000	1.000	1.000
5	$\alpha'=\dfrac{1}{\delta}\left(\dfrac{\beta}{1-\beta}\right)=$	−1.750	−2.250	−3.750	/	2.250	1.000	0.750	0.250
6	判断 β 值, 最终 α' 取	1.000	1.000	1.000	1.000	1.000	1.000	0.750	0.250
7	$\Psi=1+\delta\alpha'$	1.667	1.667	1.667	1.667	1.667	1.667	1.500	1.167
8	$t_e=\sqrt{\dfrac{4e_2 N_t}{\Psi bf}}=$	6.547	9.258	11.339	13.093	14.639	15.649	16.903	20.702
9	$\alpha=\dfrac{1}{\delta}\left[\dfrac{N_t}{N_t^b}\left(\dfrac{t_{ce}}{t}\right)^2-1\right]=$	1.000	1.000	1.000	1.000	1.000	1.000	0.750	0.250
10	$Q=N_t^b\left[\delta\alpha\rho\left(\dfrac{t_e}{t_{ec}}\right)^2\right]=$	6.000	12.000	18.000	24.000	30.000	34.286	30.000	15.000
11	N_t+Q	21.000	42.000	63.000	84.000	105.000	120.000	120.000	120.000

说明
b——按一排螺栓覆盖的翼缘板（端板）计算宽度（mm）； e_1——螺栓中心到 T 形件翼缘板边缘的距离（mm）；
e_2——螺栓中心到 T 形件腹板边缘的距离（mm）； t_{ec}——T 形件翼缘板的最小厚度；
N_t——一个高强度螺栓的轴向拉力； N_t^b——一个受拉高强度螺栓的受拉承载力；
t_e——受拉 T 形件翼缘板的厚度； Ψ——撬力影响系数； δ——翼缘板截面系数；
α'——系数，$\beta\geqslant 1.0$ 时，α' 取 1.0；$\beta<1.0$ 时，$\alpha'=[\beta/(1-\beta)]/\delta$，且满足 $\alpha'\leqslant 1.0$；
β——系数； ρ——系数； Q——撬力； α——系数≥0； N_t'——Q 为最大值时，对应的 N_t 值

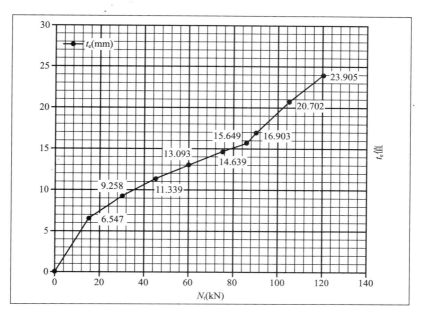

附图 8.8-1　M22 G8.8S Q420 $e_1 = 1.5d_0$ 时 t_e 值图表

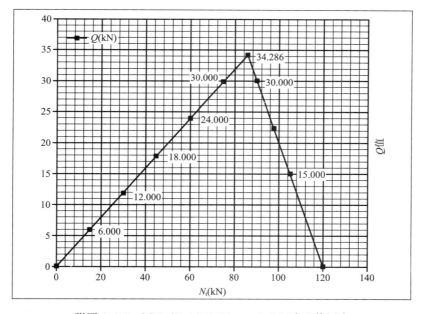

附图 8.8-2　M22 G8.8S Q420 $e_1 = 1.5d_0$ 时 Q 值图表

附 8.9 M24 G8.8S Q420 $e_1=1.25e_2$ 时 计算列表

<table>
<tr><td rowspan="9">计算条件</td><td colspan="2">螺栓等级</td><td colspan="2">8.8S</td></tr>
<tr><td colspan="2">螺栓规格</td><td colspan="2">M24</td></tr>
<tr><td colspan="2">连接板材料</td><td colspan="2">Q420</td></tr>
<tr><td colspan="2">$d=$</td><td>24</td><td>mm</td></tr>
<tr><td colspan="2">$d_0=$</td><td>26</td><td>mm</td></tr>
<tr><td colspan="2">预拉力 $P=$</td><td>175</td><td>kN</td></tr>
<tr><td colspan="2">$f=$</td><td>420</td><td>N/mm^2</td></tr>
<tr><td colspan="2">$e_2=1.5d_0=$</td><td>39</td><td>mm</td></tr>
<tr><td colspan="2">$b=3d_0=$</td><td>78</td><td>mm</td></tr>
</table>

取 $e_1=1.25e_2$ = 48.75 mm

$N_t^b=0.8P=$ 140 kN

$N_t'=\dfrac{5N_t^b}{2\rho+5}=$ 106.061 kN

$t_{ec}=\sqrt{\dfrac{4e_2N_t^b}{bf}}=$ 25.820 mm

T形件受拉件受力简图

计算列表 — N_t (kN)

	计算列表	0.1P	0.2P	0.3P	0.4P	0.5P	0.6P	N_t'	0.7P
		17.5	35	52.5	70	87.5	105	106.06	122.5
1	$\rho=\dfrac{e_2}{e_1}=$	0.800	0.800	0.800	0.800	0.800	0.800	0.800	0.800
2	$\beta=\dfrac{1}{\rho}\left(\dfrac{N_t^b}{N_t}-1\right)=$	8.750	3.750	2.083	1.250	0.750	0.417	0.400	0.179
3	$\delta=1-\dfrac{d_0}{b}=$	0.667	0.667	0.667	0.667	0.667	0.667	0.667	0.667
4	α'	1.000	1.000	1.000	1.000	1.000	1.000	1.000	1.000
5	$\alpha'=\dfrac{1}{\delta}\left(\dfrac{\beta}{1-\beta}\right)=$	−1.694	−2.045	−2.885	−7.500	4.500	1.071	1.000	0.326
6	判断 β 值,最终 α' 取	1.000	1.000	1.000	1.000	1.000	1.000	1.000	0.326
7	$\Psi=1+\delta\alpha'$	1.667	1.667	1.667	1.667	1.667	1.667	1.667	1.217
8	$t_e=\sqrt{\dfrac{4e_2N_t}{\Psi bf}}=$	7.071	10.000	12.247	14.142	15.811	17.321	17.408	21.890
9	$\alpha=\dfrac{1}{\delta}\left[\dfrac{N_t}{N_t^b}\left(\dfrac{t_{ce}}{t}\right)^2-1\right]=$	1.000	1.000	1.000	1.000	1.000	1.000	1.000	0.326
10	$Q=N_t^b\left[\delta\alpha\rho\left(\dfrac{t_e}{t_{ec}}\right)^2\right]=$	5.600	11.200	16.800	22.400	28.000	33.600	33.939	17.500
11	N_t+Q	23.100	46.200	69.300	92.400	115.500	138.600	140.000	140.000

说明

b——按一排螺栓覆盖的翼缘板（端板）计算宽度（mm）; $\quad e_1$——螺栓中心到 T 形件翼缘边缘的距离（mm）;

e_2——螺栓中心到 T 形件腹板边缘的距离（mm）; $\quad t_{ec}$——T 形件翼缘板的最小厚度;

N_t——一个高强度螺栓的轴向拉力; $\quad N_t^b$——一个受拉高强度螺栓的受拉承载力;

t_e——受拉 T 形件翼缘板的厚度; $\quad \Psi$——撬力影响系数; $\quad \delta$——翼缘板截面系数;

α'——系数, $\beta\geqslant1.0$ 时, α' 取 1.0; $\beta<1.0$ 时, $\alpha'=[\beta/(1-\beta)]/\delta$, 且满足 $\alpha'\leqslant1.0$;

β——系数; $\quad \rho$——系数; $\quad Q$——撬力; $\quad \alpha$——系数≥0; $\quad N_t'$——Q 为最大值时,对应的 N_t 值

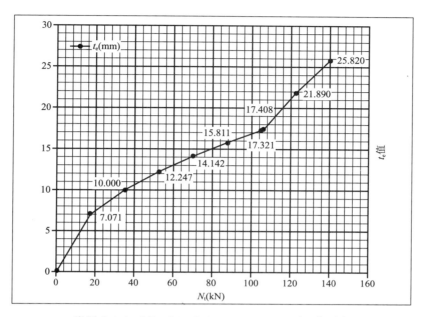

附图 8.9-1　M24 G8.8S Q420 $e_1 = 1.25e_2$ 时 t_e 值图表

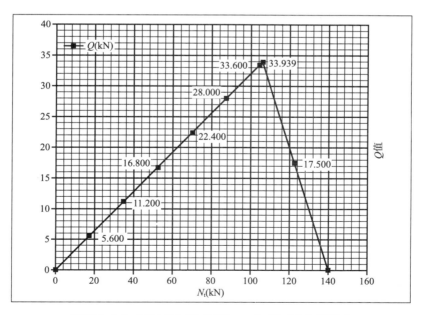

附图 8.9-2　M24 G8.8S Q420 $e_1 = 1.25e_2$ 时 Q 值图表

附8.10 M24 G8.8S Q420 $e_1 = 1.5d_0$ 时 计算列表

<table>
<tr><td rowspan="15">计算条件</td><td colspan="2">螺栓等级</td><td colspan="2">8.8S</td><td></td></tr>
<tr><td colspan="2">螺栓规格</td><td colspan="2">M24</td><td></td></tr>
<tr><td colspan="2">连接板材料</td><td colspan="2">Q420</td><td></td></tr>
<tr><td colspan="2">$d=$</td><td>24</td><td>mm</td><td></td></tr>
<tr><td colspan="2">$d_0=$</td><td>26</td><td>mm</td><td></td></tr>
<tr><td colspan="2">预拉力 $P=$</td><td>175</td><td>kN</td><td></td></tr>
<tr><td colspan="2">$f=$</td><td>420</td><td>N/mm^2</td><td></td></tr>
<tr><td colspan="2">$e_2=1.5d_0=$</td><td>39</td><td>mm</td><td></td></tr>
<tr><td colspan="2">$b=3d_0=$</td><td>78</td><td>mm</td><td></td></tr>
<tr><td colspan="2">取 $e_1=e_2$</td><td>39</td><td>mm</td><td></td></tr>
<tr><td colspan="2">$N_t^b=0.8P=$</td><td>140</td><td>kN</td><td></td></tr>
<tr><td colspan="2">$N_t'=\dfrac{5N_t^b}{2\rho+5}=$</td><td>100.000</td><td>kN</td><td></td></tr>
<tr><td colspan="2">$t_{ec}=\sqrt{\dfrac{4e_2N_t^b}{bf}}=$</td><td>25.820</td><td>mm</td><td>T形件受拉件受力简图</td></tr>
</table>

	计算列表	N_t (kN)							
		0.1P	0.2P	0.3P	0.4P	0.5P	N_t'	0.6P	0.7P
		17.5	35	52.5	70	87.5	100.00	105	122.5
1	$\rho=\dfrac{e_2}{e_1}=$	1.000	1.000	1.000	1.000	1.000	1.000	1.000	1.000
2	$\beta=\dfrac{1}{\rho}\left(\dfrac{N_t^b}{N_t}-1\right)=$	7.000	3.000	1.667	1.000	0.600	0.400	0.333	0.143
3	$\delta=1-\dfrac{d_0}{b}=$	0.667	0.667	0.667	0.667	0.667	0.667	0.667	0.667
4	α'	1.000	1.000	1.000	1.000	1.000	1.000	1.000	1.000
5	$\alpha'=\dfrac{1}{\delta}\left(\dfrac{\beta}{1-\beta}\right)=$	−1.750	−2.250	−3.750	/	2.250	1.000	0.750	0.250
6	判断 β 值，最终 α' 取	1.000	1.000	1.000	1.000	1.000	1.000	0.750	0.250
7	$\Psi=1+\delta\alpha'$	1.667	1.667	1.667	1.667	1.667	1.667	1.500	1.167
8	$t_e=\sqrt{\dfrac{4e_2N_t}{\Psi bf}}=$	7.071	10.000	12.247	14.142	15.811	16.903	18.257	22.361
9	$\alpha=\dfrac{1}{\delta}\left[\dfrac{N_t}{N_t^b}\left(\dfrac{t_{ce}}{t}\right)^2-1\right]=$	1.000	1.000	1.000	1.000	1.000	1.000	0.750	0.250
10	$Q=N_t^b\left[\delta\alpha\rho\left(\dfrac{t_e}{t_{ec}}\right)^2\right]=$	7.000	14.000	21.000	28.000	35.000	40.000	35.000	17.500
11	N_t+Q	24.500	49.000	73.500	98.000	122.500	140.000	140.000	140.000

说明	b——按一排螺栓覆盖的翼缘板（端板）计算宽度（mm）；　　e_1——螺栓中心到T形件翼缘边缘的距离（mm）；
	e_2——螺栓中心到T形件腹板边缘的距离（mm）；　　　t_{ec}——T形件翼缘板的最小厚度；
	N_t——一个高强度螺栓的轴向拉力；　　　　　　　N_t^b——一个受拉高强度螺栓的受拉承载力；
	t_e——受拉T形件翼缘板的厚度；　　Ψ——撬力影响系数；　　δ——翼缘板截面系数；
	α'——系数，$\beta\geqslant1.0$时，α'取 1.0；$\beta<1.0$时，$\alpha'=[\beta/（1-\beta）]/\delta$，且满足 $\alpha'\leqslant1.0$；
	β——系数；　　ρ——系数；　　Q——撬力；　　α——系数$\geqslant0$；　　N_t'——Q为最大值时，对应的 N_t 值

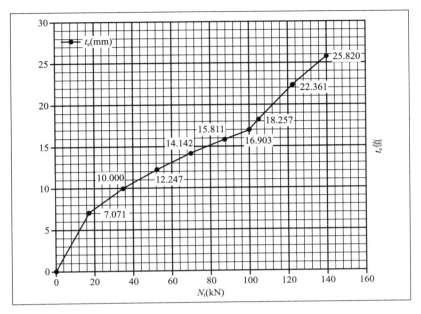

附图 8.10-1　M24 G8.8S Q420 $e_1=1.5d_0$ 时 t_e 值图表

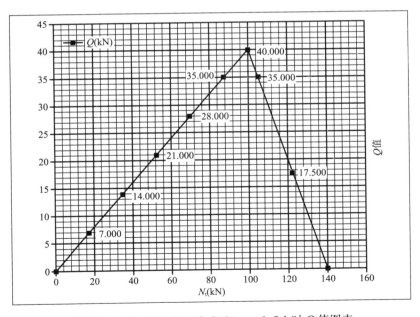

附图 8.10-2　M24 G8.8S Q420 $e_1=1.5d_0$ 时 Q 值图表

计算条件	螺栓等级	8.8S	
	螺栓规格	M27	
	连接板材料	Q420	
	$d=$	27	mm
	$d_0=$	30	mm
	预拉力 $P=$	230	kN
	$f=$	420	N/mm²
	$e_2=1.5d_0=$	45	mm
	$b=3d_0=$	90	mm
	取 $e_1=1.25e_2$	56.25	mm
	$N_t^b=0.8P=$	184	kN
	$N_t'=\dfrac{5N_t^b}{2\rho+5}=$	139.394	kN
	$t_{ec}=\sqrt{\dfrac{4e_2 N_t^b}{bf}}=$	29.601	mm

T形件受拉件受力简图

	计算列表	N_t (kN)							
		0.1P	0.2P	0.3P	0.4P	0.5P	0.6P	N_t'	0.7P
		23	46	69	92	115	138	139.39	161
1	$\rho=\dfrac{e_2}{e_1}=$	0.800	0.800	0.800	0.800	0.800	0.800	0.800	0.800
2	$\beta=\dfrac{1}{\rho}\left(\dfrac{N_t^b}{N_t}-1\right)=$	8.750	3.750	2.083	1.250	0.750	0.417	0.400	0.179
3	$\delta=1-\dfrac{d_0}{b}=$	0.667	0.667	0.667	0.667	0.667	0.667	0.667	0.667
4	α'	1.000	1.000	1.000	1.000	1.000	1.000	1.000	1.000
5	$\alpha'=\dfrac{1}{\delta}\left(\dfrac{\beta}{1-\beta}\right)=$	−1.694	−2.045	−2.885	−7.500	4.500	1.071	1.000	0.326
6	判断 β 值，最终 α' 取	1.000	1.000	1.000	1.000	1.000	1.000	1.000	0.326
7	$\Psi=1+\delta\alpha'$	1.667	1.667	1.667	1.667	1.667	1.667	1.667	1.217
8	$t_e=\sqrt{\dfrac{4e_2 N_t}{\Psi bf}}=$	8.106	11.464	14.041	16.213	18.127	19.857	19.957	25.095
9	$\alpha=\dfrac{1}{\delta}\left[\dfrac{N_t}{N_t^b}\left(\dfrac{t_{ce}}{t}\right)^2-1\right]=$	1.000	1.000	1.000	1.000	1.000	1.000	1.000	0.326
10	$Q=N_t^b\left[\delta\alpha\rho\left(\dfrac{t_e}{t_{ec}}\right)^2\right]=$	7.360	14.720	22.080	29.440	36.800	44.160	44.606	23.000
11	N_t+Q	30.360	60.720	91.080	121.440	151.800	182.160	184.000	184.000

说明	
b——按一排螺栓覆盖的翼缘板（端板）计算宽度（mm）；	e_1——螺栓中心到T形件翼缘板边缘的距离（mm）；
e_2——螺栓中心到T形件腹板边缘的距离（mm）；	t_{ec}——T形件翼缘板的最小厚度；
N_t——一个高强度螺栓的轴向拉力；	N_t^b——一个受拉高强度螺栓的受拉承载力；
t_e——受拉T形件翼缘板的厚度； Ψ——撬力影响系数； δ——翼缘板截面系数；	
α'——系数，$\beta\geqslant1.0$ 时，α' 取 1.0；$\beta<1.0$ 时，$\alpha'=[\beta/(1-\beta)]/\delta$，且满足 $\alpha'\leqslant1.0$；	
β——系数； ρ——系数； Q——撬力； α——系数≥0； N_t'—— Q 为最大值时，对应的 N_t 值	

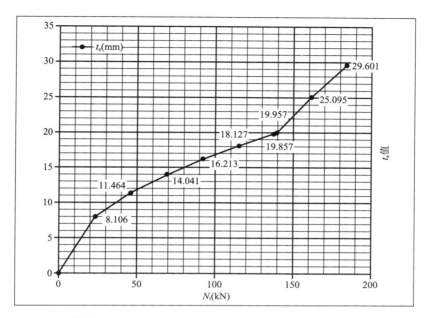

附图 8.11-1　M27 G8.8S Q420 $e_1 = 1.25e_2$ 时 t_e 值图表

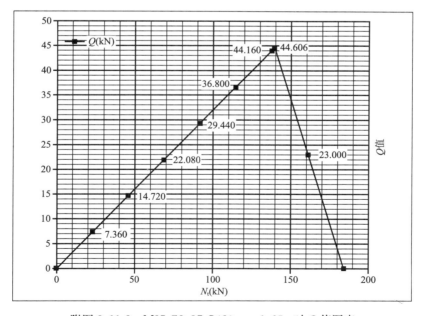

附图 8.11-2　M27 G8.8S Q420 $e_1 = 1.25e_2$ 时 Q 值图表

437

附 8.12　M27 G8.8S Q420 $e_1 = 1.5d_0$ 时　计算列表

计算条件			
螺栓等级	8.8S		
螺栓规格	M27		
连接板材料	Q420		
$d=$	27	mm	
$d_0=$	30	mm	
预拉力 $P=$	230	kN	
$f=$	420	N/mm^2	
$e_2 = 1.5d_0 =$	45	mm	
$b = 3d_0 =$	90	mm	
取 $e_1 = e_2$	45	mm	
$N_t^b = 0.8P =$	184	kN	
$N_t' = \dfrac{5N_t^b}{2\rho + 5} =$	131.429	kN	
$t_{ec} = \sqrt{\dfrac{4e_2 N_t^b}{bf}} =$	29.601	mm	

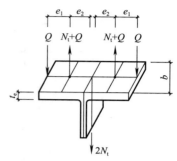

T形件受拉件受力简图

	计算列表	N_t（kN）							
		0.1P	0.2P	0.3P	0.4P	0.5P	N_t'	0.6P	0.7P
		23	46	69	92	115	131.42	138	161
1	$\rho = \dfrac{e_2}{e_1} =$	1.000	1.000	1.000	1.000	1.000	1.000	1.000	1.000
2	$\beta = \dfrac{1}{\rho}\left(\dfrac{N_t^b}{N_t} - 1\right) =$	7.000	3.000	1.667	1.000	0.600	0.400	0.333	0.143
3	$\delta = 1 - \dfrac{d_0}{b} =$	0.667	0.667	0.667	0.667	0.667	0.667	0.667	0.667
4	α'	1.000	1.000	1.000	1.000	1.000	1.000	1.000	1.000
5	$\alpha' = \dfrac{1}{\delta}\left(\dfrac{\beta}{1-\beta}\right) =$	−1.750	−2.250	−3.750	/	2.250	1.000	0.750	0.250
6	判断 β 值，最终 α' 取	1.000	1.000	1.000	1.000	1.000	1.000	0.750	0.250
7	$\Psi = 1 + \delta\alpha'$	1.667	1.667	1.667	1.667	1.667	1.667	1.500	1.167
8	$t_e = \sqrt{\dfrac{4e_2 N_t}{\Psi b f}} =$	8.106	11.464	14.041	16.213	18.127	19.378	20.931	25.635
9	$\alpha = \dfrac{1}{\delta}\left[\dfrac{N_t}{N_t^b}\left(\dfrac{t_{ce}}{t}\right)^2 - 1\right] =$	1.000	1.000	1.000	1.000	1.000	1.000	0.750	0.250
10	$Q = N_t^b\left[\delta\alpha\rho\left(\dfrac{t_e}{t_{ec}}\right)^2\right] =$	9.200	18.400	27.600	36.800	46.000	52.571	46.000	23.000
11	$N_t + Q$	32.200	64.400	96.600	128.800	161.000	184.000	184.000	184.000

说明	
b——按一排螺栓覆盖的翼缘板（端板）计算宽度（mm）；　e_1——螺栓中心到 T 形件翼缘边缘的距离（mm）；	
e_2——螺栓中心到 T 形件腹板边缘的距离（mm）；　t_{ec}——T 形件翼缘板的最小厚度；	
N_t——一个高强度螺栓的轴向拉力；　N_{tb}——一个受拉高强度螺栓的受拉承载力；	
t_e——受拉 T 形件翼缘板的厚度；　Ψ——撬力影响系数；　δ——翼缘板截面系数；	
α'——系数，$\beta \geqslant 1.0$ 时，α' 取 1.0；$\beta < 1.0$ 时，$\alpha' = \left[\beta/(1-\beta)\right]/\delta$，且满足 $\alpha' \leqslant 1.0$；	
β——系数；　ρ——系数；　Q——撬力；　α——系数 $\geqslant 0$；　N_t'——Q 为最大值时，对应的 N_t 值；	

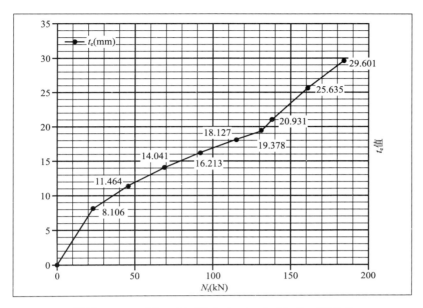

附图 8.12-1　M27 G8.8S Q420 $e_1 = 1.5d_0$ 时 t_e 值图表

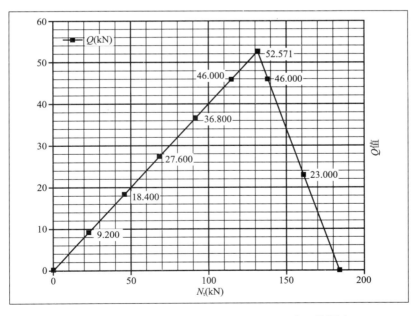

附图 8.12-2　M27 G8.8S Q420 $e_1 = 1.5d_0$ 时 Q 值图表

附8.13 M30 G8.8S Q420 $e_1 = 1.25e_2$ 时 计算列表

<table>
<tr><td rowspan="11">计算条件</td><td colspan="2">螺栓等级</td><td colspan="2">8.8S</td></tr>
<tr><td colspan="2">螺栓规格</td><td colspan="2">M30</td></tr>
<tr><td colspan="2">连接板材料</td><td colspan="2">Q420</td></tr>
<tr><td colspan="2">$d=$</td><td>30</td><td>mm</td></tr>
<tr><td colspan="2">$d_0=$</td><td>33</td><td>mm</td></tr>
<tr><td colspan="2">预拉力 $P=$</td><td>280</td><td>kN</td></tr>
<tr><td colspan="2">$f=$</td><td>420</td><td>N/mm²</td></tr>
<tr><td colspan="2">$e_2 = 1.5d_0=$</td><td>49.5</td><td>mm</td></tr>
<tr><td colspan="2">$b = 3d_0=$</td><td>99</td><td>mm</td></tr>
<tr><td colspan="2">取 $e_1 = 1.25e_2$</td><td>61.875</td><td>mm</td></tr>
<tr><td colspan="2">$N_t^b = 0.8P=$</td><td>224</td><td>kN</td></tr>
</table>

$N_t' = \dfrac{5N_t^b}{2\rho+5} = $ 169.697 kN

$t_{ec} = \sqrt{\dfrac{4e_2 N_t^b}{bf}} = $ 32.660 mm

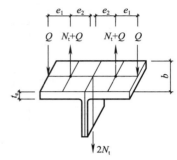

T形件受拉件受力简图

	计算列表	N_t (kN)							
		$0.1P$	$0.2P$	$0.3P$	$0.4P$	$0.5P$	$0.6P$	N_t'	$0.7P$
		28	56	84	112	140	168	169.69	196
1	$\rho = \dfrac{e_2}{e_1} =$	0.800	0.800	0.800	0.800	0.800	0.800	0.800	0.800
2	$\beta = \dfrac{1}{\rho}\left(\dfrac{N_t^b}{N_t} - 1\right) =$	8.750	3.750	2.083	1.250	0.750	0.417	0.400	0.179
3	$\delta = 1 - \dfrac{d_0}{b} =$	0.667	0.667	0.667	0.667	0.667	0.667	0.667	0.667
4	α'	1.000	1.000	1.000	1.000	1.000	1.000	1.000	1.000
5	$\alpha' = \dfrac{1}{\delta}\left(\dfrac{\beta}{1-\beta}\right) =$	−1.694	−2.045	−2.885	−7.500	4.500	1.071	1.000	0.326
6	判断 β 值，最终 α' 取	1.000	1.000	1.000	1.000	1.000	1.000	1.000	0.326
7	$\Psi = 1 + \delta\alpha'$	1.667	1.667	1.667	1.667	1.667	1.667	1.667	1.217
8	$t_e = \sqrt{\dfrac{4e_2 N_t}{\Psi b f}} =$	8.944	12.649	15.492	17.889	20.000	21.909	22.019	27.689
9	$\alpha = \dfrac{1}{\delta}\left[\dfrac{N_t}{N_t^b}\left(\dfrac{t_{ce}}{t}\right)^2 - 1\right] =$	1.000	1.000	1.000	1.000	1.000	1.000	1.000	0.326
10	$Q = N_t^b\left[\delta\alpha\rho\left(\dfrac{t_e}{t_{ec}}\right)^2\right] =$	8.960	17.920	26.880	35.840	44.800	53.760	54.303	28.000
11	$N_t + Q$	36.960	73.920	110.880	147.840	184.800	221.760	224.000	224.000

说明	
b——按一排螺栓覆盖的翼缘板（端板）计算宽度（mm）；	e_1——螺栓中心到T形件翼缘边缘的距离（mm）；
e_2——螺栓中心到T形件腹板边缘的距离（mm）；	t_{ec}——T形件翼缘板的最小厚度；
N_t——一个高强度螺栓的轴向拉力；	N_t^b——一个受拉高强度螺栓的受拉承载力；
t_e——受拉T形件翼缘板的厚度；	Ψ——撬力影响系数； δ——翼缘板截面系数；
α'——系数，$\beta \geqslant 1.0$时，α'取1.0；$\beta < 1.0$时，$\alpha' = [\beta/(1-\beta)]/\delta$，且满足 $\alpha' \leqslant 1.0$；	
β——系数； ρ——系数； Q——撬力； α——系数$\geqslant 0$； N_t'——Q为最大值时，对应的 N_t 值	

440

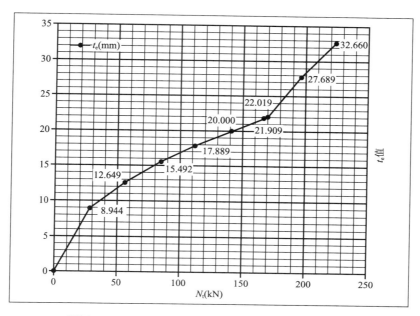

附图 8.13-1　M30 G8.8S Q420 $e_1 = 1.25e_2$ 时 t_e 值图表

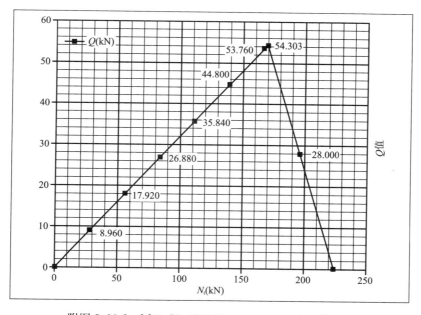

附图 8.13-2　M30 G8.8S Q420 $e_1 = 1.25e_2$ 时 Q 值图表

附 8.14 M30 G8.8S Q420 $e_1=1.5d_0$时 计算列表

计算条件			
螺栓等级	8.8S		
螺栓规格	M30		
连接板材料	Q420		
$d=$	30	mm	
$d_0=$	33	mm	
预拉力 $P=$	280	kN	
$f=$	420	N/mm²	
$e_2=1.5d_0=$	49.5	mm	
$b=3d_0=$	99	mm	
取 $e_1=e_2$	49.5	mm	
$N_t^b=0.8P=$	224	kN	
$N'_t=\dfrac{5N_t^b}{2\rho+5}=$	160.000	kN	
$t_{ec}=\sqrt{\dfrac{4e_2N_t^b}{bf}}=$	32.660	mm	

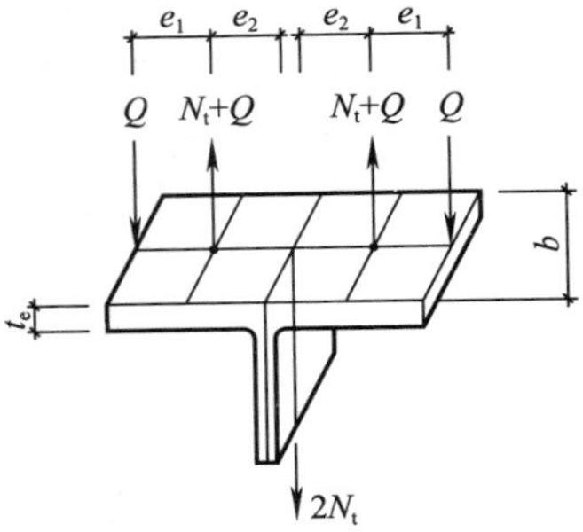

T形件受拉件受力简图

计算列表		N_t (kN)							
		0.1P	0.2P	0.3P	0.4P	0.5P	N'_t	0.6P	0.7P
		28	56	84	112	140	160.00	168	196
1	$\rho=\dfrac{e_2}{e_1}=$	1.000	1.000	1.000	1.000	1.000	1.000	1.000	1.000
2	$\beta=\dfrac{1}{\rho}\left(\dfrac{N_t^b}{N_t}-1\right)=$	7.000	3.000	1.667	1.000	0.600	0.400	0.333	0.143
3	$\delta=1-\dfrac{d_0}{b}=$	0.667	0.667	0.667	0.667	0.667	0.667	0.667	0.667
4	α'	1.000	1.000	1.000	1.000	1.000	1.000	1.000	1.000
5	$\alpha'=\dfrac{1}{\delta}\left(\dfrac{\beta}{1-\beta}\right)=$	−1.750	−2.250	−3.750	/	2.250	1.000	0.750	0.250
6	判断β值，最终α'取	1.000	1.000	1.000	1.000	1.000	1.000	0.750	0.250
7	$\Psi=1+\delta\alpha'$	1.667	1.667	1.667	1.667	1.667	1.667	1.500	1.167
8	$t_e=\sqrt{\dfrac{4e_2N_t}{\Psi bf}}=$	8.944	12.649	15.492	17.889	20.000	21.381	23.094	28.284
9	$\alpha=\dfrac{1}{\delta}\left[\dfrac{N_t}{N_t^b}\left(\dfrac{t_{ce}}{t}\right)^2-1\right]=$	1.000	1.000	1.000	1.000	1.000	1.000	0.750	0.250
10	$Q=N_t^b\left[\delta\alpha\rho\left(\dfrac{t_e}{t_{ec}}\right)^2\right]=$	11.200	22.400	33.600	44.800	56.000	64.000	56.000	28.000
11	N_t+Q	39.200	78.400	117.600	156.800	196.000	224.000	224.000	224.000

说明

b——按一排螺栓覆盖的翼缘板（端板）计算宽度（mm）； e_1——螺栓中心到T形件翼缘边缘的距离（mm）；

e_2——螺栓中心到T形件腹板边缘的距离（mm）； t_{ec}——T形件翼缘板的最小厚度；

N_t——一个高强度螺栓的轴向拉力； N_t^b——一个受拉高强度螺栓的受拉承载力；

t_e——受拉T形件翼缘板的厚度； Ψ——撬力影响系数； δ——翼缘板截面系数；

α'——系数，$\beta\geqslant1.0$时，α'取1.0；$\beta<1.0$时，$\alpha'=[\beta/(1-\beta)]/\delta$，且满足$\alpha'\leqslant1.0$；

β——系数； ρ——系数； Q——撬力； α——系数$\geqslant0$； N'_t——Q为最大值时，对应的N_t值

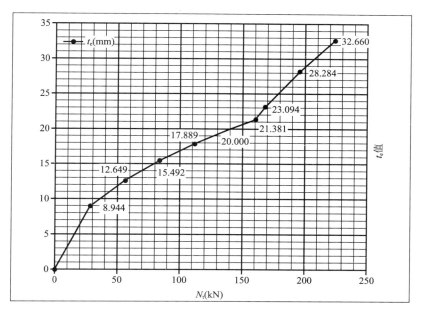

附图 8.14-1　M30 G8.8S Q420 $e_1 = 1.5d_0$ 时 t_e 值图表

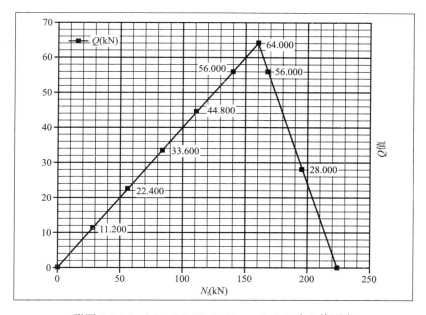

附图 8.14-2　M30 G8.8S Q420 $e_1 = 1.5d_0$ 时 Q 值图表

参 考 文 献

[1] 钢结构高强度螺栓连接技术规程 JGJ82 [S]. 北京：中国建筑工业出版社，2011.

[2] 王伯琴，陈禄如，陈先锋. 高强度螺栓连接 [M]. 北京：冶金工业出版社，1991.

[3] 陈禄如，王伯琴，侯兆新. 建筑钢结构施工手册 [M]. 北京：中国计划出版社，2000.

[4] 王玉春，陈鸿德，史永吉，沈家骅译. 高强度螺栓接合 [M]. 北京：中国铁道出版社，1984.

[5] Specification for Structural Joints Using ASTM A325 or A490 Bolts [S]. AISC，2000.

[6] Specification for Structural Steel Buildings [S]. AISC，2005.

[7] Code of Standard Practice for Steel Buildings and Bridges [S]. AISC，2000.

[8] High Strength Structural Bolting Assemblies for Preloading. BS EN 14399 [S]，EN，2005.

[9] 摩擦连接用高强度六角螺栓、六角螺母、平垫圈副. JIS B 1186 [S]，JIS，1996.

[10] 结构用扭剪高强度螺栓、六角螺母、平垫圈副. JSS II 09 [S] JIS，1996.

[11] 钢结构用高强度大六角头螺栓、大六角螺母、垫圈技术条件 GB/T1231 [S]. 2006.

[12] 钢结构用扭剪型高强度螺栓连接副 GB/T3632 [S]，1995.

[13] 陈以一，沈祖炎等. 涂醇酸铁红或聚氨酯富锌漆连接面抗滑移系数测定 [J]. 建筑结构，2004 (5).

[14] 钢结构设计规范 GB50017—2003 [S]. 北京：中国计划出版社，2003.

[15] 钢结构工程施工质量验收规范（GB50205—2001）[S]. 北京：中国计划出版社，2001.

[16] 中铁山桥集团. HES—2 防滑防锈涂料的说明. 2004.

[17] Ronald N. Allan, and John W. Fisher, "Bolted Joints with Oversize or Slotted Holes", Journal of the Structural Division , ASCE, Vol. 94, No. ST9, September 1968.

[18] Specification for Structural Steel Buildings, AISC, 2005, American.

[19] Manuel, Thomas J. and Kulak Geoffrey L., "Strength of Joints that Combine Bolts and Welds," Journal of Structural Engineering, ASCE, Vol. 126, No. 3, March, 2000.

[20] Kulak, G. L and Grondin, G. Y., "Strength of Joints that Combine Bolts and Welds," accepted for publication, Engineering Journal, American Institute of Steel Construction.

[21] 陈绍蕃，钢结构设计原理. 北京：科学出版社（第 2 版），1998.

[22] 架空送点线路杆塔结构设计技术规定 DL/T 5154—2002.. 北京：中国电力出版社，2002.

[23] GB 50135—2006 高耸结构设计规范. 北京：中国计划出版社，2007.

[24] E. H. Mansfield. Study in Collapse Analysis of Rigid—Plastic Plates with a Square Yield Diagram. Proceedings of The Royal Society London，Series A. 1957 241：311—338.

[25] 五十嵐定義，松本竹二，井上一郎. 高力ボルト鋼管フランジ継手の極限設計法に関する研究：その1 リブ・リング無し継手. 日本建築學會構造系論文報告集. 1985.8：52—66.

[26] 王元清，孙鹏，施刚，石永久. 基于屈服线理论的法兰连接设计方法. 电力建设，2005，26 (7)：16—19.

[27] 高力ボルト接合設計施工ガイドブック. 日本建築学会，2003.

[28] 鋼管構造設計施工指針. 日本建築学会，1990.

[29] Willibald. S, Packer. J. A, Puthli. R. S. Experimental Study of Bolted HSS Flange—Plate Connectionsin Axial Tension. J. Struc. Eng, 2002, 128 (3)：328—336.

［30］ 加藤勉、向井昭義. 高力ボルト引張接合角形鋼管繼手耐力. 日本建築學會論文報告集. 1983.4：17—24.

［31］ J. W. 费雪，J. H. A，斯特鲁克，《螺栓和铆钉连接指南》. 北京：人民交通出版社，1983.

［32］ British Standards Institution（BSI）：BS5950—1：2000，Structural Use of Steelwork in Building，Part 1：Code of Practice for Design：Rolled and Welded Sectings，2000.

［33］ Faella，C. ，Piluso，V. and Rizzano，G. Reliability of Eurocode 3 procedures for predicting beam to column joint behavior，Proceeding of 3rd International Conference on Steel and Aluminum Structures，MAS Printing Co. ，1995，441—448.

［34］ Kulak，G. L. ，Fisher，J. W. ，and Struik，J. H. A. （1987），Guide to Design Criteria for Bolted and Riveted Joints，2nd edition，John Wiley and Sons，New York，NY.

［35］ 门式刚架轻型房屋钢结构技术规程 CECS102：2002 ［S］. 北京：中国计划出版社. 2003.

［36］ JGJ82 规程编制组. 钢结构高强度螺栓连接技术规程 JGJ82—2008 报批稿. 2008，10—13.

［37］ Second Edition. Manual of Steel Construction LRFD. Volumn II ［Z］. AISC，2000，11—5～11—16.

［38］ Geoffrey L. Kulak，John W. Fisher，John H. A. Struik，"Guide to Design Criteria for Bolted and Riveted Joints"，American Institute of Steel Construction，Inc. 2001.

［39］ Research Council on Structural Connections（RCSC），Specification for Structural Joints Using ASTM A325 or A490 Bolts，June 30，2004.

［40］ G. L. Kulak，Ph. D. ，P. Eng. ，High Strength Bolting for Canadian Engineers，Canadian Institute of Steel Construction，ISBN 0—88811—109—6，2005.